HUAXUE DIANYUAN JISHU JIQI YINGYONG

化学电源技术及其应用

杨贵恒　杨玉祥　　王秋虹　　王华清　编著

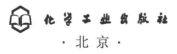

化学工业出版社

·北京·

图书在版编目（CIP）数据

化学电源技术及其应用/杨贵恒等编著 . —北京：
化学工业出版社，2017.4（2025.1重印）
ISBN 978-7-122-29186-8

Ⅰ.①化… Ⅱ.①杨… Ⅲ.①化学电源
Ⅳ.①TM911

中国版本图书馆 CIP 数据核字（2017）第 040885 号

责任编辑：高墨荣　　　　　　　　　文字编辑：向　东
责任校对：边　涛　　　　　　　　　装帧设计：王晓宇

出版发行：化学工业出版社（北京市东城区青年湖南街 13 号　邮政编码 100011）
印　　装：北京科印技术咨询服务有限公司数码印刷分部
787mm×1092mm　1/16　印张 20¾　字数 553 千字　2025 年 1 月北京第 1 版第 3 次印刷

购书咨询：010-64518888　　　　　　售后服务：010-64518899
网　　址：http://www.cip.com.cn
凡购买本书，如有缺损质量问题，本社销售中心负责调换。

定　　价：88.00 元

化学电源是一种将物质的化学能直接转化为电能的装置。自 1859 年法国著名的物理学家、发明家普兰特（Gaston Planté）研发了世界上第一块铅酸蓄电池，1868 年法国工程师勒克朗谢（C. Leclanche）发明了采用 NH_4Cl 水溶液作电解质溶液的锌二氧化锰电池以来，化学电源经历了近 160 年的发展历史。特别是目前能源紧缺急需各种替代能源、各种用电器具对高能化学电源的需求以及材料科学的发展给新型化学电源的开发提供了各种新型材料，使得传统的化学电源的性能得以提高，而且出现了许多新型的化学电源。这些性能优越的化学电源如锂一次电池、锂离子电池、金属氢化物镍电池和质子交换膜燃料电池等，在交通、航空航天、电子、通信和家用电器等领域都有着很好的应用前景。

本书在阐述化学电源理论基础和基本概念的基础上，系统地讲述了各种主要化学电源的基本结构、工作原理、主要性能、应用前景及其使用维护方法。全书共分 8 章：第 1 章化学电源理论基础，主要讲述了化学基础知识、溶液与溶液浓度、电解质溶液、原电池与电池的可逆性、电极电位与能斯特方程、电解与电解定律等；第 2 章化学电源概论，对化学电源的工作原理与组成、分类、应用与发展、主要性能以及多孔电极理论做了概述；第 3 章～第 8 章，分别对铅酸蓄电池、碱性蓄电池（镉镍蓄电池、氢化物镍蓄电池以及锌银蓄电池）、锂离子电池、燃料电池、一次电池（锌锰电池、锌氧化银原电池以及锂原电池）和其他化学电源（金属空气电池、电化学电容器以及氧化还原液流电池）的结构、工作原理、主要性能特点、使用维护方法及常见失效模式等进行了详细论述。

本书由杨贵恒、杨玉祥（重庆市公安局科技信息处）、王秋虹、王华清编著，刘凡、李锐、强生泽、向成宣、刘扬、任开春、张颖超、曹均灿、张瑞伟、文武松、聂金铜、龚利红、金丽萍、赵英、刘小丽、杨波、杨翔、张伟、杨科目、雷绍英、李光兰、邹洪元、陈昌碧、杨贵文、徐树清、杨芳、付保良、温中珍、余江、蒋王莉、张传富、杨胜、杨蕾、杨楚渝、王涛、吴伟丽等做了大量的资料搜集与整理工作。在编写过程中，特别参考了王秋虹和王华清两位老师以前编写的化学电源讲义，在此表示衷心感谢！

本书内容通俗易懂、实用性强，既适合高等院校相关专业作为教材或参考书使用，也适合相关工程技术人员和管理干部查阅，还可供具有高中以上文化程度准备从事化学电源相关工作的人员自学。

随着化学电源技术的快速发展，其新理论、新材料和新工艺等不断涌现，限于编者水平，书中难免有疏漏和不妥之处，恳请广大读者批评指正。

编著者

CONTENTS

目　录

第 3 章　铅酸蓄电池　076

第1章
化学电源理论基础

1.1　化学基础知识

1.1.1　原子和原子量

（1）原子

人们在长期的生产与科学实验的实践中，发现物质在化学反应中存在一种不能再分的微粒，科学上就把这种用化学方法不能再分的微粒叫原子。

原子是非常小的，它的直径数量级为 10^{-8} cm。打个比方，如果把一亿个原子排成一行，其总长度也只有 1cm 左右。

然而原子并不是最小的微粒，它还能再分。现代科学实验已经证明，原子也是具有复杂结构的微粒。原子的结构如图 1-1 所示。由图可见，原子的中心有一个带正电荷的原子核，核外有许多电子围绕核高速旋转，原子核带正电，电子带负电，由于原子核所带的电量和核外电子的电量相等，但电性相反，所以整个原子不显电性。

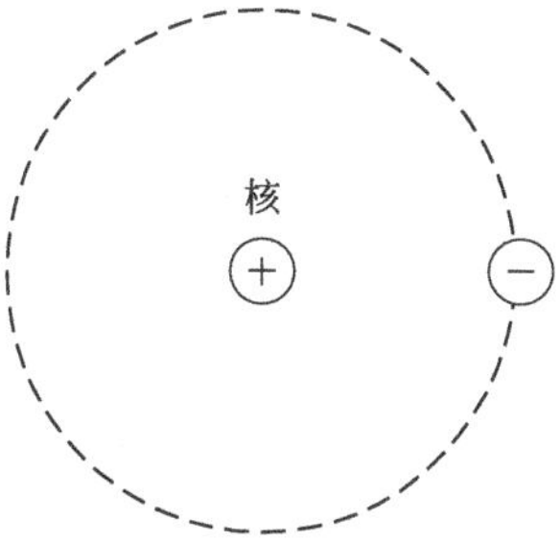

图 1-1　原子结构示意图

不同类的原子，其原子核所带的电荷数彼此不同。如氢原子，原子核带 1 个单位正电荷，核外有 1 个电子，即 1 个单位负电荷；氧原子，原子核带 8 个单位正电荷，核外有 8 个电子，即 8 个单位负电荷等。

原子核还可以再分，原子弹的爆炸就是利用了原子核裂变时所放出的巨大能量。现代科学实验证明，原子核是由质子和中子两种微粒构成的，每个质子带一个单位的正电荷，中子不带电。可见原子核所带的正电荷数（即核电荷数）就是核内质子的数目。上面对原子核的认识还是初步的，今后人类对原子结构的认识，将随着科学的发展而不断深化。

（2）原子量

原子虽然很小但有一定的质量，原子的质量是原子的一种重要性质。原子的质量各不相同，一个氧原子的质量是 2.657×10^{-28} g，一个碳原子的质量为 1.993×10^{-23} g。

这样小的数字，书写、记忆和使用都很不方便，就如同用吨来表示一粒稻谷的质量。因此，在科学上一般不直接用原子的实际质量，而是采用不同原子的相对质量。国际上通常是以一个碳原子质量的 1/12 作为标准，其他原子的质量跟其相比较所得的数值，就是该种原子的原子量。例如，采用这个标准，测得最轻的氢原子量约等于 1、氧原子量约等于 16、铁原子量约等于 56 等。由此可见，原子量只是一个比值，它没有单位。采用原子量来计算、书写和记忆就很方便了。国际原子量表和元素周期表见表 1-1，一般化学计算是采用原子量的近似值，见表 1-2。

表1-1 国际原子量表和元素周期表

原子序数 — 92 U — 元素符号，红色指放射性元素

元素名称 — 铀

注 * 的是人造元素

$5f^36d^17s^2$ — 外围电子层排布，括号指可能的电子层排布

238.0 — 相对原子质量（加括号的数据为该放射性元素半衰期最长同位素的质量数）

非金属　金属　过渡元素

周期＼族	ⅠA 1	ⅡA 2	ⅢB 3	ⅣB 4	ⅤB 5	ⅥB 6	ⅦB 7	Ⅷ 8	Ⅷ 9	Ⅷ 10	ⅠB 11	ⅡB 12	ⅢA 13	ⅣA 14	ⅤA 15	ⅥA 16	ⅦA 17	0 18	电子层	0族电子数
1	1 H 氢 $1s^1$ 1.008																	2 He 氦 $1s^2$ 4.003	K	2
2	3 Li 锂 $2s^1$ 6.941	4 Be 铍 $2s^2$ 9.012											5 B 硼 $2s^22p^1$ 10.81	6 C 碳 $2s^22p^2$ 12.01	7 N 氮 $2s^22p^3$ 14.01	8 O 氧 $2s^22p^4$ 16.00	9 F 氟 $2s^22p^5$ 19.00	10 Ne 氖 $2s^22p^6$ 20.18	L K	8 2
3	11 Na 钠 $3s^1$ 22.99	12 Mg 镁 $3s^2$ 24.31											13 Al 铝 $3s^23p^1$ 26.98	14 Si 硅 $3s^23p^2$ 28.09	15 P 磷 $3s^23p^3$ 30.97	16 S 硫 $3s^23p^4$ 32.06	17 Cl 氯 $3s^23p^5$ 35.45	18 Ar 氩 $3s^23p^6$ 39.95	M L K	8 8 2
4	19 K 钾 $4s^1$ 39.10	20 Ca 钙 $4s^2$ 40.08	21 Sc 钪 $3d^14s^2$ 44.96	22 Ti 钛 $3d^24s^2$ 47.87	23 V 钒 $3d^34s^2$ 50.94	24 Cr 铬 $3d^54s^1$ 52.00	25 Mn 锰 $3d^54s^2$ 54.94	26 Fe 铁 $3d^64s^2$ 55.85	27 Co 钴 $3d^74s^2$ 58.93	28 Ni 镍 $3d^84s^2$ 58.69	29 Cu 铜 $3d^{10}4s^1$ 63.55	30 Zn 锌 $3d^{10}4s^2$ 65.41	31 Ga 镓 $4s^24p^1$ 69.72	32 Ge 锗 $4s^24p^2$ 72.64	33 As 砷 $4s^24p^3$ 74.92	34 Se 硒 $4s^24p^4$ 78.96	35 Br 溴 $4s^24p^5$ 79.90	36 Kr 氪 $4s^24p^6$ 83.80	N M L K	8 18 8 2
5	37 Rb 铷 $5s^1$ 85.47	38 Sr 锶 $5s^2$ 87.62	39 Y 钇 $4d^15s^2$ 88.91	40 Zr 锆 $4d^25s^2$ 91.22	41 Nb 铌 $4d^45s^1$ 92.91	42 Mo 钼 $4d^55s^1$ 95.94	43 Tc 锝 $4d^55s^2$ [98]	44 Ru 钌 $4d^75s^1$ 101.1	45 Rh 铑 $4d^85s^1$ 102.9	46 Pd 钯 $4d^{10}$ 106.4	47 Ag 银 $4d^{10}5s^1$ 107.9	48 Cd 镉 $4d^{10}5s^2$ 112.4	49 In 铟 $5s^25p^1$ 114.8	50 Sn 锡 $5s^25p^2$ 118.7	51 Sb 锑 $5s^25p^3$ 121.8	52 Te 碲 $5s^25p^4$ 127.6	53 I 碘 $5s^25p^5$ 126.9	54 Xe 氙 $5s^25p^6$ 131.3	O N M L K	8 18 18 8 2
6	55 Cs 铯 $6s^1$ 132.9	56 Ba 钡 $6s^2$ 137.3	57~71 La~Lu 镧系	72 Hf 铪 $5d^26s^2$ 178.5	73 Ta 钽 $5d^36s^2$ 180.9	74 W 钨 $5d^46s^2$ 183.8	75 Re 铼 $5d^56s^2$ 186.2	76 Os 锇 $5d^66s^2$ 190.2	77 Ir 铱 $5d^76s^2$ 192.2	78 Pt 铂 $5d^96s^1$ 195.1	79 Au 金 $5d^{10}6s^1$ 197.0	80 Hg 汞 $5d^{10}6s^2$ 200.6	81 Tl 铊 $6s^26p^1$ 204.4	82 Pb 铅 $6s^26p^2$ 207.2	83 Bi 铋 $6s^26p^3$ 209.0	84 Po 钋 $6s^26p^4$ [209]	85 At 砹 $6s^26p^5$ [210]	86 Rn 氡 $6s^26p^6$ [222]	P O N M L K	8 18 32 18 8 2
7	87 Fr 钫 $7s^1$ [223]	88 Ra 镭 $7s^2$ [226]	89~103 Ac~Lr 锕系	104 Rf 𬬻* $(6d^27s^2)$ [261]	105 Db 𬭊* $(6d^37s^2)$ [262]	106 Sg 𬭳* [266]	107 Bh 𬭛* [264]	108 Hs 𬭶* [277]	109 Mt 鿏* [268]	110 Ds 𫟼* [281]	111 Rg 𬬭* [272]	112 Uub * [285]								

镧系	57 La 镧 $5d^16s^2$ 138.9	58 Ce 铈 $4f^15d^16s^2$ 140.1	59 Pr 镨 $4f^36s^2$ 140.9	60 Nd 钕 $4f^46s^2$ 144.2	61 Pm 钷 $4f^56s^2$ [145]	62 Sm 钐 $4f^66s^2$ 150.4	63 Eu 铕 $4f^76s^2$ 152.0	64 Gd 钆 $4f^75d^16s^2$ 157.3	65 Tb 铽 $4f^96s^2$ 158.9	66 Dy 镝 $4f^{10}6s^2$ 162.5	67 Ho 钬 $4f^{11}6s^2$ 164.9	68 Er 铒 $4f^{12}6s^2$ 167.3	69 Tm 铥 $4f^{13}6s^2$ 168.9	70 Yb 镱 $4f^{14}6s^2$ 173.0	71 Lu 镥 $4f^{14}5d^16s^2$ 175.0
锕系	89 Ac 锕 $6d^17s^2$ [227]	90 Th 钍 $6d^27s^2$ 232.0	91 Pa 镤 $5f^26d^17s^2$ 231.0	92 U 铀 $5f^36d^17s^2$ 238.0	93 Np 镎 $5f^46d^17s^2$ [237]	94 Pu 钚 $5f^67s^2$ [244]	95 Am 镅* $5f^77s^2$ [243]	96 Cm 锔* $5f^76d^17s^2$ [247]	97 Bk 锫* $5f^97s^2$ [247]	98 Cf 锎* $5f^{10}7s^2$ [251]	99 Es 锿* $5f^{11}7s^2$ [252]	100 Fm 镄* $5f^{12}7s^2$ [257]	101 Md 钔* $(5f^{13}7s^2)$ [258]	102 No 锘* $(5f^{14}7s^2)$ [259]	103 Lr 铹* $(5f^{14}6d^17s^2)$ [262]

表 1-2　一些常见元素的名称、符号、原子量（近似值）

元素名称	元素符号	原子量	元素名称	元素符号	原子量	元素名称	元素符号	原子量
氢	H	1	碘	I	127	锌	Zn	65
氮	N	14	钠	Na	23	银	Ag	108
氧	O	16	镁	Mg	24	锡	Sn	119
氯	Cl	35.5	铝	Al	27	锑	Sb	122
溴	Br	80	钾	K	39	钡	Ba	137
碳	C	12	钙	Ca	40	钨	W	184
硅	Si	28	锰	Mn	55	金	Au	197
磷	P	31	铁	Fe	56	汞	Hg	201
硫	S	32	铜	Cu	63.5	铅	Pb	207

1.1.2　分子和分子式

（1）分子

人们在长期的生产实践和日常生活中，经常会遇到这样一些现象，例如，湿的衣服晒一定时间就干了；食糖放进水中很快就不见了，而水有了甜味；蓄电池在充电过程中，从远处就能闻到刺激性的气味等。这些现象都跟物质的结构有着密切的关系。

人们经过长期的科学实验和分析，证明物质都是由许许多多肉眼看不见的微粒构成的。构成物质的微粒有许多种，分子是构成物质的一种微粒。例如水就是由大量的水分子聚集而成的。水分子很小，一滴水里大约就有十五万亿亿个水分子，人们必须用放大几万到几十万倍的显微镜才能看到。

分子并不是静止地存在，而是不断地运动着的。人们能闻到远处传来的蓄电池在充电过程中的刺激性气味，湿衣服晒一定时间就干了，正是由于刺激性气体分子、水分子不断运动而扩散到空气中。

分子与分子间有一定的间隔，一般物体有热胀冷缩的现象，就是由于物质分子间的间隔受热增大、遇冷减小。这种间隔如果很大，物质就呈现为气态，如果间隔较小，物质就呈现为液态或固态。一般物质在不同的条件下有三态的变化，主要是由于其分子间的间隔大小发生了变化。不论是气态、液态或固态的物质，其分子与分子之间都存在一定的作用力。

当物质发生物理变化时，其分子本身没有变，所以物质仍然是原来的物质。例如水变成水蒸气，只是分子间的间隔增大了，水分子本身没有变。而当物质发生化学变化时，其分子被转变成了别的分子，所以物质也变成了别的物质。例如硫在氧气里燃烧变成了二氧化硫气体，是由于硫分子跟氧分子反应变成了二氧化硫分子。新生成的分子，其化学性质和原来的分子不同。由此可见，分子是保持物质化学性质的一种微粒。同一种物质的分子化学性质相同，不同种物质的分子，其化学性质不同。

（2）分子式

科学实验证明，各种物质的分子都由一定的元素组成，为了便于认识和研究物质，化学上常用元素符号来表示物质分子的组成。例如氧分子、氢分子和水分子的组成，可以分别用 O_2、H_2 和 H_2O 来表示，这种用元素符号来表示物质分子组成的式子叫做分子式。

各种物质的分子式，是通过实验的方法，测定了物质的组成后得出来的。一种物质只有一个分子式。下面来讨论分子式的写法。

① 单质分子式的写法　单质是由同种元素组成的。写单质分子式时，首先写出它的元

素符号，然后在元素符号的右下角写一个小数字以表示这种分子里所含原子的数目（原子数是 1 时不写）。

例如氢气和氧气的每一个分子里都含有两个原子，所以这些单质的分子式可写成 H_2 和 O_2。如果每个分子只由单个原子组成，如氦气和氖气可用 He 和 Ne 来表示。

金属单质和固体非金属单质的结构比较复杂，习惯上就用元素符号来表示它们的分子式。例如铁用 Fe、铅用 Pb 来表示。

② 化合物分子式的写法　化合物是由不同种元素组成的物质。写化合物分子式时，必须知道这种化合物分子由哪几种元素组成，以及一个分子里每种元素各有多少个原子，然后在每种元素符号的右下角写个小数字以标明一个分子里所含该元素的原子数。

由氧元素跟另一元素组成的化合物，在书写其分子式时，一般要把氧元素符号写在右方，另一种元素符号写在左方。例如一氧化碳 CO、氧化铅 PbO 等。

由金属元素与非金属元素组成的化合物，在书写其分子式时，一般要把金属元素符号写在左方，非金属元素写在右方。例如硫化铁分子写成 FeS。

分子式用来表示物质的一个分子。如果要表示物质的几个分子，可以在分子式前面加上系数标明该物质的分子数。例如表示两个氧分子写成 $2O_2$，表示 3 个水分子写成 $3H_2O$。

书写分子式时应该注意：元素符号右下角的数字和元素符号前面的数字在意义上是完全不同的。例如 O_2 表示一个氧分子由两个氧原子组成，2O 则表示两个氧原子；$3O_2$ 表示三个氧分子。

由两种元素组成的化合物的名称，一般是从右向左读作"某化某"。例如 $CuCl_2$，读作氯化铜、SCl_4 读作四氯化硫等等。一些常见化合物的名称如表 1-3 所示。

表 1-3　常见化合物名称举例

物质	分子式	物质	分子式	物质	分子式
氢气	H_2	二氧化铅	PbO_2	氯化钠	NaCl
氧气	O_2	盐酸	HCl	氯化锌	$ZnCl_2$
氯气	Cl_2	硫酸	H_2SO_4	氯化铵	NH_4Cl
水	H_2O	硝酸	HNO_3	硫酸铜	$CuSO_4$
二氧化锰	MnO_2	氢氧化钠	NaOH	硫酸锌	$ZnSO_4$
氧化银	AgO	氢氧化钾	KOH	硫酸铅	$PbSO_4$
二氧化碳	CO_2	氢氧化镉	$Cd(OH)_2$	硝酸银	$AgNO_3$

（3）分子量

分子量是指一个分子中各原子的原子量的总和，根据各个物质的分子式可以算出其分子量。例如：

氧气的分子式是 O_2，那么氧气的分子量就是两个氧原子的原子量之和，即

$$O_2 \text{ 的分子量} = 16 \times 2 = 32$$

二氧化碳的分子式是 CO_2，那么二氧化碳的分子量就是两个氧原子的原子量和一个碳原子的原子量之和，即

$$CO_2 \text{ 的分子量} = 12 + 16 \times 2 = 44$$

根据分子式还可以计算出组成物质的各元素的质量比。例如：

水的分子式是 H_2O，那么组成水分子的氢元素和氧元素的质量比是 $(1 \times 2) : 16 = 1 : 8$。

因此，可以总结出分子式所代表的意义，如表 1-4 所示。

表 1-4 分子式的意义

分子式的意义	以 H_2O 为例
① 表示物质的一个分子	一个水分子
② 表示组成物质的各种元素	水由氢和氧两种元素组成
③ 表示物质的一个分子里各元素的原子个数	一个水分子含有两个氢原子和一个氧原子
④ 表示物质分子的分子量	水的分子量 $=1 \times 2+16=18$
⑤ 表示组成物质的各元素的质量比	氢：氧 $=(1 \times 2):16=1:8$

1.1.3 元素和元素符号

（1）元素

如前所述，氧分子是由氧原子组成的，水分子是由氧原子和氢原子组成的，无论是氧分子中的氧原子，水分子中的氧原子，还是其他分子中的氧原子，其核电荷数都是 8，都有 8 个质子，在化学上把具有相同的核电荷数（即质子数）的同一类原子总称为元素。氧元素就是所有氧原子的总称，氢元素就是所有氢原子的总称。

在自然界里，物质的种类非常多，有几百万种，但是构成这些物质的元素并不多。到目前为止，已经知道的元素有 119 种，其中包括十几种人造元素。

自然界里的物质，有的是由同种元素组成的。如氧气是由氧元素组成的，氢气是由氢元素组成的。这种由同种元素组成的物质叫做单质。有的单质由分子构成，如氧气、氢气、氮气等。有的单质由原子构成，如铁、铅、锌等。根据单质的不同性质，一般又可分为非金属单质和金属单质两大类。例如氧气、氢气、硫等都是非金属单质；铁、铜、铅等都是金属单质。

有些物质的组成比较复杂，例如氧化铁、氧化铅是由两种不同的元素组成的，氢氧化钾是由氢、氧、钾三种不同的元素组成的，硫酸铅是由铅、硫、氧三种不同的元素组成的，像这种由不同种元素组成的物质叫作化合物。在各种化合物里，如果其中一种是氧元素，这种化合物叫作氧化物，如氧化铁、氧化铅等都是氧化物。

自然界里的元素有两种存在的形态，一种是以单质的形态存在的，叫作元素的游离态；另一种是以化合物的形态存在的，叫作元素的化合态。例如氧气里的氧元素是游离态，二氧化碳中的氧元素是化合态。

（2）元素符号

在化学上，规定采用不同的符号表示各种元素。例如用"O"表示氧元素、用"P"表示磷元素、用"Fe"表示铁元素等。这种用来表示不同元素的符号叫作元素符号。国际上统一采用元素的拉丁文名称的第一个大写字母来作为该元素的元素符号。如果几种元素符号的第一个字母相同时，可再附加一个小写字母来区别。例如，Cu 代表铜元素。书写时要注意：第二个字母须小写，以免混淆。例如，"Co"表示钴原子，如果写成 CO 便表示一氧化碳分子了。一些常见的元素及其元素符号见表 1-2。

（3）元素周期律和周期表

如果把自然界里已发现的 119 种元素按照它们的核电荷数由小而大地排列，这个排列的顺序叫做原子序数。显然原子序数就是原子的核电荷数，即每个原子的核外的电子数。按原子核电荷数依次排列时，原子最外层电子个数总是由 1 个递增到 8 个（氢、氦元素除外）。由此可见，随着元素的原子序数依次递增，它们的原子最外层电子数呈现周期性的变化，与此同时元素和其化合物性质也显示规律性的变化，这个规律就叫元素的周期律。

根据元素的周期律可以制成元素的周期表。将目前已知的 119 种元素，按照它们的原子序数递增顺序依次排成一个长列，然后把这个长列分成若干部分，每一部分都从活泼的金属开始到惰性气体为止，这些部分称为一个周期。把各周期上下相叠，使不同周期内性质相似的各元素处于同一纵行，这些纵行称为族。这样就制成了元素周期表（见表 1-1）。

元素同期律是 1869 年俄国化学家门捷列夫发现的。他根据当时已知的元素（63 种）和大量的实验事实，经过分析和概括得出，元素及由它所组成的单质和化合物的性质，都随着元素原子量的递增而周期性地变化。需要指出的是，由于当时人们对原子的内部结构还没有充分认识和研究，所以门捷列夫只能从元素的原子量递增来研究元素性质的变化。今天人们对原子的内部结构已有了进一步的认识，因此可以更本质地从原子核内质子数的递增来说明元素的性质及其具有周期性变化的真正原因，这就是由于元素的原子随着核电荷数的递增，核外电子（主要指最外层上的电子）周期性地重复着同样的排列分布。

元素周期表是化学元素周期律的直观表现，它不仅反映了元素的自然分类，同时也是学习和研究科学的重要工具。下面简略地对周期表加以说明。

在元素周期表里，共有七个行，每个行是一个周期，所以有七个周期。一、二、三周期元素数目较少，称为短周期。四、五、六周期元素数目多，称为长周期。第七周期还不是一个完整的周期，因此叫不完全周期。从纵的方面看，共有 18 个列，每个列叫做一族（除 8、9、10 三个纵行为一族外）。族分主族和副族，通常把短周期元素与长周期元素共同构成的族叫作主族，完全由长周期元素构成的族，叫作副族。最右边一族是惰性元素，它们在通常情况下不起化学变化，化合价是零，因此称为零族。人们利用周期表，可以推断元素的性质，可以预言新的元素，还可探索新材料。

1.2 溶液与溶液浓度

1.2.1 溶液

由一种或几种物质的微粒分散到另一种物质的微粒中所形成的体系叫分散系。如碘分散在酒精中形成的碘酒、浓硫酸分散在水中形成的稀硫酸、泥土分散在水中形成的泥浆等都是分散系。在分散系中，被分散的物质称为分散相（如碘、浓硫酸、泥土），微粒在其中分散的物质称分散介质（如酒精、水）。分散系可以是均匀的（如碘酒、稀硫酸），也可以是非均匀的（如泥浆），这主要取决于分散系中分散相微粒的大小。如果按照分散相微粒直径的大小，分散系可分为真溶液、胶体溶液和浊液，如表 1-5 所示。

表 1-5 分散系的分类

分散相直径/m	分散系类型
10^{-9} 以下	（真）溶液
$10^{-9} \sim 10^{-7}$	胶体溶液
10^{-7} 以上	浊液（悬浊液、乳浊液）

（1）（真）溶液

真溶液也称溶液，它是由分散相以分子或离子形式在分散介质中分散所形成的均匀分散系。由于分子或离子的直径很小，所以溶液具有均一、稳定的特性。溶液的分散相也叫溶质，分散介质也叫溶剂，故溶液是由溶质和溶剂组成的。溶液可以是固态的（如合金）、液态的（如碘酒、稀硫酸）或气态的（如空气）。通常所指的溶液，是液态溶液。

溶质和溶剂是相对的。如果溶液是由固体和液体组成的（如碘和酒精），则固体是溶质，液体是溶剂；若溶液是由气体和液体组成的（如氯化氢气体溶于水得盐酸溶液），则气体是溶质，液体是溶剂；若溶液是由两种液体组成的，一般把量少的叫溶质，量多的叫溶剂，如酒精与水互溶时，一般认为酒精是溶质，水是溶剂，如果少量的水溶解在酒精里，就可以把水作为溶质，酒精作为溶剂。

水是最常用的溶剂，能溶解许多固态、液态和气态物质，形成液态的溶液。其他的物质如汽油、酒精等也可以作为溶剂，用来溶解不易被水溶解的物质。如汽油能溶解油脂、酒精能溶解碘等。通常用得最多的是液态的溶液，在没有特殊说明的情况下，一般指的是水作为溶剂的（真）溶液。

（2）浊液

分散相微粒的直径大于 10^{-7}m 的分散系称为浊液。浊液又分为悬浊液和乳浊液。

例如，当把淀粉置于水中，经过振荡便得到浑浊的液体，液体里悬浮着由很多分子集合成的固体小颗粒，直径大于 10^{-7}m。这种由固体小颗粒悬浮于液体中形成的浊液叫悬浊液。因为固体小颗粒的直径较大，所以悬浊液很不稳定，静置一段时间后，就会出现小颗粒下沉的现象。又如，将植物油注入水中，用力振荡以后，得到乳状浑浊的液体，液体里分散着由很多分子集合而成的不溶于水的小液滴，其直径也大于 10^{-7}m。这种由小液滴分散到液体中形成的浊液叫乳浊液。同样，乳浊液也很不稳定，小液滴会因为密度小而逐渐上浮，分为上下两层。

由上述两个例子可见，浊液具有浑浊的外观和不稳定的特性。浊液的应用也很广泛，如农药喷洒前，大多将农药制成悬浊液和乳浊液，这样可减少药液散失，喷洒均匀和药效维持时间长，以便提高其杀虫效力。

（3）胶体溶液

在胶体溶液中，分散相微粒直径的大小介于（真）溶液分子或离子的直径（$<10^{-9}$m）和浊液微粒的直径（$>10^{-7}$m）之间。一般地，把分散相微粒的直径在 $10^{-9}\sim10^{-7}$m 之间的分散系叫作胶体溶液，简称胶体。其中的微粒是由很大数目的分子（各微粒中所含分子的数目并不相同）组成的集合体。例如，将硝酸银溶液滴入碘化钾溶液中可制得浅黄色的碘化银胶体，这种胶体中的微粒就是许多碘化银分子的集合体。

胶体溶液中的微粒是带有电荷的，这是由于胶体的微粒具有较大的表面积，能吸附阳离子或阴离子，因而带上正电荷或者负电荷，这种带电的微粒称为胶粒。下面的实验可以证明胶粒的带电性。在一个 U 形管中装入红褐色的 $Fe(OH)_3$ 胶体，从 U 形管的两个管口各插入一个电极，将其通直流电后，发现阴极附近的颜色逐渐加深，阳极附近的颜色逐渐变浅，这表明 $Fe(OH)_3$ 胶粒带正电荷。这种在外电场的作用下，胶粒在分散介质中向阴（或阳）极做定向移动的现象，叫作电泳。如图 1-2 所示。

胶体的电泳现象证明了胶粒具有带电性，实际上是作为分子集合体的微粒吸附溶液中的带电离子后，形成了带电的微粒。下面以 AgI 胶体为例来说明胶粒的构造，其结构如图 1-3 所示。由图可见，胶体的微粒由胶核及吸附层和扩散层组成。

在 AgI 胶体中，核心是碘化银分子的集合体 $(AgI)_m$，称其为胶核。m 表示胶核中所含 AgI 的分子数，m 的数值很大，且每个胶核的 m 值各不相同。如果胶体溶液中只有胶核在分散介质中，那么它将是很不稳定的。胶核的颗粒小，表面积很大，它们有相互聚结起来变成较大的粒子而沉积下来的趋势，因此胶体中必须有稳定剂存在，通常是

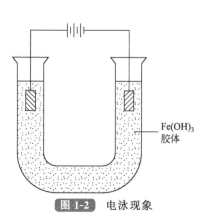

图 1-2 电泳现象

$Fe(OH)_3$ 胶体

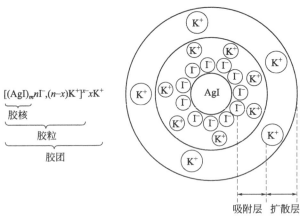

$$[(AgI)_m \cdot nI^-,(n-x)K^+]^{x-} \cdot xK^+$$

胶核 }

胶粒 }

胶团 }

吸附层　扩散层

图 1-3　碘化银胶团的结构示意图（KI 为稳定剂）

少量的电解质。碘化钾就是碘化银胶体的稳定剂。若溶液中存在 KI，则胶核优先吸附 I^-，使 I^- 紧密地围绕在胶核的周围，数目为 n（$n \ll m$）。因此，胶核因吸附 I^- 而带负电。与此同时，溶液中的 K^+ 又被带上负电的胶核吸附，被吸附的 K^+ 数目小于 I^- 的数目，为（$n-x$）。这样胶核就吸附了电荷不同的两层离子，这两层离子与胶核是一个独立运动的整体。因此把胶核吸附的这两层离子叫吸附层，胶核与吸附层一起组成胶粒。通常所说的胶体带正电或负电就是指胶粒而言，胶粒的电性取决于胶核优先吸附的离子的电性，如碘化银胶粒带负电性（因 K^+ 的数目小于 I^- 的数目）。为了保持电中性，胶粒四周还会吸引少数的 K^+，其数目为 x。这些 K^+ 与胶粒之间的吸引力较小，故这层离子称为扩散层，胶粒与扩散层组成的微粒称胶团。胶团是电中性的。由于离子是溶剂化的，故胶粒和胶团也是溶剂化的。

正是由于胶粒的带电性，使胶体是比较稳定的分散系。胶体中的胶粒的带电性是相同的，相同电性的微粒之间存在着排斥力，使胶粒不易发生聚集而下沉。另外，胶粒的溶剂化作用使胶粒表面吸附有水分子层，阻碍了胶粒间的接触，使之难以发生聚集，这也是胶体能够稳定的原因。

胶体的稳定是有条件的，一旦条件改变就会使胶粒发生聚集，方法主要是使胶粒的电性被中和或增加胶粒碰撞的机会。如果加入少量的电解质（特别是含有与胶粒电性相反的高价离子的电解质），或加入带相反电荷的胶体，或增加胶体的浓度，或加热等，都可以使胶粒聚集成大颗粒，此过程被称为凝聚。

例如，在装有 $Fe(OH)_3$ 胶体的试管中，逐滴加入 $MgSO_4$ 溶液，就会观察到胶体变成浑浊状态，说明胶粒发生了凝聚作用。当胶体发生凝聚后，一般都生成絮状沉淀，但有些胶体凝聚后，胶体和分散介质凝聚在一起成为不流动的冻状物，这种物质叫作凝胶。例如豆浆是胶体，加入石膏（$CaSO_4 \cdot 2H_2O$）溶液后，就可使豆浆里的蛋白质和水等物质一起凝聚而制成豆腐，豆腐就是一种凝胶。其他如琼脂、肉冻等都是凝胶。凝胶的内部都含有大量的液体。例如胶体铅酸蓄电池中的胶体电解质，就是硅酸胶体加入硫酸溶液后制成的一种凝胶，其中仍含有硫酸溶液，它使铅酸蓄电池仍能像普通的铅酸蓄电池那样正常工作。

电解质使胶体凝聚的过程是一个比较复杂的过程，主要是与胶粒电荷相反的带电离子在起作用，它能改变和中和胶粒的电性，削弱胶粒之间的静电排斥力，而且这种离子的价数越高，其凝聚能力就越大。带有相反电荷的胶体，其作用也是中和胶粒的电荷，使胶体发生凝聚。如果增加胶体的浓度，则可使胶粒间相互碰撞的机会增多，从而加速胶粒的自动凝聚作用。如果对胶体加热，同样可增加胶粒之间的碰撞机会，而且还能减少胶粒所带电荷（胶粒的电荷与其吸附的离子数有关，加热能减弱离子被胶粒吸附的作用），以及破坏胶粒表面的水分子层，加快胶体凝聚的速度。

1.2.2 溶解过程

将溶质放入水中时，溶质的分子或离子在水分子的撞击或吸引下，逐渐向水中分散而形成溶液，这个过程叫做溶解。

物质在溶解过程中有吸热或放热现象（热效应）产生，例如，当硫酸或氢氧化钠溶解于水时，溶液的温度显著升高（放热），而当硝酸铵或氯化铵溶解于水时，溶液的温度显著下降（吸热）。这是因为物质在溶解过程中通常发生两种过程。一种是物理过程，即物质在溶解时，其表面的分子或离子必须克服内部分子或离子对它们的吸引力，并均匀地扩散到水中，这就需要一定的能量，也就是要吸收热量。另一种是化学过程，也叫溶剂化作用。即物质溶解于水后，有一部分溶质分子或离子与水分子作用，生成水合分子或水合离子，在此过程中将释放热量。溶解的热效应取决于这两个过程的热效应大小。如果放出的热量大于吸收的热量，则溶解后表现为放热，反之，则表现为吸热。

任何物质在一定量的溶剂中的溶解是有限度的。这是因为在溶解过程中还存在与溶解相反的过程。当溶质是固体时，被溶解的溶质分子或离子，在溶液中会不停地运动。当它们与未溶解的固体表面碰撞时，又会重新聚集到固体表面上，这个过程称为结晶。在溶解开始时，溶解的速度很大，结晶的速度很小，则溶质不断被溶解，随着溶解的进行，溶液中溶质的浓度逐渐增加，使溶解的速度逐渐减小，而结晶的速度逐渐增大，最后两者的速度相等，这种溶解和结晶速度相等的状态，叫做溶解平衡。

当达到溶解平衡状态时，表观上看起来溶质不会继续被溶解，这是由于溶解和结晶速度相等，即单位时间里进入溶液的溶质数与聚集到溶质固体表面的溶质数相等。所以溶解平衡状态下仍然在进行溶解和结晶两种相反的过程，这种平衡叫作动态平衡。溶解平衡的动态平衡表达式如下：

$$未溶解的溶质 \underset{结晶}{\overset{溶解}{\rightleftharpoons}} 已溶解的溶质（分子或离子）$$

在一定温度下，达到溶解平衡状态的溶液称为饱和溶液。在饱和溶液中，若再加少量溶质，溶质不能再继续溶解。在一定温度下，未达到溶解平衡状态，即溶质还可以继续溶解的溶液，称为不饱和溶液。如图 1-4 所示表示建立溶解平衡的过程。

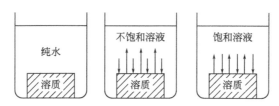

图 1-4 溶解平衡的建立

不同的物质在同一种溶剂中的溶解能力是不相同的；同一种物质在不同温度条件下的溶解能力也是不相同的。通常用溶解度来表示物质在某种温度条件下的溶解能力，规定在一定温度下，溶质在 100g 溶剂中溶解形成饱和溶液时溶解溶质的克数，叫作这种物质在该温度下的溶解度。若未特别指明，则表示物质在水中的溶解度。例如 20℃时，食盐在 100g 水中最多能溶解 36.0g，则食盐在 20℃时的溶解度为 36.0g。

根据溶解度的大小，通常将物质分为易溶、可溶、微溶和难溶等几类。在室温（18～25℃）条件下，溶解度大于 10g 的称其为"易溶"物质；溶解度在 1～10g 之间的称其为

"可溶"物质；溶解度在 0.1~1g 之间的称其为"微溶"物质；溶解度小于 0.1g 的称其为"难溶"物质。绝对不溶的物质是没有的，通常所说的沉淀实际上是溶解度很小的难溶物质而已。例如，硫酸铅（$PbSO_4$）是沉淀，它在 20℃时的溶解度为 0.0041g，是一种难溶物质。

1.2.3 溶液的浓度

在一定量的溶液里所含溶质的量叫作溶液的浓度。溶液的浓度可以用不同的方法来表示，常见的有质量分数、体积比和物质的量浓度等。

（1）质量分数

溶液的浓度用溶质的质量占全部溶液质量的百分比表示，叫作质量分数，用％表示。例如，浓度为 10％的食盐溶液，就是指 100g 溶液中含有 10g 食盐和 90g 水。质量分数可用以下式子计算：

$$溶液的质量分数 = \frac{溶质质量}{溶液质量} \times 100\% \tag{1-1}$$

$$= \frac{溶质质量}{溶剂质量 + 溶质质量} \times 100\% \tag{1-2}$$

上式中各个量的单位必须统一，可以是 g、mg 或 kg 等。

（2）体积比

当溶质和溶剂都是液体时，常用体积比表示。用两种液体的体积比来表示的溶液浓度，叫作体积比。用下式计算：

$$体积比 = 某种液体(或溶液)的体积 ： 水的体积 \tag{1-3}$$

（3）物质的量浓度

用 1L 溶液中所含溶质的物质的量来表示的溶液浓度，叫作物质的量浓度，单位是"mol/L"。例如，1L 硫酸溶液中含有 1mol 的硫酸，则该溶液的浓度为 1mol/L。物质的量浓度的计算式为：

$$物质的量浓度(mol/L) = \frac{溶质的摩尔数(mol)}{溶液体积(L)} \tag{1-4}$$

1mol 物质所含的微粒（分子、原子或离子）数为 6.02×10^{23} 个，其质量若以 g 为单位，则数值上等于分子量或原子量。1mol 物质的质量称为摩尔质量，单位是"g/mol"。例如，铜的原子量是 63.5，则铜的摩尔质量是 63.5g/mol；硫酸的分子量是 98，则硫酸的摩尔质量是 98g/mol。

物质的质量、物质的量和摩尔质量之间的关系可用下式表示：

$$物质的量(mol) = \frac{物质的质量(g)}{摩尔质量(g/mol)} \tag{1-5}$$

以上浓度可根据需要采用，但经常需要进行浓度换算。百分比浓度与物质的量浓度必须通过溶液的密度进行换算。现推导如下：

设溶液的体积为 V（L），其质量分数为 w（％），其密度为 d（g/mL），其溶质摩尔量为 M（g/mol）。

则该溶液中溶质的质量（g）为：

$$wV \times 1000d$$

溶质的物质的量（mol）为：

$$\frac{wV(L) \times 1000d(g/mL)}{M(g/mol)}$$

所以 该溶液的物质的量浓度（mol/L）为：

$$c = \frac{wVd \times 1000}{MV}$$

$$= \frac{wd \times 1000}{M} \tag{1-6}$$

【例1-1】现有60%的硫酸溶液，密度为1.50g/mL，求这种溶液的摩尔浓度。

解 硫酸溶液中溶质（H_2SO_4）的摩尔质量为98g/mol。

所以 该溶液的摩尔浓度为：

$$c = \frac{60\% \times 1.5 \times 1000}{98} = 9.2(\text{mol/L})$$

1.2.4 溶液的配制

配制溶液的方法很多，常用的有以下三种情况：一是将溶质（固、液、气态）直接溶解于水；二是将浓溶液加水稀释；三是将两种不同浓度的同种溶液混合，得到所需浓度的溶液。下面分别介绍与以上三种配制方法相对应的计算。为了计算方便，先规定几个相关量的符号，如表1-6所示。

表1-6　各个量的符号规定

固体或溶液质量		体积/(L 或 mL)		密度/(g/mL)		质量分数/%	
m_1	固体或浓溶液	V_1	浓溶液	d_1	浓溶液	w_1	固体或浓溶液
m_2	水或稀溶液	V_2	水或稀溶液	d_2	水或稀溶液	w_2	水（为0）或稀溶液
m_3	所配溶液	V_3	所配溶液	d_3	所配溶液	w_3	所配溶液

（1）溶质直接溶解于水

这种方法常用于固体溶解于水来配制溶液。计算依据是：纯固体的质量（或物质的量）等于溶液中溶质的质量（或物质的量）。

【例1-2】配制密度为1.200g/mL的KOH溶液（质量分数为22.4%）15L，需要95%的固体氢氧化钾多少千克？纯水多少升？

解 已知$V_3 = 15$L　$d_3 = 1.200$g/mL　$w_3 = 22.4\%$　$w_1 = 95\%$。

因为 $$m_1 w_1 = V_3 d_3 w_3$$

所以 $$m_1 = \frac{15 \times 1.2 \times 22.4\%}{95\%} \times 10^3 = 4.244(\text{kg})$$

$$V_2 = \frac{m_3 - m_1}{d_2} = \frac{15 \times 1.2 - 4.244}{1} = 13.76(\text{L})$$

答：需95%的固体氢氧化钾4.244kg，纯水13.76L。

（2）浓溶液稀释

这种方法的计算依据是：①稀释前浓溶液的质量与水的质量之和等于稀释后所得溶液的质量（即稀释前后溶液质量相等）；②稀释前浓溶液中溶质的质量等于稀释后所得溶液中溶质的质量（即稀释前后溶质质量相等）。可用以下式子表达：

$$\begin{cases} m_1 w_1 + m_2 w_2 = m_3 w_3 & (1-7) \\ m_1 + m_2 = m_3 & (1-8) \end{cases}$$

也可以写成：

$$\begin{cases} V_1 d_1 w_1 = V_3 d_3 w_3 & (1-9) \\ V_1 d_1 + V_2 = V_3 d_3 & (1-10) \end{cases}$$

（因为水的密度 $d_2 = 1g/mL$，百分比浓度 $w_2 = 0$）

【例 1-3】 某铅酸蓄电池需密度为 $1.19g/mL$（质量分数为 25.9%）的硫酸溶液 1L，需市售浓硫酸（密度为 $1.84g/mL$，百分比浓度为 94.8%）和纯水各多少升？

解 已知：$d_1 = 1.84g/mL$ $\qquad w_1 = 94.8\%$ $\qquad d_2 = 1g/mL$ $\qquad w_2 = 0$

$\qquad\qquad d_3 = 1.19g/mL$ $\qquad w_3 = 25.9\%$ $\qquad V_3 = 1L$

将数据代入式（1-9）和式（1-10）得：$\begin{cases} V_1 \times 1.84 \times 94.8\% = 1 \times 1.19 \times 25.9\% \\ V_1 \times 1.84 + V_2 = 1 \times 1.19 \end{cases}$

解上述方程组得：$V_1 = 0.177L$ $\qquad V_2 = 0.864L$ （注意 $V_1 + V_2 \neq V_3$）

答：需浓硫酸 0.177L、水 0.864L。

如果溶液的浓度用物质的量浓度表示，则稀释之前与稀释之后溶液中溶质的物质的量相等。可用以下稀释公式表示：

$$c_{浓} V_{浓} = c_{稀} V_{稀} \tag{1-11}$$

其中，c 代表物质的量浓度，V 代表体积。

（3）两种溶液混合

两种溶液混合，混合后溶液中溶质的质量等于混合前两种溶液中的溶质的质量之和。混合溶液的浓度居于前两种溶液的浓度之间。

因为混合前后溶液和溶质的质量分别相等，所以同样可推导得式（1-12）和式（1-13）：

$$\begin{cases} V_1 d_1 w_1 + V_2 d_2 w_2 = V_3 d_3 w_3 & \tag{1-12} \\ V_1 d_1 + V_2 d_2 = V_3 d_3 & \tag{1-13} \end{cases}$$

【例 1-4】 某铅酸蓄电池组需要 15℃时密度为 $1.270g/mL$（质量分数为 35.6%）的硫酸溶液 7.8L，需 15℃时密度分别为 $1.840g/mL$（质量分数为 94.8%）的浓硫酸和 $1.200g/mL$（质量分数为 27.2%）的稀硫酸各多少升？

解 已知：$V_3 = 7.8L$，$d_3 = 1.270g/mL$，$w_3 = 35.6\%$

$\qquad\qquad d_2 = 1.200g/mL$，$w_2 = 27.2\%$，$d_1 = 1.840g/mL$，$w_1 = 94.8\%$

求：$V_1 = ?$ $\qquad V_2 = ?$

将上述已知数据代入式（1-12）和式（1-13）得：

$$\begin{cases} V_1 \times 1.84 \times 94.8\% + V_2 \times 1.2 \times 27.2\% = 7.8 \times 1.27 \times 35.6\% \\ V_1 \times 1.84 + V_2 \times 1.2 = 7.8 \times 1.27 \end{cases}$$

解方程组得：$V_1 = 0.67L$ $\qquad V_2 = 7.23L$

答：需密度为 $1.840g/mL$ 的浓硫酸 0.77L，需密度为 $1.200g/mL$ 的稀硫酸 7.14L。

1.3 电解质溶液

电解质是指溶于溶剂或熔化时能形成离子，从而具有导电能力的物质。通常在无特别说明时，均指电解质水溶液，简称电解质溶液或溶液。电解质溶液的性质主要取决于溶质与溶剂的性质以及溶液中各类粒子间的相互作用。

1.3.1 电解质的种类

电解质的种类可从不同的角度进行分类，常用的分类方法有三种。

（1）强电解质与弱电解质

电解质在水中离解成正、负离子的现象叫电离。电离的程度与电解质的本性（键能的性质与强弱）、溶剂的极性强弱、溶液的浓度和温度等因素有关。根据电离程度的不同，可将电解质分为强电解质和弱电解质两大类。

强电解质在溶液中几乎全部电离。强酸、强碱和大部分盐均属于强电解质，如 HCl、H_2SO_4、$NaOH$、$NaCl$、$CuSO_4$ 和 CH_3COONa（乙酸钠）等。

弱电解质在溶液中是部分电离的，存在电离平衡，可以用电离度表示其特征：

$$电离度＝溶质已电离的分子数/溶质的分子总数 \tag{1-14}$$

弱酸、弱碱属于弱电解质，如 CH_3COOH（乙酸）、H_2CO_3 和 NH_3 等。

强电解质与弱电解质之间并无绝对的界限，有些电解质介于两者之间，如 H_3PO_4、H_2SO_3 和 $Ca(OH)_2$ 等。有的电解质在不同的溶剂中表现出完全不同的电离程度，如 CH_3COOH 在水中是弱电解质，在液氨中则为强电解质。

（2）缔合式电解质和非缔合式电解质

按照离子在溶液中存在的形态可分为缔合式电解质和非缔合式电解质。离子在溶液中全部以自由离子形态存在的电解质叫非缔合式电解质。这类电解质实际中比较少见，主要有碱金属、碱土金属和过渡族金属的卤化物及过氯酸盐（高氯酸盐）。但非缔合式电解质的概念在理论上很重要，近代电解质溶液理论就是按这类电解质推导出来的。

除了自由离子外，还含有以静电作用缔合在一起的离子缔合体或未电离的分子的电解质称为缔合式电解质。实际中遇到的大多数电解质均属这类电解质。

（3）真实的电解质和可能的电解质

按照电解质的键合类型可以分为真实的电解质和可能的电解质。凡是以离子键化合的电解质称为真实的电解质。这是因为以离子键化合的电解质本身就是由正、负离子组成的离子晶体，熔化成液态时即成离子导体。当其在溶剂中溶解时，通过溶剂分子与离子间的相互作用，即可使离子键遭到破坏而离解为正离子和负离子。这类电解质有 $NaCl$、$CuSO_4$ 等。

以共价键化合的电解质被称为可能的电解质。这类电解质在溶解过程中，只有通过溶剂与溶质（电解质）的化学作用才能形成离子。例如 HCl、CH_3COOH、NH_3 等都是共价键化合物，它们在水中的电离是通过下述反应生成络合物或水化物而实现的，即

$$HCl + H_2O \rightleftharpoons H_3O^+ + Cl^-$$
$$CH_3COOH + H_2O \rightleftharpoons CH_3COO^- + H_3O^+$$
$$NH_3 + H_2O \rightleftharpoons NH_4^+ + OH^-$$

1.3.2　离子与水分子的作用

水分子是极性较强的分子，电解质在水中溶解的时候，离子与水分子之间存在相互作用，并导致水分子在离子周围定向排列。与此同时，对离子取向的水分子与离子形成一个整体，在溶液中一起运动，增大了离子的有效体积。这种离子和水分子的相互作用及其引起溶液状态的上述变化统称为离子水化或离子的水化作用。如果泛指一般溶剂，可称为离子的溶剂化。离子与水分子的相互作用通常包括两个方面：离子与极性水分子之间的静电作用和它们之间的化学作用（如生成水合物）。

离子水化过程伴随能量的变化。电解质之所以能在水中自发地离解，正是因为电离时破坏晶体离子键或极性分子共价键所需的能量来自水化作用释放出的能量。所以，电离与离子水化是电解质溶解过程不可分割的两个方面。如图 1-5 所示为两类结构电解质的电离和水化过程示意图。

1.3.3　强电解质溶液的活度

强电解质在水溶液中是全部电离的，因此在强电解质溶液中，溶质将电离成离子（溶剂化离子），而不是以分子的形式存在。由于离子是带有电荷的，水分子又是极性分子，所以

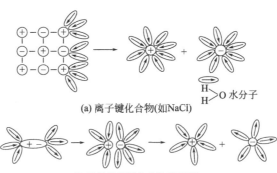

(a) 离子键化合物(如NaCl)

(b) 极性共价键化合物(如HCl)

图 1-5 电解质在水中电离与水化过程示意图

离子之间以及离子与水分子之间的相互作用都很强。溶液中每一个离子都被电荷符号相反的离子包围，叫离子氛，如图 1-6 所示。正离子周围是带负电荷的离子氛，负电荷周围是带正电荷的离子氛，每一个离子都处在其他相反电荷离子的离子氛中。

离子氛的存在是离子之间的静电引力引起的，它将影响离子在溶液中的行为，表现为有效的离子浓度小于实际的离子浓度，而且浓度越大，影响越大。

例如，物质的量浓度为 2mol/L 的硫酸溶液中，H^+ 的实际浓度为 4mol/L，SO_4^{2-} 的实际浓度为 2mol/L，由于该硫酸溶液的浓度较大，离子之间的相互作用很强，使得 H^+ 的有效浓度小于 4mol/L，SO_4^{2-} 的有效浓度小于 2mol/L。

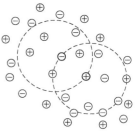

图 1-6 离子氛示意图

只有在溶液无限稀释的情况下，离子间的引力才可忽略，认为没有离子氛的影响，即离子的行为不受其他离子的约束，此时，有效离子的浓度就是实际的离子浓度。

在通常的浓度范围内，强电解质溶液中离子之间的相互影响不能忽略，有必要对实际浓度进行修正，修正后的浓度叫活度，即有效离子浓度，用 a 表示，即

$$a = \gamma m \tag{1-15}$$

式中，m 为实际的离子浓度，用质量摩尔浓度表示（每千克水含溶质的物质的量），mol/kg；γ 为活度系数，与实际浓度和温度有关。

计算活度的关键是活度系数，但实际上无法知道电解液中正、负离子单独的活度系数 γ_+ 和 γ_-，只能测得或计算出它们的平均活度系数 $\gamma_\pm$，因此活度也只能知道其平均值。

设电解质的分子式为 $M_{V+}A_{V-}$，其电离方程式为：

$$M_{V+}A_{V-} \Longrightarrow \nu_+ M^+ + \nu_- M^- \tag{1-16}$$

则

$$m_+ = \nu_+ m \qquad m_- = \nu_- m \tag{1-17}$$

根据式（1-15）得：

$$a_+ = \gamma_+ m_+ \qquad a_- = \gamma_- m_- \tag{1-18}$$

$$a = a_+^{\nu_+} a_-^{\nu_-} \tag{1-19}$$

定义下列平均值：

$$a_\pm^\nu = a_+^{\nu_+} a_-^{\nu_-} \tag{1-20}$$

$$\gamma_\pm^\nu = \gamma_+^{\nu_+} \gamma_-^{\nu_-} \tag{1-21}$$

$$m_\pm^\nu = m_+^{\nu_+} m_-^{\nu_-} \tag{1-22}$$

式中，a_+、a_- 为单一离子的活度；γ_+、γ_- 为单一离子的活度系数；m_+、m_- 为单一离子的质量摩尔浓度；a 为电解质溶液的总活度；$a_\pm$ 为离子平均活度；$\gamma_\pm$ 为离子平均活度系数；$m_\pm$ 为离子平均浓度；ν_+、ν_- 为分子中正、负离子数目；ν 为分子中两种离子的数目之总和，即 $\nu = \nu_+ + \nu_-$。

将式（1-17）代入式（1-22）得：$m_{\pm}^{\nu}=(\nu_{+}^{\nu_{+}}\nu_{-}^{\nu_{-}})m^{\nu}$ （1-23）

所以 平均活度为：$a_{\pm}=\gamma_{\pm}m_{\pm}=\gamma_{\pm}m(\nu_{+}^{\nu_{+}}\nu_{-}^{\nu_{-}})^{1/\nu}$ （1-24）

电解质的总活度为：$a=a_{\pm}^{\nu}=(\nu_{+}^{\nu_{+}}\nu_{-}^{\nu_{-}})(\gamma_{\pm}m)^{\nu}$ （1-25）

1.3.4 电解质溶液的导电

能导电的物质称为导体。金属能导电，称为金属导体。电解质的水溶液或者熔融体也能导电，称为电解质导体。

金属在电场作用下，其自由电子做定向的移动而产生电流，即金属的导电机理是电子导电，所以金属导体又称为电子导体或第一类导体。

电解质导体中不存在自由电子。当酸、碱或盐等电解质溶解于水后，电离出大量的阳离子或阴离子。这些大量的可移动的带电离子，能在外电场作用下做定向移动，从而完成电流的输送。同样，电解质在熔融状态下，由于离子本身的热运动，能够离开它在晶体中的固定位置，以离子状态进行移动。所以，在外电场作用下，电解质导体中带正电荷的阳离子和带负电荷的阴离子分别向相反的方向移动，形成电流。这种靠离子来完成导电过程的导体，叫作离子导体或第二类导体。

离子导体的导电能力常用电导（电阻的倒数）来表示。电解质溶液与金属导体一样，也遵从欧姆定律：

$$I=U/R \qquad (1-26)$$

式中，I 为流经导体的电流强度；U 为导体两端的电位差；R 为电阻。对于离子导体，则用下式来表示：

$$I=LU \qquad (1-27)$$

式中，$L=1/R$，是电解质溶液的电导，它更直接地表示出电解质溶液的导电能力，单位是西门子（S），习惯上用 Ω^{-1} 表示，即 $1S=1\Omega^{-1}$。

实验表明，电阻与物体的长度 l 成正比，与截面积 A 成反比，即

$$R=\rho l/A \qquad (1-28)$$

式中，ρ 为电阻率，$\Omega\cdot cm$。同样，电导的大小也与物体的几何形状有关，对于一个性质均匀的物体，电导与截面积成正比，与长度成反比，即

$$L=\frac{1}{R}=\frac{1}{\rho}\times\frac{A}{l}=\kappa\frac{A}{l} \qquad (1-29)$$

式中，$\kappa=1/\rho$ 称为电导率，指的是电极面积为 $1cm^2$、相距 $1cm$ 时溶液的电导，又称其为比电导。单位是电阻率单位的倒数，即 $\Omega^{-1}\cdot cm^{-1}$ 或 $S\cdot cm^{-1}$。当要对几种物体的导电能力进行比较时，应用电导率的大小来衡量。例如 5% 的 NH_4Cl 溶液的 $\kappa=9.180\times10^{-2}$ $\Omega^{-1}\cdot cm^{-1}$，10% 的 NH_4Cl 溶液的 $\kappa=17.78\times10^{-2}\Omega^{-1}\cdot cm^{-1}$，则后者的导电性比前者好。

电解质的导电能力与电解质的强弱、浓度和温度有关。当温度升高时，离子在溶液中的迁移速度加快，使溶液的导电能力增强，这与金属导体的情况相反（温度升高时，由于金属离子在晶格上的热运动加剧，电子在晶格内的定向移动受阻，使金属导电能力减小）。

溶液浓度与导电能力之间的关系比较复杂，图1-7 中给出了几种常见电解质溶液的电导率 κ 与浓度的关系。从图中可看出在同一当量浓度下强酸的电

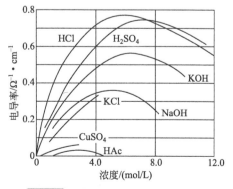

图 1-7 溶液电导率与浓度的关系

导率比较大，强碱次之，盐类较低，弱电解质如 HAc 的电导率就更低。另外，曲线都有一个极大点，即电导率随浓度的增加而减小的现象。图中那些溶解度较小的盐类的曲线没有出现极大点，是因为在到达极大点之前其溶液就已经饱和了。

浓度对电导率的这种影响，是因为电解质溶液的导电能力取决于单位体积内离子的多少，离子数目多，导电能力就大。但是，当溶液的浓度过高时，离子太多且离子间距离很近，正负离子间存在吸引力，将影响离子移动的速度，所以，离子浓度太大的电解质溶液，导电能力反而减小。因此，电解质溶液只有在一个适当的浓度范围内，其导电能力才最大。当选择电池的电解液浓度时，考虑其最佳电导率就十分重要。例如铅酸蓄电池的电解液是稀硫酸溶液，浓度选择在 15℃时密度为 $1.20 \sim 1.30 \text{g/cm}^3$ 时具有较高的电导率。

1.4　原电池与电池的可逆性

化学上将化学反应按有无电子得失分为两大类，反应过程中有电子得失的化学反应称为氧化还原反应，没有电子得失的化学反应称为非氧化还原反应。电化学研究的化学反应就是氧化还原反应，即如何利用氧化还原反应实现化学能与电能的转化。化学能转变成电能的过程是靠原电池来完成的，电能转变成化学能的过程是在电解池中进行的。

1.4.1　氧化还原反应

（1）氧化还原反应的本质

氧化还原反应是指有电子得失的化学反应。如：

$$Zn + Cu^{2+} = Zn^{2+} + Cu \qquad (1\text{-}30)$$

反应发生后，元素的化合价发生了改变。氧化还原反应的电子转移情况，可用下式来表示：

失去2e，化合价升高

$Zn + Cu^{2+} === Zn^{2+} + Cu$

得到2e，化合价降低

由上式可见，氧化还原反应中实际上同时存在得电子和失电子的反应，分别称为还原反应和氧化反应。氧化还原反应中的这两个反应又称为半反应，可以用反应式来表示：

氧化反应：　　　　　　　$Zn - 2e === Zn^{2+}$

还原反应：　　　　　　　$Cu^{2+} + 2e === Cu$

在氧化还原反应中，失去电子的物质叫作还原剂，得到电子的物质叫作氧化剂。实际上，得电子与失电子，氧化反应与还原反应，氧化剂与还原剂是矛盾的两个方面，既对立又相互依赖，共存于同一个氧化还原反应之中。它们在反应中的相互关系如表 1-7 所示。

表 1-7　氧化剂与还原剂的关系

氧化剂	还原剂
得电子，化合价降低	失电子，化合价升高
发生还原反应（被还原）	发生氧化反应（被氧化）
具有氧化性	具有还原性
使还原剂氧化	使氧化剂还原

（2）氧化态和还原态

任何一个氧化还原反应都包含氧化反应和还原反应两个半反应。在每一个半反应中，都存在元素的两种化合价态，即一个高价态，另一个低价态。把高价态称为氧化态，把低价态称为还原态。对于氧化反应，是由还原态变成氧化态的反应；对于还原反应，则是由氧化态变成还原态的反应。即

氧化反应：$\qquad$ 还原态 $1 - ne \longrightarrow$ 氧化态 1

还原反应：$\qquad$ 氧化态 $2 + ne \longrightarrow$ 还原态 2

如反应 $MnO_2 + 4HCl \Longrightarrow MnCl_2 + Cl_2 + 2H_2O$ 的两个半反应为：

氧化反应 $\qquad 2Cl^- - 2e \longrightarrow Cl_2$

$\qquad\qquad\qquad$ 还原态 $\qquad$ 氧化态

还原反应 $\qquad MnO_2 + 4H^+ + 2e \longrightarrow Mn^{2+} + 2H_2O$

$\qquad\qquad\qquad$ 氧化态 $\qquad\qquad$ 还原态

由上可见，发生还原反应的氧化态物质（MnO_2）就是氧化还原反应的氧化剂，发生氧化反应的还原态物质（Cl^-）就是氧化还原反应的还原剂。即作为反应物的氧化态或还原态物质就是氧化还原反应的氧化剂和还原剂。

当某种元素具有多种价态时，居于中间价态的物质，既可作为氧化剂，又可作为还原剂。当与其他强的氧化剂作用时，表现出还原性，是还原剂；当与其他强的还原剂作用时，表现出氧化性，是氧化剂。比如，Fe^{2+} 与强氧化剂 Cl_2 作用时是还原剂；与强还原剂 Zn 作用时，则是氧化剂：

$$2Fe^{2+} + Cl_2 \Longrightarrow 2Fe^{3+} + 2Cl^- \qquad\qquad (1-31)$$

$$Fe^{2+} + Zn \Longrightarrow Fe + Zn^{2+} \qquad\qquad (1-32)$$

实际上，强氧化剂反应后生成的还原态物质表现为弱的还原性，强还原剂反应后生成的氧化态物质表现为弱的氧化性。所以，强氧化剂与强还原剂相遇时，能自发地发生化学反应，而且反应速率也快；反之，弱的氧化剂与弱还原剂相遇时，往往很难发生反应，要使其反应必须外加一定的能量才行，比如加热或加压等。

1.4.2 原电池

（1）铜-锌原电池

在通常的氧化还原反应中，氧化剂和还原剂是直接接触的，电子也就直接从还原剂转移给氧化剂。例如在 Zn 片与 $CuSO_4$ 的反应中，Zn 直接将电子转移给溶液中的 Cu^{2+}，Cu^{2+} 获得电子后在 Zn 片上析出棕红色的金属 Cu。在此反应中，电子的流动是无秩序的，不可能获得电流，反应时释放出的化学能转变成热能，因此能观察到反应过程中有放热现象。

如果设法让氧化还原反应中的两个半反应分开进行，即还原剂失去的电子不是直接交给氧化剂，而是经过外接导线间接地转移，则可以获得电流，反应释放出的化学能也就变成了电能。这种利用氧化还原反应将物质的化学能直接转变成电能的装置叫做原电池。

实际上，任何一个氧化还原反应都可以通过原电池来实现，并获得一定的电能。下面就以 Zn 片与 $CuSO_4$ 的反应为例来讨论原电池的工作原理。

将 Zn 片插入盛有 $ZnSO_4$ 溶液的容器中，构成锌半电池（锌电极），将 Cu 片插入盛有 $CuSO_4$ 溶液的容器中，构成铜半电池（铜电极），两半电池的溶液用盐桥连接，即组成了铜-锌原电池。如图 1-8 所示。

由图可见，由于 Zn 和 Cu^{2+} 互不接触，不会发生反应，但当用导线将 Zn 片和 Cu 片连接时，由于 Zn 比 Cu 容易失去电子，就有电子从 Zn 片经过导线定向地流到 Cu 片，这可以从接在线路上的检流计指针的偏转及偏转方向得到证明。在电流产生的同时，Zn 因失去电

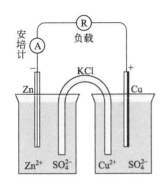

R
负载
安培计
A
Zn   KCl   Cu
+
Zn²⁺ SO₄²⁻ Cu²⁺ SO₄²⁻

图 1-8 铜-锌原电池示意图

子而变成 Zn^{2+} 进入 $ZnSO_4$ 溶液，$CuSO_4$ 溶液中的 Cu^{2+} 从 Cu 片上获得电子变成金属 Cu 沉积到 Cu 片上。在该原电池中，Zn 片既是导体又参与了失电子的反应，Cu 片仅起到导体的作用，它将由 Zn 转移来的电子交给溶液中的 Cu^{2+}。

电子是从 Zn 片经过导线流向 Cu 片的，所以 Zn 片是负极，Cu 片是正极。如果在两极之间的导线上接一电位差计，就能测出电极之间的电位差。通常将原电池两极上发生的反应称为电极反应，正极发生的反应称正极反应（还原反应），负极发生的反应称负极反应（氧化反应）。

因为原电池是由两个半电池组成的，所以电极反应也叫半电池反应。两个半电池反应相加即为电池反应，也就是氧化还原反应。上述铜-锌原电池的电极反应和电池反应为：

负极反应（氧化反应）　　　　　　$Zn-2e \Longrightarrow Zn^{2+}$ 　　　　　　　　　　　　(1-33)

正极反应（还原反应）　　　　　　$Cu^{2+}+2e \Longrightarrow Cu$ 　　　　　　　　　　　(1-34)

电池反应（氧化还原反应）　　$Zn+Cu^{2+} \Longrightarrow Zn^{2+}+Cu$ 　　　　　　　(1-35)

盐桥是充满强电解质溶液和琼脂胶冻的 U 形管。盐桥中的电解质，通常要求其阴离子和阳离子的迁移速率相近，如饱和的 KCl 溶液或高浓度的 KNO_3 溶液等。

盐桥的作用是保持溶液的电中性，以沟通电路，使反应顺利进行。因为在化学反应过程中，锌半电池中的 $ZnSO_4$ 溶液随着 Zn^{2+} 的增多而带正电，铜半电池中的 $CuSO_4$ 溶液随着 Cu^{2+} 的减少而带负电，这样就会阻碍 Zn 的继续氧化和 Cu^{2+} 的继续还原。用盐桥连接两个溶液后，盐的阳离子（K^+）将移向 $CuSO_4$ 溶液，盐的阴离子（Cl^-）将移向 $ZnSO_4$ 溶液，使两溶液维持电中性，保证了 Zn 的氧化和 Cu^{2+} 的还原能持续进行，从而获得电流。

（2）原电池符号

在电化学中，常用原电池符号来表示原电池的组成，其主要书写规定如下：

① 负极写在左边，正极写在右边，溶液写在中间。溶液中有关离子的浓度或气体物质的分压应注明，固态物质可以注明其物态。

② 凡是两相界面均用"∣"或"，"表示；两种溶液或同种溶液但浓度不同的两份溶液之间，如果用盐桥连接，则在两溶液间用"‖"表示盐桥。

③ 参与反应的物质如果是气体或者是溶液中的离子，则必须借助于辅助电极（通常采用铂等惰性金属或石墨），因此应写明采用的辅助电极材料。

④ 必要时可注明电池反应进行时的温度和电极的正、负极性。

如：$25℃，(-)Zn \mid ZnSO_4(a_1) \| CuSO_4(a_2) \mid Cu(+)$

$$Pt \mid Fe^{2+}(a_1),Fe^{3+}(a_2) \| Cl^-(a_3) \mid Cl_2(p),Pt$$

$$Pt,H_2(p_1) \mid HCl(a) \mid Cl_2(p_2),Pt$$

由以上可以看出，原电池的两个半电池都是由某种元素的高价态（氧化态）物质和低价态（还原态）物质组成的，这一对物质被称为氧化还原电对，简称电对或氧还对，用符号"氧化态/还原态"表示。如铜电对和锌电对分别为 Cu^{2+}/Cu 和 Zn^{2+}/Zn。氧化还原电对实际上代表的就是一个半电池即一个电极，两个电对就可以组成一个原电池。例如：

电对	电极	原电池
Fe^{2+}/Fe	$Fe \mid Fe^{2+}$	$Fe \mid Fe^{2+} \| Fe^{3+},Fe^{2+} \mid Pt$
Fe^{3+}/Fe^{2+}	$Pt \mid Fe^{3+},Fe^{2+}$	$Fe \mid Fe^{2+} \| H^+ \mid H_2,Pt$
H^+/H_2	$Pt,H_2 \mid H^+$	$Pt,H_2 \mid H^+ \| Fe^{3+},Fe^{2+} \mid Pt$
$AgCl/Ag$	$Ag,AgCl \mid Cl^-$	$Pt,H_2 \mid H^+ \| Cl^- \mid Ag,AgCl$

（3）原电池的种类

原电池根据其溶液的种类、溶液的浓度或气体的分压不同，可分为单液电池、双液电池和浓差电池。

① 单液电池。单液电池是指组成原电池的两个半电池（电极）的电解液是同一种溶液。如由氢电极和银-氯化银电极组成的原电池，电池符号为：

$$Pt, H_2 \mid HCl \mid AgCl, Ag$$

负极反应 $\qquad H_2 - 2e \longrightarrow 2H^+$ (1-36)

正极反应 $\qquad 2AgCl + 2e \longrightarrow 2Ag + 2Cl^-$ (1-37)

电池反应 $\qquad H_2 + 2AgCl \longrightarrow 2Ag + 2Cl^- + 2H^+$ (1-38)

② 双液电池。双液电池是指组成原电池的两个半电池（电极）的电解液是不相同的两种溶液。如前面所述的铜-锌原电池。

③ 浓差电池。浓差电池是指由两个相同电极材料分别浸入组成相同但浓度不同的电解液中组成的原电池。如：

$$Ag \mid AgNO_3(a) \| AgNO_3(a') \mid Ag \quad (a' > a)$$

负极反应 $\qquad Ag \longrightarrow Ag^+(a) + e$ (1-39)

正极反应 $\qquad Ag^+(a') + e \longrightarrow Ag$ (1-40)

电池反应 $\qquad Ag^+(a') \longrightarrow Ag^+(a)$ (1-41)

由上述反应可见，该浓差电池中的电池反应实际上是正极溶液中的 Ag^+ 从高浓度向低浓度变化，负极溶液中的 Ag^+ 则从低浓度向高浓度变化。当正负两极的 Ag^+ 浓度相等时，反应将不再进行，即原电池中不再有电流通过。

除了由电解液中离子浓度不等而形成的浓差电池外，还有由于参与电极反应的气体分压不同而形成的浓差电池。例如由两个氢电极组成的浓差电池：

$$Pt, H_2(p_1) \mid HCl(a) \mid H_2(p_2), Pt \quad (p_1 > p_2)$$

负极反应 $\qquad H_2(p_1) - 2e \longrightarrow 2H^+(a)$ (1-42)

正极反应 $\qquad 2H^+(a) + 2e \longrightarrow H_2(p_2)$ (1-43)

电池反应 $\qquad H_2(p_1) \longrightarrow H_2(p_2)$ (1-44)

同样，随着反应进行，负极氢气分压减小，正极氢气分压增大，当两者相等时，电池中不再有电流通过，浓差电池也随着浓差（压差）的消失而不复存在。

1.4.3 可逆电极

（1）电极的可逆性

电池由两个半电池组成，每个半电池实际上就是一个电极体系。电池总反应也是由两个电极反应组成的。所以电池是否可逆取决于电池反应是否可逆，实际上就是两个电极（或半电池）是否可逆。一个可逆电极必须具备以下两个条件。

① 电极反应可逆。电极反应可逆是指电极反应本身具有可逆性，即电极反应可向正、反两个方向进行。如金属与相应的离子组成的电极的电极反应为：

$$M^{n+} + ne \Longleftrightarrow M$$ (1-45)

只有正向和逆向反应速率相等时，电极反应中的物质交换和电荷交换才是平衡的。即在任一瞬间，锌原子（假设上式中的 M 为锌）的氧化速度必须等于锌离子的还原速度，正向反应得到电子的数量等于逆向反应失去电子的数量。这样的电极反应称为可逆电极反应，可逆电极反应的特征如图 1-9 所示。

② 电极反应在平衡条件下进行。所谓电极反应的平衡条件就是通过电极的电流等于 0 或电流趋于 0。只有在这样的条件下，电极上进行的氧化反应或还原反应的速率才能被认为

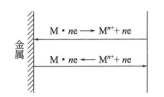

$$M \cdot ne \longrightarrow M^{n+} + ne$$

$$M \cdot ne \longleftarrow M^{n+} + ne$$

图 1-9 可逆电极反应示意图
箭头代表反应速率的矢量
（反应进行的方向）

是相等的。

所以，可逆电极就是在平衡条件下工作的、电荷交换与物质交换都处于平衡的电极，电极也就是平衡电极。

（2）可逆电极的类型

可逆电极按其电极反应的特点可分为不同类型。常见的可逆电极有以下几种。

① 金属电极。金属电极是由金属（或合金）浸在含有该金属（或合金中的某种元素）离子的可溶性盐溶液（或熔融盐）中组成的电极。如：

铜电极	$Cu \mid Cu^{2+}$
锌电极	$Zn \mid Zn^{2+}$
银电极	$Ag \mid Ag^{+}$
锂铝合金电极	$LiAl \mid KCl\text{-}LiCl$

这类电极的主要特点是:电极发生反应时，金属阳离子从极板上溶解到溶液中或从溶液中沉积到极板上。其电极的电极反应为：

$$M^{n+} + ne \Longleftrightarrow M \quad （M 代表金属）$$

② 难溶盐电极。难溶盐电极是在金属表面上覆盖一层金属的难溶盐（或金属的氧化物），并插入与该难溶盐具有相同阴离子的可溶性盐溶液（或碱溶液）中组成的电极，又称阴离子可逆电极。如：

氯化银电极	$Ag, AgCl(s) \mid KCl$	$AgCl + e \Longleftrightarrow Ag + Cl^{-}$
甘汞电极	$Hg, Hg_2Cl_2(s) \mid KCl$	$Hg_2Cl_2 + 2e \Longleftrightarrow 2Hg + 2Cl^{-}$
铅酸蓄电池负极	$Pb, PbSO_4(s) \mid H_2SO_4$	$PbSO_4 + 2e \Longleftrightarrow Pb + SO_4^{2-}$
镉镍电池负极	$Cd, Cd(OH)_2(s) \mid KOH$	$Cd(OH)_2 + 2e \Longleftrightarrow Cd + 2OH^{-}$

这类电极的特点是：a. 难溶盐的阳离子与作电极材料的金属是同一元素，难溶盐的阴离子则与溶液中的阴离子是相同的；b. 金属失电子后与溶液中阴离子结合生成难溶盐，或难溶盐中金属离子得电子生成金属并释放出阴离子。

③ 氧化还原电极。氧化还原电极是由铂或其他惰性金属插入同一元素的两种不同价态离子的溶液中组成的电极。如：

$$Pt \mid Fe^{2+}(a_{Fe^{2+}}), Fe^{3+}(a_{Fe^{3+}}) \quad Fe^{3+} + e \Longleftrightarrow Fe^{2+}$$

$$Pt \mid Sn^{2+}(a_{Sn^{2+}}), Sn^{4+}(a_{Sn^{4+}}) \quad Sn^{4+} + 2e \Longleftrightarrow Sn^{2+}$$

在这类电极中的惰性金属本身不参加反应，只起导电作用。电极反应的特点是：由溶液中同一元素的两种价态的离子之一进行氧化或还原反应来完成。

④ 气体电极。气体电极是将惰性电极插入与气体相对应的离子溶液中，并向溶液中通入气体，使气体吸附在惰性金属表面，并与溶液中的相应离子达成动态平衡。如：

$$Pt, H_2(p_{H_2}) \mid H^{+}(a_{H^{+}}) \quad 2H^{+} + 2e \Longleftrightarrow H_2$$

$$Pt, O_2(p_{O_2}) \mid OH^{-}(a_{OH^{-}}) \quad O_2 + 2H_2O + 4e \Longleftrightarrow 4OH^{-}$$

$$Pt, Cl_2(p_{Cl_2}) \mid Cl^{-}(a_{Cl^{-}}) \quad Cl_2 + 2e \Longleftrightarrow 2Cl^{-}$$

在这类电极中的惰性金属本身不参加反应，只起导电作用。电极反应的特点是：由气体或由与气体相平衡的离子在固相和液相的界面上发生氧化或还原反应。

1.4.4 电池的可逆性

电池的可逆性是指电池在发生可逆变化时，必须具备以下两个条件。

（1）化学反应可逆

电池中的化学反应可逆，即物质的变化是可逆的。也就是说，电池在工作（放电）时发生的物质变化，在通以反向电流（充电）时，有重新恢复原状的可能性。实际上，只要用上述可逆电极组成电池，电池的化学反应就是可逆的。如常用的铅酸蓄电池的放电和充电就是互逆的化学反应，即

$$Pb + 2H_2SO_4 + PbO_2 \rightleftharpoons 2PbSO_4 + 2H_2O \qquad (1\text{-}46)$$

而将锌和铜一起插入稀硫酸溶液中组成的电池就不具备可逆性。其放电反应为：

$$Zn + H_2SO_4 \longrightarrow ZnSO_4 + H_2 \qquad (1\text{-}47)$$

其充电反应为：

$$Cu + H_2SO_4 \longrightarrow CuSO_4 + H_2 \qquad (1\text{-}48)$$

显然，经过放电和充电循环之后，该电池中的物质变化不可能恢复原状。

（2）电池中能量的转化是可逆的

电池中的能量转化可逆，是指电能或化学能不转变为热能而散失，即用电池放电时放出的能量再对电池充电，电池体系的环境都能恢复到原来的状态。

实际上，电池在放电时，只要有可察觉的电流产生，电池两端的电压就会下降（低于电动势）；而在充电时，外加电压必须提高（大于电动势），才能有电流通过。由此可见，虽然蓄电池的电池反应（或电极反应）是可逆的，但充电时外界对电池所做的电功总是大于放电时电池对外所做的电功。由于有一部分电能在充放电过程中消耗于电池内阻而转化为热能散失掉，即能量的转化是不可逆的，因此蓄电池的充电和放电过程是不可逆过程。

要做到电池中能量转化过程是可逆的，只有当电流为无限小时，放电过程和充电过程都在同一电压下进行，这时电池的端电压就等于电池的电动势，电池的内阻压降也因为电流无限小而无限小，这样正、逆过程所做的功可以相互抵消，外界环境能够复原。显然，这种过程的变化速度是无限缓慢的，电池反应始终在接近平衡状态下进行，因此可逆过程只是一种理想的过程。从严格意义上讲，实际使用的电池都是不可逆的。

1.5　电极电位与能斯特方程

1.5.1　电动势的形成

电动势的形成是一个很复杂的过程，它实际上是电池内部各个相间电位的代数和。相间电位是指两相接触时，在界面层中存在的电位差。它包括金属接触电位、液体接界电位和电极电位。

（1）金属接触电位

当两种金属相接触时，在界面上产生的电位差，称为金属接触电位。

由于不同金属对电子的亲和力不同，电子逸出金属相的难易程度也各不相同，因此当两种金属相互接触时，相互逸入（出）的电子数目不相等，在接触界面上就形成双电层而产生电位差。难逸出电子的金属一侧因电子过剩而带负电，易逸出电子的金属一侧因电子缺乏而带正电。这个电位差就是金属接触电位。

在测定电池的电动势时，要用导线（铜丝）与两个电极相连，在导线与电极的接触面上就会产生金属接触电位，它将是电动势的一个组成部分。

（2）液体接界电位

在相互接触的两个组成不同或组成相同但浓度不同的电解质溶液界面上，存在着微小的电位差，称其为液体接界电位，简称液接电位。液接电位的产生是离子迁移速度的不同而引

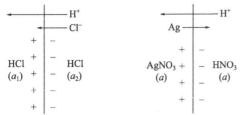

(a) 浓度不同的盐酸溶液　(b) 浓度相同的硝酸溶液和硝酸银溶液

图 1-10 液接电位的形成

起的。下面以两个浓度不同的盐酸溶液相接触为例来说明液接电位的形成。

如图 1-10 (a) 所示，当浓度不同的盐酸溶液（$a_1 < a_2$）相接触时，在浓度差的作用下，溶质将从浓度大的地方向浓度小的地方扩散。因为 H^+ 的迁移速度比 Cl^- 快，所以，在浓度稀的一方出现过剩的 H^+ 而带正电，在浓度高的一方出现过剩的 Cl^- 而带负电，于是在界面上产生一定的电位差。电位差的存在使 H^+ 的扩散速度减慢，同时加快了 Cl^- 的扩散速度，当两种离子以相同的速度扩散时，达到了动态平衡，此时界面上形成了一个稳定的双电层结构，使电位差保持恒定，这就是液接电位。

如图 1-10 (b) 所示，浓度相同的硝酸溶液和硝酸银溶液相接触时，由于界面两侧溶液都有 NO_3^- 而且浓度一致，所以可以认为 NO_3^- 不发生扩散，而 H^+ 会向硝酸银溶液扩散，Ag^+ 会向硝酸溶液扩散。因为 H^+ 的扩散速度大于 Ag^+ 的扩散速度，所以一开始就会形成如图 1-10 所示的双电层。同样的道理，当其达到动态平衡时，H^+ 和 Ag^+ 的扩散速度相等，界面上建立起一个稳定的液接电位。

如果相接触的两个溶液中所含电解质不同，浓度也不同，那么溶液中的所有离子都会发生扩散，最终也会建立起一个稳定的电动势，过程比上述两个例子要复杂一些。

从上述例子可见，液接电位是因为离子扩散而形成的，所以又称扩散电位，其大小一般不超过 0.03V。液接电位是一个难以计算和测量的数值，且由于扩散过程是不可逆的，使得电动势的测量值重现性差，因此多数情况下应避免其出现，或设法消除与减小之。减小液接电位的方法是在两个溶液之间插入盐桥。盐桥中的电解质溶液浓度必须要高，正、负离子的迁移速度基本相等，且不与和其连通的两种溶液发生化学反应。通常所用盐桥是用饱和 KCl 溶液加少量琼脂配成胶体，装入 U 形玻璃管做成的。其他如饱和 NH_4NO_3 溶液或高浓度的 KNO_3 溶液也可以作为盐桥。

（3）电极电位

在电极体系中，电极材料（电子导体）和溶液（离子导体）相接触的界面上产生的电位差，称电极电位。电极电位的形成与界面上离子双电层的形成有关。最简单的电极体系是金属与该金属的离子构成的金属电极。下面以锌电极（$Zn \mid Zn^{2+}$）为例来具体说明离子双电层的形成过程。

金属是由金属离子和自由电子按一定的晶格形式排列组成的晶体。金属离子要脱离晶格，就必须克服晶格间的结合力，即金属键力。在金属表面的金属离子，一方面由于键力不饱和，有吸引其他正离子以保持与内部金属离子相同的平衡状态的趋势；另一方面又比内部的金属离子更易脱离晶格，这就是金属表面的特点。如金属锌表面存在两种趋势：吸附其他正离子或表面锌离子脱离晶格。

在电解质溶液中，存在着极性很强的水分子、电解质电离出的离子与水分子形成的水合阴离子和水合阳离子，这些分子和离子在溶液中不停地进行着热运动。如 $ZnSO_4$ 溶液中有水分子、水合 Zn^{2+}、水合 SO_4^{2-}。

当把金属锌浸入硫酸锌溶液时，便打破了各自原有的平衡状态。由于极性水分子的吸引和不停地运动，金属锌表面的锌离子被水化而形成水合锌离子进入溶液，这个过程称为金属的溶解。发生溶解后，"金属｜溶液"界面的金属表面一侧因电子过剩而带负电荷，溶液一侧（界面附近溶液层）因锌离子过剩而带正电荷。这两种电荷相互吸引，使溶解的锌离子在金属晶格中自由电子的静电作用下，移动到金属表面析出，这个过程叫金属的沉积。金属沉积的速度随其在溶液中的浓度增加而增加，即随着金属的不断溶解，其沉积的速度增加。当溶解和沉积的速度相等时，便达到动态平衡，使其形成稳定的双电层结构，产生一定的电位差，即电极电位。

金属的溶解与沉积互为逆过程，可用下式表示：

$$M - ne \underset{\text{沉积}}{\overset{\text{溶解}}{\rightleftharpoons}} M^{n+}$$

在"金属｜溶液"界面上，溶解和沉积是同时发生的，但两者最初的速度不同，将影响双电层的结构，使电极电位的大小和方向会有所不同。溶解和沉积的速度大小，主要取决于金属的活泼性和溶液中金属离子的浓度。金属越活泼或离子的浓度越低，其溶解的速度越快；金属越不活泼或离子的浓度越高，其沉积的速度越快。

当金属是活泼金属时，金属离子很容易进入溶液，即开始时溶解的速度大于沉积的速度。当溶解与沉积的速度相等时，即达到动态平衡时，形成的双电层结构是：金属表面带负电，溶液带正电。以锌（$Zn｜Zn^{2+}$）电极为例，其双电层结构形成过程如图 1-11 所示。

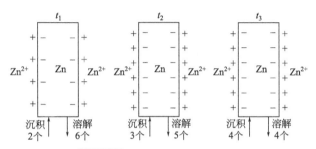

图 1-11 锌电极双电层的形成

设 t_1 时刻：单位时间有 6 个 Zn^{2+} 溶解，2 个 Zn^{2+} 沉积

t_2 时刻：单位时间有 5 个 Zn^{2+} 溶解，3 个 Zn^{2+} 沉积

t_3 时刻：单位时间有 4 个 Zn^{2+} 溶解，4 个 Zn^{2+} 沉积

反之，当金属为不活泼金属时，金属离子不容易进入溶液，而溶液中的金属离子容易在金属表面析出，使开始时沉积的速度大于溶解的速度。当溶解和沉积的速度相等时，即达到动态平衡时，形成的双电层结构是：金属表面带正电，溶液带负电。以银电极（$Ag｜AgNO_3$）为例，其双电层结构形成过程如图 1-12 所示。

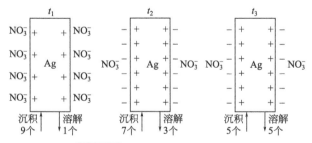

图 1-12 银电极双电层的形成

设 t_1 时刻：单位时间有 1 个 Ag^+ 溶解，9 个 Ag^+ 沉积

t_2 时刻：单位时间有 3 个 Ag^+ 溶解，7 个 Ag^+ 沉积

t_3 时刻：单位时间有 5 个 Ag^+ 溶解，5 个 Ag^+ 沉积

上述两种情况只是一种假设，由上述两图可见，电极的双电层有两种结构，与之相对应的电位称绝对电位，有正负两种情况。对于活泼金属而言，电极的绝对电位为负值，离子浓度越低，值越负；对于不活泼金属而言，电极的绝对电位为正值，离子浓度越高，值越正。

绝对电位的值实际上是不能通过实验方法直接测得的，这是因为：一方面要测定双电层的电位差，就必须采用测量用的电极，该电极无论是与双电层的金属一侧还是溶液一侧都会形成新的双电层，即测得的值不是所测双电层的电位差，而是原电池的电动势；另一方面，双电层的厚度太小，根本无法准确测其电位差。因此，必须采用测相对值的方法来确定电极电位的大小。

（4）电动势的组成

电池的电动势是由上述三种相间电位组成的，由于电池有正、负两个电极，所以电动势可分为四个组成部分：

① 正极的电极电位 ε_+；

② 负极的电极电位 ε_-；

③ 两溶液间的液接电位 $\varepsilon_{液接}$（可用盐桥消除，对于单液电池则无液接电位）；

④ 导线与电极间的金属接触电位 $\varepsilon_{接触}$。

以铜锌原电池为例，原电池的电动势组成为：

$$(-)\text{Cu} \mid \underset{\varepsilon_{接触}}{\quad} \underset{\varepsilon_-}{\text{Zn} \mid \text{ZnSO}_4(c_1)} \underset{\varepsilon_{液接}}{\|\text{CuSO}_4(c_2)} \mid \underset{\varepsilon_+}{\text{Cu}(+)}$$

上式中左侧的铜表示连接用导线（因为连接导线多为铜导线），ε_+ 和 ε_- 是电极电位的绝对值，应与后面所讲的相对值相区别。所以该原电池的电动势为：

$$E = \varepsilon_+ + \varepsilon_- + \varepsilon_{接触} + \varepsilon_{液接} \tag{1-49}$$

其中，ε_+ 和 ε_- 是电池电动势的主要组成部分。若用盐桥消除了液接电位或者是单液电池，则电动势由三部分组成：

$$E = \varepsilon_+ + \varepsilon_- + \varepsilon_{接触} \tag{1-50}$$

1.5.2 标准电极电位

电极电位的绝对值是不能测得的，只能测定其相对值。通常作为比较的电极称为参比电极，目前国际上统一采用的参比电极是标准氢电极，通过它测得的标准电极电位称为氢标电极电位。

（1）标准氢电极

作为参比电极的标准氢电极的结构如图 1-13 中的右半电池所示。用一根铂丝连接一个表面镀有一层疏松铂黑的铂片，然后将铂片插入氢离子活度为 1mol/L 的溶液中，并向铂片通入压力为 1atm（101.325kPa）的氢气，当达到动态平衡时，即为标准氢电极，可用下式表示：

$$\text{Pt},\text{H}_2(p=1\text{atm}) \mid \text{H}^+(a=1\text{mol/L})$$

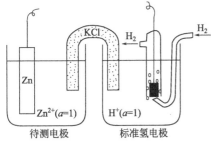

图 1-13　标准电极电位测量装置

标准氢电极是由气体分压为 1atm（1atm＝101.325kPa）的 H_2 和离子活度为 1mol/L 的 H^+ 溶液组成的电极体系，规定其 25℃时的电极电位为零。标准氢电极的氧化还原电对为 H^+/H_2，其电极反应为：

$$2\text{H}^+ + 2\text{e} \Longleftrightarrow \text{H}_2$$

（2）标准电极电位

标准电极电位是指 25℃时，构成电极的溶液中有关离子的活度为 1mol/L，气体的分压为 1atm 时的相对电极电位。用符号 $\varphi^{\ominus}_{氧化态/还原态}$ 表示。如 $\varphi^{\ominus}_{\text{Zn}^{2+}/\text{Zn}}$ 表示锌电极的标准电极电位（V），$\varphi^{\ominus}_{\text{H}^+/\text{H}_2}$ 表示氢电极的标准电极电位。

测量标准电极电位的方法：将待测标准电极与标准氢电极组成原电池，测定该原电池的电动势 $E^{\ominus}$ 就是待测电极的标准电极电位。当待测电极发生还原反应（原电池的正极）时，取正值；当待测电极发生氧化反应（原电池的负极）时，取负值。即

当 $\varphi^{\ominus}_{\text{待测}} > \varphi^{\ominus}_{\text{H}^+/\text{H}_2}$ 时，待测电极发生还原反应（正极），$\varphi^{\ominus}_{\text{待测}} = E^{\ominus}$；

当 $\varphi^{\ominus}_{\text{待测}} < \varphi^{\ominus}_{\text{H}^+/\text{H}_2}$ 时，待测电极发生氧化反应（负极），$\varphi^{\ominus}_{\text{待测}} = -E^{\ominus}$。

值得注意的是，测得的标准电极电位 $E^{\ominus}$ 实际上包含外电路上的导线与电极极板之间的接触电位，而液体接界电位已用盐桥消除。

如图 1-13 所示是标准电极电位的测量装置。下面以锌电极和铜电极为例来说明标准电极电位的测定。

① 锌电极。将标准锌电极与标准氢电极组成原电池，测得该原电池的电动势为：

$$E^{\ominus} = \varphi^{\ominus}_{\text{H}^+/\text{H}_2} - \varphi^{\ominus}_{\text{Zn}^{2+}/\text{Zn}} = 0.763\text{V}$$

所以
$$\varphi^{\ominus}_{\text{Zn}^{2+}/\text{Zn}} = -0.763\text{V}$$

即原电池符号为：25℃，$\text{Zn} \mid \text{Zn}^{2+} (a_{\text{Zn}^{2+}} = 1\text{mol/L}) \parallel \text{H}^+ (a_{\text{H}^+} = 1\text{mol/L}) \mid \text{H}_2 \ (p = 1\text{atm})$，Pt

负极反应：
$$\text{Zn} \longrightarrow \text{Zn}^{2+} + 2e$$

正极反应：
$$2\text{H}^+ + 2e \longrightarrow \text{H}_2$$

电池反应：
$$\text{Zn} + 2\text{H}^+ \longrightarrow \text{Zn}^{2+} + \text{H}_2$$

② 铜电极。将标准铜电极与标准氢电极组成原电池，测得该原电池的电动势为：

$$E^{\ominus} = \varphi^{\ominus}_{\text{Cu}^{2+}/\text{Cu}} - \varphi^{\ominus}_{\text{H}^+/\text{H}_2} = 0.337\text{V}$$

所以
$$\varphi^{\ominus}_{\text{Cu}^{2+}/\text{Cu}} = 0.337\text{V}$$

即原电池符号为：25℃，Pt，$\text{H}_2 (p = 1\text{atm}) \mid \text{H}^+ (a_{\text{H}^+} = 1\text{mol/L}) \parallel \text{Cu}^{2+} (a_{\text{Cu}^{2+}} = 1\text{mol/L}) \mid \text{Cu}$

负极反应：
$$\text{H}_2 \longrightarrow 2\text{H}^+ + 2e$$

正极反应：
$$\text{Cu}^{2+} + 2e \longrightarrow \text{Cu}$$

电池反应：
$$\text{Cu}^{2+} + \text{H}_2 \longrightarrow \text{Cu} + 2\text{H}^+$$

（3）参比电极

标准氢电极作为参比电极来测量电动势时，精确度很高（可达 0.0001V），但它对使用的条件要求十分严格，而且制备电极的过程比较复杂。因此，在实际测定时，往往采用电位比较稳定的第二级标准电极来代替标准氢电极。所谓"第二级"是指该电极的电位已用标准氢电极精确测定过，在一定温度下具有稳定的电极电位。作为参比电极必须具有电极电位稳定、制备简易和使用方便的特点。最常用的参比电极是甘汞电极的银-氯化银电极。

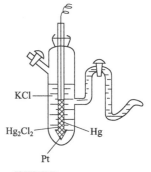

图 1-14 甘汞电极结构和组成示意图

甘汞电极的结构如图 1-14 所示。将少量汞放在电极底部，加少量由甘汞、汞及氯化钾溶液制成的糊状物，再用饱和了甘汞的 KCl 溶液将器皿装满，就制成了甘汞电极（饱和甘汞电极）。该电极可表示为：

$$\text{Pt,Hg} \mid \text{Hg}_2\text{Cl}_2 \mid \text{KCl}(a)$$

电极反应为：$\text{Hg}_2\text{Cl}_2 + 2e \Longleftrightarrow 2\text{Hg} + 2\text{Cl}^-$ (1-51)

当 KCl 浓度不同时，甘汞电极的电位值也不同，如表 1-8 所示。

表 1-8　甘汞电极的电极电位

KCl 溶液浓度	$\varphi_{\text{Hg}_2\text{Cl}_2/\text{Hg}}$ (25℃)/V	电极电位与温度的关系
0.1000mol/L	0.3337	$\varphi = 0.3337 - 7.0 \times 10^{-5}(T-25)$
1.000mol/L	0.2801	$\varphi = 0.2801 - 2.4 \times 10^{-4}(T-25)$
饱和溶液	0.2412	$\varphi = 0.2412 - 7.6 \times 10^{-4}(T-25)$

（4）标准电极电位表

将所有电极在标准情况下与标准氢电极的相对电位，即标准电极电位，按电位值从大到小的顺序排列成表，即为标准电极电位表。通常按照溶液的酸碱性又可分为酸表和碱表。表1-9为金属电极和卤素电极的标准电极电位表。表1-10和表1-11分别为酸表和碱表。

表1-9 金属电极和卤素电极的标准电极电位

电极 氧化态/还原态	电极反应 氧化态$+n$e $\rightleftharpoons$ 还原态	$\varphi^{\ominus}$/V	卤素电极 氧化态/还原态	电极反应 $X_2+2e \rightleftharpoons 2X^-$	$\varphi^{\ominus}$/V
Li^+/Li	$Li^+ + e \rightleftharpoons Li$	-3.045	I_2/I^-	$I_2 + 2e \rightleftharpoons 2I^-$	0.5355
K^+/K	$K^+ + e \rightleftharpoons K$	-2.925	Br_2/Br^-	$Br_2 + 2e \rightleftharpoons 2Br^-$	1.065
Na^+/Na	$Na^+ + e \rightleftharpoons Na$	-2.714	Cl_2/Cl^-	$Cl_2 + 2e \rightleftharpoons 2Cl^-$	1.36
Mg^{2+}/Mg	$Mg^{2+} + 2e \rightleftharpoons Mg$	-2.37	F_2/F^-	$F_2 + 2e \rightleftharpoons 2F^-$	2.866
Al^{3+}/Al	$Al^{3+} + 3e \rightleftharpoons Al$	-1.66			
Mn^{2+}/Mn	$Mn^{2+} + 2e \rightleftharpoons Mn$	-1.18			
Zn^{2+}/Zn	$Zn^{2+} + 2e \rightleftharpoons Zn$	-0.763			
Fe^{2+}/Fe	$Fe^{2+} + 2e \rightleftharpoons Fe$	-0.44			
Ni^{2+}/Ni	$Ni^{2+} + 2e \rightleftharpoons Ni$	-0.25			
Sn^{2+}/Sn	$Sn^{2+} + 2e \rightleftharpoons Sn$	-0.136	说明：从表中数据可以看出各种金属和卤素的活动性顺序		
Pb^{2+}/Pb	$Pb^{2+} + 2e \rightleftharpoons Pb$	-0.126			
H^+/H_2	$2H^+ + 2e \rightleftharpoons H_2$	0.000			
Cu^{2+}/Cu	$Cu^{2+} + 2e \rightleftharpoons Cu$	0.337			
Ag^+/Ag	$Ag^+ + e \rightleftharpoons Ag$	0.799			
Au^{3+}/Au	$Au^{3+} + 3e \rightleftharpoons Au$	1.498			

为了正确使用标准电极电位，必须注意以下几个问题：

① 表中电极反应均以还原反应表示，中间是双向箭头，逆向反应是氧化反应。当电极作为原电池的正极时，发生还原反应；当电极作原电池的负极时，发生氧化反应。

② 表中电位值自下而上逐渐增大，即上面的电位越正，下面的电位越负。

③ 表中标准电极电位的正或负号，不因电极反应进行的方向而改变。例如，不管锌电极发生的反应是 $Zn^{2+} + 2e \longrightarrow Zn$，还是 $Zn - 2e \longrightarrow Zn^{2+}$，其标准电极电位 $\varphi^{\ominus}_{Zn^{2+}/Zn}$ 都是 $-0.763V$，符号不会发生改变。

④ 电极的溶液是酸性的，查表1-10；电极的溶液是碱性的，查表1-11。

表1-10 标准电极电位 $\varphi^{\ominus}$（25℃，酸性溶液）

电极（氧化态/还原态）	电极反应（氧化态$+n$e $\rightleftharpoons$ 还原态）	$\varphi^{\ominus}$/V
F_2/HF	$F_2(g) + 2H^+ + 2e \rightleftharpoons 2HF$	3.06
F_2/F^-	$F_2 + 2e \rightleftharpoons 2F^-$	2.87
OH/H_2O	$OH + H^+ + 2e \rightleftharpoons H_2O$	2.8
O_3/H_2O	$O_3 + 2H^+ + 2e \rightleftharpoons O_2 + H_2O$	2.07
$S_2O_8^{2-}/SO_4^{2-}$	$S_2O_8^{2-} + 2e \rightleftharpoons 2SO_4^{2-}$	2.01
H_2O_2/H_2O	$H_2O_2 + 2H^+ + 2e \rightleftharpoons 2H_2O$	1.77

続表

电极（氧化态/还原态）	电极反应（氧化态 $+ n$e $\rightleftharpoons$ 还原态）	$\varphi^{\ominus}/V$
MnO_4^-/MnO_2	$MnO_4^- + 4H^+ + 3e \rightleftharpoons MnO_2(s) + 2H_2O$	1.695
$PbO_2/PbSO_4$	$PbO_2(s) + SO_4^{2-} + 4H^+ + 2e \rightleftharpoons PbSO_4(s) + 2H_2O$	1.685
Au^+/Au	$Au^+ + e \rightleftharpoons Au$	1.68
$HClO_2/HClO$	$HClO_2 + 2H^+ + 2e \rightleftharpoons HClO + H_2O$	1.64
$HClO/Cl_2$	$HClO + H^+ + e \rightleftharpoons \frac{1}{2}Cl_2 + H_2O$	1.63
$HBrO/Br_2$	$HBrO + H^+ + e \rightleftharpoons \frac{1}{2}Br_2 + H_2O$	1.59
BrO_3^-/Br_2	$BrO_3^- + 6H^+ + 5e \rightleftharpoons \frac{1}{2}Br_2 + 3H_2O$	1.52
MnO_4^-/Mn^{2+}	$MnO_4^- + 8H^+ + 5e \rightleftharpoons Mn^{2+} + 4H_2O$	1.51
Au^{3+}/Au	$Au^{3+} + 3e \rightleftharpoons Au$	1.50
$HClO/Cl^-$	$HClO + H^+ + 2e \rightleftharpoons Cl^- + H_2O$	1.49
ClO_3^-/Cl_2	$ClO_3^- + 6H^+ + 5e \rightleftharpoons \frac{1}{2}Cl_2 + 3H_2O$	1.47
PbO_2/Pb^{2+}	$PbO_2(s) + 4H^+ + 2e \rightleftharpoons Pb^{2+} + 2H_2O$	1.455
HIO/I_2	$HIO + H^+ + e \rightleftharpoons \frac{1}{2}I_2 + H_2O$	1.45
ClO_3^-/Cl^-	$ClO_3^- + 6H^+ + 6e \rightleftharpoons Cl^- + 3H_2O$	1.45
BrO_3^-/Br^-	$BrO_3^- + 6H^+ + 6e \rightleftharpoons Br^- + 3H_2O$	1.44
Au^{3+}/Au^+	$Au^{3+} + 2e \rightleftharpoons Au^+$	1.41
Cl_2/Cl^-	$Cl_2(g) + 2e \rightleftharpoons 2Cl^-$	1.3595
ClO_4^-/Cl_2	$ClO_4^- + 8H^+ + 7e \rightleftharpoons \frac{1}{2}Cl_2 + 4H_2O$	1.34
$Cr_2O_7^{2-}/2Cr^{3+}$	$Cr_2O_7^{2-} + 14H^+ + 6e \rightleftharpoons 2Cr^{3+} + 7H_2O$	1.33
MnO_2/Mn^{2+}	$MnO_2(s) + 4H^+ + 2e \rightleftharpoons Mn^{2+} + 2H_2O$	1.23
O_2/H_2O	$O_2(g) + 4H^+ + 4e \rightleftharpoons 2H_2O$	1.229
IO_3^-/I_2	$IO_3^- + 6H^+ + 5e \rightleftharpoons \frac{1}{2}I_2 + 3H_2O$	1.20
ClO_4^-/ClO_3^-	$ClO_4^- + 2H^+ + 2e \rightleftharpoons ClO_3^- + H_2O$	1.19
Br_2/Br^-	$Br_2(l) + 2e \rightleftharpoons 2Br^-$	1.087
NO_2/HNO_2	$NO_2 + H^+ + e \rightleftharpoons HNO_2$	1.07
HNO_2/NO	$HNO_2 + H^+ + e \rightleftharpoons NO(g) + H_2O$	1.00
VO_2^+/VO^{2+}	$VO_2^+ + 2H^+ + e \rightleftharpoons VO^{2+} + H_2O$	1.00
HIO/I^-	$HIO + H^+ + 2e \rightleftharpoons I^- + H_2O$	0.99
NO_3^-/HNO_2	$NO_3^- + 3H^+ + 2e \rightleftharpoons HNO_2 + H_2O$	0.94
Cu^{2+}/CuI	$Cu^{2+} + I^- + e \rightleftharpoons CuI(s)$	0.86
Hg^{2+}/Hg	$Hg^{2+} + 2e \rightleftharpoons Hg$	0.845

第1章 化学电源理论基础 **027**

电极（氧化态/还原态）	电极反应（氧化态＋ne⇌还原态）	$\varphi^\ominus/V$
Ag^+/Ag	$Ag^+ + e \rightleftharpoons Ag$	0.7995
Hg_2^{2+}/Hg	$Hg_2^{2+} + 2e \rightleftharpoons 2Hg$	0.793
Fe^{3+}/Fe^{2+}	$Fe^{3+} + e \rightleftharpoons Fe^{2+}$	0.771
O_2/H_2O_2	$O_2(g) + 2H^+ + 2e \rightleftharpoons H_2O_2$	0.682
$HgCl_2/Hg_2Cl_2$	$2HgCl_2(s) + 2e \rightleftharpoons Hg_2Cl_2(s) + 2Cl^-$	0.63
Hg_2SO_4/Hg	$Hg_2SO_4(s) + 2e \rightleftharpoons 2Hg + SO_4^{2-}$	0.6151
$MnO_4^-//MnO_4^{2-}$	$MnO_4^- + e \rightleftharpoons MnO_4^{2-}$	0.564
$H_3AsO_4/HAsO_2$	$H_3AsO_4 + 2H^+ + 2e \rightleftharpoons HAsO_2 + 2H_2O$	0.559
I_2/I^-	$I_2(s) + 2e \rightleftharpoons 2I^-$	0.5345
Cu^+/Cu	$Cu^+ + e \rightleftharpoons Cu$	0.52
$SO_2/S_4O_6^{2-}$	$4SO_2(l) + 4H^+ + 6e \rightleftharpoons S_4O_6^{2-} + 2H_2O$	0.51
$HgCl_4^{2-}/Hg$	$HgCl_4^{2-} + 2e \rightleftharpoons Hg + 4Cl^-$	0.48
$SO_2/S_2O_3^{2-}$	$2SO_2(l) + 2H^+ + 4e \rightleftharpoons S_2O_3^{2-} + H_2O$	0.40
$Fe(CN)_6^{3-}/Fe(CN)_6^{4-}$	$Fe(CN)_6^{3-} + e \rightleftharpoons Fe(CN)_6^{4-}$	0.36
Cu^{2+}/Cu	$Cu^{2+} + 2e \rightleftharpoons Cu$	0.337
VO^{2+}/V^{3+}	$VO^{2+} + 2H^+ + 2e \rightleftharpoons V^{3+} + H_2O$	0.337
BiO^+/Bi	$BiO^+ + 2H^+ + 3e \rightleftharpoons Bi + H_2O$	0.32
Hg_2Cl_2/Hg	$Hg_2Cl_2(s) + 2e \rightleftharpoons 2Hg + 2Cl^-$	0.2676
$HAsO_2/As$	$HAsO_2 + 3H^+ + 3e \rightleftharpoons As + 2H_2O$	0.248
$AgCl/Ag$	$AgC(s) + e \rightleftharpoons Ag + Cl^-$	0.2223
SbO^+/Sb	$SbO^+ + 2H^+ + 3e \rightleftharpoons Sb + H_2O$	0.212
SO_4^{2-}/SO_2	$SO_4^{2-} + 4H^+ + 2e \rightleftharpoons SO_2(l) + 2H_2O$	0.17
Cu^{2+}/Cu^+	$Cu^{2+} + e \rightleftharpoons Cu^+$	0.159
Sn^{4+}/Sn^{2+}	$Sn^{4+} + 2e \rightleftharpoons Sn^{2+}$	0.154
S/H_2S	$S + 2H^+ + 2e \rightleftharpoons H_2S(g)$	0.141
Hg_2Br_2/Hg	$Hg_2Br_2 + 2e \rightleftharpoons 2Hg + 2Br^-$	0.1395
TiO^{2+}/Ti^{3+}	$TiO^{2+} + 2H^+ + e \rightleftharpoons Ti^{3+} + H_2O$	0.1
$S_4O_6^{2-}/S_2O_3^{2-}$	$S_4O_6^{2-} + 2e \rightleftharpoons 2S_2O_3^{2-}$	0.08
$AgBr/Ag$	$AgBr(s) + e \rightleftharpoons Ag + Br^-$	0.071
H^+/H_2	$2H^+ + 2e \rightleftharpoons H_2$	0.000
Pb^{2+}/Pb	$Pb^{2+} + 2e \rightleftharpoons Pb$	−0.126
Sn^{2+}/Sn	$Sn^{2+} + 2e \rightleftharpoons Sn$	−0.136
AgI/Ag	$AgI(s) + e \rightleftharpoons Ag + I^-$	−0.152
$SO_4^{2-}/S_2O_6^{2-}$	$2SO_4^{2-} + 4H^+ + 2e \rightleftharpoons S_2O_6^{2-} + 2H_2O$	−0.23

电极（氧化态/还原态）	电极反应（氧化态 $+ne \rightleftharpoons$ 还原态）	$\varphi^{\ominus}/\text{V}$
Ni^{2+}/Ni	$Ni^{2+}+2e \rightleftharpoons Ni$	-0.246
H_3PO_4/H_3PO_3	$H_3PO_4+2H^++2e \rightleftharpoons H_3PO_3+H_2O$	-0.276
Co^{2+}/Co	$Co^{2+}+2e \rightleftharpoons Co$	-0.277
$PbSO_4/Pb$	$PbSO_4(s)+2e \rightleftharpoons Pb+SO_4^{2-}$	-0.3553
As/AsH_3	$As+3H^++3e \rightleftharpoons AsH_3$	-0.38
Se/H_2Se	$Se+2H^++2e \rightleftharpoons H_2Se$	-0.40
Cd^{2+}/Cd	$Cd^{2+}+2e \rightleftharpoons Cd$	-0.403
Cr^{3+}/Cr^{2+}	$Cr^{3+}+e \rightleftharpoons Cr^{2+}$	-0.41
Fe^{2+}/Fe	$Fe^{2+}+2e \rightleftharpoons Fe$	-0.440
S/S^{2-}	$S+2e \rightleftharpoons S^{2-}$	-0.48
$CO_2/H_2C_2O_4$	$2CO_2+2H^++2e \rightleftharpoons H_2C_2O_4$	-0.49
H_3PO_3/H_3PO_2	$H_3PO_3+2H^++2e \rightleftharpoons H_3PO_2+H_2O$	-0.50
Sb/SbH_3	$Sb+3H^++3e \rightleftharpoons SbH_3$	-0.51
Ga^{3+}/Ga	$Ga^{3+}+3e \rightleftharpoons Ga$	-0.56
Zn^{2+}/Zn	$Zn^{2+}+2e \rightleftharpoons Zn$	-0.763
Cr^{2+}/Cr	$Cr^{2+}+2e \rightleftharpoons Cr$	-0.91
Se/Se^{2-}	$Se+2e \rightleftharpoons Se^{2-}$	-0.92
Mn^{2+}/Mn	$Mn^{2+}+2e \rightleftharpoons Mn$	-1.182
Al^{3+}/Al	$Al^{3+}+3e \rightleftharpoons Al$	-1.66
Mg^{2+}/Mg	$Mg^{2+}+2e \rightleftharpoons Mg$	-2.37
Na^+/Na	$Na^++e \rightleftharpoons Na$	-2.71
Ca^{2+}/Ca	$Ca^{2+}+2e \rightleftharpoons Ca$	-2.87
Sr^{2+}/Sr	$Sr^{2+}+2e \rightleftharpoons Sr$	-2.89
Ba^{2+}/Ba	$Ba^{2+}+2e \rightleftharpoons Ba$	-2.90
K^+/K	$K^++e \rightleftharpoons K$	-2.925
Li^+/Li	$Li^++e \rightleftharpoons Li$	-3.042

表 1-11　标准电极电位 $\varphi^{\ominus}$（25℃，碱性溶液）

电极（氧化态/还原态）	电极反应（氧化态 $+ne \rightleftharpoons$ 还原态）	$\varphi^{\ominus}/\text{V}$
OH/OH^-	$OH+e \rightleftharpoons OH^-$	2.00
ClO^-/Cl^-	$ClO^-+H_2O+2e \rightleftharpoons Cl^-+2OH^-$	0.89
H_2O_2/OH^-	$H_2O_2+2e \rightleftharpoons 2OH^-$	0.88
BrO^-/Br^-	$BrO^-+H_2O+2e \rightleftharpoons Br^-+2OH^-$	0.76
AsO_8^-/As	$AsO_8^-+8H_2O+15e \rightleftharpoons As+16OH^-$	0.68
MnO_4^-/MnO_2	$MnO_4^-+2H_2O+3e \rightleftharpoons MnO_2+4OH^-$	0.588
AgO/Ag_2O	$2AgO+H_2O+2e \rightleftharpoons Ag_2O+2OH^-$	0.57

电极（氧化态/还原态）	电极反应（氧化态 + ne ⇌ 还原态）	$\varphi^{\ominus}$/V
$NiO_2/Ni(OH)_2$	$NiO_2 + 2H_2O + 2e \rightleftharpoons Ni(OH)_2 + 2OH^-$	0.49
Ag_2CO_3/Ag	$Ag_2CO_3 + 2e \rightleftharpoons 2Ag + CO_3^{2-}$	0.47
O_2/OH^-	$O_2 + 2H_2O + 4e \rightleftharpoons 4OH^-$	0.401
$Ag(NH_3)_2^+/Ag$	$Ag(NH_3)_2^+ + e \rightleftharpoons Ag + 2NH_3$	0.373
Ag_2O/Ag	$Ag_2O + H_2O + 2e \rightleftharpoons 2Ag + 2OH^-$	0.344
$Pb(OH)_2/Pb$	$Pb(OH)_2 + 2e \rightleftharpoons Pb + 2OH^-$	0.07
$MnO_2/Mn(OH)_2$	$MnO_2 + H_2O + 2e \rightleftharpoons Mn(OH)_2 + 2OH^-$	−0.017
$AgCN/Ag$	$AgCN + 2e \rightleftharpoons Ag + CN^-$	−0.05
$PbCO_3/Pb$	$PbCO_3 + 2e \rightleftharpoons Pb + CO_3^{2-}$	−0.506
$HPbO_2^-/Pb$	$HPbO_2^- + H_2O + 2e \rightleftharpoons Pb + 3OH^-$	−0.54
$Fe(OH)_3/Fe(OH)_2$	$Fe(OH)_3 + e \rightleftharpoons Fe(OH)_2 + OH^-$	−0.56
TeO_3^{2-}/Te	$TeO_3^{2-} + 3H_2O + 4e \rightleftharpoons Te + 6OH^-$	−0.57
$SO_3^{2-}/S_2O_3^{2-}$	$2SO_3^{2-} + 3H_2O + 4e \rightleftharpoons S_2O_3^{2-} + 6OH^-$	−0.58
SO_3^{2-}/S	$SO_3^{2-} + 3H_2O + 4e \rightleftharpoons S + 6OH^-$	−0.66
AsO_4^{3-}/AsO_2^-	$AsO_4^{3-} + 2H_2O + 2e \rightleftharpoons AsO_2^- + 4OH^-$	−0.67
Ag_2S/Ag	$Ag_2S(s) + 2e \rightleftharpoons 2Ag + S^{2-}$	−0.69
$Ni(OH)_2/Ni$	$Ni(OH)_2 + 2e \rightleftharpoons Ni + 2OH^-$	−0.72
$CdCO_3/Cd$	$CdCO_3 + 2e \rightleftharpoons Cd + CO_3^{2-}$	−0.74
$FeCO_3/Fe$	$FeCO_3 + 2e \rightleftharpoons Fe + CO_3^{2-}$	−0.756
$Cd(OH)_2/Cd$	$Cd(OH)_2 + 2e \rightleftharpoons Cd + 2OH^-$	−0.809
H_2/H_2O	$2H_2O + 2e \rightleftharpoons H_2 + 2OH^-$	−0.828
$Fe(OH)_2/Fe$	$Fe(OH)_2 + 2e \rightleftharpoons Fe + 2OH^-$	−0.877
SO_4^{2-}/SO_3^{2-}	$SO_4^{2-} + H_2O + 2e \rightleftharpoons SO_3^{2-} + 2OH^-$	−0.93
SnS/Sn	$SnS + 2e \rightleftharpoons Sn + S^{2-}$	−0.94
PbS/Pb	$PbS + 2e \rightleftharpoons Pb + S^{2-}$	−0.95
FeS/Fe	$FeS + 2e \rightleftharpoons Fe + S^{2-}$	−1.01
$Zn(NH_3)_4^{2+}/Zn$	$Zn(NH_3)_4^{2+} + 2e \rightleftharpoons Zn + 4NH_3$	−1.03
CdS/Cd	$CdS + 2e \rightleftharpoons Cd + S^{2-}$	−1.21
ZnO_2^{2-}/Zn	$ZnO_2^{2-} + 2H_2O + 2e \rightleftharpoons Zn + 4OH^-$	−1.216
$Cr(OH)_3/Cr$	$Cr(OH)_3 + 3e \rightleftharpoons Cr + 3OH^-$	−1.3
ZnS/Zn	$ZnS + 2e \rightleftharpoons Zn + S^{2-}$	−1.44
$MnCO_3/Mn$	$MnCO_3 + 2e \rightleftharpoons Mn + CO_3^{2-}$	−1.48
SiO_3^{2-}/Si	$SiO_3^{2-} + 3H_2O + 4e \rightleftharpoons Si + 6OH^-$	−1.70
$H_2AlO_3^-/Al$	$H_2AlO_3^- + H_2O + 3e \rightleftharpoons Al + 4OH^-$	−2.35
$Mg(OH)_2/Mg$	$Mg(OH)_2 + 2e \rightleftharpoons Mg + 2OH^-$	−2.69
$Ba(OH)_2/Ba$	$Ba(OH)_2 \cdot 8H_2O + 2e \rightleftharpoons Ba + 8H_2O + 2OH^-$	−2.97
$Ca(OH)_2/Ca$	$Ca(OH)_2 + 2e \rightleftharpoons Ca + 2OH^-$	−3.03

1.5.3 浓度对电极电位的影响

电极电位的大小主要是由组成电极的物质（氧化还原电对）来决定。对于同一组成的电极，其电极电位值与溶液的浓度、气体的压力及温度等有关，其中溶液（离子）浓度和气体压力的影响很大。下面以锌电极为例来讨论浓度对电极电位的影响。

锌电极在标准条件下的电极电位 $\varphi_{Zn^{2+}/Zn}^{\ominus} = -0.763V$，与该电位对应有一个双电层结构，此时锌的溶解与沉积已达到动态平衡：

$$Zn - 2e \underset{沉积}{\overset{溶解}{\rightleftharpoons}} Zn^{2+}$$

如果 Zn^{2+} 的浓度增加（$a_{Zn^{2+}} > 1mol/L$），则其沉积速度增大，溶解速度减小，即原来的动态平衡被打破。于是，将发生一次建立新的动态平衡的过程。对应于新动态平衡状态下的双电层结构，金属一侧的负电荷减少，因此电极电位值增大（$> -0.763V$），该电极电位是非标准条件下的电位。反之，如果 Zn^{2+} 的浓度减少（$a_{Zn^{2+}} < 1mol/L$），则其电极电位值减小。

一般来讲，浓度对电极电位的影响规律是：如果增加氧化态物质或减少还原态物质的浓度（或气体压力），则其电极电位增大；如果增加还原态物质或减少氧化态物质的浓度（或气体压力），则其电极电位减小。表1-12列出了电极 Fe^{3+}/Fe^{2+} 的电极电位随 Fe^{3+} 和 Fe^{2+} 的浓度变化而发生变化的基本情况。

表 1-12 浓度对 $\varphi_{Fe^{3+}/Fe^{2+}}$ 的影响（25℃）

$a_{Fe^{3+}}/(mol/L)$	$a_{Fe^{2+}}/(mol/L)$	φ/V	$A = a_{Fe^{3+}}/a_{Fe^{2+}}$	$\lg A$
1.0	0.001	0.95	1000	3
1.0	0.01	0.89	100	2
1.0	0.1	0.83	10	1
1.0	1.0	0.77	1	0
0.1	1.0	0.71	0.1	−1
0.01	1.0	0.65	0.01	−2
0.001	1.0	0.59	0.001	−3
0.1	0.1	0.77	1	0
0.01	0.01	0.77	1	0

由表1-12可见，增加 Fe^{3+} 或减少 Fe^{2+} 的浓度，$\varphi_{Fe^{3+}/Fe^{2+}}$ 增大；增加 Fe^{2+} 或减少 Fe^{3+} 的浓度，$\varphi_{Fe^{3+}/Fe^{2+}}$ 减小。将 $\varphi_{Fe^{3+}/Fe^{2+}}$ 对 $\lg A$ 作图，可得到一条直线，该直线的斜率为0.06，截距为0.77，因此该直线的方程为：

$$\varphi_{Fe^{3+}/Fe^{2+}} = 0.77 + 0.061 \lg \frac{a_{Fe^{3+}}}{a_{Fe^{2+}}} = \varphi_{Fe^{3+}/Fe^{2+}}^{\ominus} + 0.061 \lg \frac{a_{Fe^{3+}}}{a_{Fe^{2+}}}$$

1.5.4 电极电位的能斯特方程

电极的标准电极电位可查表得知，但实际使用中的电极往往都不是在标准情况下工作，因此在非标准情况下的电极电位必须用能斯特方程式来计算，即

$$\varphi_{O/R} = \varphi_{O/R}^{\ominus} + \frac{RT}{nF} \ln \frac{a_O}{a_R} = \varphi_{O/R}^{\ominus} + \frac{2.303RT}{nF} \lg \frac{a_O}{a_R} \tag{1-52}$$

式中，$\varphi_{O/R}$ 为可逆电极的平衡电位；$\varphi_{O/R}^{\ominus}$ 为标准电极电位；n 为电极反应中的得失电子数；F 为法拉第常数（Faraday's constant；faraday constant）代表每摩尔电子携带的电荷，

C/mol，其值为 96485，通常取整数 96500；R 为气体常数，$R=8.314J/(K \cdot mol)$；T 为热力学温度（$T=273+t$），K；2.303 为将自然对数化成常用对数的转换系数；a_O 为氧化态物质的浓度；a_R 为还原态物质的浓度。

当温度为 25℃（$T=273+25=298K$）时，将以上各常数代入式（1-52）中，即可得到常温条件下的能斯特方程式：

$$\varphi_{O/R} = \varphi_{O/R}^{\ominus} + \frac{0.059}{n} \lg \frac{a_O}{a_R} \tag{1-53}$$

由于温度对电极电位的影响较浓度要小，所以在不须精确计算时，可忽略温度对电极电位的影响，即可逆电极的平衡电位可用式（1-53）进行计算。

从能斯特方程式可看出，当氧化态浓度增加或还原态浓度减少时，电极电位值增大；当氧化态浓度减少或还原态浓度增加时，电极电位值减小。

要准确计算出一定温度下，某电极在各种不同浓度时的电极电位，首先要能写出正确的能斯特方程式，能斯特方程式又与具体的电极反应有关。下面是应用能斯特方程式时应该注意的几点：

① 必须根据电极反应才能写出正确的能斯特方程式；用能斯特方程式计算出的电极电位是可逆电极的平衡电位。

② 电极反应中各物质前的系数，应作为方程式中相应活度与压力项的指数，若系数为 1，则略去不写。

③ 如果在电极反应中，除氧化态和还原态物质外，还有参与反应的其他物质（比如 H^+、OH^-），则应将这些物质的活度或压力表示在方程中。方法是：如果该物质与氧化态物质同在反应的一侧，则其活度或压力与 a_O 相乘；如果该物质与还原态物质同在反应的一侧，则其活度或压力与 a_R 相乘。

④ 如果电极反应中的某一物质是固体或纯液体（如水、液态溴），则其活度规定为 1，可不列入方程式中；如果是气体，则用气体压力代入方程式计算。

⑤ 当物质的浓度很低或者只是定性的分析时，可用浓度代替活度进行计算。

例如下列电极反应的能斯特方程式分别为：

① $Ag^+ + e \Longleftrightarrow Ag$ $\varphi_{Ag^+/Ag} = \varphi_{Ag^+/Ag}^{\ominus} + 0.059 \lg a_{Ag^+}$

② $Sn^{4+} + 2e \Longleftrightarrow Sn^{2+}$ $\varphi_{Sn^{4+}/Sn^{2+}} = \varphi_{Sn^{4+}/Sn^{2+}}^{\ominus} + \frac{0.059}{2} \lg (a_{Sn^{4+}}/a_{Sn^{2+}})$

③ $AgCl + e \Longleftrightarrow Ag + Cl^-$ $\varphi_{AgCl/Ag} = \varphi_{AgCl/Ag}^{\ominus} + 0.059 \lg (1/a_{Cl^-})$

④ $2H^+ + 2e \Longleftrightarrow H_2$ $\varphi_{H^+/H_2} = \varphi_{H^+/H_2}^{\ominus} + \frac{0.059}{2} \lg (a_{H^+}^2/p_{H_2})$

⑤ $O_2 + 2H_2O + 4e \Longleftrightarrow 4OH^-$ $\varphi_{O_2/OH^-} = \varphi_{O_2/OH^-}^{\ominus} + \frac{0.059}{4} \lg (p_{O_2}/a_{OH^-}^4)$

1.5.5 电池电动势的能斯特方程式

电池的能斯特方程式表示的是可逆电池在一定温度下，电动势与参加反应的各物质活度之间的关系。电池的电动势可用下式计算：

$$E = \varphi_+ - \varphi_- \tag{1-54}$$

设电池的正、负极反应和总反应为：

正极：$aA + ne \longrightarrow eE$

负极：$bB - ne \longrightarrow fF$

总反应：$aA + bB \longrightarrow eE + fF$

则根据电极电位的能斯特方程式得：

$$\varphi_+ = \varphi_+^\ominus + \frac{RT}{nF}\ln\frac{a_A^a}{a_E^e} \tag{1-55}$$

$$\varphi_- = \varphi_-^\ominus + \frac{RT}{nF}\ln\frac{a_F^f}{a_B^b} \tag{1-56}$$

将式（1-55）和式（1-56）代入式（1-54）得：

$$E = \varphi_+ - \varphi_- = \left(\varphi_+^\ominus + \frac{RT}{nF}\ln\frac{a_A^a}{a_E^e}\right) - \left(\varphi_-^\ominus + \frac{RT}{nF}\ln\frac{a_F^f}{a_B^b}\right)$$

$$= (\varphi_+^\ominus - \varphi_-^\ominus) + \frac{RT}{nF}\ln\frac{a_A^a a_B^b}{a_E^e a_F^f} = E^\ominus + \frac{RT}{nF}\ln\frac{a_A^a a_B^b}{a_E^e a_F^f} \tag{1-57}$$

当 $T=298K$ 时，将 $F=96500C/mol$ 和 $R=8.314J/(K\cdot mol)$ 代入式（1-57）得：

$$E = E^\ominus + \frac{0.059}{n}\lg\frac{a_A^a a_B^b}{a_E^e a_F^f} \tag{1-58}$$

对于一个自发的电池反应（从左向右进行），可设计出相应的原电池，且对应的电动势必大于零。所以，对于一个给定的反应，如果按照能斯特方程式计算出的电动势大于零，说明该反应能自发进行；反之，若电动势小于零，则该反应的逆反应才是自发的反应。

1.5.6 电极电位的应用

（1）判别氧化剂和还原剂的强弱

氧化剂与还原剂的强弱是指氧化剂得电子和还原剂失电子的能力，又称氧化能力和还原能力，这种能力与它们的电极电位有关。设电极反应为：

$$氧化态 + ne \Longrightarrow 还原态$$

① $\varphi_{氧化态/还原态}^\ominus$ 越大，氧化态的氧化能力越强，是较强的氧化剂，容易发生还原反应，而还原态的还原能力越弱，是弱的还原剂，难发生氧化反应；

② $\varphi_{氧化态/还原态}^\ominus$ 越小，还原态的还原能力越强，是较强的还原剂，容易发生氧化反应，而氧化态的氧化能力越弱，是弱的氧化剂，难发生还原反应。

例如，已知下列电极反应和相应的电极电位：

$$Zn^{2+} + 2e \Longrightarrow Zn \qquad \varphi_{Zn^{2+}/Zn}^\ominus = -0.763V$$
$$Fe^{2+} + 2e \Longrightarrow Fe \qquad \varphi_{Fe^{2+}/Fe}^\ominus = -0.44V$$
$$2H^+ + 2e \Longrightarrow H_2 \qquad \varphi_{H^+/H_2}^\ominus = 0.00V$$
$$Cu^{2+} + 2e \Longrightarrow Cu \qquad \varphi_{Cu^{2+}/Cu}^\ominus = 0.337V$$
$$Fe^{3+} + e \Longrightarrow Fe^{2+} \qquad \varphi_{Fe^{3+}/Fe^{2+}}^\ominus = 0.771V$$

根据电极电位的大小可知：

氧化剂的氧化能力为： $Fe^{3+} > Cu^{2+} > H^+ > Fe^{2+} > Zn^{2+}$

还原剂的还原能力为： $Zn > Fe > H_2 > Cu > Fe^{2+}$

根据强氧化剂与强还原剂反应，生成弱还原能力和弱氧化能力物质的规律，上述物质之间发生的反应实际上就是置换反应，用电极电位大小所得结论就是大家熟知的金属活动性顺序。所以，可能发生的反应为：

$$Zn + 2Fe^{3+} \Longrightarrow Zn^{2+} + 2Fe^{2+} \qquad Zn + Cu^{2+} \Longrightarrow Zn^{2+} + Cu$$
$$Zn + 2H^+ \Longrightarrow Zn^{2+} + H_2 \qquad Zn + Fe^{2+} \Longrightarrow Zn^{2+} + Fe$$
$$Fe + 2Fe^{3+} \Longrightarrow 3Fe^{2+} \qquad Fe + Cu^{2+} \Longrightarrow Fe^{2+} + Cu$$
$$Fe + 2H^+ \Longrightarrow Fe^{2+} + H_2 \qquad Cu + 2Fe^{3+} \Longrightarrow Cu^{2+} + 2Fe^{2+}$$

上述反应 $Fe+2Fe^{3+} \rightleftharpoons 3Fe^{2+}$ 常在工业和实验室中使用，如用 $FeCl_3$ 的酸性溶液可在铁制部件上刻蚀字样；在亚铁盐溶液中放少量铁可防止 Fe^{2+} 被氧化成 Fe^{3+}。反应 $Cu+2Fe^{3+} \rightleftharpoons Cu^{2+}+2Fe^{2+}$ 则常在无线电工业中使用，即用 $FeCl_3$ 溶液来刻蚀铜，用于制造印刷板电路。

在电极电位表 2-9 中，电极电位是从大到小依次排列的，越位于表上方的位置，电极电位越低，还原态物质越容易失去电子，是强还原剂（Li、K、Na 等），但氧化态物质越难得到电子，是弱氧化剂（如 Li^+、K^+、Na^+ 等）；反之，越位于表下方的位置，电极电位越高，氧化态物质越容易得到电子，是强氧化剂（如 F_2、Au^{3+}、Ag^+ 等），但还原态物质难失去电子，是弱还原剂（如 F^-、Au、Ag 等）。所以在电极电位表中，还原剂的还原能力自下至上逐渐增强，氧化剂的氧化能力自上至下逐渐增强。Li 是最强的还原剂（$\varphi^{\ominus}_{Li^+/Li}=-3.045V$），$F_2$ 是最强的氧化剂（$\varphi^{\ominus}_{F_2/F^-}=2.866V$）。

（2）判别氧化还原反应进行的方向

习惯上，书写化学反应方程式时，总是左边的物质代表反应物，右边的物质代表生成物。如果反应在指定条件下能够自发地进行，就是指反应能够自左向右进行。

在前面讨论原电池时已经知道，任何一个氧化还原反应能够通过一定的装置构成原电池，其电动势大于零。事实上，这个氧化还原反应必须是一个自发的反应，氧化剂发生的还原反应就是原电池的正极反应，还原剂发生的氧化反应就是原电池的负极反应，所以原电池的电动势也就等于氧化剂的电极电位与还原剂的电极电位之差，即

$$E=\varphi_{正}-\varphi_{负}=\varphi_{氧化剂}-\varphi_{还原剂}>0 \tag{1-59}$$

根据 $E>0$ 就能判定相应的氧化还原反应能够自发进行。

如果 $E<0$，则说明氧化还原反应是非自发的反应，用它构成的原电池就不能工作。但是，该氧化还原反应的逆反应能自发进行，相应地，将原来的原电池的正极变成负极，负极变成正极，则电动势大于零，此时能对外做功。

在通常情况下，用标准电极电位就能进行判断，即

$$E^{\ominus}=\varphi^{\ominus}_{氧化剂}-\varphi^{\ominus}_{还原剂}>0$$

当氧化剂和还原剂的电极电位很接近时，则要用能斯特方程式计算浓度对电极电位的影响，并由式（1-58）计算电动势 E 来进行判断。

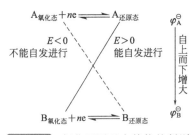

图 1-15 氧化还原反应趋势的判别

实际上，根据反应物在标准电极电位表中的位置，可以判断它们自发地发生反应的可能性，其规律如图 1-15 所示，即

左下方的氧化剂（相对较强的氧化剂）能和右上方的还原剂（相对较强的还原剂）发生氧化还原反应，相距越远，电池的电动势越大，反应的趋势也越大；

左上方的氧化剂（相对较弱的氧化剂）与右下方的还原剂（相对较弱的还原剂）组成的原电池的电动势小于零，即反应不能自发进行。

在通常情况下，用标准电极电位值来判别反应能否自发进行是可行的，当两电极反应组成的电池的标准电动势 $E^{\ominus}$ 在 $0.2 \sim 0.3V$ 以上时，反应自发进行的趋势很大，浓度变化不会改变其反应进行的方向。但是，在 $E^{\ominus}$ 比较小的情况下，浓度的变化可能会改变其反应进行的方向，所以必须考虑浓度对电极电位的影响。

1.6 电解与电解定律

1.6.1 电解原理

电解是将电能转变成化学能的过程，进行电解的装置称为电解池。如图 1-16 所示为电解池的结构示意图。用容器装上一定浓度的电解液，将两个用金属或石墨等导体做成的电极插入电解液中，电极之间通过金属导线与直流电源连接，即组成了电解池。与外电源正极连接的电极叫作阳极，与外电源负极连接的电极叫作阴极。在外接直流电源的作用下，电解池内将发生电解。

如图 1-17 所示用石墨作电极电解 $CuCl_2$ 溶液的装置。接通直流电源不久，可观察到阴极碳棒上有一层 Cu 覆盖其表面，说明阴极有铜析出；阳极碳棒上有刺激性气体放出，该气体能使湿润的淀粉碘化钾试纸变蓝（Cl_2 能使 KI 中的 I^- 氧化成单质 I_2，I_2 能使淀粉变蓝），由此证明阳极有氯气析出。因此，用石墨作电极电解 $CuCl_2$ 溶液的产物是铜和氯气。下面就电解 $CuCl_2$ 时的电解过程进行分析。

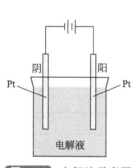

图 1-16 电解池示意图

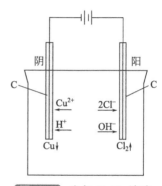

图 1-17 电解 $CuCl_2$ 溶液

$CuCl_2$ 是强电解质，在水中能电离出大量的 Cu^{2+} 和 Cl^-；水是极弱电解质，只有极少的 H_2O 分子发生电离生成 H^+ 和 OH^-。有关电离方程式为：

$$CuCl_2 \Longrightarrow Cu^{2+} + 2Cl^-$$
$$H_2O \Longrightarrow H^+ + OH^-$$

通电前，溶液中的 Cu^{2+}、Cl^-、H^+ 和 OH^- 能在电解液中自由移动。通电后，电流流动的方向是：从外接直流电源的正极流出，经阳极→电解液→阴极，然后流回外电源的负极，电子流动的方向刚好相反。这样阳极为电子流出的一极，阴极为电子流入的一极，所以，阳极带正电而阴极带负电。在阳极和阴极电场力作用下，电解液中的阴、阳离子将做定向移动，即带负电的 Cl^- 和 OH^- 向阳极移动，带正电的 Cu^{2+} 和 H^+ 向阴极移动，如图 1-17 所示。

在阳极，Cl^- 和 OH^- 都有可能失去电子而被氧化，因为 Cl^- 比 OH^- 更容易失去电子，所以 Cl^- 优先在阳极上失去电子，生成氯气。在阴极，Cu^{2+} 和 H^+ 都有可能得到电子，因为 Cu^{2+} 比 H^+ 更容易得到电子，所以 Cu^{2+} 优先在阴极上得到电子析出金属铜，并覆盖在阴极上。它们的电化学反应为：

阳极反应：$\qquad 2Cl^- - 2e \longrightarrow Cl_2$（氧化反应）

阴极反应：$\qquad Cu^{2+} + 2e \longrightarrow Cu$（还原反应）

电池反应：$\qquad 2Cl^- + Cu^{2+} \longrightarrow Cl_2 + Cu$（氧化还原反应）

$\qquad\qquad\qquad\qquad\qquad\qquad\qquad\qquad\qquad\qquad\qquad\qquad\qquad\qquad$(1-60)

查电极电位表可知，上述两个电极反应的标准电极电位为：

$$\varphi^{\ominus}_{Cl_2/Cl^-}=1.36V, \quad \varphi^{\ominus}_{Cu^{2+}/Cu}=0.337V$$

所以，式（1-60）的电动势为：

$$E^{\ominus}=\varphi^{\ominus}_{Cu^{2+}/Cu}-\varphi^{\ominus}_{Cl_2/Cl^-}=0.337-1.36=-1.023V<0$$

计算结果表明，电解氯化铜溶液的电解反应，即式（1-60）是一个非自发的反应。如果从物质的能量角度来分析，Cu^{2+}和Cl^-具有的化学能比Cu和Cl_2具有的化学能低，要使式（1-60）能够进行，必然要外加某种能量（如电能），使处于低能量状态的物质获得一定能量，并通过发生化学反应，转变成高能量状态的物质，将外加能量转变成化学能。因此，电解是将电能转变成化学能的过程。电解发生后，外电源输出的电能被电解产物以化学能的形式储存起来。

电解池与原电池一样，在其电流回路上存在两种导电机理。外电路上，依靠金属导线内的自由电子做定向流动来导电，属于电子导电。内电路上，是依靠电解液中阴、阳离子的定向运动来传递电荷的，属于离子导电。两种导电方式是通过电极上的氧化反应和还原反应得以转换的。

根据以上分析，可以得出电解池和原电池有如下几点相同之处：

① 都由两个电极和电解质溶液组成；
② 电流回路上都存在两种导电机理；
③ 氧化反应和还原反应都分别在两个电极上发生；
④ 电池反应都是氧化还原反应。

电解池和原电池之间的区别如表 1-13 所示。

表 1-13　电解池和原电池的区别

不同之处	原电池	电解池
能量转换形式	化学能→电能	电能→化学能
电极	负极（氧化反应）	阳极（氧化反应）
	正极（还原反应）	阴极（还原反应）
外电路	负载	直流电源
电池反应	正向的氧化还原反应（自发反应）	逆向的氧化还原反应（非自发反应）

1.6.2　分解电压

电解时，外接直流电源决定了电解池电流的流动方向，其电压的高低也会影响电极反应的速率。实际上，要使电解能够进行必须加以足够的电压，这种使电解过程得以发生所需的最小外加电压称为分解电压。分解电压可进行理论计算和实际测定，前者叫理论分解电压，后者叫实际分解电压。

（1）理论分解电压

如前所述，原电池是通过电池内的物质发生自发的氧化还原反应而产生电流，即将化学能转变成电能；电解则是通电后使电解池内发生非自发的氧化还原反应，即电能转变成化学能。虽然原电池过程和电解过程是完全相反的过程，但它们在一定条件下是可以相互转化的。下面以铜-锌原电池为例来说明这两个过程相互转化的条件。

铜-锌原电池　　　　　　　　　　$Zn \mid Zn^{2+} \Vert Cu^{2+} \mid Cu$

负极反应（氧化反应）：　　　　　$Zn-2e \rightleftharpoons Zn^{2+}$

正极反应（还原反应）：　　　　　$Cu^{2+}+2e \rightleftharpoons Cu$

电池反应（氧化还原反应）：$Zn + Cu^{2+} \Longrightarrow Zn^{2+} + Cu$ (1-61)

该电池在标准情况下的电动势为：

$$E^{\ominus} = \varphi^{\ominus}_{Cu^{2+}/Cu} - \varphi^{\ominus}_{Zn^{2+}/Zn} = 0.337 - (-0.763) = 1.1(V)$$

如果将铜-锌原电池的两极与一外加电源相连，设外电源的电压为 $E_{外}$，则

① 当 $E_{外} < 1.1V$ 时，电池继续放电，电流仍从 Cu 极流向 Zn 极，电池反应为式 (1-61)。

② 当 $E_{外} = 1.1V$ 时，由于电池的电动势和外电源电压大小相等，方向相反，因此电流为零。此时电极上发生正、反两个方向相反但速率相等的反应，即电池内没有净的电化学反应发生。

③ 当 $E_{外} > 1.1V$ 时，电池被充电，即发生电解的过程，电流从 Zn 极流向 Cu 极，电池内发生的电化学反应为式 (1-61) 的逆反应：

$$Zn^{2+} + Cu \Longrightarrow Zn + Cu^{2+}$$

由此可见，原电池过程和电解过程是一对矛盾，在一定条件下可以相互转化。当 $E_{外} < E^{\ominus}$ 时，原电池为矛盾的主要方面，电流的方向由原电池的电动势 $E^{\ominus}$ 决定，即由电池的正极流向负极，发生化学能转变成电能的过程；当 $E_{外} > E^{\ominus}$ 时，电解过程为矛盾的主要方面，电流的方向由外电源电压 $E_{外}$ 决定，即由电池的负极流向正极，外电源提供的电能引起电化学反应，使电能转变成化学能。所以只有外加电压大于电池电动势时，才能发生电解。

从以上分析可知，要使电解过程能够进行，外加电压的最小值要等于（实际上要略大于）原电池的电动势，这就是理论分解电压，用 $E_{理}$ 表示。所以，理论分解电压在数值上等于原电池的电动势，而电流的方向恰好与原电池相反。如上述铜-锌原电池转化成电解的理论分解电压等于 1.1V。

计算理论分解电压，实际上是计算电解产物构成的原电池的电动势的值。因为电解过程发生的反应是原电池反应的逆反应，电解发生后生成的产物将在电解池内部构成原电池，其电动势与外电压方向相反，外电压必须克服该电动势才能使电解继续进行，所以 $E_{理}$ 等于电解产物构成的原电池的电动势。

例如，电解 $CuCl_2$ 溶液（浓度为 1mol/L）时的化学反应为：

阳极 $2Cl^- - 2e \longrightarrow Cl_2$

阴极 $Cu^{2+} + 2e \longrightarrow Cu$

电解产物为 Cu 和 Cl_2，它们将在电解池内部构成一个原电池，即 Cu 与溶液中的 Cu^{2+} 组成氧化还原电对，作为原电池的负极；Cl_2 与溶液中的 Cl^- 组成氧化还原电对，作为原电池的正极。其符号表示为：

$$Cu \mid CuCl_2(1mol/L) \mid Cl_2(1atm), C$$

根据能斯特方程式得：

$$\varphi_{Cl_2/Cl^-} = 1.36 + \frac{0.059}{2} \lg \frac{p_{Cl_2}}{a^2_{Cl^-}} = 1.36 + \frac{0.059}{2} \lg 2^{-2} = 1.34(V)$$

$$\varphi_{Cu^{2+}/Cu} = 0.337 + \frac{0.059}{2} \lg a_{Cu^{2+}} = 0.337(V)$$

所以 该原电池的电动势为：

$$E = \varphi_{Cl_2/Cl^-} - \varphi_{Cu^{2+}/Cu} = 1.34 - 0.337 = 1.003(V)$$

$$E_{理} = E = 1.003(V)$$

（2）实际分解电压

理论分解电压是电解时所需的最小外加理论电压值，但在实际电解时所需的外加电压要比理论值高，称之为实际分解电压，即电解时实际所需的最小外加电压。现在以电解

NaOH 溶液为例来说明。

先计算电解 NaOH 溶液的理论分解电压。

假设以铂片作电极，则电解时发生的电极反应为：

阴极 $\qquad\qquad\qquad\qquad 2H_2O+2e \longrightarrow 2OH^- +H_2$

阳极 $\qquad\qquad\qquad\qquad 4OH^- \longrightarrow O_2+2H_2O+4e$

电解产物为 H_2 和 O_2，它们在电解池内部构成的原电池为：

$$Pt,H_2 \mid NaOH \mid O_2,Pt$$

设 $p_{O_2}=p_{H_2}=1atm$，则根据能斯特方程式可得：

$$\varphi_{H_2O/H_2}=\varphi^{\ominus}_{H_2O/H_2}+\frac{0.059}{2}lg\frac{1}{a^2_{OH^-}\cdot p_{H_2}}=-0.828+0.0591lg\frac{1}{a_{OH^-}}$$

$$\varphi_{O_2/OH^-}=\varphi^{\ominus}_{O_2/OH^-}+\frac{0.059}{4}lg\frac{p_{O_2}}{a^4_{OH^-}}=0.401+0.0591lg\frac{1}{a_{OH^-}}$$

所以 原电池的电动势为：

$$E=\varphi_{O_2/OH^-}-\varphi_{H_2O/H_2}=0.401-(-0.828)=1.229(V)$$

所以 理论分解电压为： $\qquad\qquad E_{理}=E=1.229(V)$

计算结果表明，理论上外加电压只要等于（应稍大于）1.299V 就能使上述电解过程得以进行，但实际上外加电压必须达到 1.70V 左右电解才能进行，并观察到两个电极上有气体逸出。所以电解上述 NaOH 溶液的实际分解电压是 1.70V。

实际分解电压可通过实验进行测定，如图 1-18 所示。电解池中装入浓度为 1mol/L 的 NaOH 溶液，并插入两片用铂片做成的电极；在两电极上并联一只电压表，电路中串联一只电流表，以读取任一外加电压下的电压和电流值；线路通过一分压装置，从而可以改变外加电压的大小。当接通电路后，外加电压从某一较小的值开始，然后逐渐增大，同时记录相应的电流值，将电流随电压的变化情况，绘制成电流-电压变化曲线，如图 1-19 所示。

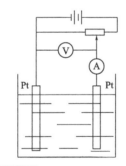

图 1-18 测定分解电压装置

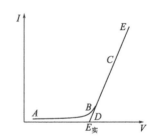

图 1-19 电解时的电流-电压曲线

从图 1-19 中的电流-电压曲线可以看出，电流是分阶段变化的。曲线中的 AB 段表示外加电压尚未达到足够数值时，电解池中还没有发生显著的电解，在电流计上读得的电流值很小，这一阶段电流称为"残余电流"。直线 BCE 段表示当外加电压足够大时，电解池中发生了显著的电解，电流随着电压的增大几乎呈直线上升。如果将直线 BCE 段向横坐标延伸并与之相交于 D 点，则 D 点的电压就是待测的实际分解电压，用 $E_{实}$ 表示。显然，当外加电压小于 $E_{实}$ 时，两极上并无显著的电解过程，只有当外加电压大于 $E_{实}$ 时，电解过程才明显发生。对 1mol/L 的 NaOH 溶液来说，$E_{实}$ 的值为 1.7V，只有当外加电压大于 1.7V时，氢气和氧气才能在两极上析出。图中的曲线变化趋势几乎发生在所有的电解过程中。下面以 1mol/L NaOH 溶液的电解为例，来分析图 1-19 中曲线各阶段变化的原因。

在实验开始后接通电路的瞬间，可观察到电流表指针有较大的摆动，但随即又降到零点附近。这是因为通电前电极上无电解产物，所以刚通电的瞬间，两极之间无电动势存在，使电流很大。正是在这瞬间大电流的作用下，电极上会有少量的 H_2 和 O_2 产生，并在电池内部构成原电池，产生一个与外加电压数值相等但方向相反的电动势，因而使电流又马上下降到零点附近。随着外加电压的逐渐增加，形成了 AB 段的"残余电流"。这是因为此时电极表面 H_2 和 O_2 的压力远低于 1atm（1atm＝101.325Pa），不能离开电极自由逸出，而是向溶液中扩散，这就使得产物构成的原电池的电动势又稍小于外加电压，因此有微弱的电解发生，使电极上有微小的电流通过，即所谓的"残余电流"。当外加电压继续增大到某一值（D 点数值）时，电极上产生的气体压力已达到 1 个大气压，并开始在电极上逸出气体，原电池产生的电动势达到最大值而不再增加。如果再增加外电压，则电流急剧增加，电解过程十分显著，电极上有大量的气体析出。这就形成曲线中的 BCE 段。

酸碱溶液的分解电压一般在 1.70V 左右，这是因为其电解产物都是氢气和氧气。有关的电极反应为：

酸性溶液　　阴极　　$2H^+ +2e \longrightarrow H_2$

　　　　　　阳极　　$H_2O \longrightarrow \frac{1}{2}O_2 +2H^+ +2e$

碱性溶液　　阴极　　$2H_2O+2e \longrightarrow 2OH^- +H_2$

　　　　　　阳极　　$2OH^- \longrightarrow \frac{1}{2}O_2 +H_2O+2e$

1.6.3　电极极化

在前面对原电池和电解的讨论中已经知道：在原电池装置中，利用自发的氧化还原反应，物质的化学能可以转变成电能；在可逆的情况下，当通过电池的电流为无限小时，原电池释放出的电能恰好能使体系恢复到原来的状态；在不可逆的情况下，电极上有明显的电流通过，化学能仅部分转变成电能，另一部分以热能的形式释放，因此需要更多的电能才能使化学反应逆转，恢复到原来的状态。在电解过程中，实际的分解电压大于理论分解电压。所以在实际工作中，电极上进行的过程无论是原电池的放电过程还是电解池的充电过程都有可察觉的电流流经电极，是不可逆的过程，在此过程中将有极化现象发生。

（1）极化及其原因

实际上，各种电解质在电解过程中大多存在实际分解电压大于理论分解电压的现象，这种现象是由电极的极化引起的。

当电极上无电流通过时，该电极上的氧化反应与还原反应速率相等，电极上无净反应发生，处于动态平衡状态，与之对应的电位是平衡电位，用 $\varphi_{\text{平}}$ 表示。$\varphi_{\text{平}}$ 可以用能斯特方程式进行计算。

但是，当电极上有电流通过时，说明有净反应发生，电极将失去原有的平衡状态，因此电极电位将偏离平衡电位。这种有电流通过电极时，电极电位偏离平衡电位的现象叫作电极的极化。极化的程度与许多因素有关，如电极材料、电流密度以及电解液的温度等。

实验表明，电极发生极化时，阴极的电极电位总是变得比平衡电位更负，阳极的电极电位总是变得比平衡电位更正。前者称阴极极化，后者称阳极极化。

电极发生极化，是因为当有电流流过电极时，在电极上发生了一系列的电极过程。如电子的移动、溶液中离子的迁移和电极反应的发生等。这些电极过程都是以一定的速度进行的，并且相互之间存在关联。如果彼此的速度不一致，则形成一定的阻力，要克服这些阻力，就需要外加一定的推动力，表现在电极电位上就是偏离平衡电位。根据极化产生的原因不同，可将极化分为三类。

① 欧姆极化。在原电池过程和电解过程中，因电极表面上存在一层氧化物薄膜或其他物质而对电流通过产生的阻力、电极材料和电解液引起的内阻、电极与外电路相连各接触点的电阻等，将产生大小为 Ir 的内阻压降，必须增加外电压去克服它，这种现象称为欧姆极化。Ir 亦称为电阻超电位。欧姆极化引起的内阻压降一般很小，可忽略不计。

② 浓差极化。当电极上无电流通过时，电极上没有化学反应发生，电解液中各部分的离子浓度是一致的，其电极电位是平衡电位。但当电极上有电流通过时，电极上有反应发生。由于离子扩散速度小于电极反应速率，必然引起电极附近溶液浓度的改变，打破原有平衡，相当于电极置于改变了浓度的电解液中，即处于新的平衡状态之中，其电极电位可由电极附近溶液的浓度来决定，其值偏离平衡电位。这种由于电极上有电流流过，电极附近溶液的浓度和本体溶液（指离开电极较远且浓度均匀的溶液）的浓度出现浓度差而引起电极电位偏离平衡电位的现象称为浓差极化。下面以银电极电解浓度为 c 的 $AgNO_3$ 溶液为例来说明浓差极化发生的根本原因。

电解进行之前，两极的电极电位为平衡电位，可用能斯特方程式计算如下：

$$\varphi_{平} = \varphi_{Ag^+/Ag}^{\ominus} + 0.059 \lg c \tag{1-62}$$

电解发生后，两极的反应分别为：

阴极： $$Ag^+ + e \longrightarrow Ag$$

阳极： $$Ag \longrightarrow Ag^+ + e$$

显然，阴极附近 Ag^+ 的浓度不断降低，阳极附近 Ag^+ 的浓度不断增加。由于 Ag^+ 的扩散速度小于电极反应速率，使得阴极附近溶液中 Ag^+ 的浓度 c' 小于本体溶液中 Ag^+ 的浓度 c；而阳极附近溶液中 Ag^+ 的浓度 c'' 大于本体溶液中 Ag^+ 的浓度 c。在一定电流密度下，达到稳定状态后，这种浓度差也保持稳定，此时 c' 和 c'' 也稳定下来，即电极处于新的平衡状态下，其电极电位分别为：

阴极 $$\varphi_{阴} = \varphi_{Ag^+/Ag}^{\ominus} + 0.059 \lg c' \tag{1-63}$$

阳极 $$\varphi_{阳} = \varphi_{Ag^+/Ag}^{\ominus} + 0.059 \lg c'' \tag{1-64}$$

由于 $c' < c$，$c'' > c$，所以比较式（1-62）～式（1-64），可得出以下关系：

$$\varphi_{阴} < \varphi_{平} \quad 和 \quad \varphi_{阳} > \varphi_{平}$$

由此可见，浓差极化的结果是：使得阴极的电极电位比平衡电位更负一些，阳极的电极电位比平衡电位更正一些。

③ 电化学极化。浓差极化是电解液中离子迁移的速度与电极反应速率不一致引起的，电化学极化则是电子移动的速度与电极反应速率不一致引起的。

当电极上有电流通过时，电子从阳极流向阴极，使阴极表面积累负电荷，阳极表面积累正电荷；与此同时，电极反应使积累的电荷被吸收，即阴极反应使阴极得到电子导致其负电荷减少，阳极反应使阳极失电子导致其正电荷减少。

实验表明，阴极由于电子运动的速度大于阴极反应（得电子）速率，造成负电荷的积累；阳极由于电子流出电极的速度大于阳极反应（失电子）速率，造成正电荷的积累。因此，阴极电位向负方向偏离，阳极电位则向正方向偏离，即

$$\varphi_{阴} < \varphi_{平} \quad 和 \quad \varphi_{阳} > \varphi_{平}$$

阳极正电荷的积累和阴极负电荷的积累，会对电子的移动造成阻力，并降低电子移动的速度，同时会加快阳极和阴极反应的速率，当两者速率相等时，两极的电极电位达到新的平衡状态。该新的平衡状态的值始终偏离电流通过前的平衡状态的值。

（2）超电位

为了表示极化的大小，把某一电流密度下的电极电位 φ 与平衡电位 $\varphi_{平}$ 之间的差值称为超电位，用 η 表示，并规定其始终为正值。由于电极发生极化时，阴极电极电位总是变得比

平衡电位更负，阳极电极电位总是变得比平衡电位更正，因此两极的超电位可表示为：

阴极极化时：
$$\eta_{阴} = \varphi_{阴}^{平} - \varphi_{阴} \tag{1-65}$$

阳极极化时：
$$\eta_{阳} = \varphi_{阳} - \varphi_{阳}^{平} \tag{1-66}$$

影响超电位的因素很多，其大小与电极反应、电极材料、电流密度以及电解液温度等有关。不同的电极反应和电极材料有不同的超电位；电流密度越大则超电位越大；电解液温度越高则超电位越小。

超电位的值可由实验测得，由于影响超电位的因素很多，故测定值的重现性不好。通常析出金属（铁、钴、镍除外）的超电位较小，一般不加考虑；电极上析出气体，特别是氢气和氧气析出时，超电位相当大，必须加以考虑。几种常见气体的超电位见表1-14～表1-16。

表 1-14 在不同电流密度下析出氢气的超电位（1mol/L H_2SO_4，25℃） 单位：V

电极材料	电流密度/(A/cm²)				
	0.001	0.01	0.1	1.0	5.0
Ag	0.097	0.13	0.30	0.48	0.69
Al	0.300	0.83	1.00	1.29	—
Au	0.017	—	0.10	0.24	0.33
Cd	—	0.13	1.22	1.25	—
Cu	—	—	0.35	0.48	0.55
Fe	—	0.56	0.82	1.29	—
C	0.002	—	0.32	0.60	0.73
Ni	0.140	0.30	—	0.56	0.71
Pb	0.40	0.40	—	0.52	1.06
Pd	0.00	0.04	—	—	—
Pt（平滑）	0.00	0.16	0.29	0.68	—
Pt（铂黑）	0.00	0.03	0.041	0.048	0.051
Sn	—	0.50	1.20	—	—
Zn	0.48	0.75	1.06	1.23	—

表 1-15 不同电流密度下析出氧气的超电位（1mol/L KOH，25℃）

电极材料	电流密度/(A/cm²)							
	0.001	0.01	0.02	0.05	0.1	0.2	0.5	1.0
Ag	0.58	0.73	—	—	0.98	—	—	1.13
Au	0.67	0.96	—	—	1.24	—	—	1.63
Cu	0.42	0.58	—	—	0.66	—	—	0.79
C	0.53	0.90	0.963	—	1.09	1.142	1.186	1.24
Ni	0.35	0.52	—	—	0.73	—	—	0.85
Pt（平滑）	0.72	0.85	0.92	1.16	1.28	1.34	1.43	1.49
Pt（铂黑）	0.40	0.52	0.56	0.65	0.64	—	0.705	0.77

注：在 $HClO_4$、HNO_3、H_3PO_4 和 H_2SO_4 等各种稀溶液中，在平滑铂电极上析出氧的超电位约为0.5V。

表 1-16	不同电流密度下析出氯气的超电位（饱和 NaCl，25℃）						
电极材料	电流密度/(A/cm²)						
	0.001	0.04	0.07	0.1	0.2	0.5	1.0
Pt（铂黑）	0.0058	0.021	0.0245	0.026 0.028	0.035	—	0.80
Pt（平滑）	0.008	0.045	—	0.054	0.087	0.161	0.24
C	—	0.186	0.193	0.251	0.298	0.417	0.50

如果用不同的电流密度对相应的电极电位（析出电位）作图，可得到原电池和电解池的极化曲线，如图 1-20 所示。

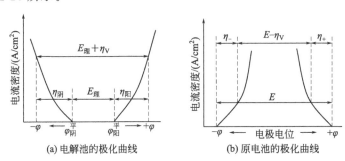

(a) 电解池的极化曲线　　　　　　(b) 原电池的极化曲线

图 1-20　电流密度与电极电位的关系

在图 1-20（a）中，$\eta_{阳}$ 和 $\eta_{阴}$ 是在同一电流密度下的阳极超电位和阴极超电位。由图可见，电流密度越大，超电位越大。由于超电位的存在，要使电解产物析出，外加于阴极的电位应为阴极平衡电位减去超电位；外加于阳极的电位应为阳极平衡电位加上超电位。这一使电解产物析出的外加电位称为析出电位，用 $\varphi_{阳}$ 和 $\varphi_{阴}$ 表示。即

$$\varphi_{阳} = \varphi_{阳}^{平} + \eta_{阳} \tag{1-67}$$

$$\varphi_{阴} = \varphi_{阴}^{平} - \eta_{阴} \tag{1-68}$$

因此，电解过程中的实际分解电压等于阳极和阴极的析出电位之差：

$$E_{实} = \varphi_{阳} - \varphi_{阴} = (\varphi_{阳}^{平} + \eta_{阳}) - (\varphi_{阴}^{平} - \eta_{阴})$$

$$= (\varphi_{阳}^{平} - \varphi_{阴}^{平}) + (\eta_{阳} + \eta_{阴})$$

上式中的 $(\varphi_{阳}^{平} - \varphi_{阴}^{平})$ 为理论分解电压，$(\eta_{阳} + \eta_{阴})$ 被称为超电压，可用 η_V 表示：

$$\eta_V = \eta_{阳} + \eta_{阴} \tag{1-69}$$

所以

$$E_{实} = E_{理} + \eta_V \tag{1-70}$$

因此，实际分解电压高于理论分解电压的部分就是超电压。值得一提的是，式（1-70）中超电压是三种极化引起的超电位之和，有时将欧姆极化引起的超电位部分仍以内阻压降 Ir 表示，则可将其用下式表示：

$$E_{实} = E_{理} + \eta_V + Ir \tag{1-71}$$

在原电池中也存在着极化现象，由于负极起氧化反应，正极起还原反应，在外电路上电子从负极流向正极，所以原电池极化的方向与电解池的极化方向相反，如图 1-20（b）所示。由图可见，当原电池放电时，由于极化作用，负极（阳极）的电极电位比平衡电位更正，正极（阴极）的电极电位比平衡电位更负，且随着电流密度的增大，原电池提供的电压越低，所能做的电功也越小。

因此，原电池工作时的电压（U）同样可表示为：

$$U = \varphi_{正} - \varphi_{负} = (\varphi_{正}^{平} - \eta_{正}) - (\varphi_{负}^{平} + \eta_{负})$$
$$= (\varphi_{正}^{平} - \varphi_{负}^{平}) - (\eta_{正} + \eta_{负}) = E - \eta_V$$

上式中的超电压同样是三种极化引起的超电位之和,也可如式(1-71)一样表示为:

$$U = E - \eta_V - Ir \tag{1-72}$$

式中,E 为原电池的电动势;η_V 为原电池的超电压;Ir 为欧姆内阻压降。

【例 1-5】 用 Pb 电极来电解 H_2SO_4($a_{H^+} = 0.053mol/L$),温度为 25℃,大气压为 1atm,若电解过程中,用另一电极($\varphi_{甘汞}^{\ominus} = 0.2801V$)与 Pb 阴极相连,测得其电动势为 1.0685V,求 H_2 在 Pb 电极上的超电位。

解 超电位的测定方法就是在电解过程中,用一参比电极(如甘汞电极)与待测电极组成原电池并测其电动势,因参比电极的电极电位是稳定的且为已知,故可得到电解产物在待测电极上的析出电位,平衡电位可用能斯特方程式进行计算,因此,可求出电解产物在待测电极上的超电位。

此题中是求 H_2 在 Pb 阴极上的超电位,电极反应为:

$$2H^+ + 2e \longrightarrow H_2$$

所以

$$\varphi_{平} = \varphi_{H^+/H_2}^{\ominus} + \frac{0.059}{2}\lg\frac{a_{H^+}^2}{p_{H_2}} = 0.00 + 0.059\lg a_{H^+}$$
$$= 0.059\lg 0.053 = -0.0753(V)$$

已知阴极 Pb 与甘汞电极组成的原电池的电动势为 1.0685V,即

$$E = \varphi_{甘汞}^{\ominus} - \varphi_{阴} = 1.0685V$$

则 H_2 在 Pb 阴极上的析出电位为:

$$\varphi_{阴} = \varphi_{甘汞}^{\ominus} - E = 0.2801 - 1.0685 = -0.7884(V)$$

所以,H_2 在 Pb 阴极上的超电位为:

$$\eta_{H_2} = \varphi_{平} - \varphi_{阴} = -0.0753 - (-0.7884) = 0.713(V)$$

1.6.4 电解产物

电解时,电解质溶液中常常同时含有多种离子,它们都有可能在阴极或阳极上析出,如果阳极是较活泼的金属,也会发生反应而溶解。实际上,由于电解液中的离子得到或失去电子的能力各不相同,因此它们是有次序地在电极上析出。

(1)电解产物的一般规律

① 阳极产物。阳极发生的是氧化反应,首先在阳极上发生反应的是强还原性物质,其生成物即为阳极产物。还原性物质在阳极失去电子的次序为:

a. 可溶性阳极:指阳极材料为一般金属(除铂、金等外),如 Fe、Cu、Ag 等,它们在电解时首先失去电子,生成金属离子。

b. 简单阴离子:当阳极材料为惰性电极(如铂、石墨等)时,电解液中的简单阴离子如 I^-、Br^-、Cl^- 等,将在阳极上失去电子而析出 I_2、Br_2、Cl_2 等。

c. 氢氧根离子:当阳极材料为惰性电极,且电解液中不存在简单阴离子,只有如 SO_4^{2-}、NO_3^- 等复杂阴离子存在时,OH^- 可在阳极上失去电子而析出氧气。

② 阴极产物。阴极发生的是还原反应,首先发生阴极反应的物质是强氧化性物质,其生成物即为阴极产物。氧化性物质在阴极得到电子的次序为:

a. 不活泼金属的离子:不活泼金属是弱还原剂,但它们相应的金属离子是强氧化剂,易获得电子。如 Ag^+、Cu^{2+}、Fe^{2+} 等,它们得到电子后析出 Ag、Cu、Fe 等。

b. 氢离子:若溶液中不存在不活泼金属离子,只存在活泼金属的离子如 Na^+、K^+、

Mg^{2+} 等，则溶液中的 H^+ 将得到电子而析出氢气。

（2）电解产物的判别

上述电解产物的一般规律只是对电解产物的一种定性判断。要准确地进行定量判别，可通过式（1-67）和式（1-68）计算各电极反应的析出电位，再根据其电位大小判断各反应物的氧化或还原能力的强弱，进而判别出电解产物析出的顺序。其判别依据是：

① 阳极：溶液中各种还原态物质和金属阳极都有失去电子而被氧化的趋势，其失去电子的先后顺序是按其电极电位从低到高排列的。即电极电位低者，还原能力强，优先失去电子被氧化；电极电位高者，还原能力弱，较难失去电子，后被氧化。

② 阴极：溶液中各种氧化态物质都有得到电子而被还原的趋势，其得到电子的先后顺序是按其电极电位从高到低排列的。即电极电位高者，其氧化能力强，优先得到电子被还原；电极电位低者，其氧化能力弱，较难得到电子，后被还原。

有了上述判别依据后，正确计算出各种物质的析出电位则是关键一步。通常按以下步骤进行计算与判别：

首先，找出两极分别有哪些物质可能析出或溶解；

其次，写出电极反应，并查表得知相应的标准电极电位和超电位；

再次，根据式（1-67）和式（1-68）计算各个电极反应的析出电位；

最后，排列出它们的析出电位的顺序并判别电解产物。

【例 1-6】某电解池中放入等体积的 $FeCl_2$ 溶液（0.2mol/L）和 $CuSO_4$ 溶液（0.4mol/L），在 25℃，大气压为 1atm，电流密度为 $0.001A/cm^2$ 时，用平滑铂电极进行电解。若溶液中氢离子浓度为 1.0mol/L，且电解过程中不断搅拌溶液，以使金属离子的超电位可以忽略。问：

（1）两极上何种离子先析出？

（2）当阴极上第一种金属析出时，至少须加多大电压？

（3）当第二种金属析出时，第一种金属离子在溶液中的浓度为多少？

解 （1）根据题意可知：

$$a_{Cu^{2+}} = 0.2 mol/L, \qquad a_{Fe^{2+}} = 0.1 mol/L, \qquad a_{Cl^-} = 0.2 mol/L,$$

$$a_{H^+} = 1.0 mol/L, \qquad a_{OH^-} = 10^{-14} mol/L, \qquad a_{SO_4^{2-}} = 0.2 mol/L$$

查表知 H_2、O_2 和 Cl_2 在 Pt 电极上的超电位为：

$$\eta_{H_2} = 0.00V, \qquad \eta_{O_2} = 0.72V, \qquad \eta_{Cl_2} = 0.01V$$

① 阴极：溶液中的 Cu^{2+}、Fe^{2+} 和 H^+ 都可能在阴极析出，有关反应为：

$$Cu^{2+} + 2e \longrightarrow Cu \qquad \varphi_{Cu^{2+}/Cu}^{\ominus} = 0.337V$$

$$Fe^{2+} + 2e \longrightarrow Fe \qquad \varphi_{Fe^{2+}/Fe}^{\ominus} = -0.44V$$

$$2H^+ + 2e \longrightarrow H_2 \qquad \varphi_{H^+/H_2}^{\ominus} = 0.00V$$

它们的析出电位分别为：

$$\varphi_{Cu^{2+}/Cu} = \varphi_{Cu^{2+}/Cu}^{\ominus} + \frac{0.059}{2} \lg a_{Cu^{2+}} = 0.337 + \frac{0.059}{2} \lg 0.2 = 0.32V$$

$$\varphi_{Fe^{2+}/Fe} = \varphi_{Fe^{2+}/Fe}^{\ominus} + \frac{0.059}{2} \lg a_{Fe^{2+}} = -0.44 + \frac{0.059}{2} \lg 0.1 = -0.47V$$

$$\varphi_{H^+/H_2} = \varphi_{H^+/H_2}^{\ominus} + \frac{0.059}{2} \lg a_{H^+}^2 - \eta_{H_2} = 0.00 + 0.059 \lg 1.0 - 0.00 = 0.00V$$

因为 $\qquad\qquad\qquad\qquad \varphi_{Cu^{2+}/Cu} > \varphi_{H^+/H_2} > \varphi_{Fe^{2+}/Fe}$

所以 阴极上最先发生反应的是 Cu^{2+}，析出的产物是 Cu。

② 阳极：溶液中的 Cl^-、OH^- 和 SO_4^{2-} 都有可能析出，有关反应为：

$$2Cl^- \longrightarrow Cl_2 + 2e \qquad \varphi^{\ominus}_{Cl_2/Cl^-} = 1.36V$$

$$4OH^- \longrightarrow 2H_2O + O_2 + 4e \qquad \varphi^{\ominus}_{O_2/OH^-} = 0.401V$$

$$2SO_4^{2-} \longrightarrow S_2O_8^{2-} + 2e \qquad \varphi^{\ominus}_{S_2O_8^{2-}/SO_4^{2-}} = 2.01V$$

它们的析出电位分别为：

$$\varphi_{Cl_2/Cl^-} = \varphi^{\ominus}_{Cl_2/Cl^-} + \frac{0.059}{2}\lg\frac{1}{a^2_{Cl_2}} + \eta_{Cl_2} = 1.36 - 0.059\lg 0.2 + 0.01 = 1.41V$$

$$\varphi_{O_2/OH^-} = \varphi^{\ominus}_{O_2/OH^-} + \frac{0.059}{4}\lg\frac{1}{a^4_{OH^-}} + \eta_{O_2} = 0.401 + 0.059\lg 10^{14} + 0.72 = 1.95V$$

$$\varphi_{S_2O_8^{2-}/SO_4^{2-}} \approx \varphi^{\ominus}_{S_2O_8^{2-}/SO_4^{2-}} = 2.01V$$

因为　　　$\varphi_{Cl_2/Cl^-} < \varphi_{O_2/OH^-} < \varphi_{S_2O_8^{2-}/SO_4^{2-}}$

所以　　阳极上最先发生反应的是 Cl^-，析出的产物是 Cl_2。

（2）当第一种金属离子 Cu^{2+} 在阴极析出时，外加电压应等于阳极析出电位与阴极析出电位之差：

$$E_{外} = \varphi_{阳} - \varphi_{阴} = \varphi_{Cl_2/Cl^-} - \varphi^{2+}_{Cu/Cu} = 1.41 - 0.32 = 1.09V$$

（3）当第二种金属离子 Fe^{2+} 析出时，Cu 的析出电位与 Fe 的析出电位应该相等，即此时 Cu 和 Fe 同时析出，设此时 Cu^{2+} 的浓度为 $a'_{Cu^{2+}}$，则

$$\varphi_{Fe^{2+}/Fe} = \varphi_{Cu^{2+}/Cu}$$

$$-0.47 = 0.337 + \frac{0.059}{2}\lg a'_{Cu^{2+}}$$

$$\lg a'_{Cu^{2+}} = \frac{(-0.47 - 0.337) \times 2}{0.059} = -27.36$$

所以　　　　　　　　$a'_{Cu^{2+}} = 10^{-27}(mol/L)$

结果表明，当 Fe^{2+} 在阴极析出时，溶液中的 Cu^{2+} 已几乎全部在阴极上析出。

1.6.5　电解定律

物质的质量与通过的电量之间存在着一定的关系，这个关系可用法拉第在 1833 年归纳了多次实验后得出的规律，即电解定律（又称法拉第定律）来描述。法拉第电解定律分为电解第一定律和电解第二定律。

（1）电解第一定律

电解第一定律描述的是当电极上有电流通过时，电极上反应的物质或生成的物质的质量与通过的电量之间的定量关系，即当电流通过电解液时，在电极上析出和溶解的物质的质量与通过的电量成正比，即

$$m = KC = KIt \tag{1-73}$$

式中，m 为电极上析出或溶解的物质的质量，g；C 为通过电极的电量，C 或 F 或 A·h；K 为比例系数，称电化学当量，g/C 或 g/F 或 g/(A·h)；I 为通过电极的电流，A；t 为电流流过电极的时间，s 或 h。

（2）电解第二定律

物质的电化当量 K 与其化学当量成正比，所谓化学当量是指该物质的摩尔质量 M 同其化合价的比值，单位 kg/mol。第二定律数学表达式：

$$K = \frac{M}{Fn} \tag{1-74}$$

式中，n 为化合物中正或负化合价总数的绝对值；F 为法拉第恒量，数值为 $F=9.65\times 10^4\,C/mol$，它是阿伏伽德罗数 $N_A=6.02214\times10^{23}\,mol^{-1}$ 与元电荷 $e=1.602176\times10^{-19}\,C$ 的积，又称法拉第常数。

各种物质的电化学当量与电极反应有关，如 Cu^+ 或 Cu^{2+} 分别在阴极上析出 Cu：

$$Cu^+ + e \longrightarrow Cu$$
$$Cu^{2+} + 2e \longrightarrow Cu$$

根据第二定律，当电极上通过单位电量时，将分别有 $63.55g\ Cu^+$ 和 $31.77g\ Cu^{2+}$ 在阴极上析出 Cu。它们的电化学当量分别为：

$$K_{Cu(I)}=63.55\div96500=0.658\times10^{-3}\,(g/C)$$
$$K_{Cu(II)}=31.77\div96500=0.329\times10^{-3}\,(g/C)$$

（3）电流效率

实际上，法拉第定律对电解池和原电池都是适用的。理论上，电解时根据电极上析出物质的量可计算出电路中通过的电量，但由于存在电流效率，使实际通过的电量比计算的理论电量要大。反之，根据通过的电量可计算出析出物质的量，同样因存在电流效率，使实际析出物质的质量小于计算出来的理论质量。电流效率可下式进行计算：

$$电流效率=\frac{C_{理}}{C_{实}}\times100\% \tag{1-75}$$

或

$$电流效率=\frac{m_{实}}{m_{理}}\times100\% \tag{1-76}$$

式中，$C_{理}$ 为一定量的物质发生反应时，理论上需要的电量；$C_{实}$ 为一定量的物质发生反应时，实际上消耗的电量；$m_{理}$ 为电极上通过一定的电量时，理论上应生成物质的质量；$m_{实}$ 为电极上通过一定的电量时，实际上生成物质的质量。

【例 1-7】 以铜片为电极，电解 $CuSO_4$ 溶液，若电流强度为 1A，通电时间为 1h，问理论上在阳极溶解的铜和从阴极析出的铜各为多少克？若电流效率为 90%，则两极上实际溶解和析出的铜分别是多少？

解 根据法拉第第二定律可知，阴极析出的 Cu 和阳极溶解的 Cu 的物质的量相等。由于它们的电极反应为同一表达式，仅方向相反而已，所以具有相同的电化学当量：

$$K_{Cu(II)}=1.186g/(A\cdot h)$$

即阳极溶解的铜和阴极析出的铜的质量相等，理论上溶解和析出的铜的质量为：

$$m_{理}=KIt=1.186\times1\times1=1.186\,(g)$$

若电流效率为 90%，则两极上实际溶解和析出的铜的质量为：

$$m_{实}=m_{理}\times90\%=1.186\times90\%=1.0674\,(g)$$

习题与思考题

1. 电解质有哪三种分类方法？它们是如何进行分类的？

2. 什么叫活度？活度与实际浓度之间的关系是什么？

3. 什么叫电子导体和离子导体？如何比较离子导体之间导电能力的强弱？电解质溶液的导电能力与浓度之间的关系是什么？

4. 什么叫氧化态与还原态？它们与氧化剂和还原剂之间的关系是什么？

5. 请用 Fe 片、Cu 片、$FeSO_4$ 溶液、$CuSO_4$ 溶液和盐桥构成原电池，写出该原电池的符号和电极反应，并简述盐桥的作用。

6. 写出下列原电池的电极反应和电池反应，并指出每个电极属于哪一类？

(1) Pt｜Fe^{3+}(1mol/L)，Fe^{2+}(1mol/L)‖Cl^-(1mol/L)｜Cl_2(1atm)，Pt

(2) Zn｜Zn^{2+}(0.1mol/L)‖Zn^{2+}(1mol/L)｜Zn

(3) Pb，$PbSO_4$｜SO_4^{2-}(1mol/L)‖Cl^-(1mol/L)｜AgCl，Ag

7. 以锌半电池（Zn｜Zn^{2+}）为例来说明电极电位的形成过程。

8. 电池的电动势由哪几部分组成？当双液电池中采用盐桥，并忽略电极材料与导线之间的电位差时，电动势等于什么？

9. 写出下列电极中包含的电对，并写出对应的电极反应（用还原反应表示）：

(1) Ag，AgBr｜Br^- (2) Pt，O_2｜OH^- (3) Pt｜Sn^{4+}，Sn^{2+}

10. 什么是标准电极电位？如何测定标准电极电位？

11. 写出电极反应

$$MnO_4^{2-}+2H_2O+2e \Longrightarrow MnO_2+4OH^-$$

的能斯特方程式，并计算 pH＝10、$a_{MnO_4^{2-}}$＝0.5mol/L 时的电极电位 $\varphi_{MnO_4^{2-}/MnO_2}$。

12. 计算下列电池在 25℃ 时的电动势：

(1) Zn｜Zn^{2+}(a＝0.01mol/L)‖Fe^{2+}(a＝0.001mol/L)，Fe^{3+}(a＝0.1mol/L)｜Pt

(2) Pb，$PbSO_4$｜SO_4^{2-}(a＝0.2mol/L)‖SO_4^{2-}(a＝0.01mol/L)｜$PbSO_4$，Pb

13. 将锡和铅的金属片分别插入含有该金属离子的盐溶液中组成原电池：

(1) $a_{Sn^{2+}}$＝1.0mol/L，$a_{Pb^{2+}}$＝1.0mol/L   (2) $a_{Sn^{2+}}$＝1.0mol/L，$a_{Pb^{2+}}$＝0.1mol/L

先计算原电池的电动势，再根据计算结果写出原电池符号、电极反应和电池反应。

14. 写出下列电对代表的电极反应，并根据标准电极电位，判断谁是最强氧化剂，谁是最强还原剂？

$PbCl_2/Pb$ $PbSO_4/Pb$ $PbO_2/PbSO_4$ PbO_2/Pb^{2+}

15. 判断下列氧化还原反应能否自发进行：

(1) $Sn^{4+}+2Fe^{2+}\!=\!\!=\!\!=\!Sn^{2+}+2Fe^{3+}$

(2) $Cu+2FeCl_3\!=\!\!=\!\!=\!CuCl_2+2FeCl_2$

(3) $2Ag+FeSO_4\!=\!\!=\!\!=\!Fe+Ag_2SO_4$

16. 用能斯特方程式计算，在铜锌原电池中，当 $a_{Zn^{2+}}$ 与 $a_{Cu^{2+}}$ 的比值达到什么值时，电池才停止放电？

17. 计算电流密度为 $0.1A/cm^2$ 时，用石墨电解浓度为 0.1mol/L H_2SO_4 溶液的理论分解电压和实际分解电压。

18. 什么叫电极的极化与超电位？阴极和阳极的超电位是如何规定的？

19. 什么叫欧姆极化、浓差极化、电化学极化？

20. 原电池和电解池中有电流通过时，其阳极和阴极的电极电位各发生什么样的变化？

21. 某溶液中含有 0.01mol/L $CdSO_4$、0.01mol/L $ZnSO_4$ 和 0.5mol/L H_2SO_4，把该溶液放在两个 Pt 电极之间，用低电流密度进行电解，同时均匀地搅拌，试问：

(1) 哪一种金属将首先沉积在阴极上？

(2) 当另一金属开始沉积时，先析出金属剩余的浓度为多少？（可用浓度代替活度）

22. 某电解池中有 Ag^+ 和 Pb^{2+}，设它们的活度都为1mol/L，电解时温度为 25℃，p＝1atm，用 Pt 作电极。求：

(1) 在阴极上哪种离子先析出来？

(2) 先析出的离子浓度降到何值时，第二种离子同时析出？

23. 当电流密度为 $0.01A/cm^2$ 时，H_2 在 Fe 电极上的超电位 η_{H_2}＝0.56V。若电解液中的 Fe^{2+} 活度为 0.01，要使 Fe^{2+} 在阴极上析出，而不使 H_2 析出，求溶液的 pH 值应控制在什么范围才可行？

24. 用金属镍作阳极，铁片作阴极，用 $0.1A/cm^2$ 的电流电解 $NiSO_4$ 溶液（$a_{Ni^{2+}} = 1mol/L$），判断两极的电解产物是什么？

25. (1) 用 $0.5F$ 的电量，可以从 $CuSO_4$ 溶液中沉积出多少克铜？

(2) 将铅蓄电池在 $10A$ 电流下充电 $1.5h$，则两极上各有多少克 $PbSO_4$ 发生反应（设电流效率为 95%）？

26. $25℃$ 及 $1atm$ 下电解 $CuSO_4$ 溶液，当通入的电量为 $965C$ 时，在阴极上沉积出 $0.2859g$ 铜，问同时在阴极上有多少克氢气产生？

第2章
化学电源概论

2.1 化学电源的工作原理与组成

2.1.1 化学电源的工作原理

顾名思义，"电源"——电力之源，即借助于某些变化（化学变化或物理变化）将某种能量（如化学能、光能）直接转换为电能的装置。通过化学反应直接将化学能转换为电能的装置称为化学电源，也称其为化学电池。如常见的锌锰干电池、（阀控式密封）铅酸蓄电池和锂离子电池等。通过物理变化直接将光能、热能转换为电能的装置称为物理电源，也称其为物理电池。如硅太阳电池、薄膜太阳电池和同位素温差电池等。

化学电源实质上是一个能量储存与转换的装置。放电时，将化学能直接转变为电能；充电时则将电能直接转化成化学能储存起来。电池中的正负极由不同的材料制成，插入同一电解液的正负极均将建立自己的电极电势。此时，电池中的电势分布如图 2-1 中折线 A、B、C、D 所示（点划线和电极之间的空间表示双电层）。由正负极平衡电极电势之差构成了电池的电动势 E。当正、负极与负载接通时，正极物质得到电子发生还原反应，产生阴极极化使正极电势下降；负极物质失去电子发生氧化反应，产生阳极极化使负极电势上升。外线路有电子流动，电流由正极流向负极。电解液中靠离子的移动传递电荷，电流由负极流向正极。电池工作时，电势的分布如图 2-1 中 $A'B'C'D'$ 折线所示。

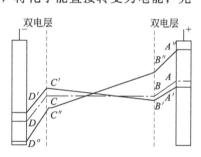

图 2-1 化学电源的工作原理

上述的一系列过程构成了一个闭合通路，两个电极上的氧化、还原反应不断进行，闭合通路中的电流就能不断地流过。电池工作时电极上进行的产生电能的电化学反应称为成流反应，参加电化学反应的物质叫活性物质。

电池充电时，情况与放电时的情况刚好相反，正极上进行氧化反应，负极上进行还原反应，溶液中离子的迁移方向与放电时刚好相反，电势分布如图 2-1 中 $A''B''C''D''$ 折线所示，此时的充电电压高于电动势。

化学电源在实现化学能直接转换为电能的过程中，必须具备两个必要条件：

① 必须把化学反应中失去电子的过程（氧化过程）和得到电子的过程（还原过程）分

隔在两个区域中进行。因此，它与一般的氧化还原反应不同。

② 两个电极上分别发生氧化反应和还原反应时，电子必须通过外线路做功。因此，它与电化学腐蚀微电池亦有区别。

从化学电源的应用角度而言，常使用"电池组"这个术语。电池组中最基本的电化学装置称为"电池"。电池组由两个或多个电池以串联、并联或串并联形式组合而成。其组合方式取决于用户希望得到的工作电压和电容量。实际上，电池以串联的形式增加其工作电压应用最为广泛，尽量少采用并联的形式增加其电容量，以延长电池使用寿命。

2.1.2 化学电源的组成

任何一种电池都包括四个基本的部分：分别用两种不同材料组成的电极（正极和负极）；将电极分隔在两个空间的隔离物（隔膜、隔板）；电解质（电解液）和外壳（电池盖和电池壳体）。此外，还有一些附件，如连接物、支撑物和绝缘物等。

(1) 电极（正极和负极）

电极（正极和负极）由活性物质和导电骨架以及添加剂等组成，其作用是参与电极反应和电子导电，是决定电池电性能的主要部件。

活性物质是指电池放电时，通过化学反应能产生电能的电极材料，活性物质决定了电池的基本特性。活性物质多为固体，但是也有液体和气体。

活性物质按其在电池充、放电过程中发生的电极反应（氧化反应或还原反应）性质的不同，可分为正极活性物质和负极活性物质。对活性物质的具体要求是：

① 正极活性物质的氧化性越强，负极活性物质的还原性越强（正极活性物质的电极电势越高，负极活性物质的电极电势越低），那么它们组成的电池的电动势就越高；

② 活性物质的电化学活性高，即自发进行反应的能力强，电化学活性与活性物质的结构、组成等有很大关系，因此，通常将其制成粉状多孔电极，使其真实表面积增大，降低电池的极化内阻；

③ 活性物质的电化当量越低（质量比容量和体积比容量大），电池质量就越轻；

④ 活性物质在电解液中化学稳定性好，自溶速度小；

⑤ 活性物质自身导电性要好，以减小电池的内阻；

⑥ 资源丰富，价格低廉，便于制造；

⑦ 环境友好。

一种活性物质要完全满足以上要求是很难做到的，必须要综合考虑。目前已广泛采用的正极活性物质大多是一些金属的氧化物，如二氧化铅、二氧化锰、氧化镍、氧化银、氧化汞等，也可用空气中的氧气；广泛采用的负极活性物质，大多是一些活泼或较活泼的金属，如锌、铅、镉、钙、锂、钠等。

导电骨架的作用是能把活性物质与外线路接通并使电流分布均匀，另外还起到支撑活性物质的作用。导电骨架要求机械强度好、化学稳定性好、电阻率低、易于加工。

(2) 电解质（电解液）

电解质是决定电池电性能的重要部件。电解质的作用有两个，一是保证正、负极间的离子导电作用；二是参与成流反应（电池放电时，正、负极上发生的形成放电电流的主导的电化学反应，称为成流反应。实际电池体系往往很复杂，成流反应为其主导的电极反应，还可能存在一些副反应如自放电，使活性物质利用率和电池可逆性降低）。有的电解质在反应过程中逐渐被损耗，如锌锰干电池中的 NH_4Cl 和 $ZnCl_2$、铅酸蓄电池中的 H_2SO_4；有的电解质参与反应的中间过程，但总反应不消耗，像锌银电池和镉镍电池中的 KOH。

对电解质的具体要求是：

① 化学稳定性好，挥发性小，易长期储存，使储存期间电解质与活性物质界面不发生速度可观的电化学反应，从而减小电池的自放电。

② 电导率高，则电池工作时溶液的欧姆电压降较小。

③ 使用方便。

不同的电池采用的电解质是不同的，一般选用导电能力强的酸、碱、盐的水溶液。最常见的电解液是电解质的水溶液，如铅酸蓄电池的硫酸溶液、碱性蓄电池的氢氧化钾溶液等；在新型电源和特种电源中，有机溶剂电解质溶液、固体电解质、熔融盐电解质已广泛采用，如锂离子蓄电池、锂一次电池、钠硫电池、质子交换膜电池等采用的电解质。

（3）隔离物（隔膜、隔板）

隔离物又称隔膜、隔板，置于电池两极之间。隔离物的主要作用是防止正、负极活性物质直接接触而短路，但要允许离子顺利通过。在特殊用途的电池中，隔离物还有吸附电解液的作用。对隔离物的要求是十分严格的，它的好坏将直接影响电池的性能和寿命。对隔离物的具体要求是：

① 应是电子导电的绝缘体，以防止电池内部短路，并能阻挡从电极上脱落的活性物质微粒和枝晶的生长；

② 隔离物（隔膜）对电解质离子迁移的阻力小，即离子通过隔膜的能力越大越好，则电池内阻就相应减小，电池在大电流放电时的能量损耗就减少；

③ 在电解质中具有良好的化学稳定性，能够耐受电解质（电解液）的腐蚀和电极活性物质的氧化与还原作用；

④ 具有一定的机械强度及抗弯曲能力，并能阻挡枝晶的生长和防止电池正、负极活性物质微粒的穿透；

⑤ 材料价格低廉，资源丰富。

常见的隔离物（隔膜）材料有棉纸、浆层纸、微孔橡胶、微孔塑料、水化纤维素、尼龙布、玻璃纤维和石棉等。

（4）外壳

外壳，又称电池容器。其作用是盛装中间插有隔膜的、由电池正负极组成的极群组，且灌有电解质（电解液）。在现有化学电源中，只有锌锰干电池是锌电极兼作外壳，其他各类化学电源均不用活性物质兼作容器，而是根据情况选择合适的材料作外壳。

对外壳材料的具体要求是：

① 有较高的机械强度，不变形、耐振动、抗冲击和过载；

② 耐受高低温环境；

③ 耐腐蚀。

常见的外壳材料有金属、塑料和硬橡胶等。

2.1.3 化学电源的表示方法

综上所述，在一个电池中，主要是正极、负极和电解液三个部分。正极、负极和电解质代表了一个电池的基本组成。为了简明地表示各种电池，习惯上采用如下的电化学表达式来表示一个电池的电化学体系：

（一）负极 | 电解质（液）| 正极（＋）

式中，从左到右依次为负极、电解质和正极，两端的符号（一）和（＋）分别表示电池的负极和正极，其中电解质两侧的直线"|"不仅表示电极与电解质的接触界面，而且还表示正、负极之间必须隔开。

例如，锌锰干电池可表示为

$$(-)Zn \mid NH_4Cl\text{-}ZnCl_2 \mid MnO_2(C)(+)$$

MnO_2 后面括号内的 C，表示正极的导电体为炭棒。

铅酸蓄电池表示为

$$(-)Pb \mid H_2SO_4 \mid PbO_2(+)$$

镉镍电池可表示为：

$$Cd \mid KOH \mid NiOOH$$

任何电池均可写成类似形式，在此不一一列举。

化学电源的命名，目前统一的规定是负极放在前面，正极放在后面。如锌锰电池、锌汞电池、锌银电池、镉镍电池、氢镍电池以及氢氧燃料电池等。

2.2　化学电源的分类

化学电源品种繁多，其分类方法也有多种。可以按其使用电解液的类型分类，也可以按其活性物质的存在方式分类，还可按电池的某些特点分类，更常用的则是按化学电源的工作性质及储存方式分类。

2.2.1　按电解质（液）的类型分类

① 电解液为酸性水溶液的电池称为酸性电池；
② 电解液为碱性水溶液的电池称为碱性电池；
③ 电解液为中性水溶液的电池称为中性电池；
④ 电解液为有机电解质溶液的电池称为有机电解质溶液电池；
⑤ 采用固体电解质的电池称为固体电解质电池；
⑥ 采用熔融盐电解质的电池称为熔融盐电解质电池。

2.2.2　按活性物质的存在方式分类

① 活性物质保存在电极上：可分为一次电池（非再生式、原电池）和二次电池（再生式、蓄电池）。
② 活性物质连续供给电极：可分为非再生燃料电池和再生式燃料电池。

2.2.3　按电池的特点分类

① 高容量电池；
② 免维护电池；
③ 密封电池；
④ 烧结式电池；
⑤ 防爆电池；
⑥ 扣式电池、矩形电池、圆柱形电池等。

2.2.4　按电池工作性质及储存方式分类

由于化学电源品种繁多，用途又广，外形差别大，使上述分类方法难以统一，因此人们习惯上按其工作性质及储存方式不同，一般分为以下四类。

（1）一次电池

一次电池，又称"原电池"，是指放电后不能用充电方法使其恢复到放电前状态的一类电池。也就是说，一次电池只能使用一次。导致一次电池不能再充电的原因，或是电池反应本身不可逆，或是条件限制使可逆反应很难进行。如：

锌锰电池	$Zn \mid NH_4Cl\text{-}ZnCl_2 \mid MnO_2(C)$
锌银电池	$Zn \mid KOH \mid Ag_2O$
锌汞电池	$Zn \mid KOH \mid HgO$
镉汞电池	$Cd \mid KOH \mid HgO$
锂亚硫酰氯电池	$Li \mid SOCl_2 \mid (C)$

（2）二次电池

二次电池，又称"蓄电池"。指放电后可用充电的方法使活性物质恢复到放电前状态，从而能再次放电，充放电过程能反复进行的电池。二次电池实际上是一个电化学能量储存装置，充电时电能以化学能的形式储存在电池中，放电时化学能又转换为电能。如：

铅酸蓄电池	$Pb \mid H_2SO_4 \mid PbO_2$
镉镍电池	$Cd \mid KOH \mid NiOOH$
锌银电池	$Zn \mid KOH \mid AgO$
锌氧（空气）电池	$Zn \mid KOH \mid O_2(空气)$
氢镍电池	$H_2 \mid KOH \mid NiOOH$
氢化物镍电池	$MH \mid KOH \mid NiOOH$

（3）储备电池

储备电池，又称"激活电池"。是指在储存期间，电解质和电极活性物质分离或电解质处于惰性状态，使用前注入电解质或通过其他方式使其激活，立即开始工作的一类电池。这类电池的正负极活性物质储存期间不会发生自放电反应，因而电池适合长时间储存。如：

锌银电池	$Zn \mid KOH \mid Ag_2O$
镁银电池	$Mg \mid MgCl_2 \mid AgCl$
铅高氯酸电池	$Pb \mid HClO_4 \mid PbO_2$
钙热电池	$Ca \mid LiCl\text{-}KCl \mid CaCrO_4(Ni)$

（4）燃料电池

燃料电池，又称"连续电池"。即只要活性物质连续地注入电池，就能长期不断地进行放电的一类电池。其特点是电池本身只是一个载体，可以把燃料电池看成一种需要电能时将反应物从外部送入电池的一次电池。如：

| 氢氧燃料电池 | $H_2 \mid KOH \mid O_2$ |
| 肼空气燃料电池 | $N_2H_4KOH \mid O_2(空气)$ |

必须指出，上述分类方法并不意味着某一种电池体系只能分属一次电池或二次电池或储备电池和/或燃料电池。恰恰相反，某一种电池体系可以根据需要设计成不同类型的电池类型。如锌银电池，可以设计为一次电池，也可设计为二次电池，还可作为贮备电池。

2.3 化学电源的应用与发展

2.3.1 化学电源的选择

理想的电化学电池显然是一种廉价、大容量、输出功率范围广、工作温度和环境条件限制小、储存寿命长、十分安全和用户满意的电池。但事实上，这种在各种工作条件下提供最佳性能的理想的电池是不存在的。所以不同的用途需要使用不同结构与型号的电池，每种结构与型号的电池在一定工作条件下能够具有良好的性能。为了在应用时使电池发挥最佳性能，针对每一个具体的应用场合，选择最有效的电池和合理使用该电池是至关重要的。

为了某种特殊用途选择最有效的电池时，有许多因素必须加以考虑，必须衡量每种可能选用电池的有关特性是否符合设备要求，从而选择出最能满足设备要求的电池。

选择电池时还应考虑影响电池性能的因素，考虑设备的使用条件能否确保电池具有其最佳性能。选择电池和设备研究同时进行可综合权衡电池性能和设备要求。

选择电池时须考虑的重要事项如下：

① 电池类型——一次电池、二次电池、储备电池或燃料电池。

② 电化学体系——铅酸、镉镍、锂离子或其他（视电池性能与设备主要要求而定）。

③ 电压——额定电压或工作电压、最高电压和最低电压范围、放电曲线形状（放电起始时间和电压滞后现象）。

④ 负载和放电形式——恒流、恒阻或恒功率放电；单值或可变负载、脉冲负载。

⑤ 放电制度——连续放电或间歇放电。

⑥ 温度——要求的工作温度范围。

⑦ 使用时间——需要的工作时间长短。

⑧ 物理性能——尺寸、形状、质量等。

⑨ 储存性能——储存时间、充电态或放电态、温度、湿度和其他条件。

⑩ 充放电循环（如是二次电池）——浮充或循环使用；循环寿命和湿搁置的寿命要求；充电设备的特性；充电频率。

⑪ 环境条件——振动、冲击、离心等；气候条件（温度、湿度、气压等）。

⑫ 安全性和可靠性——失效率；不能漏气或漏液；三废及其排放等。

⑬ 苛刻的工作条件——极长期或极高温下的储存、备用或使用；特殊用途的高可靠性；储备电池的快速激活；电池特殊包装（压力容器等）；高冲击、高离心和无磁性。

⑭ 维护和补充——电池易得，能就近供应，更换方便；充电设备可靠；要求特殊运输、回收或处理。

⑮ 成本——一次性购置费，一次性使用或循环寿命成本。

此外，值得注意的是，对某种相同规格的电池或电池组，制造厂家不同其性能亦存在差异，在产品批量生产过程中，批与批之间也有性能的不一致性，这是在任何生产过程中实质上存在的问题。不一致性的程度取决于生产过程的质量控制、电池的应用场合及其使用情况。使用条件越苛刻，产品性能的不一致性就越大。要想获得某型号电池的具体工作特性，应查阅制造厂家提供的有关数据（使用说明书）。

2.3.2 化学电源的应用

化学电源的用途十分广泛，普遍应用的化学电源有铅酸蓄电池、镉镍电池、氢化物镍电池、锂离子蓄电池、锌银电池、锂电池、锌锰电池和燃料电池等。实际上，这些电池体系的电化学反应原理各不相同，其电池设计、所用原材料、制造工艺乃至最终产品的技术性能等都不相同，因而它们的应用领域也是不同的。

各种用电设备对化学电源有着不同的要求，比如移动通信设备对为之提供能量的化学电源有如下基本要求：

① 质量轻：作为移动通信设备的电源，首先质量要轻，因为增加质量会使通信设备的移动性能大大降低。所以，为通信设备供给能量的电源也要最大限度地减轻质量。

② 体积小：移动通信设备，都要靠人力或车载方法进行携带，无论哪种方式所携带设备的体积都受到一定的限制，所以在电源能量一定的情况下，要尽量减小电源体积。

③ 耐储存：在一些特殊的应用领域，如军事用途的化学电源就要求化学电源有良好的储存性能，以备及时所需。

④ 价格适宜：移动通信中对化学电源的使用较多，而化学电源的使用寿命有限，特别是一次电池不能重复使用，其用量很大，所以开发应用价格适宜的化学电源，可起到节约成本的作用，对推广其广泛应用具有重要意义。

归纳起来，化学电源的用途主要有以下几个方面：

① 启动用：在汽车、摩托车、火车、船舶及内燃发电机组等启动时，都通常用铅酸蓄电池作为启动电源；

② 备用电源用：在 UPS、高频开关电源、车载通信等需要不间断供电的场合，通常采用（阀控式密封）铅酸蓄电池作为备用电源；

③ 移动通信用：在便携式通信（如手机、对讲机）、笔记本电脑、车载通信等移动通信设备中，可用锂离子蓄电池、镉镍蓄电池、铅酸蓄电池、氢化物镍蓄电池等作为电源；

④ 电动车用：在电动汽车、电动摩托车、电动自行车等机动车辆中，可用铅酸蓄电池、氢化物镍蓄电池、锂离子蓄电池、燃料电池等作为动力电源；

⑤ 储能用：在自然能（如太阳能、风能、潮汐能等）发电站中，常用（阀控式密封）铅酸蓄电池作为储能电池，起到电力负荷平衡的作用；

⑥ 日用电器用：各种日用电器如计算器、随身听、电动玩具、照相机、剃须刀等可采用锌银电池、锂离子电池、锂电池、氢化物镍蓄电池和燃料电池等作为电源；

⑦ 发电站用：燃料电池是化学电源中最适合用于发电技术的电池，如磷酸燃料电池已经被开发应用于发电站，其他种类的燃料电池如质子交换膜燃料电池、固体氧化物燃料电池和熔融碳酸盐燃料电池等也将被开发用于发电站；

⑧ 特殊领域用：在航空、航天和军事等特殊领域，对化学电源有着特殊的要求，如高功率、高比能量、长寿命、能适应高低温环境等。

2.3.3 化学电源的发展

电化学研究始于 18 世纪和 19 世纪之交有关化学反应中电效应的研究，化学反应中电效应的研究又从意大利科学家伽伐尼（L. Galvani，1737～1798）发现电和意大利物理学家伏打（A. Vlota，1745～1827）发明电池开始。1786 年，伽伐尼在一次偶然的机会中发现，放在两块不同金属之间的蛙腿会发生痉挛现象，他认为这是一种生物电现象。

1791 年伏打得知这一发现，并对其产生了极大的兴趣，做了一系列实验。他用两种金属接成一根弯杆，一端放在嘴里，另一端和眼睛接触，在接触的瞬间就有光亮的感觉产生；他用舌头舔着一枚金币和一枚银币，然后用导线把硬币连接起来，就在连接的瞬间，舌头有发麻的感觉。因此他认为伽伐尼电并非动物生电，在本质上是一种物理的电现象，蛙腿本身不放电，是外来电使蛙腿神经兴奋而发生痉挛。后来为了验证他自己的观点，他用锌片和铜片插入盛有盐水的容器中，在锌片和铜片的两端即可测出电压，他甚至发现将锌片和铜片插在柠檬中也可产生电压，这就是最早的"柠檬电池"，从而证明了只要有两片不同的金属和溶液存在，不用动物体也同样可以有电产生。在此基础上，1800 年他又通过实验进一步证明了他的观点：他把银和锌的小圆片相互重叠成堆，并且用食盐水浸透过的厚纸片把各对圆片互相隔开，在头尾两圆片上连接导线，当这两条导线相互接触时，会产生火花放电。这就是科学史上著名的"伏打电堆"。

在电池的发展进程中，一个重要的发展是，1836 年英国人丹尼尔（Daniel）对伏打电堆进行了改进，以一锌负极浸于稀酸电解质与铜正极浸于硫酸铜溶液中形成的铜-锌电池，设计出了具有实用性的丹尼尔电池。

1859 年法国著名物理学家、发明家普兰特（Gaston Planté）研发了世界上第一块铅酸蓄电池，从而使蓄电池为今后汽车的用电创造了条件。因此该项发明被人们称为"意义深远的发明"。铅酸蓄电池自发明后，至今已有 100 多年的历史，经历了普兰特式极板、涂膏式极板、管式极板等几个阶段。20 世纪 50 年代开发了铅酸蓄电池的密封技术，解决了普通铅酸蓄电池存在的充电后期析气和维护工作量大的缺点。铅酸蓄电池在化学电源中一直占有绝对优势，这是因为其价格低廉、原材料易于获得，使用上有充分的可靠性，适用于大电流放电及广泛的环境温度范围等优点。

1868 年，法国工程师勒克朗谢（C. Leclanche）发明了采用 NH_4Cl 水溶液作电解质溶液的锌-二氧化锰电池，成为当今使用最广泛的锌锰电池的雏形（又称 Leclanche 电池），这种电池于 1888 年商品化。商品化的碱性锌二氧化锰电池（简称碱性锌锰电池或碱锰电池）是 20 世纪中期在锌锰电池基础上发展起来的，它是锌锰电池的改进型。20 世纪 90 年代初，碱性锌锰电池无汞化技术的突破和可充电的实现，使该产品的竞争力进一步加强。

1899 年瑞典化学家雍格纳（Jungner）发明镉镍蓄电池；1901 年爱迪生（Edison）发明铁镍蓄电池，他用铁镍碱性蓄电池做车辆动力的试验，每充一次电，行程可达 100 英里。

1941 年法国科学家亨利·安德烈（Henri Andre）将锌银电池技术实用化，开创了高比能量电池的先例。1969 年飞利浦实验室发现了储氢性能很好的新型合金，1985 年该公司成功研制金属氢化物镍蓄电池，1990 年日本和欧洲实现了这种电池的产业化。

锂电池的研究和开发始于 20 世纪 60 年代初期，并相继研制出了 $Li-MnO_2$、$Li-(CF_x)_n$ 和 $Li-SO_2$ 等电池。几乎与锂原电池同步，各国开展了锂二次电池的研究，但由于诸如安全等方面的原因，使其未能实现商品化。20 世纪 90 年代以后，由于许多科学家都将目光瞄准到锂离子可充电电池身上，这使锂二次电池的研究开发受到一定的影响。1991 年索尼公司率先研制成功锂离子电池，目前已经广泛应用于各个领域。该电池用能使锂离子嵌入和脱嵌的碳材料代替纯锂作负极，既保持了高电压、高容量的优点，又具有比能量大、循环寿命长、安全性能好、无记忆效应等特点，已广泛应用于手机、便携式视听设备、笔记本电脑等高档电器具中，是目前最具有发展前途的小型二次电池。锂离子电池可用碳代替金属锂作负极，$LiCoO_2$、$LiNiO_2$、$LiMnO_2$ 等作正极，混合电解液如 $LiPF_6$ 的碳酸乙烯酯-碳酸甲乙酯溶液等作电解质液。锂离子电池有圆柱形、矩形、扣式等几种结构。

采用固态聚合物作电解质的锂离子电池称为锂聚合物电池。锂聚合物电池技术近几年才取得突破性进展，美国已有产品在军事领域应用。锂聚合物电池具有比能量大、超薄、超轻、柔软等特性，可实现电池的自由切割，根据用电器的需求做成任意形状，同时又能以大电流放电。可用于通信、便携式电子设备、电动车、军事、航天、航空、航海设备，随着该电池一些技术问题的解决，其应用范围将更加广泛，发展前景更加广阔。

第一只燃料电池是由英国科学家威廉·格罗夫（W. R. Grave）于 1839 年制作的，他通过将水的电解过程逆转发现了燃料电池的工作原理。1959 年，英国的工程师培根（F. T. Bacon）制作了第一只实用型燃料电池——氢氧燃料电池。20 世纪 60 年代，美国对培根氢氧燃料电池进行了改进，并分别于 1965 年和 1966 年成功地将其应用于"双子星座"和"阿波罗"飞船，作为空间飞行器的辅助电源，为美国航天局的阿波罗登月飞船提供电力和饮用水。20 世纪 90 年代，燃料电池实现了技术上的真正突破，并进入了应用阶段。

化学电源与其他电源相比，具有能量转换效率高、使用方便、安全、容易小型化与环境友好等优点，各类化学电源在日常生活和生产中发挥着不可替代的作用。化学电源的发展与科学技术的发展、社会的进步和人类文明程度的提高是分不开的。材料科学技术的发展促进了各种新型电极材料的开发与应用，使各种高能或新型的化学电源不断呈现；电极生产工艺及电池装配技术的改进和发明，极大地提高了化学电源的性能；其他学科的发展对化学电源的比能量、比功率和循环与储存寿命等性能提出了更高的要求。同时化学电源的发展反过来又推动了科学技术和生产的发展。由于电子设备、电动汽车等方面的强劲需求，随着新型材料技术的进步和制造工艺水平的不断提高，化学电源将向高比能量、长寿命、储存性能好、高转换效率、高可靠性及环境友好等方向快速发展。

2.4　化学电源的性能

化学电源的性能包括电性能、机械性能、储存性能、使用性能和经济成本等，在这一节主要讨论化学电源的电性能和储存性能。电性能包括电动势、开路电压、内阻、工作电压、充电电压、容量与比容量、能量与比能量、功率与比功率、寿命等，储存性能则主要指电池的自放电大小。

2.4.1　电动势与开路电压

（1）电动势

在外电路开路时，即没有电流流过电池时，正负电极之间的平衡电极电势之差称为电池的电动势。电动势的大小是标志电池体系可输出电能多少的指标之一。

电池的电动势：

$$E = \varphi_+ - \varphi_-$$

电动势既可以先计算正、负极的平衡电极电位，再利用上式进行计算，也可以应用电池的能斯特方程式计算。

电动势是电池在理论上输出能量大小的量度之一。若其他条件相同，其电动势越高，理论上能输出的能量就越大，使用价值就越高。主要电池系列的电动势和理论容量如表 2-1 所示。

表 2-1　主要电池系列的电动势和理论容量

电池系列	负极	正极	电池反应	电动势/V	理论容量 g/(A·h)	理论容量 A·h/kg
一次电池						
锌锰电池	Zn	MnO_2	$Zn + 2MnO_2 \longrightarrow ZnO \cdot Mn_2O_3$	1.6	4.46	224
镁锰电池	Mg	MnO_2	$Mg + 2MnO_2 + H_2O \longrightarrow Mn_2O_3 + Mg(OH)_2$	2.8	3.69	271
碱性锌锰电池	Zn	MnO_2	$Zn + 2MnO_2 \longrightarrow ZnO \cdot Mn_2O_3$	1.5	4.46	224
锌汞电池	Zn	HgO	$Zn + HgO \longrightarrow ZnO + Hg$	1.34	5.27	190
镉汞电池	Cd	HgO	$Cd + HgO + H_2O \longrightarrow Cd(OH)_2 + Hg$	0.91	6.15	163
锌银电池	Zn	Ag_2O	$Zn + Ag_2O + H_2O \longrightarrow Zn(OH)_2 + 2Ag$	1.6	6.55	180
锌空气电池	Zn	O_2(空气)	$2Zn + O_2 \longrightarrow 2ZnO$	1.65	1.55	800
锂二氧化硫电池	Li	SO_2	$2Li + 2SO_2 \longrightarrow Li_2S_2O_4$	3.1	2.64	379
锂二氧化锰电池	Li	MnO_2	$Li + Mn^{IV}O_2 \longrightarrow Mn^{III}O_2(Li^+)$	3.5	3.50	288
贮备电池						
镁氯化亚铜电池	Mg	Cu_2Cl_2	$Mg + Cu_2Cl_2 \longrightarrow MgCl_2 + 2Cu$	1.6	4.14	241
锌银电池	Zn	AgO	$Zn + AgO + H_2O \longrightarrow Zn(OH)_2 + Ag$	1.81	3.53	283
二次电池						
铅酸蓄电池	Pb	PbO_2	$Pb + 2H_2SO_4 + PbO_2 \longrightarrow 2PbSO_4 + 2H_2O$	2.1	8.32	120

电池系列	负极	正极	电池反应	电动势/V	理论容量	
					g/(A·h)	A·h/kg
二次电池						
铁镍电池	Fe	NiOOH	$Fe+2NiOOH+2H_2O \longrightarrow$ $Fe(OH)_2+2Ni(OH)_2$	1.4	4.46	224
镉镍电池	Cd	NiOOH	$Cd+2NiOOH+2H_2O \longrightarrow$ $Cd(OH)_2+2Ni(OH)_2$	1.35	5.52	181
锌银电池	Zn	AgO	$Zn+AgO+H_2O \longrightarrow Zn(OH)_2+Ag$	1.85	3.53	283
锌镍电池	Zn	NiOOH	$Zn+2NiOOH+2H_2O \longrightarrow$ $Zn(OH)_2+2Ni(OH)_2$	1.73	4.64	215
氢镍电池	H_2	NiOOH	$H_2+2NiOOH \longrightarrow 2Ni(OH)_2$	1.5	3.46	289
锌氯电池	Zn	Cl_2	$Zn+Cl_2 \longrightarrow ZnCl_2$	2.12	2.54	394
镉银电池	Cd	AgO	$Cd+AgO+H_2O \longrightarrow Cd(OH)_2+Ag$	1.4	4.41	227
锂硫化亚铁电池	Li(Al)	FeS	$2Li(Al)+FeS \longrightarrow Li_2S+Fe+2Al$	1.33	2.99	345
钠硫电池	Na	S	$2Na+3S \longrightarrow Na_2S_3$	2.1	2.85	377
燃料电池						
氢氧电池	H_2	O_2(空气)	$H_2+\frac{1}{2}O_2 \longrightarrow H_2O$	1.23	0.336	2975

由电动势的表达式可见，选择正极电极电位越正和负极电极电位越负的活性物质，组成的电池电动势越高，如锂和氟组成的电池。但是在水溶液电解质电池中，不能用比氧的电极电位更正和比氢的电极电位更负的物质作电极的活性物质，否则会引起水的分解。所以，为了获得高的电池电动势，可以采取如下措施：

① 对于水溶液电解质的电池，可以利用氧气和氢气在不同材料上析出时存在不同的超电位，最好用氧超电位高的物质作正极活性物质，用氢超电位高的物质作负极活性物质。

② 选择电极电位较氧电极电位更正和较氢电极电位更负的物质作电池活性物质时，可以采用非水的电解质作电池的电解液。

（2）开路电压

电池的开路电压是两极间连接的外线路处于断路时两极间的电势差。正、负极在电解液中不一定处于热力学平衡状态，因此电池的开路电压总是小于电动势。如金属锌在酸性溶液中建立起的电极电位是锌自溶解和氢析出这一对共轭体系的稳定电位，而不是锌在酸性溶液中的热力学平衡电极电位；锌氧电池的电动势为 1.646V，而开路电压仅 1.4～1.5V，主要原因是氧在碱性溶液中无法建立热力学平衡电位。

开路电压在实验室中可用电位差计精确测量，通常用高阻伏特计来测量。测量的关键是测量仪表内不得有电流流过，否则测得的电压是端电压，而不是开路电压。

2.4.2 内阻

内阻是指电流通过电池时受到的阻力。电池的内阻有两个含义：其一指欧姆电阻，由这部分电阻引起的电压降遵守欧姆定律；其二指全内阻，它包括欧姆电阻和电化学反应中的电极极化电阻两部分，其中极化电阻不遵守欧姆定律。

电池的欧姆电阻就单体电池而言，它等于极板、电解液和隔板的电阻之和。在实际应用中，往往是多只单体电池连接成电池组，所以还包括连接物的电阻。串联后的总内阻等于各单体电池的内阻之和。电池的欧姆电阻与电池的电化学体系、尺寸、结构、制造工艺和装配等因素有关。如装配越紧凑，极板间距越小，欧姆电阻也就越小。

极化电阻也称表观电阻或假电阻，它是当电池充放电时，由于电极上有电流通过，引起极化现象而随之出现的一种电阻，它包括由于电化学极化和浓差极化引起的电阻之和。极化电阻的大小与活性物质的本性、电极的结构、电池的制造工艺有关，特别是与电池的工作条件密切相关。充、放电电流不同，产生的电化学极化与浓差极化的值也不同，因此极化电阻也不同，即极化电阻随充、放电电流的增大而增加。

电池工作时，内阻要消耗能量，内阻越大，消耗的能量越多。因此内阻是决定化学电源性能的一个重要指标，它直接影响着电池的工作电压、工作电流、输出的能量与功率。对于一个实用的化学电源，其内阻越小越好。

2.4.3 放电电压与充电电压

（1）放电电压

放电电压是指电池在放电过程中正负两极之间的电位差，又称负荷（载）电压或工作电压。当有电流流过外电路，即电池对外做功时，必须克服由电极极化电阻和欧姆电阻造成的阻力，因此，放电电压总是低于开路电压和电动势，即

$$U_{放} = E - IR_{内} = E - I_{放}(R_\Omega + R_f) \tag{2-1}$$

式中，$U_{放}$ 为放电电压，V；E 为电动势，V，常用开路电压代替；$I_{放}$ 为放电电流，A；R_Ω 为欧姆内阻，Ω；R_f 为极化内阻，Ω。

电池在放电过程中的电压变化情况可以用放电曲线来表示。所谓放电曲线就是电池在放电过程中，其工作电压随放电时间的变化曲线。放电曲线的形状随电池的电化学体系、结构特点和放电条件而变化。典型的电池放电曲线如图 2-2 所示。

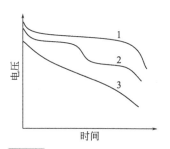

图 2-2 典型的电池放电曲线

图 2-2 中的曲线 1 为平滑放电曲线，表示在放电终止前反应物和生成物的变化对电压的影响较小；曲线 2 为阶坪放电曲线，表示活性物质可以两种价态进行氧化或还原，即放电分两步进行，因而电压出现两个平台；曲线 3 为倾斜放电曲线，表示放电期间反应物、生成物和内阻的变化对电压影响较大。

放电曲线反映了电池在放电过程中工作电压的真实变化情况，所以放电曲线是电池性能的重要标志之一，曲线越平坦，电池的性能越好。

表征放电时电池放电特性的电压值有以下几种：

① 额定电压（或公称电压）：指某系列的电池在规定条件下工作的标准电压，是公认的该电化学体系的电池在工作时的标准电压。如锌锰电池的额定电压是 1.5V，镉镍电池为 1.2V。

② 工作电压：指电池在某负载下实际的放电电压，通常指一个电压范围。工作电压的数值和平稳程度与放电条件有关。高速率（大电流）、低温条件下放电时，电池的工作电压将降低，平稳程度下降。

③ 初始电压：指电池在放电初始时的工作电压。

④ 中点电压：指电池在放电期间的平均电压或中心电压。

⑤ 终止电压：指电池放电时，其电压下降到不宜再继续放电的最低工作电压。电池终止电压的值与负载大小和使用要求有关，通常在低温或大电流放电时，终止电压可规定得低些，小电流放电时终止电压可规定得高些。因为低温或大电流放电时，电极的极化程度增大，活性物质不能得到充分利用，电池的电压下降较快；小电流放电时，电极的极化程度小，活性物质能得到充分利用。

（2）充电电压

充电电压是指二次电池在充电时的端电压。当充电时，外电源提供的充电电压必须克服电池的电动势，以及电极极化电阻和欧姆电阻造成的阻力，因此，充电电压总是高于开路电压和电动势，即

$$U_充 = E + IR_内 = E + I_充(R_\Omega + R_f) \tag{2-2}$$

式中，$U_充$ 为充电电压，V；E 为电动势，V；$I_充$ 为充电电流，A；R_Ω 为欧姆内阻，Ω；R_f 为极化内阻，Ω。

电池的充电电压在充电过程中的变化情况可以用充电曲线来表示。充电曲线因充电方法的不同而不同，图 2-3 为典型的电池充电曲线。图中的曲线 1 为恒流充电时，充电电压随充电时间的变化曲线；曲线 2 为恒压充电时，充电电流随时间的变化曲线。

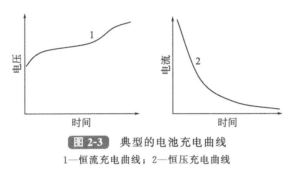

图 2-3 典型的电池充电曲线
1—恒流充电曲线；2—恒压充电曲线

2.4.4 容量与比容量

（1）容量

容量是指在一定条件下电池释放出的电量，单位常用安时（A·h）表示。电池的容量又有理论容量、实际容量和额定容量之分。

① 理论容量。理论容量是指电极上的活性物质全部参加反应所能给出的电量，它可以根据活性物质的质量按照法拉第定律计算求得。依据法拉第定律，1mol 的活性物质参加电化学反应释放出的电量为 1F（96500C 或 26.8A·h）。因此，电池的理论容量可用下式进行计算：

$$C_0 = 26.8n \frac{m_0}{M} = \frac{1}{K}m_0 (\text{A} \cdot \text{h}) \tag{2-3}$$

$$K = \frac{M}{26.8n} [\text{g}/(\text{A} \cdot \text{h})] \tag{2-4}$$

式中，m_0 为活性物质完全反应时的质量；M 为活性物质的分子量；n 为反应发生时的得失电子数；K 为活性物质的电化学当量。

由式（2-3）可见，电池的理论容量与活性物质的电化学当量有关，电化学当量越小，理论容量越大。主要电池系列的理论容量如表 2-1 所示。

例如，铅酸蓄电池的正、负极活性物质分别为 PbO_2 和 Pb（其分子量分别为 232.9 和 207.2，电极反应的得失电子数均为 2），根据式（2-4）可求得 PbO_2 和 Pb 的电化学当量分别为：

$$K_{PbO_2} = \frac{232.9}{26.8 \times 2} = 4.46 [\text{g}/(\text{A} \cdot \text{h})]$$

$$K_{Pb} = \frac{207.2}{26.8 \times 2} = 3.87 [\text{g}/(\text{A} \cdot \text{h})]$$

若两极的活性物质的质量各为 1000g 时，根据式（2-3）即可求出两极的理论容量分别为：

$$C_{0,\text{PbO}_2}=1000\div 4.46=224.2(\text{A}\cdot\text{h})$$
$$C_{0,\text{Pb}}=1000\div 3.87=258.4(\text{A}\cdot\text{h})$$

② 实际容量。实际容量是指在一定的放电条件下（放电率、温度和终止电压）电池实际能够放出的电量。实际容量按放电方法的不同分别采用以下公式进行计算：

恒电流放电时：
$$C=\int_0^t I\,\mathrm{d}t=It \tag{2-5}$$

变电流放电时：
$$C=\int_0^t I(t)\,\mathrm{d}t \tag{2-6}$$

恒电阻放电时：
$$C=\int_0^t I(t)\,\mathrm{d}t=\frac{1}{R}\int_0^t U(t)\,\mathrm{d}t \tag{2-7}$$

式中，C 为放电容量，$\text{A}\cdot\text{h}$；I 为放电电流，A；U 为放电电压，V；R 为放电电阻，Ω；t 为放电至终止电压的时间，h。

电池的实际容量小于理论容量，因为实际容量与活性物质的数量与活性、电池的结构与制造工艺、电池的放电条件（放电电流与温度）等因素有关。实际容量与理论容量的比值称为活性物质的利用率：

$$\text{利用率}=\frac{\text{实际容量}\,C}{\text{理论容量}\,C_0}\times 100\% \tag{2-8}$$

或
$$\text{利用率}=\frac{\text{活性物质理论质量}\,m_0}{\text{活性物质实际质量}\,m}\times 100\% \tag{2-9}$$

活性物质的利用率取决于电池的结构和放电制度。采用薄型极板和多孔电极，可以减少电池的内阻，提高活性物质的利用率，从而提高电池实际输出的容量；采用小电流和在较高温度下放电，可提高活性物质的利用率。

③ 额定容量。额定容量是指按国家和有关部门颁布的标准，保证电池在指定的放电条件（温度、放电率、放电终止电压等）下应该放出的最低限度的容量，又称保证容量。额定容量通常标注在电池的型号上。如型号 6-Q-120 中的 120 即表示这种电池的额定容量为 120A·h。

电池的额定容量和实际容量的关系为：

a. 当实际放电条件与指定放电条件相同时，实际容量＝额定容量；

b. 当实际温度高于指定温度或放电电流小于指定放电电流时，实际容量＞额定容量，这种放电容量超过额定容量的放电称为过量放电，通常应避免这种情况的发生，可通过提高放电终止电压来防止过量放电；

c. 当实际温度低于指定温度或放电电流大于指定放电电流时，实际容量＜额定容量，此时，可通过适当降低放电终止电压的方法来提高放电容量。

（2）比容量

电池的理论比容量是指 1kg 的物质理论上能放出的容量，可用下式进行计算：

$$C_0'=\frac{1000}{K_++K_-}=\frac{1000}{\sum K_i} \tag{2-10}$$

式中，C_0' 为理论比容量，$\text{A}\cdot\text{h/kg}$；K_+、K_- 为正极、负极活性物质的电化学当量，$\text{g/(A}\cdot\text{h)}$；$\sum K_i$ 为正极、负极及参加电池反应的电解质的电化学当量之和。

电池的实际比容量是指单位质量或单位体积的电池给出的实际容量，称为质量比容量或体积比容量。即

$$C'_m = C/m(\text{A} \cdot \text{h}/\text{kg}) \tag{2-11}$$

$$C'_V = C/V(\text{A} \cdot \text{h}/\text{L}) \tag{2-12}$$

式中，C'_m 为质量比容量；C 为实际容量；m 为电池质量；C'_V 为体积比容量；V 为电池体积。

值得一提的是，在实际电池的设计和制造中，正、负极的容量是不相等的，电池的容量受其中容量较小电极的制约。

2.4.5 能量与比能量

（1）能量

电池的能量是指电池在一定放电条件下对外做功所能输出的电能（W·h）。

① 理论能量。当电池在放电过程中始终处于平衡状态，其放电电压保持电动势（E）值，而且活性物质的利用率为 100% 时，电池输出的能量为理论能量（W_0）。即

$$W_0 = C_0 E = 26.8n\frac{m_0}{M}E = \frac{1}{K}m_0 E(\text{W} \cdot \text{h}) \tag{2-13}$$

由式（2-13）可见，电化学当量越小的物质，产生的电量越大；电量越大和电动势越高的电池，产生的能量越大。

② 实际能量。实际能量是指在一定放电制度下，电池实际输出的电能（W·h）。它在数值上等于电池实际容量与电池平均工作电压（$U_\text{平}$）的乘积，即

$$W = CU_\text{平} \tag{2-14}$$

由于活性物质不可能完全被利用，而且电池的工作电压永远小于电动势，所以电池的实际能量总是小于理论能量。

（2）比能量

① 比能量的概念。比能量是指单位质量或单位体积的电池能输出的电能，分别称为质量比能量或体积比能量，也称能量密度，单位分别为 W·h/kg 或 W·h/L。

比能量有理论比能量（W'_0）和实际比能量（W'）之分。理论比能量是指 1kg 活性物质完全参加电化学反应时能输出的电能。实际比能量为 1kg 活性物质实际能输出的电能。

理论质量比能量可以根据正、负两极活性物质的理论质量比容量和电池的电动势（E）进行计算。即

$$W'_0 = \frac{1000}{K_+ + K_-}E = \frac{1000}{\sum K_i}E \tag{2-15}$$

以铅酸蓄电池为例，电池反应为：

$$Pb + PbO_2 + 2H_2SO_4 \longrightarrow 2PbSO_4 + 2H_2O$$

已知 Pb、PbO_2 和 H_2SO_4 的电化学当量以及电池的标准电动势为：$K_{Pb} = 3.866\text{g}/(\text{A} \cdot \text{h})$，$K_{PbO_2} = 4.463\text{g}/(\text{A} \cdot \text{h})$，$K_{H_2SO_4} = 3.671\text{g}/(\text{A} \cdot \text{h})$，$E^\ominus = 2.044\text{V}$，则理论比能量为：

$$W'_0 = \frac{1000}{3.866 + 4.463 + 3.671} \times 2.044 = 170.5(\text{W} \cdot \text{h}/\text{kg})$$

实际比能量是电池实际输出的能量与电池质量（或体积）之比：

$$W'_m = \frac{W}{m} = \frac{CU_\text{平}}{m} \quad \text{或} \quad W'_V = \frac{W}{V} = \frac{CU_\text{平}}{V} \tag{2-16}$$

式中，W'_m 为电池的实际质量比能量，W·h/kg；W'_V 为电池的实际体积比能量，W·h/L；$U_\text{平}$ 为电池的平均放电电压，V；m 为电池的质量，kg；V 为电池的体积，L。

表 2-2 列出了常见电池的比能量。

表 2-2　常见电池的比能量

电池系列	理论比能量 $W_0'/(W \cdot h/kg)$	实际比能量 $W'/(W \cdot h/kg)$	W_0'/W'
铅酸蓄电池	170.5	10～50	3.4～17.0
镉镍电池	214.3	15～40	5.4～14.3
铁镍电池	272.5	10～25	10.9～27.3
锌银电池	487.5	60～160	3.1～8.2
镉银电池	270.2	40～100	2.7～6.8
锌汞电池	255.4	30～100	2.6～8.5
碱性锌锰电池	274.0	30～100	2.7～9.1
锌锰电池	251.3	10～50	5.0～25.1
锌空气电池	1350	100～250	5.4～13.5
镁氯化银（储备电池）	446	40～100	4.5～11.3
锂二氧化硫电池	1114	330	3.38
锂亚硫酰氯电池	1460	550	2.66
锂二氧化锰	1005	400	2.51

② 影响比能量的因素。由于各种因素的影响，电池的实际比能量小于理论比能量。实际比能量与理论比能量的关系可表示如下：

$$W' = W_0' K_U K_R K_m \tag{2-17}$$

式中，K_U、K_R、K_m 分别为电压效率、反应效率、质量效率。

电压效率是指电池的工作电压与电动势的比值。即

$$K_U = \frac{U}{E} = \frac{E - \eta_+ - \eta_- - IR_\Omega}{E} = 1 - \frac{\eta_+ + \eta_- + IR_\Omega}{E} \tag{2-18}$$

式（2-18）表明，当电池工作时，由于存在电化学极化、浓差极化和欧姆极化，会产生极化过电位 η_+ 和 η_- 以及欧姆电压降 IR_Ω，所以电池的工作电压小于电动势。要提高电池的电压效率，必须降低过电位和电解质电阻，这可以通过改进电极结构（包括真实表面积、孔率、孔径分布、活性物质粒子的大小等）和添加某些添加剂（包括导电物质、膨胀剂、催化剂、疏水剂、掺杂剂等）来达到。

反应效率是指活性物质的利用率。由于存在一些阻碍电池反应正常进行的因素，使得活性物质的利用率下降，如负极的腐蚀及钝化作用、负极的变形及枝晶的形成、正极活性物质物质的溶解及脱落等。

质量效率是指按电池反应式完全反应的活性物质的质量与电池总质量的比值。即

$$\eta_m = \frac{m_0}{m_0 + m_s} = \frac{m_0}{m} \tag{2-19}$$

式中，m_0 为按电池反应式完全反应的活性物质的质量；m_s 为不参加反应的物质质量；m 为电池的总质量。由于电池中包含不参加反应的物质，使其实际比能量减小。电池中不参加反应的物质有：

a. 不参加电池反应的电解质溶液。有些电池的电解质不参加电池反应，有些电池的电解质溶液虽然参加电池反应，但其用量是过量的。

b. 过剩的活性物质。在设计电池时，通常有一个电极的活性物质过剩。比如在密封镉镍电池和锌银电池中，负极活性物质要有 $25\%\sim75\%$ 的过剩量，目的是防止充电时在负极上产生 H_2，并能与正极上产生的 O_2 发生反应。

c. 电极的添加剂。如膨胀剂、导电物质、吸收电解质溶液的纤维素等，其中有些添加剂可占电极质量的相当比例。

d. 电池外壳、电极的板栅、骨架等。

（3）高能电池

高能电池是指具有高比能量的电池。由式（2-15）可见，电极活性物质的电化当量越小，电池的电动势越大，电池的理论比能量越高。元素周期表上方的元素具有较小的电化学当量，左边元素的电极电位较负，右边元素的电极电位较正。因此为了获得较高的比能量，可以选择电极电位最负且电化学当量小的物质作负极，以及电极电位最高且电化学当量小的物质作正极。这就是所谓的高能电池原理。

① 高能电池的电极材料。适合作高能电池正极材料的 F、Cl、O、S 等元素，通常不用单质而是用化合物。因为 F_2 和 Cl_2 是气体且有毒，不宜直接用作正极活性物质，一般采用氟化物和氯化物；硫在常温下活性小，高温时易挥发，一般采用硫化物；空气和氧气无毒、无腐蚀性，可制成气体扩散电极或采用氧化物。当然，采用化合物代替单质作正极活性物质，理论比能量会下降。

② 高能电池的电解质。在普通化学电源中，常用水溶液电解质。虽然水溶液电解质具有电导率高的特点，但其使用温度范围窄，组成的电池电压低。对于水溶液电解质的电池，原则上，当负极的还原性比氢气高和正极的氧化性比氧气高时，电池的活性物质将与水发生反应，使电池的自放电效应增大。在充电时，则主要发生分解水的反应。因此，理论上水溶液电解质电池的电压以氢气和氧气组成的电池电压为极限，即只能制成电动势为 1.0V 的电池。

实际上，由于存在氢气和氧气的析出超电位，使水溶液电解质电池能采用比氢活泼但析氢超电位高的材料（如 Pb、Cd、Zn 等）作负极，以及比氧活泼但析氧超电位高的材料（如 MnO_2、Ag_2O、$NiOOH$ 和 PbO_2 等）作正极。因此，实际使用的水溶液电解质电池的电动势可以大于 1.0V，最高可达 2.0V（铅酸蓄电池）。

显然，水溶液电解质限制了电池的电压，也就限制了电池的比能量的提高，因此不适合用于高能电池。为了获得高能电池，必须采用非水电解质体系，即有机溶液电解质、非水无机溶液电解质、固体电解质、熔盐电解质和聚合物电解质等。因为只有非水电解质体系才能采用电极电位很负的活泼金属（如锂、钠）作负极，以获得高的电池电动势。

由于电池的实际比能量总是小于理论比能量，因此为了提高电池的实际比能量，必须通过改进电极的工艺与结构、采用新型轻质材料作电池外壳、板栅等措施，以减小极化作用和减轻电池的质量，从而提高电压效率和质量效率，达到提高比能量的目的。

2.4.6 功率与比功率

（1）功率

功率是指在一定放电制度下，单位时间内电池输出的能量（W 或 kW）。

电池的理论功率（P_0）可以表示为：

$$P_0 = \frac{W_0}{t} = \frac{C_0 E}{t} = \frac{ItE}{t} = IE \tag{2-20}$$

式中，t 为放电时间；C_0 为电池的理论容量；I 为（恒定）输出电流；W_0 为电池的理论能量；E 为电池的电动势。

电池的实际功率（P）为：

$$P = IU = I(E - IR_内) = IE - I^2 R_内 \tag{2-21}$$

将式（2-11）对 I 微分，并令 $dP/dI = 0$，则

$$dP/dI = E - 2IR_内 = 0 \tag{2-22}$$

因为 $$E = I(R_内 + R_外)$$

所以 $$IR_内 + IR_外 - 2\,IR_内 = 0$$

即 $$R_内 = R_外$$

而且 $d^2 P/dI^2 = 0$，所以 $R_内 = R_外$ 时，电池输出的功率最大。

（2）比功率

比功率是指单位质量或单位体积的电池输出的功率（W/kg 或 W/L）。比功率是化学电源的重要性能之一，其值大小表示电池能够承受工作电流的大小。如锌银电池，在中等电流密度下放电时，比功率可达 100W/kg，说明这种电池的内阻比较小，高速率放电的性能比较好；而锌锰干电池即使在小电流密度下放电，比功率也只能达到 10W/kg，说明电池的内阻大，高速率放电性能差。

放电条件对电池的输出功率有显著影响。当以高倍率放电时，电池的比功率增大，但是因极化作用增强，电池的电压降低很快，使比能量降低；反之，当电池以低倍率放电时，电池的功率密度降低，比能量却增大。

各种电池体系的比功率与比能量的关系如图 2-4 所示。从曲线的变化规律可以看出，锌银电池、钠硫电池、锂氯电池等比能量随比功率的增大下降很小，说明这些电池适合大电流放电；在所有干电池中，碱性锌锰电池在高负荷下性能最好，锌汞电池在低放电电流下性能较好，而且这两种电池的比能量随比功率的增加下降较快，说明这些电池体系只能以低倍率放电。

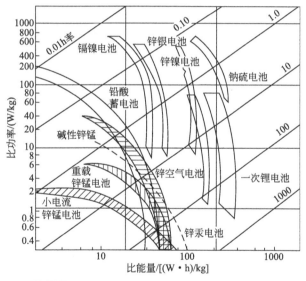

图 2-4 各种电池体系的比功率与比能量的关系

2.4.7 效率与寿命

（1）效率

蓄电池无论在充电或放电过程中都存在着一定的能量损耗，如充电过程中水的分解、电池内阻产生的热消耗、各种原因引起的自放电等，使其输出总能量（或总电量）总是小于它的输入总能量（或总电量）。这种输出总能量（或总电量）与输入总能量（或总电量）的百

分比分别称为蓄电池的能量效率（也叫瓦时效率）和容量效率（也叫安时效率）。即

$$\eta_{安时}=(C_{放}/C_{充})\times100\%\qquad\qquad(2\text{-}23)$$

$$\eta_{瓦时}=(W_{放}/W_{充})\times100\%\qquad\qquad(2\text{-}24)$$

一般来说，用 10h 率的电流对阀控式密封铅酸蓄电池充放电时，其安时效率为 90% 左右，瓦时效率为 75% 左右。同样，使用条件对效率有影响，放电率越高，温度越低，电池的效率也就越低。

例如，某铅酸蓄电池的额定容量为 100A·h，用 20A 的电流放电至终止电压 1.8V 时，其放电时间为 5.2h，平均放电电压为 1.95V，然后用 10A 的电流对其充电 12h，刚好使电池充足电，平均充电电压为 2.3V，则放电容量和充电容量分别为：

$$C_{放}=I_{放}\ t_{放}=20\times5.2=104(A·h)$$

$$C_{充}=I_{充}\ t_{充}=10\times12=120(A·h)$$

放电能量和充电能量分别为：

$$W_{放}=I_{放}\ t_{放}\ U_{放}=20\times5.2\times1.95=202.8(W·h)$$

$$W_{充}=I_{充}\ t_{充}\ U_{充}=10\times12\times2.3=276(W·h)$$

将上述数据代入式（2-23）和式（2-24）中得到安时效率和瓦时效率分别为：

$$\eta_{安时}=86.67\%,\qquad\eta_{瓦时}=73.48\%$$

（2）寿命

一次电池的寿命是指给出额定容量的工作时间（与放电率有关）。二次电池的寿命分为充、放电循环使用寿命和湿搁置使用寿命。

充放电循环寿命是指在一定的充放电制度下，电池容量降至某一规定值之前所经历的充放电循环的次数。电池经受一次充电和放电，称为一次循环（或周期）。

湿搁置使用寿命是指电池被加入电解液后，电池的放电容量降至某一规定值之前所经历的时间（年）。

2.4.8 储存性能与自放电

储存性能主要是针对一次电池而言。它是指电池在开路时，在一定条件下（温度、湿度等）储存时的容量下降率。电池在储存期间容量发生下降主要是由正负极的自放电引起的。

自放电是指电池在开路状态下，容量发生自然损失的现象。自放电的大小可用自放电率表示，即单位时间内容量降低的百分数：

$$x=\frac{C_1-C_2}{C_1t}\times100\%\qquad\qquad(2\text{-}25)$$

式中，C_1 为搁置前容量，A·h；C_2 为搁置后容量，A·h；t 为电池搁置时间，常用天、月或年表示；x 为自放电率。

有三种作用可引起电池的自放电，即化学作用、电化学作用和电作用。

化学作用：指活性物质与周围环境的物质发生化学反应，造成容量损失的现象。它包括活性物质与电解液的直接反应；与充电时产生的并溶解于电解液中的氢或氧之间的反应；与电解液中的杂质离子或有机酸或具有还原性的有机物之间的反应。

电化学作用：指活性物质与杂质金属之间构成微小原电池所引起的容量损失的现象。杂质金属主要是指电极电位比负极活性物质更正的少量金属，它们一方面经电解液中的杂质金属离子在充电时沉积到负极上，另一方面因原料不纯而来。

电作用：因内部短路而引起容量损失的现象。造成内部短路的原因有：极板上脱落的活性物质、负极析出的枝晶、隔板腐蚀损坏。

2.5 多孔电极理论

在化学电源中，很少采用由单一材料制成的板状电极，大多数都采用多孔电极。采用多孔电极结构是化学电源发展过程中的一个重要革新，因为它为研制高比能量、高比功率的电池提供了可能性和现实性。多孔电极是指由高比表面的粉末活性物质（或含有改善电极性能的其他若干种组分）与导电骨架构成的电极。其中骨架又称基板或板栅，它是活性物质的载体，并起着传导电流、使电流在电极上均匀分布的作用；其他若干种组分可起改善电极的导电性能、机械性能、电化学性能等作用，比如导电剂、膨胀剂、缓蚀剂等，通常是根据需要有选择性地加入活性物质中。

2.5.1 多孔电极的分类

（1）按电极反应的特点分类

根据电极反应发生的特点，多孔电极可分为两类：

① 两相多孔电极。两相多孔电极是指电极内部孔隙中充满了电解液，电极反应在液-固两相界面上进行的一类电极，又称全浸式扩散电极。如铅酸蓄电池和镉镍电池的正负极等就属于此类电极。

② 三相多孔电极。三相多孔电极是指电极的孔隙中既有被电解液充满的液孔，又有被气体充满的气孔，电极反应在气-液-固三相界面上进行的一类电极，又称其为气体扩散电极。这类电极在发生反应时，在气-液界面上进行的是气体溶解过程，在固-液界面上进行的是电化学反应。如金属-空气电池中的空气电极、燃料电池中的氢电极和氧电极都属于三相多孔电极。

（2）按电极的制造工艺分类

按照电极的制造工艺，可将多孔电极分为以下几类：

① 涂膏式粉末多孔电极：是指将活性物质粉末及其他各种组分的粉末，用某种溶液（如水、无机酸、盐溶液、有机溶剂等）调和为膏状物，然后涂覆于电极骨架上制成的电极。如铅酸蓄电池的正、负极和锌银电池的锌负极都可用这种工艺制造。

② 压成式粉末多孔电极：是指将干的活性物质粉末及其他组分的粉末混合后，与导电骨架一起经直接加压制成的电极。如锌银电池的锌电极和银电极、锌锰电池的正极都可采用这种工艺制成。

③ 烧结式粉末多孔电极：是指将活性物质粉末及其他组分与导电骨架一起，经加压成型后，再高温烧结而成的电极。如烧结式镉镍蓄电池的电极就是用这种工艺制造的。

④ 盒式或管式粉末多孔电极：是指将活性物质粉末及其他组分，装填于某种穿孔的金属盒内，或填充于内部装有导电骨芯的绝缘编织物的管中制成的电极。如防酸隔爆式铅酸蓄电池的正极、镉镍蓄电池的正负极可用这种工艺制造。

⑤ 拉浆式粉末多孔电极：是指将活性物质粉末及其他组分，加入某种黏合剂或溶液调和为浆状物，然后使带状骨架连续通过浆状物，并用一模具控制浆层厚度制成的电极。

2.5.2 多孔电极的结构特点

粉末多孔电极的多孔材料与一般致密材料（如金属、石墨、陶瓷等）不同，内部存在大量的孔隙。描述多孔电极特点的参数如下：

（1）孔的形态

多孔电极中的孔按其形态可分为三种，即通孔、半通孔和闭孔，如图 2-5 所示。

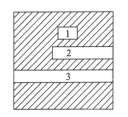

图 2-5 孔的三种形态
1—闭孔；2—半通孔；3—通孔

在三种形态的孔中，只有通孔和半通孔对电化学反应有贡献，而闭孔由于电解液不能渗透，所以不会影响周围活性物质的电化学反应。

（2）孔隙率和密度

孔隙率是多孔材料最重要的特性，因为多孔材料的各种性能都与其密切相关。

孔隙率是指多孔体（由多孔材料构成的物体）的孔隙体积与其表观体积之比。即

$$P = V_{孔}/V_{表} \tag{2-26}$$

式中，P 为多孔体的孔隙率；$V_{孔}$ 为孔隙的体积；$V_{表}$ 为多孔体的表观体积。

P 无量纲，其数值总小于 1。因为多孔材料中的孔分为开口孔（包括通孔和半通孔）和闭孔，若其体积分别表示为 $V_{开}$ 和 $V_{闭}$，则进一步可将孔隙率分为开孔孔隙率（$P_{开}$）和闭孔孔隙率（$P_{闭}$）：

$$P_{开} = V_{开}/V_{表} \tag{2-27}$$

$$P_{闭} = V_{闭}/V_{表} \tag{2-28}$$

由于只有开孔对电化学反应有贡献，所以通常所说的孔隙率是指 $P_{开}$。

多孔材料的密度与孔隙率有关。孔隙率为零时的密度称为理论密度（$\rho_{理}$）；根据多孔体表观体积计算的密度称为表观密度（$\rho_{表}$）。通常所说的多孔材料的密度是指表观密度，习惯上用 ρ 表示：

$$\rho = \rho_{表} = m/V_{表} \tag{2-29}$$

（3）表面积

由于多孔材料中存在大量孔隙，如果把孔中表面积计算在内，则其总面积将远远大于多孔体的表观面积，这正是使用多孔电极的主要原因。显然孔隙率不同和孔的大小不同时，孔隙包含的内表面就不等。为了表示多孔材料的这一特点提出了比表面的概念。所谓比表面是单位表观体积或单位质量的多孔体具有的真实的总表面积。即

$$S_0 = V_{内}/V_{表} \tag{2-30}$$

式中，S_0 为多孔体的比表面，量纲为 $m^2/m^3 = m^{-1}$；$V_{内}$ 为多孔体具有的真实的总表面积，m^2。多孔电极的电催化活性与 S_0 的关系极大。一般来说，S_0 越大越有利。如铅酸蓄电池多孔电极的比表面为 $10^6 \sim 10^7 m^{-1}$。

如果采用单位质量来计算真实内表面，则可得到单位质量的多孔体的比表面：

$$S_0' = V_{内}/m = S_0 V_{表}/m = S_0/\rho (m^2/kg) \tag{2-31}$$

式中，S_0' 为单位质量多孔体的比表面，m^2/kg；m 为多孔体的质量，kg；ρ 为多孔体的密度，kg/m^3。比如，取铅酸蓄电池多孔材料的密度为 $5 \times 10^3 kg/m^3$，则 S_0' 为 $10^2 \sim 10^3 m^2/kg$。值得一提的是，由于测试方法不同，文献所载的 S_0 数据常常各不相同。

（4）孔径和孔径分布

在多孔材料中，孔的横断面的形状各不相同，截面的面积也不相等，通常用一个假想的圆柱孔的横截面的直径来表示孔的大小，称为平均孔径（d），简称孔径。按 d 值的大小可将孔分为三类：

① 微孔：$d < 2nm$；

② 中等孔：$2nm < d < 50nm$；

③ 大孔：$d > 50nm$。

多孔体中孔的大小总不相等，为了全面了解多孔体的结构，必须了解孔径的分布，即不同孔径的孔所占的百分数。

（5）曲折系数

多孔材料中的孔并不是直的，如图 2-6 所示，孔可能是弯曲的，因此孔的长度（l）并不等于多孔体的厚度（δ），二者之比称为曲折系数（T）：

$$T = l/\delta \tag{2-32}$$

图 2-6 曲折系数的含义

2.5.3 多孔电极的行为

多孔电极的行为十分复杂，影响其行为的因素也很多，如电极材料的性质、多孔电极的结构（与生产工艺有关）、充放电电流的大小等。特别是电池在充放电过程中，多孔电极的结构和组成将不断发生改变，且往往这些改变是不可逆的，因此将产生累积性的影响。

下面讨论的仅是实际多孔电极行为的几个重要方面。

（1）多孔电极结构的变化及其影响

多孔电极在充放电过程中其结构通常会发生变化，这主要是因为放电前后电极活性物质和放电产物的性质不同，如密度、电导率和化学性质等均发生变化。下面以铅酸蓄电池为例来说明多孔电极结构在充放电过程中的变化以及对电池性能的影响。

铅酸蓄电池的正、负极活性物质是 Pb 和 PbO_2，放电产物均为 $PbSO_4$，它们在放电前后性质的变化情况如表 2-3 所示。

表 2-3 铅酸蓄电池电极物质在放电前后性质的变化

物质	密度/(g/cm³)	摩尔体积/(cm³/mol)	电导率/(S/m)
Pb	11.34	18.27	5×10^4
PbO_2	9.375	25.51	0.135×10^3
$PbSO_4$	6.20	48.90	3.33×10^{-10}

由表可见，铅酸蓄电池的放电产物（$PbSO_4$）的密度相比放电前的活性物质（Pb 和 PbO_2）减小，比体积增大。如果以摩尔体积计算，正极增大了 91.3%，负极增大了 167.7%，这种变化的结果是电极孔隙率的减小，甚至发生孔的堵塞。图 2-7 表示正极孔隙率随放电量的变化情况。

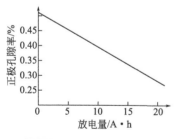

图 2-7 正极孔隙率随放电量的变化情况

放电过程中不仅发生结构的变化，而且物质的电导率也发生了变化，即放电时，电极活性物质逐渐被导电性差的反应产物 $PbSO_4$ 覆盖，甚至绝缘。所以，铅酸蓄电池在放电过程中由于多孔电极结构的变化，使电极在放电时的欧姆极化和浓差极化逐渐增大，特别是当其大电流放电时，将严重影响电极的放电性能。

当然，在其他种类的多孔电极中，结构的变化与铅酸蓄电池的多孔电极不一定相同。例如锌银蓄电池的正极活性物质 AgO，在放电过程中首先生成 Ag_2O，然后转变成 Ag，由于 Ag 的体积小于 Ag_2O，且 Ag 的导电性能良好，所以 AgO 电极在放电过程中其性能会逐渐变好，这种变化也使得锌银蓄电池的大电流放电性能较好。

（2）渗透深度

渗透深度是指多孔电极的反应可深入电极孔内的距离，又称反应深度，用 $\bar{x}$ 表示。它是反映多孔电极利用率的一个指标。

多孔电极具有比平板电极大得多的表面积，但是由于极化（传质阻力和欧姆电阻）的存在，这些表面并不能充分利用，存在反应深度的问题。如果电极的厚度小或接近渗透深度，则多孔电极从表面到内部都能得到较充分的利用；如果电极的厚度远远大于其渗透深度，那么电极的利用显然就不充分。所以研究渗透深度对于电极的使用和优化设计都具有重要的意义。

影响渗透深度的因素可分为三类：①多孔电极的结构；②电极反应的性质；③反应的速率（充放电电流）。

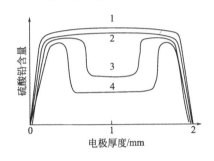

图 2-8 正极 PbO_2 放电时
$PbSO_4$ 的分布（沿电极厚度）
1—1.5A/m², 20h; 2—60A/m², 5h;
3—300A/m², 1h; 4—1800A/m², 10min

下面同样以铅酸蓄电池为例来说明渗透深度及其影响因素。图 2-8 表示在同一放电深度下，电流密度对于 $PbSO_4$ 分布的影响。由图可见，在低电流密度下，$PbSO_4$ 的分布在整个电极厚度内是较均匀的，即这时的渗透深度大，电极厚度在 x 之内。在高电流密度下，$PbSO_4$ 的分布是不均匀的，电极厚度的中部，$PbSO_4$ 含量低，而在靠近溶液的电极表面部分的 $PbSO_4$ 含量高。这表明渗透深度 x 的数值随电流密度的增大而减小，电流密度越大，x 的值越小，即反应区逐步向电极表面集中。

图 2-9 和图 2-10 所示为放电深度对 $PbSO_4$ 分布的影响。由图可见，当电池放出的容量不多时，无论是小电流还是大电流放电，$PbSO_4$ 的分布都较均匀，这是因为放电初期电极微孔大，电解液中离子的扩散速度能满足电极反应速率的要求，即电极反应能在整个电极厚度内进行。当电极放出的容量较多（如大于 50%），电极结构变化产生的影响将会很大。若放电电流很小（见图 2-9），则电极反应仍能继续深入电极内部，这是因为，虽然电极微孔已缩小，但电极反应速率小，电解液中离子的扩散速度能跟上其反应速率。若放电电流大（见图 2-10），则电极反应主要集中在电极表面层中，因为此时离子的扩散速度因为电极微孔的缩小而大大减小，离子的扩散只能满足电极表面的反应所需。

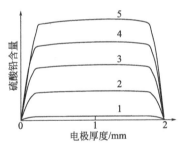

图 2-9 小电流放电时放电深度对
$PbSO_4$ 分布的影响（正极）
1—全充；2—25%C；3—50%C；
4—75%C；5—100%C

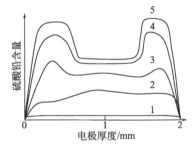

图 2-10 大电流放电时放电深度对
$PbSO_4$ 分布的影响（正极）
1—全充；2—25%C；3—50%C；
4—75%C；5—100%C

2.5.4 多孔电极过程

2.5.4.1 两相多孔电极过程

两相多孔电极内部由充满电解质的不同孔径的液孔和固相两种网络交织组成，结构非常复杂。在固-液两相界面上发生的电化学反应过程也并不像化学反应方程式表示的那样简单。以金属电极（M）作为负极进行阳极溶解为例，从总的反应式 $M \longrightarrow M^{n+} + ne$ 来看，金属的阳极溶解反应似乎很简单，但是实际上却是一个相当复杂的过程。这个复杂的过程大致包括以下几个过程。

① 金属原子离开金属晶格成为吸附原子。并不是金属表面上所有的金属原子都能随机地离开金属晶格的，而是能量比较高的活性原子优先离开晶格，成为吸附在金属表面的吸附原子，然后吸附原子放电变成离子。吸附原子是这个放电过程的反应物之一，反应速率与金属表面吸附原子的浓度有关。

② 溶液组分在金属表面上的吸附。这种吸附同样影响金属的阳极溶解过程。金属表面晶格不完整的活性点，也正是最容易吸附溶液中的粒子的地方。这种吸附作用可能会引起两种不同的后果：a. 使这些地方的金属原子能量降低，减少金属表面吸附原子的浓度，从而抑制金属电极的阳极溶解；b. 被吸附的粒子与金属表面的吸附原子形成吸附络合物，在这种情况下，金属阳极溶解的反应物将不是简单的吸附原子，而是表面吸附络合物。

③ 水合金属离子的形成。在水溶液中，不管是吸附原子放电，还是吸附络合物放电，其产物离子都将形成水合离子。对于多电子反应，并不是 n 个电子同时电离，而是首先失去一个电子形成一价的金属离子（或络合离子），然后再逐步氧化变成最终稳定的 n 价离子。对于形成新相（氧化物或沉淀等）的阳极过程，不出现水合离子。

④ 水和金属离子离开金属附近的溶液向溶液本体扩散。在这个过程中，传质速度的大小对整个金属的阳极溶解过程有明显影响。表面活性比较高的金属铁电极在酸性溶液中的阳极反应机理大致如下：

a. $Fe + H_2O \longrightarrow Fe(H_2O)_{吸}$

b. $Fe(H_2O)_{吸} \longrightarrow Fe(OH^-)_{吸} + H^+$

c. $Fe(OH^-)_{吸} \longrightarrow Fe(OH)_{吸} + e$

d. $2Fe(OH)_{吸} \longrightarrow Fe(OH)_{吸}^+ + Fe(OH^-)_{吸}$

e. $Fe(OH)_{吸}^+ + H^+ + (n-1)H_2O \longrightarrow Fe^{2+} \cdot nH_2O$

每生成一个亚铁离子至少要经过以上五个步骤。首先水分子在铁表面吸附，接着成为吸附在铁表面的氢氧根离子，然后单电子放电而形成吸附在铁表面上的络合物。在整个反应过程中，这三个步骤都很快，处于接近平衡状态，因此可以把这三个步骤看作一个步骤。第四步是两个吸附粒子在相互碰撞中交换电子的反应，是整个电极反应的控制步骤。第五步是溶液中的络离子与氢离子反应转化为水合亚铁离子的过程。最后是水合亚铁离子离开电极表面，通过扩散层并继续向溶液本体传质的过程。

2.5.4.2 三相多孔电极过程

三相多孔电极过程实质上就是在电化学反应过程中，气体在电极上发生氧化或还原反应的过程。例如，燃料电池中的氢电极和氧电极、金属-空气电池的空气电极以及水溶液电池中发生的氢气和氧气电极反应（为不可避免的副反应）等，都是三相多孔电极过程。

（1）气体扩散电极的薄膜理论

对于气体电极，气体向电极表面的输送要经过如下三个过程：

一是气体溶解的过程。该过程是指气体从气相向电解质溶液的溶解过程。气体的溶解度遵从亨利定律，即在等温等压下，气体在溶液中的溶解度与液面上该气体的平衡压力成正比。在常温和常压下，各种气体在水溶液中的溶解度都很小，如氧气的溶解度为 10^{-4} mol/L。

二是气体向电极表面附近的传质过程。该过程是指溶解在溶液中的气体向电极表面附近的传质过程。由于气体不带电荷，所以这个传质过程只有对流和扩散两种方式。

三是气体穿越双电层的过程。这个过程是指溶解气体穿过双电层（静止的电解质溶液）到达电极表面的过程，在这个过程中，扩散是气体唯一的传质方式，在水溶液中各种气体的

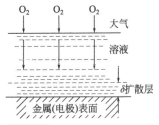

图2-11 氧气向金属电极的
输送过程示意图

扩散速度都不大，扩散层的厚度一般为（1～5）×10^{-4}m。

在上述三个过程中，一般第三个过程，即扩散过程最慢，为气体传质过程的控制步骤。氧气向金属电极的输送过程如图2-11所示。

威尔（Will）曾用最简单的方法做过提高传质速率的实验，这个实验是将长1.2cm、外表面积为2.4cm^2的圆桶状铂黑电极（内表面绝缘）浸在氢气饱和的4.0mol/L的硫酸溶液中，控制电极电位为0.4V，此时氢气被氧化为氢离子的阳极电流仅为0.1mA。如果将铂黑电极从溶液中缓缓提升到高出液面3.0mm，阳极电流剧增并达到最大值，若继续提升电极，电流几乎不再增加，如图2-12所示。这表明半浸没电极只有在电极高出液面2～3mm时，气体电极反应的速率最大，通过显微镜可以观察到这一段电极表面存在"薄液膜"，如图2-13所示。

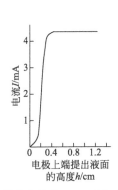

图2-12 铂黑电极从4.0mol/L的硫酸溶液
中提升的过程中的电流变化

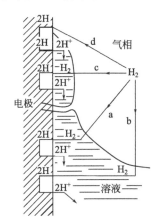

图2-13 半浸没电极的薄液膜示意图

图2-13表明，气相中的氢气可以经过不同的途径扩散到半浸没电极的表面而被氧化。其中，每一个途径都包含着反应物氢气向电极表面的迁移（扩散）和产物氢离子从电极表面向溶液本体的迁移（反扩散和电迁移）过程。这两个过程的路径越长，电极反应给出的电流密度就越小。在a、b、c、d四个路径中，路径a的氢气与氢离子的迁移路径都比较短，所以这一部分电极表面就成为半浸没电极上最有效的反应区，该半浸没电极的有效反应区即为薄液膜反应区。

从上述实验结果可以看出，制备高效气体扩散电极时，必须满足的条件是电极中有大量的气体容易到达而又与本体溶液较好地连通的薄液膜，通过三相多孔电极可以得到这种薄液膜。因此，三相多孔电极必须具备两种通道。

① 气体通道。三相多孔电极中有足够的气孔作气体通道，使气体容易输送到电极内部的各处。气体通道应具有一定憎水性。

② 液体通道。三相多孔电极中有足够的液孔作液体通道，并能够很容易在电极表面形成薄液膜，这些薄液膜很容易通过液孔与电极外侧的本体溶液连通，实现液相反应物粒子和产物的传质。液孔通道应具有一定的亲水性。

气体扩散电极涉及气、液和固三相，电极反应发生在三相界面上，因此可以将气体扩散电极看作由气孔、液孔和固相三种网络交织而成，分别担负着气相传质、液相传质和电子传递的作用。气体扩散电极的结构和作用原理都比全浸没式两相多孔电极复杂。

（2）气体扩散电极的结构

目前，已经在工业上广泛应用的气体扩散电极包括防水型（憎水型）电极、双层多孔型（培根型）电极、隔膜型电极和亲水气体扩散型电极等。

① 防水型电极。为了使气体扩散电极能够形成足够的薄液膜，即电极具有较多的三相界面，比较有效的方法是采用防水型（憎水型、疏水型）气体扩散电极。所谓防水型扩散电极是指电极中含有疏水剂，因而使电极不能被完全润湿，即电极被部分润湿。

a. 液体对固体的润湿。液体对固体的润湿现象可用接触角 θ 来表示，如图 2-14 所示。将气、液和固三相的分界点定为 O 点，OP 是液滴的切线方向，即液滴表面张力的方向；ON 为液相与固相的分界线面。OP 与 ON 的夹角为液体对固体润湿接触角 θ。如果 $\theta=0°$，则表示固体被液体完全润湿；如果 $\theta=180°$，则表示固体绝对不能被液体润湿；如果 $0°<\theta<180°$，则表示固体被液体部分润湿。通常将 $\theta>90°$ 的材料称为疏水材料，将 $\theta<90°$ 的材料称为亲水材料。

在疏水气体扩散电极中，气孔和液孔的分布随润湿角的变化而变化。在不同孔径的孔内接触角有所不同，即使在同一个孔内，不同部位的接触角也有可能不同。所以气孔和液孔在疏水气体电极内的分布是一个比较复杂的问题。

在疏水气体扩散电极的催化层中，其微孔中的电解质溶液对电极的润湿接触角分为两种情况：i. 接触角大于 90°，孔内充满气体，即电极的"干区"；ii. 接触角小于 90°，孔内充满液体，形成薄液膜，即电极的"湿区"。电化学反应就是发生在覆盖有电解质溶液的催化剂表面。

防水型气体扩散电极为双层结构，由防水透气层、导电网、催化层三部分组成，如图 2-15 所示。

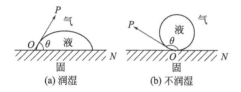

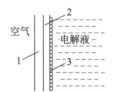

图 2-14 液体与固体润湿接触角示意图　　**图 2-15** 防水型气体扩散电极示意图
1—憎水性组分；2—催化剂；3—导电网

b. 防水透气层。防水透气层实为疏水层，其作用为：

ⅰ. 让气体顺利透过，以补充电极反应所消耗的气体；

ⅱ. 阻止电解质溶液（溶剂、熔融盐）的透过，以免过量电解质溶液进入电极催化层反应区，导致电极三相反应区减少或淹没电极。

防水透气层材料通常为憎水性很强的多孔氟树脂（如聚四氟乙烯、聚全氟异丙烯等）和聚乙烯等，该层只允许气体通过而不允许电解质溶液通过。防水层的憎水性能不仅与憎水材料本身的憎水性能有关，而且还与基体材料、成型方法以及成型后的孔径大小、孔隙均匀性和孔隙率大小等有关。

c. 催化层。多孔电极的催化层，靠近电解质溶液一侧，由亲水的催化剂、碳和氟树脂等组成。催化层利用氟树脂的憎水性能在催化层中形成大量的电解质薄液膜，被电解质溶液润湿（确切说是部分润湿），形成大量的气-液-固三相界面区，即在催化层中形成大量的高效反应区。

在催化层中，存在由憎水的氟树脂（如聚四氟乙烯等）与气孔组成的"干区"和由电解质溶液与润湿的催化剂组成的"湿区"，这两种结构交错形成连续的网络。憎水型气体扩散电极的结构如图 2-16 所示。由图 2-16 可见，在靠近电解质溶液一侧的催化层中，由于催化剂表面的亲水性，在其表面上形成薄液膜，气体的氧化或还原反应在多孔电极微孔内壁的薄液膜内进行。

常用的催化剂有铂、钯、金、银和镍等金属。为了提高贵金属铂、钯、金和银等的利用率可以采用以下四种方法：i. 采用合金化工艺（电沉积、化学气相沉积等）制备含铂、钯、金和银等的合金；ii. 采用碳等为载体，制备碳载铂等；iii. 采用超微化技术制备超细催化剂颗粒或超薄催化剂层；iv. 采用修饰电极。

d. 电极的制备。目前，催化电极的制备方法是：i. 将乙炔黑或活性炭与氟树脂（聚四氟乙烯等）乳液混合并调成糊状，碾压成透气膜；ii. 将催化剂与氟树脂乳液（如 Nafion 溶液或聚四氟乙烯乳液等）混合并调成糊状，碾压成透气膜；iii. 将上述两个膜与导电网一起加压成型，在惰性气氛保护下烧结，即得防水型多孔气体扩散电极。

② 双层多孔型电极（培根型电极）。双层多孔型电极是由金属镍粉或羰基镍粉、催化剂和成孔剂（如碳酸铵、碳酸氢铵等）混合后，在模具中加压成型，再经过高温烧结而成的。这是一种不同孔径的双层电极，粗孔层靠近气体一侧，气孔的平均孔径为几十微米，细孔层则靠近电解质溶液，气孔的平均孔径为 $2 \sim 3 \mu m$，粗孔径层要比细孔径层厚得多。电极工作时，细孔层中充满电解质溶液，而粗孔层中充满气体。在压力为 $0.05 \sim 3.0 MPa$ 的气体作用下，在粗孔层和细孔层的交界处建立起弯液面薄液膜，这就是燃料电池中的培根型双层结构的气体扩散电极，如图 2-17 所示。

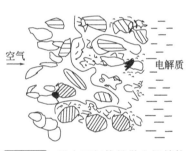

图 2-16 憎水型气体扩散电极结构

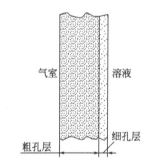

图 2-17 双层多孔型电极示意图

③ 隔膜型电极。隔膜型电极是由催化剂微粒与氟树脂粘接剂调成糊状，经碾压成电极片而制成的。将这种电极与微孔隔膜（如石棉隔膜）结合组成微孔隔膜燃料电池。所用隔膜的孔径比催化剂的孔径更小，于是加入的电解质溶液首先被隔膜吸收，然后润湿催化剂层。适当地控制加入电解质溶液的量，就可使电极处于部分润湿状态，即多孔电极中既有大量的薄液膜，又有一定的气孔，这就构成了气-液-固三相反应区。这种电极容易制备，但是必须严格控制电解质溶液的量，否则容易导致电极被淹没或干涸。由微孔隔膜电极组成的电池结构如图 2-18 所示。

④ 亲水气体扩散型电极。如果多孔电极是亲水的，电解质溶液可以借助毛细力的作用充满多孔电极的微孔。此时，气体只有在外加压力的作用下才能进入电极的微孔，而且只有当压力大于或等于毛细力时，气体才能进入微孔。毛细力实际就是物理化学中的附加压力，对于附加压力，毛细管越细（微孔的孔径越小），附加压力越大，气体排空微孔中液体所需的压力也就越大，所以气体首先将粗孔内的液体排空，使粗孔变为气孔。对于孔径细小的微孔，由于附加压力大于气体压力，微孔中的液体无法被气体取代，或气体根本不能进入，这种作用的结果就是形成了与双层多孔电极相类似的三相反应区。

对于亲水型气体扩散电极的润湿程度或液孔与气孔的分布，主要取决于气体压力和微孔内的毛细力之差。一般来说，在半径较大的微孔中充满气体，在半径较小的微孔中充满液体。接近真实体系的亲水气体扩散电极的结构如图 2-19 所示。

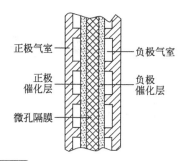

图 2-18 微孔隔膜电极组成的电池示意图

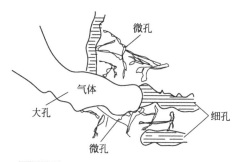

图 2-19 亲水气体扩散电极结构示意图

习题与思考题

1. 什么叫化学电源？什么叫物理电源？

2. 化学电源由哪几部分组成？各部分的作用分别是什么？

3. 化学电源按工作方式和储存方式可分为哪几类？请每一类各举两个例子。

4. 移动通信设备对化学电源有哪些要求？

5. 化学电源有哪些用途？

6. 解释下列名词或术语：电动势、开路电压、欧姆内阻、极化内阻、工作电压、理论容量、实际容量、额定容量。

7. 什么叫自放电？引起电池自放电的作用有哪三种？它们是如何引起电池自放电的？

8. 什么叫比能量？影响比能量的因素有哪些？

9. 什么叫多孔电极？多孔电极按电极反应的特点及制造工艺分别分为哪几种类型？

10. 多孔电极在充放电过程中，其结构通常会发生哪些变化？请举例说明。

11. 什么叫渗透深度？为什么说研究它对于电极的使用与优化设计具有重要意义？

12. 简述气体扩散电极的薄膜理论和气体扩散电极的几种结构。

第3章
铅酸蓄电池

3.1 概述

3.1.1 铅酸蓄电池的发展史

第一只实用铅酸电池是由 Raymond Louis Gaston Planté（普兰特，法国著名物理学家、考古学家）在 1860 年发明的，尽管在此之前有人已经探讨过含有硫酸或者铅部件的电池。表 3-1 列出了铅酸电池技术发展进步的重要事件。普兰特电池是在两个长条形的铅箔中间夹入粗布条，然后经过卷绕后将其浸入浓度为 10％左右的硫酸溶液中制成的。早期的普兰特电池，由于其储存的电量取决于铅箔表面铅箔腐蚀转化为二氧化铅所形成的正极活性物质的量，所以电池容量很低。与此相似，负极的制作是通过在循环过程中，使另一块铅条表面形成负极活性物质来实现的。该电池在化成过程中使用原电池作为电源。普兰特电池的容量在循环过程中不断提高，这是因为铅箔上的铅的腐蚀产生越来越多的活性物质，而且电极面积也增加。至今，这种用铅板在稀硫酸溶液中通电生成活性物质所形成的极板，叫做普兰特式极板。在 19 世纪 70 年代，电磁发电机面世，同时西门子发电机也开始装备到中央电厂中，铅酸电池通过提供负载平衡和平衡电力高峰而找到了早期市场。

表 3-1 铅酸电池技术发展里程碑

时间	主要人物	主要成就
1836 年	Daniell	双液体电池：$Cu/CuSO_4/H_2SO_4/Zn$
1840 年	Grove	双液体电池：$C/$发烟 $HNO_3/H_2SO_4/Zn$
1854 年	Sindsten	用外电源进行极化的铅电极
1860 年	(Plante) 普兰特	第一只实用化的铅酸电池，使用铅箔来形成活性物质
1881 年	Faure	用氧化铅-硫酸铅制成的铅膏涂在铅箔上制作正极板，以便增加容量
1881 年	Sellen	铅锑合金板栅
1881 年	Volckmar	冲孔铅板对氧化铅提供支持
1882 年	Brush	利用机械法将铅氧化物制作在铅板上

时间	主要人物	主要成就
1882 年	Gladston 和 Tribs	铅酸电池中的双硫酸盐化理论 $Pb+PbO_2+2H_2SO_4 \underset{充电}{\overset{放电}{\rightleftharpoons}} 2PbSO_4+2H_2O$
1883 年	Tudor	在用普兰特方法处理过的板栅上涂制铅膏
1886 年	Lucas	在氯酸盐和高氯酸盐溶液中制造形成式极板
1890 年	Phillipart	早期管式电池——单圈状
1890 年	Wnndward	早期管式电池
1910 年	Smith	狭缝橡胶管，EXIDE 管状电池
1920 年至今		材料和设备研究，特别是膨胀剂、铅粉的发明和生产技术
1935 年	Haring 和 Thomas	铅钙合金板栅
1935 年	Hamer 和 Harned	双硫酸盐化理论的实验证据
1956～1960 年	Bode 和 Vose Ruetschi 和 Cahan Burbank Feitknecht	两种二氧化铅晶体（α、β）性质的阐明
20 世纪 70 年代	McClellan 和 Davit	卷绕密封铅酸电池商业化。切拉板栅技术；塑料/金属复合材料板栅；密封免维护铅酸电池；玻璃纤维和改良型隔板；单电池穿壁连接；塑料壳与盖热封组件；高质量比能量电池组（40W·h/kg 以上）；用于电话交换设备的长寿命浮充电池——锥状板栅（圆形）电池
20 世纪 80 年代		密封阀控电池；准双极性引擎启动电池；低温性能改善；世界上最大的电池（奇诺市，加利福尼亚）40MW·h 铅酸负载平衡系统安装
20 世纪 90 年代		对电动车辆的兴趣再次出现；高功率的双极性电池应用于不间断电源、电动工具、备用电源、薄箔电池、消费用小型电池和道路车辆
2009 年		发明了铅碳电池、用于微混电动车的长寿型富液式电池；部分荷电状态下大电流充放电循环（HRPSoC，high-rate partial state of charge）的阀控式密封铅酸蓄电池；应用于微混合电动车的具有启停功能的电池和双极性电池

紧随着普兰特，其他研究者开展了许多试验来提高电池的化成效率；另外，发明了在经过普兰特法预处理的铅板上涂覆二氧化铅生成活性物质的方法。此后，人们将注意力转向了通过其他方法来保持活性物质，发展了如下两个主要技术路线。

① 平板式电极。在浇铸的或者切拉的板栅上而不是铅箔表面涂覆铅膏，通过黏结作用（相互连接的晶体网络）来形成具有一定强度和保持能力的活性物质。这就是通常所说的平板式极板设计。

② 管式电极。在管式极板中，极板中心的导电筋条被活性物质包裹，极板外表面包裹绝缘透酸套管，套管的形状可以是方形、圆形或椭圆形。

在活性物质的生成和保持方法上发展的同时，也出现了可以增强板栅强度的新合金，如铅锑合金（Sellen，1881 年）、铅钙合金（Haring 和 Thomas，1935 年）。19 世纪末出现了经济实用的铅酸电池技术，促进了工业的迅速发展。由于铅酸电池在设计、生产设备和制造方法、循环方式、活性物质利用和生产、支撑结构和部件及非活性件如隔板、电池壳和密封等方面的改善和提高，使铅酸电池的经济性和性能不断提高。铅酸电池的研发方向主要集中在不断增长的混合电动车上。由 ALABC（国际先进铅酸蓄电池联合会，Advanced Lead Acid Battery Consortium）资助的项目通过在活性物质中添加碳和其他添加剂来改善蓄电池的充电接受能力，以提高电池的荷电态性能。

3.1.2 铅酸蓄电池的分类

铅酸蓄电池的种类很多，其分类方法也很多，可以根据电池的用途、极板的结构、荷电状态、电池盖和排气栓结构和维护方式等进行分类。

（1）按电池用途分

铅酸蓄电池按用途分，主要包括以下四种类型。

① 启动用铅酸蓄电池。除了供汽油发动机点火外，主要通过驱动启动电机来驱动内燃机。启动时电流通常为 150～500A，而且要求能够在低温时使用。为各种汽车、拖拉机、火车及船用内燃机配套。

② 固定型铅酸蓄电池。广泛用于发电厂、变电所、电信局、医院、公共场所及实验室等，作为开关操作、自动控制、通信设备、公共建筑物的事故照明等的备用电源及发电厂储能等。对这类电池的特殊要求是寿命要长，一般为 15～20 年。

③ 牵引用铅酸蓄电池。用于各种叉车、铲车、矿用电机车、码头起重车、电动车和电动自行车等。

④ 便携设备及其他设备用铅酸蓄电池。常用作便携工具与设备的电源；照明与紧急照明、广播、电视、警报系统的电源等。

（2）按极板结构分

① 涂膏式：将铅氧化物（一氧化铅粉）和金属铅粉的混合物加稀硫酸拌成膏状物质即铅膏，涂在用铅合金制成的板栅上，经过固化、干燥，在硫酸溶液中通直流电进行化成，形成放电所需的活性物质。用此工艺生成的极板称涂膏式极板，可用作铅酸蓄电池的正、负极板，启动用铅酸蓄电池正负极均采用这类极板。

② 管式：在铅合金板栅的栅筋外套以玻璃丝纤维或其他耐酸性合成纤维编织的套管，向管内填充铅粉或铅膏，振动充实后用铅合金或塑料封底，然后放入稀硫酸中与涂膏式负极板一起充电化成。这类极板主要用作正极板，用以克服涂膏式正极板活性物质容易脱落的弊端。固定用防酸隔爆式铅酸蓄电池的正极板采用的就是这类极板。

③ 形成式：又称化成式极板或普兰特式极板。是最早的一种极板形式，即用带有凹凸沟纹的纯铅基板在稀硫酸溶液中反复进行通电化成和放电的循环，以形成放电所需的足量的活性物质。目前这类极板主要有脱特型和曼彻斯特型两种。前者用纯铅铸成带有穿透棱片的极板，在含有氯酸盐的溶液中通电形成活性物质；后者是把纯铅制成的凹凸的板条卷起来嵌入耐腐蚀合金制成的支撑板的圆孔中，然后通电形成活性物质。

（3）按荷电状态分

① 干式放电：极板处于放电状态，经过干燥处理放入不带电解液的电池槽中。启用时须灌注电解液并进行较长时间的初充电方可使用。

② 干式荷电：极板处于干燥的已充电状态，放入无电解液的电池槽中。启用时只须灌入电解液并静置几小时即可，不须初充电。

③ 带液式充电：电池已充足电并带有电解液，其缺点是运输不便，储存期短。

④ 湿式荷电：电池处于充电状态，部分电解液吸贮在极板和隔板内。这种电池的储存期较短。在规定的储存期内，只须灌入电解液即可使用，不须初充电。如果超过了储存期，电池必须充电后才能使用。

（4）按电池盖和排气栓结构分

① 开口式：电池槽是敞开的，可盖上玻璃或塑料盖板，以防止灰尘进入电池和减少酸雾向外飞溅。这种电池已基本淘汰。

② 排气式：电池槽上装有电池盖，盖的注液孔上装有排气栓，能将充电时产生的气体和酸雾排出。

③ 防酸隔爆式：电池盖上除有注液孔外，另有一防酸隔爆帽，该帽允许气体排出但酸雾不逸出，并当外界有火源时能阻止电池内部发生燃烧和爆炸。

④ 防酸消氢式：电池盖上装有催化栓，除具有防酸隔爆性能外，还能将电池运行时产生的氢气和氧气化合成为水，流回电池内部，使电池的耗水量显著减少。

⑤ 阀控密封式：电池盖上装有单向排气的安全阀，当电池内压过大时可排气，但外界空气不能进入电池内部。电池的自放电很小，耗水极少，所以能做到密封。

（5）按维护方式分

① 普通型：此类电池主要指带有排气结构的电池，如启动和防酸隔爆式固定用的铅酸蓄电池。由于其充电时分解水产生的气体被排出，引起电解液中水分减少，须经常向电池内补加纯水以调整液面高度，维护工作量很大。

② 少维护型：在规定的寿命期间内和正常的运行条件下只需要少量维护，即较长时间才须加一次水。如催化消氢式铅酸蓄电池。

③ 免维护型：在规定的寿命期间内和正常的运行条件下不需要加水维护，其自放电很小。如阀控式密封铅酸蓄电池，但这种电池只是免去了加水的维护工作，实际对它的维护要求更高。请切记："免维护"并不是"不维护"。

3.1.3 铅酸蓄电池的型号编制

根据部颁标准 JB/T 2599—2012《铅酸蓄电池名称、型号编制与命名办法》，铅酸蓄电池的名称、型号编制与命名的基本原则如下。

（1）蓄电池名称

① 蓄电池名称用字（词）。蓄电池名称用字（词）应符合如下要求：

a. 蓄电池名称命名用"汉字（词）"表示，字（词）应符合国家或行业有关标准规定，科学、明确、易懂；

b. 蓄电池名称通常由汉字组成，可反映主要用途、结构特征；

c. 蓄电池名称用字（词）不得使用夸大或易引起误解的字（词），更不得使用欺骗性描述的字（词）误导消费者。

② 蓄电池名称的命名。蓄电池名称的命名应符合如下要求：

a. 蓄电池名称的命名根据其主要用途、结构特征确定。

例如："启动型铅酸蓄电池""固定型铅酸蓄电池""煤矿防爆特殊型电源装置用铅酸蓄电池"等。

b. 蓄电池名称必须符合相对应国家标准或行业标准中所规定内容。

c. 蓄电池名称根据用途和结构特征同时命名时，在型号中必须加以区别，当蓄电池同时具有几种特征时，应以能清楚表达该主要特征的名称来表示。

（2）蓄电池的型号

① 蓄电池型号字母及数字。蓄电池型号字母及数字应符合如下要求：

a. 型号采用汉语拼音或英语字头的大写字母及阿拉伯数字表示；

b. 蓄电池型号优先采用汉语拼音，当汉语拼音无法表述时方可用英语字头，英语字头为国际电工委员会（IEC）提及的英文铅酸蓄电池词组。

② 蓄电池的型号组成。铅酸蓄电池型号由 3 部分组成，如图 3-1 所示。

③ 蓄电池型号各组成部分的编制规则。蓄电池型号各组成部分应按如下规则编制：

```
┌────────┐   ┌────────┐   ┌────┐
│串联的单体│ → │电池的用途│ → │额定│
│ 电池数  │   │与结构特征│   │容量│
└────────┘   └────────┘   └────┘
```

图 3-1 铅酸蓄电池的型号

a. 串联的单体蓄电池数，是指在一只整体蓄电池槽或一个组装箱内包括的串联蓄电池数目（单体蓄电池数目为 1 时，可省略）；

b. 蓄电池用途、结构特征代号应符合表 3-2 和表 3-3 的规定；

c. 额定容量以阿拉伯数字表示，其单位为安培时（A·h），在型号中单位可省略；

d. 当需要标志蓄电池所须适应的特殊使用环境时，应按照有关标准及规程的要求，在蓄电池型号末尾和有关技术文件上做明显标志；

e. 蓄电池型号末尾允许标志临时型号；

f. 标准中未提及新型蓄电池允许制造商按上述规则自行编制；

g. 对出口的蓄电池或来样加工的蓄电池型号编制，可按有关协议或合同进行。

表 3-2 蓄电池用途特征代号

序号	蓄电池类型（主要用途）	型号	汉字及拼音或英语字头		
			汉字	拼音	英语
1	启动型	Q	启	qi	
2	固定型	G	固	gu	
3	牵引（电力机车）用	D	电	dian	
4	内燃机车用	N	内	nei	
5	铁路客车用	T	铁	tie	
6	摩托车用	M	摩	mo	
7	船舶用	C	船	chuan	
8	储能用	CN	储能	chu neng	
9	电动道路车用	EV	电动车辆		electric vehicles
10	电动助力车用	DZ	电助	dian zhu	
11	煤矿特殊	MT	煤特	mei te	

表 3-3 蓄电池结构特征代号

序号	蓄电池特征	型号	汉字及拼音或英语字头		
1	密封式	M	密		mi
2	免维护	W	维		wei
3	干式荷电	A	干		gan
4	湿式荷电	H	湿		shi
5	微型阀控式	WF	微阀		wei fa
6	排气式	P	排		pai
7	胶体式	J	胶		jiao
8	卷绕式	JR	卷绕		juan rao
9	阀控式	F	阀		fa

(3) 型号举例（如图3-2所示）

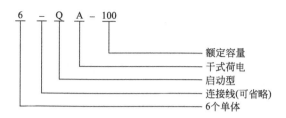

图 3-2 铅酸蓄电池型号举例

6-QA-100：表示6个单体电池串联（12V），额定容量为150A·h的干式荷电启动型铅酸蓄电池（组）。

3.1.4 铅酸蓄电池的特点

与其他电池体系相比，铅酸电池整体上的优点和缺点见表3-4所列。

表 3-4 铅酸电池的主要优点和缺点

优点	缺点
大众化的低成本二次电池，既可以本地生产，也可以全球化生产，生产能力可高可低 可大量提供、具有多种尺寸和设计——容量从1A·h到几千安时、良好的高倍率性能——适用于引擎启动（不过，有一些镍/镉电池和金属氢化物/镍电池的性能要优于铅酸电池） 适中的高低温性能 电效率——放出的能量和充入的能量相比，电池的转换效率超过70% 单体电压高——开路电压>2.0V，是水溶液电解质电池体系中最高的 良好的浮充性能 荷电状态容易指示 对间断充电使用方式有良好的荷电保持能（如果板栅是用高过电位合金制成的） 可以设计成免维护型 与其他二次电池相比成本较低 电池易于回收利用	相对较低的循环寿命（一般为50～500周期），特殊设计后可使电池寿命超过2000次 有限的质量比能量——通常为30～40W·h/kg 长时间的放电态储存可能导致不可逆的电极极化（硫酸盐化） 难以制作成尺寸很小的电池（制作一只小于500mA·h的镍/镉扣式电池却容易得多） 在某些设计下氢气的析出存在爆炸危险（可使用防爆装置来消除这种危险） 由于板栅合金的组分而引起的锑化氢和砷化氢的析出有害健康 由于电池或充电设备设计不良易导致热失控的发生 有些设计在正极柱上发生泡状腐蚀

3.2 铅酸蓄电池的构造

铅酸蓄电池的主要部件有正负极板、电解液、隔板、电池槽和其他一些零件如端子、连接条及排气栓等。普通铅酸蓄电池的构造如图3-3所示。所谓普通铅酸蓄电池是指排气式的铅酸蓄电池，这类电池在充电后期要发生分解水的反应，表现为电解液中有剧烈的冒气现象，并因此产生水的损失，因此要定期向电池内补加纯水（蒸馏水）。

阀控式密封铅酸蓄电池（valve regulated lead acid battery，以下用VRLA蓄电池表示）与普通铅酸蓄电池的构造基本相同，但它是密封结构。为了实现密封，就必须解决电池内部气体的析出问题，解决的途径之一就是采取特殊的电池结构。

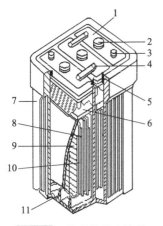

图 3-3 普通铅蓄电池的
结构（外部连接方式）

1—电池盖；2—排气栓；3—极柱；
4—连接条；5—封口胶；6—汇流排；
7—电池槽；8—正极板；9—负极板；
10—隔板；11—鞍子

3.2.1　电极

　　电极又称极板，有正、负极板之分，它们由活性物质和板栅两部分构成。正、负极的活性物质分别是棕褐色的二氧化铅（PbO_2）和灰色的海绵状铅（Pb）。极板依其结构可分为涂膏式、管式和化成式。

　　极板在蓄电池中的作用有两个：一是发生电化学反应，实现化学能与电能的转换；二是传导电流。

　　板栅在极板中的作用也有两个：一是作活性物质的载体，因为活性物质呈粉末状，必须有板栅作载体才能成型；二是实现极板传导电流的作用，即依靠其栅格将电极上产生的电流传送到外电路，或将外加电源传入的电流传递给极板上的活性物质。为了有效保持住活性物质，常将板栅制成具有截面大小不同的横、竖筋条的栅栏状，使活性物质固定在栅栏中，并具有较大的接触面积，如图 3-4 所示。

　　铅酸蓄电池的板栅分为铅锑合金、低锑合金和无锑合金三类。普通铅酸蓄电池采用铅锑系列合金［如铅锑合金、铅锑砷合金、铅锑砷锡合金等］作板栅，电池的自放电较严重；VRLA 蓄电池采用低锑或无锑合金［如铅钙合金、铅钙锡合金、铅锶合金、铅锑砷铜锡硫（硒）合金和镀铅铜等］作板栅，其目的是减小电池的自放电，以减少电池内水分的损失。

　　可将若干片正极板或负极板在极耳部焊接成正极板组或负极板组，以增大电池容量，极板的片数越多，蓄电池的容量就越大。通常负极板组的极板片数比正极板组要多一片。组装时，正、负极板交错排列，使每片正极板都夹在两片负极板之间，目的是使正极板两面都能均匀地发生电化学反应，使其产生相同的膨胀和收缩，减少极板弯曲的机会，以延长电池的使用寿命。如图 3-5 所示。

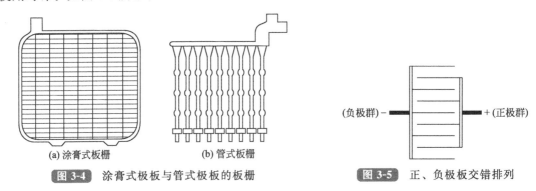

(a) 涂膏式板栅　　　　(b) 管式板栅　　　　　　　　（负极群）—　　　—+（正极群）

图 3-4　涂膏式极板与管式极板的板栅　　　　　　**图 3-5**　正、负极板交错排列

3.2.2　电解液

　　电解液在电池中的作用有三：一是与电极活性物质表面形成界面双电层，建立起相应的电极电位；二是参与电极上的电化学反应；三是起离子导电的作用。

　　铅酸蓄电池的电解液用纯度在化学纯以上的浓硫酸和纯水配制而成，其浓度用 15℃ 时的密度表示。铅酸蓄电池电解液密度范围的选择，不仅与电池结构和用途有关，而且与硫酸溶液的凝固点、电阻率等性质有关。

(1) 硫酸溶液的特性

纯的浓硫酸是一种无色透明的油状液体，15℃时的密度是 1.8384g/cm³（kg/L），它能以任意比例溶于水中，与水混合时释放出大量的热，具有极强的吸水性和脱水性。铅酸蓄电池的电解液就是用纯的浓硫酸与纯水配制成的稀硫酸溶液。

① 硫酸溶液的凝固点。硫酸溶液的凝固点随浓度的不同而不同，如果将 15℃时密度各不相同的硫酸溶液冷却，可测得它们的凝固温度，并绘制成凝固点曲线，如图 3-6 所示。

由图 3-6 可见，密度为 1.290g/cm³（15℃）的稀硫酸具有最低的凝固点，约为－72℃。启动用铅酸蓄

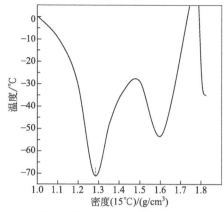

图 3-6　硫酸溶液的凝固特性

电池在充足电时的电解液密度为 1.28～1.30 g/cm³（15℃），可以保证电解液即使在野外严寒气候下使用也不凝固。但是，电池放完电后，电解液密度可低于 1.15 g/cm³（15℃），所以放完电的电池应避免在－10℃以下的低温环境中放置，并应立即对电池充电，以免电池中的电解液被冻结。

② 硫酸溶液的电阻率。作为铅酸蓄电池的电解液，应具有好的导电性，使电池的内阻减小。硫酸溶液的导电特性可用电阻率来衡量，电阻率的大小随其温度和密度的不同而不同，如表 3-5 所示。由表 3-5 可见，硫酸的密度在 1.15～1.30g/cm³（15℃）之间时，电阻较小，其导电性能良好，所以铅酸蓄电池通常采用此密度范围内的电解液。

表 3-5　各种密度的硫酸溶液的电阻系数

密度（15℃）/(g/cm³)	电阻系数/(Ω·cm)	温度系数/(Ω·cm/℃)	密度（15℃）/(g/cm³)	电阻系数/(Ω·cm)	温度系数/(Ω·cm/℃)
1.10	1.90	0.0136	1.50	2.64	0.021
1.15	1.50	0.0146	1.55	3.30	0.023
1.20	1.36	0.0158	1.60	4.24	0.025
1.25	1.38	0.0168	1.65	5.58	0.027
1.30	1.46	0.0177	1.70	7.64	0.030
1.35	1.61	0.0186	1.75	9.78	0.036
1.40	1.85	0.0194	1.80	9.96	0.065
1.45	2.18	0.0202			

③ 硫酸溶液的黏度。硫酸溶液的黏度与温度和浓度有关，温度越低和浓度越高，其黏度越大。浓度较高的硫酸溶液，虽然可以提供较多的离子，但由于黏度的增加，反而影响离子的扩散，所以铅酸蓄电池电解液浓度并非越高越好，过高反而会降低电池的容量。同样，温度太低，电解液的黏度太大，将影响电解液向活性物质微孔内扩散，使其放电容量降低。硫酸溶液在各种温度和浓度下的黏度如表 3-6 所示。

(2) 电解液的纯度与浓度

① 电解液的纯度。铅酸蓄电池用的硫酸电解液，须使用规定纯度的浓硫酸和纯水来配制。因为使用含有杂质的电解液，不但引起自放电，而且引起极板腐蚀，使电池的放电容量下降和寿命缩短。化学试剂的纯度按其所含杂质量的多少，分为工业纯、化学纯、分析纯和光谱纯等。工业纯的硫酸，杂质含量较高，色泽较深，不能用于铅酸蓄电池。用于配制铅酸

表 3-6　硫酸溶液的黏度随温度和浓度的变化情况

温度/℃	浓度/% 黏度/（$\times 10^{-3} Pa \cdot s$）				
	10	20	30	40	50
30	0.976	1.225	1.596	2.16	3.07
25	1.091	1.371	1.784	2.41	3.40
20	1.228	1.545	2.006	2.70	3.79
10	1.595	2.010	2.600	3.48	4.86
0	2.160	2.710	3.520	4.70	6.52
−10	—	3.820	4.950	6.60	9.15
−20	—	—	7.490	9.89	13.60
−30	—	—	12.20	16.00	21.70
−40	—	—	—	28.80	—
−50	—	—	—	59.50	—

蓄电池电解液的浓硫酸的纯度至少应达到化学纯。分析纯的浓硫酸的纯度更高，但其价格也相应更高。配制电解液用的水必须是蒸馏水或纯水。在实际工作中常用水的电阻率来表示水的纯度，铅酸蓄电池用水的电阻率要求＞100kΩ·cm（即体积为1cm³的水的电阻值应大于100kΩ）。

② 电解液的浓度。铅酸蓄电池电解液的浓度通常用15℃时的密度来表示。对于不同用途的蓄电池，电解液的密度也各不相同。对于防酸隔爆式电池来说，其体积和质量无严格限制，可以容纳较多的电解液，使放电时密度变化较小，因此可以采用较稀且电阻率最低的电解液。对于启动用蓄电池来说，体积和质量都有限制，必须采用较浓的电解液，以防低温时电解液发生凝固。对于阀控式密封铅酸蓄电池来说，由于采用贫液式结构，必须采用较高浓度的电解液。不同用途的铅酸蓄电池电解液的密度（充足电时）范围列于表3-7中。

表 3-7　各种铅酸蓄电池电解液密度

铅酸蓄电池用途		电解液密度（15℃）/（g/cm³）	铅酸蓄电池用途	电解液密度（15℃）/（g/cm³）
固定用	防酸隔爆式	1.200～1.220	蓄电池车用	1.230～1.280
	阀控密封式	1.290～1.300		
启动用（寒带）		1.280～1.300	航空用	1.275～1.285
启动用（热带）		1.220～1.240	携带用	1.235～1.245

VRLA 蓄电池之所以采用贫液式结构，是为了密封的需要。所谓贫液结构是指电解液被极板上的活性物质和隔膜全部吸附，电解液处于不流动的状态，且电解液在极板和隔膜中的饱和度小于100%，目的是使隔膜中未被电解液充满的孔成为气体（氧气）扩散通道。通常电解液的饱和程度为60%～90%；低于60%的饱和度，说明电池失水严重，极板上的活性物质不能与电解液充分接触；高于90%的饱和度，则正极氧气的扩散通道被电解液堵塞，不利于氧气向负极扩散。

3.2.3　隔板（膜）

普通铅酸蓄电池采用隔板，而 VRLA 蓄电池采用隔膜。隔板（膜）的作用是防止正、负极因直接接触而短路，同时要允许电解液中的离子顺利通过。组装时将隔板（膜）置于交错排列的正负极板之间。用作隔板（膜）的材料必须满足以下要求：

① 化学性能稳定。隔板（膜）材料必须有良好的耐酸性和抗氧化性，因为隔板（膜）始终浸泡在具有相当浓度的硫酸溶液中，与正极相接触的一侧还要受到正极活性物质以及充电时产生的氧气的氧化。

② 具有一定的机械强度。极板活性物质因电化学反应会在铅和二氧化铅与硫酸铅之间发生变化，而硫酸铅的体积大于铅和二氧化铅，所以在充放电过程中极板的体积有所变化，如果维护不好，极板会产生变形。由于隔板（膜）处于正、负极板之间，而且与极板紧密接触，所以隔板（膜）必须有一定的机械强度才不会因为破损而导致电池短路。

③ 不含有对极板和电解液有害的杂质。隔板（膜）中有害的杂质可能会引起电池的自放电，提高隔板（膜）的质量是减小电池自放电的重要环节之一。

④ 微孔多而均匀。隔板（膜）的微孔主要是保证硫酸电离出的 H^+ 和 SO_4^{2-} 能顺利地通过隔板（膜），到达正、负极并与极板上的活性物质发生电化学反应。隔板（膜）的微孔应能阻止脱落的活性物质通过，以免引起电池短路。

⑤ 电阻小。隔板（膜）的电阻是构成电池内阻的一部分，为了减小电池的内阻，隔板（膜）的电阻必须要小。

具有以上性能的材料就可以用于制作隔板（膜）。早期采用的木隔板具有多孔性和成本低的优点，但其机械强度低且耐酸性差，现已被淘汰；20 世纪 70 年代至 90 年代初期主要采用微孔橡胶隔板；之后相继出现了 PP（聚丙烯）隔板、PE（聚乙烯）隔板和超细玻璃纤维隔膜及它们的复合隔膜。

VRLA 蓄电池的隔膜除了满足上述作为隔膜材料的一般要求外，还必须有很强的储液能力才能使电解液处于不流动状态。目前采用的超细玻璃纤维隔膜具有储液能力强和孔隙率高（＞90％）的优点。它一方面能储存大量的电解液，另一方面有利于透过氧气。这种隔膜中存在着两种结构的孔：一种是平行于隔膜平面的小孔，能吸储电解液；另一种是垂直于隔膜平面的大孔，在贫电解液状态下是氧气对流的通道。

3.2.4　电池槽

电池槽的作用是用来盛装电解液、极板、隔板（膜）和附件等。

用作电池槽的材料必须具有耐腐蚀、耐振动和耐高低温等性能。用作电池槽的材料有多种，根据材料的不同可分为玻璃槽、衬铅木槽、硬橡胶槽和塑料槽等。现在的铅酸蓄电池基本采用各种塑料作电池槽的材料。

电池槽的结构也根据电池的用途和特性而有所不同，有只装一只电池的单一槽和装多只电池的复合槽两种，前者用于单体电池，后者用于串联电池组。

对于 VRLA 蓄电池来说，用作电池槽的材料还必须具有强度高和不易变形的特点，并采用特殊的结构。这是因为电池的贫电解液结构要求用紧装配方式来组装电池，以利于极板和电解液的充分接触，而紧装配方式会给电池槽带来较大的压力，所以电池的容量越大，电池槽承受的压力也就越大。此外，密封结构和电池内产生的气体使电池内部有一定的内压力，该内压力在使用过程中会发生较大变化，使电池处于加压或减压状态。因为在内压力未达到阀压力前，电池处于加压状态；当安全阀开启排气时，电池处于减压状态。

VRLA 蓄电池的电池槽材料采用的是强度大而不易发生变形的合成树脂材料，以前曾用过 SAN，目前主要采用 ABS、PP 和 PVC 等材料。

SAN：由聚苯乙烯-丙烯腈聚合而成的树脂。这种材料的缺点是水保持和氧气保持性能都较差，即电池的水蒸气泄漏和氧气渗漏都较严重。

ABS：丙烯腈、丁二烯、苯乙烯的共聚物。优点是硬度大、热变形温度高和电阻系数大。但水蒸气泄漏严重，仅稍好于 SAN 材料，且氧气渗漏比 SAN 还严重。

PP：聚丙烯。它是较耐高温的塑料之一，温度高达 150℃ 也不变形，低温脆化温度为 −25～−10℃。其熔点为 164～170℃，击穿电压高，介电常数高达 $2.6 \times 10^6 F/m$，水蒸气的保持性能优于 SAN、ABS 及 PVC 材料。但氧气保持能力最差、硬度小。

PVC：聚氯乙烯烧结物。优点是绝缘性能好、硬度大于 PP 材料、吸水性比较小、氧气保持能力优于上述三种材料及水保持能力较好（仅次于 PP 材料）等。但硬度较差、热变形温度较低。

VRLA 蓄电池的电池槽采用加厚的槽壁，并在短侧面上安装加强筋，以此来对抗极板面上的压力。此外电池内壁安装的筋条还可形成氧气在极群外部的绕行通道，提高氧气扩散到负极的能力，起到改善电池内部氧循环性能的作用。

VRLA 蓄电池的电池槽有单一槽和复合槽两种结构。一般而言，小容量电池采用单一槽结构，大容量电池则通常采用复合槽结构（如图 3-7 所示），如容量为 1000A·h 的电池分成两格［见图 3-7（a）］，容量为 2000～3000A·h 的电池分为四格［见图 3-7（b）］。因为大容量电池的电池槽壁必须加厚才能承受紧装配和内压力带来的压力，但槽壁太厚不利于电池散热，所以必须采用多格的复合槽结构。大容量电池有高型和矮型之分，但由于矮型结构的电解液分层现象不明显，且具有优良的氧复合性能，所以 VRLA 蓄电池通常采用等宽等深的矮型槽。若单体电池采用复合槽结构，则其串联组合方式如图 3-8 所示。

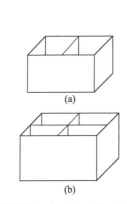

图 3-7 复合电池槽示意图

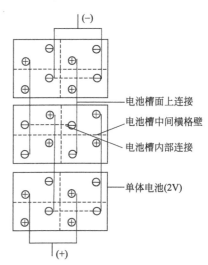

电池槽面上连接
电池槽中间横格壁
电池槽内部连接
单体电池(2V)

图 3-8 复合槽电池的串联组合方式

3.2.5 排气栓

排气栓的作用是排出电池在充电过程中产生的气体，或在放置过程中因自放电或水蒸发等产生的气体。启动用铅酸蓄电池的排气装置就是注液孔盖上的小孔；防酸隔爆式铅酸蓄电池的排气栓为防酸隔爆帽；阀控式密封铅酸蓄电池的排气装置是一单向排气阀。

VRLA 蓄电池的排气栓又称安全阀或节流阀，其作用有两个：一是当电池中积聚的气体压力达到安全阀的开启压力时，阀门打开以排出多余气体，减小电池内压；二是单向排气，即不允许空气中的气体进入电池内部，以免引起电池的自放电。

安全阀主要有三种结构形式：帽式、伞式和柱式，如图 3-9 所示。安全阀帽罩的材料采用的是耐酸、耐臭氧的橡胶，如丁苯橡胶、异乙烯-乙二烯共聚物、氯丁橡胶等。这三种安全阀的可靠性是：柱式大于伞式和帽式，伞式大于帽式。

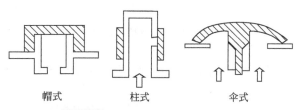

帽式　　　柱式　　　伞式

图 3-9 几种安全阀的结构示意图

安全阀开闭动作是在规定的压力条件下进行的，安全阀开启和关闭的压力分别称为开阀压和闭阀压。开阀压的大小必须适中，开阀压太高易使电池内部积聚的气体压力过大，过高的内压力会导致电池外壳膨胀或破裂，影响电池的安全运行；若开阀压太低，安全阀开启频繁，使电池内部水分损失严重，并因失水而失效。

闭阀压的作用是让安全阀及时关闭，其值大小以接近于开阀压值为宜。及时关闭安全阀是为了防止空气中的氧气进入电池，以免引起电池负极的自放电。

3.2.6　附件

① 极柱：是指从正负极板群的汇流排上引出，并穿过电池盖的正负极端子，如图 3-10 所示。通过极柱可以实现电池与外电路连接。为了使用户正确区分正负极柱，制造厂商通常在蓄电池组的正极柱上涂上红色涂料，在负极柱上涂上黑色涂料。

② 支撑物：指普通铅酸蓄电池内的铅弹簧或塑料弹簧等支撑物，起着防止极板在使用过程中发生弯曲变形的作用。

③ 连接物：连接物又称连接条，是用来将同一电池内的同极性极板连接成极板组，或者将同型号电池连接成电池组的金属铅条，起连接和导电的作用。单体电池间的连接条可以在电池盖上面（如图 3-3 所示），也可以采用穿壁内连接方式连接电池（如图 3-10 所示），后者可使电池外观更整洁、美观。

④ 绝缘物：在安装固定用铅酸蓄电池组时，为了防止蓄电池漏电，在电池和木架之间，以及木架和地面之间要放置绝缘物，一般为玻璃或瓷质（表面上釉）的绝缘垫

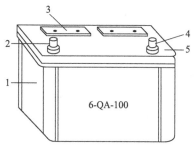

图 3-10 铅蓄电池结构
（穿壁内连接方式）
1—电池槽；2—负极柱；3—防酸片；
4—正极柱；5—电池盖

脚。为了使电池安装平稳，减小其工作过程中的振动，还须加软橡胶垫圈。这些绝缘物应经常清洗，保持清洁，不让酸液及灰尘附着，以免引起电池漏电。

3.2.7　装配方式

所谓装配就是指将隔板（膜）置于如图 3-5 所示的已交错排列的正负极板群的每两片极板之间后，放入电池槽内并注入电解液，然后加盖封装。蓄电池的装配方式有两种：一是非紧装配方式，如普通铅酸蓄电池；二是紧装配方式，如 VRLA 蓄电池。

VRLA 蓄电池之所以采用紧装配方式，是因为其电解液处于贫液状态。如果极板和隔膜不能紧密接触，会使极板不能接触到电解液，也就不能保证极板上的活性物质与电解液发生反应，电池也就不能正常工作。为了使 VRLA 蓄电池的电化学反应能正常进行，只有采取紧装配的组装方式，才能做到极板和电解液的充分接触。紧装配可以达到以下三个目的：一是使隔膜与极板紧密接触，有利于活性物质与电解液的充分接触；二是保持住极板上的活

性物质，特别是减少正极活性物质的脱落；三是防止正极在充电后期析出的氧气沿着极板表面上窜到电池顶部，使氧气充分地扩散到负极被吸收，以减少水分的损失。

综上所述，VRLA 蓄电池为了达到密封的目的，在极板、电解液、隔膜、容器、排气栓和装配方式等方面均与普通铅酸蓄电池有不同之处，如表 3-8 所示。

表 3-8 **VRLA 蓄电池与普通铅酸蓄电池的结构比较**

电池种类 \ 组成部分	富液式铅酸蓄电池	VRLA 蓄电池
电极	铅锑合金板栅	无锑或低锑合金板栅
电解液	富液式	贫液式或胶体式
隔膜	微孔橡胶、PP、PE	超细玻璃纤维隔膜
容器	无机或有机玻璃、塑料、硬橡胶等	SAN、ABS、PP 和 PVC
排气栓	排气式或防酸隔爆帽	安全阀
装配方式	非紧装配	紧装配

此外，同样是阀控密封结构的胶体密封铅酸蓄电池（指利用胶体电解液作电解质的密封铅酸蓄电池，简称胶体电池）与 VRLA 蓄电池在结构上也有所不同，其区别在于：

① 胶体密封铅酸蓄电池为富液式电池，电解液的量比 VRLA 蓄电池要多 20%；而 VRLA 蓄电池为了给正极析出的氧提供向负极的通道，必须使隔膜保持 10% 的孔隙不被电解液占据，即为贫液式电池。

② 胶体密封铅酸蓄电池的装配方式与普通铅酸蓄电池相同，为非紧装配结构；而 VRLA 蓄电池为了使电解液与极板充分接触采用了紧装配方式。

③ 胶体密封铅酸蓄电池的电解质是硅酸凝胶，为多孔道的高分子聚合物，内部为相互交错的细线状结构，铅酸蓄电池所需的硫酸溶液就固定在它的孔道中，其密度低于 VRLA 蓄电池的电解液密度，为 $1.26 \sim 1.28 \mathrm{g/cm^3}$；而 VRLA 蓄电池的硫酸溶液密度为 $1.29 \sim 1.30 \mathrm{g/cm^3}$，固定在极板和超细玻璃纤维隔膜中。

④ 胶体密封铅酸蓄电池的隔板与普通铅酸蓄电池相同，但在隔板的不起伏面有一层很薄的超细玻璃纤维隔膜（约 0.4mm 厚），目的是让电解液能与极板活性物质充分接触；而 VRLA 蓄电池的隔膜是超细玻璃纤维隔膜。

⑤ 胶体密封铅酸蓄电池的正极板栅材料可采用低锑合金，也可采用管状电池正极板，同时，为了提高电池容量而又不降低电池寿命，极板可以做得薄一些，电池槽内部空间也可以扩大一些；而 VRLA 蓄电池为了保证电池有足够的寿命，极板应设计得较厚，正极板栅合金采用 Pb-Ca-Sn-Al 四元合金。

胶体密封铅酸蓄电池的上述结构特点，使其具有以下优点：

① 电解液不流动、不易渗漏，电池可在任意方向上使用；

② 与 VRLA 蓄电池相比，在正常充电条件下，电池内部水的损耗非常少；

③ 富电解液结构使胶体铅酸蓄电池的散热能力较好，使其对温度的敏感程度远小于阀控式密封铅酸蓄电池，不易发生热失控，因而可在较高温度下使用；

④ 采用无锑或低锑铅合金（如铅-钙-锡合金）板栅，电池的自放电小；

⑤ 电解液无分层现象，可减小电池因电解液分层而引起的自放电；

⑥ 胶体电解质可防止活性物质脱落。

3.3 铅酸蓄电池的工作原理

经长期的实践证明，"双极硫酸盐化理论"是最能说明铅酸蓄电池工作原理的学说。该理论可以描述为：铅酸蓄电池在放电时，正负极的活性物质均变成硫酸铅（$PbSO_4$），充电后又恢复到初始状态，即正极转变成二氧化铅（PbO_2），负极转变成海绵状的铅（Pb）。

3.3.1 放电过程

当铅酸蓄电池接上负载时，外电路便有电流通过。图 3-11 表明了放电过程中两极发生的电化学反应。有关的电化学反应为：

① 负极反应 $\qquad Pb-2e+SO_4^{2-} \longrightarrow PbSO_4 \qquad$ (3-1)

② 正极反应 $\qquad PbO_2+2e+4H^++SO_4^{2-} \longrightarrow PbSO_4+2H_2O \qquad$ (3-2)

③ 电池反应 $\qquad Pb+4H^++2SO_4^{2-}+PbO_2 \longrightarrow 2PbSO_4+2H_2O$

或 $\qquad \underset{负极}{Pb} + \underset{电解液}{2H_2SO_4} + \underset{正极}{PbO_2} \longrightarrow \underset{负极}{PbSO_4} + \underset{电解液}{2H_2O} + \underset{正极}{PbSO_4} \qquad$ (3-3)

从上述电池反应可以看出，铅酸蓄电池在放电过程中两极都生成了硫酸铅，随着放电的不断进行，硫酸逐渐被消耗，同时生成水，使电解液的浓度（密度）逐渐降低。因此，电解液密度的高低反映了铅酸蓄电池的放电程度。对富液式铅酸蓄电池来说，密度可以作为其放电终了标志之一。通常，当电解液密度下降到 $1.15\sim1.17g/cm^3$ 时，应停止放电，否则电池会因为过量放电而损坏。

3.3.2 充电过程

当铅酸蓄电池接上充电器时，外电路便有充电电流通过。图 3-12 表明了充电过程中两极发生的电化学反应。有关的电极反应为：

① 负极反应 $\qquad PbSO_4+2e \longrightarrow Pb+SO_4^{2-} \qquad$ (3-4)

② 正极反应 $\qquad PbSO_4-2e+2H_2O \longrightarrow PbO_2+4H^++SO_4^{2-} \qquad$ (3-5)

③ 电池反应 $\qquad 2PbSO_4+2H_2O \longrightarrow Pb+4H^++2SO_4^{2-}+PbO_2$

或 $\qquad \underset{负极}{PbSO_4} + \underset{电解液}{2H_2O} + \underset{正极}{PbSO_4} \longrightarrow \underset{负极}{Pb} + \underset{电解液}{2H_2SO_4} + \underset{正极}{PbO_2} \qquad$ (3-6)

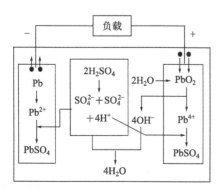

图 3-11 放电过程中的电化学反应示意图

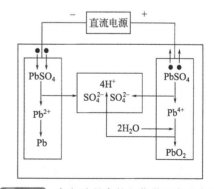

图 3-12 充电过程中的电化学反应示意图

从上文可以看出，铅酸蓄电池的充电反应恰好是其放电反应的逆反应，即充电后极板上的活性物质和电解液的密度都恢复到原来的状态。所以，在充电过程中，电解液的密度会逐渐升高。对富液式铅酸蓄电池来说，可以通过电解液密度的大小来判断电池的荷电程度，也可用密度值作为充电终了标志，如启动用铅酸蓄电池的充电终了密度为 $d_{15}=1.28\sim1.30\,\mathrm{g/cm^3}$，固定用防酸隔爆式铅酸蓄电池的充电终了密度是 $d_{15}=1.20\sim1.22\mathrm{g/cm^3}$。

充电后期分解水的反应

铅酸蓄电池在充电过程中还伴随有电解水反应。分解水的反应在充电初期是很微弱的，但当单体电池的端电压达到 2.3V/只时，水的电解开始逐渐成为主要反应。这是因为端电压达 2.3V/只时，正负极板上的活性物质已大部分恢复，硫酸铅的量逐渐减少，使充电电流用于活性物质恢复的部分越来越少，而用于电解水的部分越来越多。

负极 $\qquad\qquad\qquad\qquad 4H^+ + 4e = 2H_2$ （3-7）

正极 $\qquad\qquad\qquad\qquad 2H_2O - 4e = 4H^+ + O_2$ （3-8）

总反应 $\qquad\qquad\qquad\qquad 2H_2O = 2H_2 + O_2$ （3-9）

对于普通铅酸蓄电池来说，电解液为富液式，此时可观察到有大量的气泡逸出，并且冒泡越来越剧烈，因此可用充电末期电池冒泡的程度作为充电终了标志之一。但对于阀控式密封铅酸蓄电池来说，因为是密封结构，其充电后期为恒压充电（恒定的电压在 2.3V/只左右），充电电流很小，而且正极析出的氧气能在负极被吸收，所以不能观察到冒气现象。

3.3.3 蓄电池密封原理

(1) 负极吸收原理

负极吸收原理就是利用负极析氢比正极析氧晚，并采用特殊结构，使铅酸蓄电池在充电后期负极不能析出氢气，同时能吸收正极产生的氧气，从而实现电池的密封。VRLA 蓄电池和胶体密封铅酸蓄电池就是利用负极吸收原理实现氧复合循环，达到密封的目的。

研究发现，铅酸蓄电池在充电达 70% 时，正极就开始析出氧气，而负极的充电态要达到 90% 时才开始析出氢气。

当充电态达 70% 时，正极析氧的反应为：

$$2H_2O \longrightarrow 4H^+ + O_2 + 4e$$ （3-10）

VRLA 蓄电池和胶体密封铅酸蓄电池有氧气扩散通道，使氧气能顺利扩散到负极，并被负极吸收。氧气在负极被吸收的途径有两个：一是与负极活性物质铅发生化学反应，如式（3-11）所示；二是在负极获得电子后发生电化学反应，如式（3-12）所示。

$$2Pb + O_2 + 2H_2SO_4 \longrightarrow 2PbSO_4 + 2H_2O$$ （3-11）

或 $\qquad\qquad\qquad\qquad O_2 + 4H^+ + 4e \longrightarrow 2H_2O$ （3-12）

上述反应称为氧复合循环反应，如图 3-13 所示。

(2) 氧气的传输

实际上，充电末期正极析出氧气，在正极附近形成轻微的过压，负极吸收氧气使负极附近产生轻微的负压，于是在正、负极之间压差的作用下，氧能够通过气体扩散通道顺利地向负极迁移。

正极析出的氧气要能在负极充分地被吸收，就必须先顺利地传输到负极。氧以两种方式在电池内部传输：一是溶解在电解液中，即通过液相扩散到负极表面；二是以气体形式经气相扩散到负极表面。

显然，氧的扩散过程越容易，则氧从正极向负极迁移并在负极被吸收的量越多，因此就允许电池通过较大的电流而不会造成电池中水的损失。如果氧能以气体的形式向负极扩散，那么氧的扩散速度就比单靠液相中溶解氧的扩散速度大得多。所以在VRLA蓄电池和胶体密封铅酸蓄电池中，为了使其负极能有效地吸收氧气，分别采用了不同的电池结构，为氧气提供气相扩散通道。

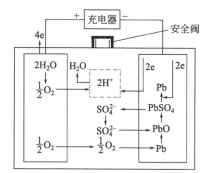

图 3-13 VRLA 蓄电池的密封原理示意图

VRLA蓄电池采取如下特殊的电池结构：一是贫电解液结构，就是使超细玻璃纤维隔膜中大的孔道不被电解液充满，作为氧气扩散通道，使氧气能顺利地扩散到负极；二是紧密装配，能使极板表面与隔膜紧密接触，一方面使电解液能充分湿润极板，另一方面保证氧气经隔膜孔道无阻地扩散到负极，而不致使氧气沿着极板向上逸出。

胶体密封铅酸蓄电池利用凝胶形成的裂缝：硅酸凝胶是以 SiO_2 质点作为骨架构成的三维多孔网状结构，它将电解液固定在其中。硅酸溶胶灌注到电池中后变成凝胶，然后凝胶在使用过程中骨架要进一步收缩，使凝胶出现裂缝并贯穿于正负极板之间，给正极析出的氧提供了到达负极的通道。

（3）氧复合效率及其影响因素

密封铅酸蓄电池中氧气在负极被吸收的效率称氧复合效率 η_{OC}。理论上，氧复合的效率可达到 100%，但由于各种因素的影响，氧复合效率不可能为 100%。

影响VRLA蓄电池氧复合效率的因素主要有以下几个方面。

① 细玻璃纤维隔膜被电解液饱和的程度。电解液的饱和度越低，隔膜中氧气的扩散通道越多，氧复合效率越高，反之则越低。但并不是饱和度越低越好，因为当电解液的饱和度下降到一定程度后，极板上的活性物质因没有电解质的作用而不能发生电化学反应，使电池因失水过多而容量下降。所以电解液的饱和度应保持在一定范围，才能既有利于氧气的扩散，又能保证电池的放电容量。通常要求隔膜中电解液的饱和度为 60%～90%。

② 氧分压。氧分压就是电池内部气相空间中氧气占有的分压力。氧分压越高，氧复合效率 η_{OC} 越高；反之，则 η_{OC} 越低。但是不能为了提高氧复合效率而无限制地增大氧分压，因为紧装配方式已使电池槽承受了很大的压力，而电池槽的耐压能力是有限的，使其不能承受过高的氧分压；另外，过高的氧分压使电池不能及时释放多余的气体，因而影响电池的散热。所以氧分压应在一定的范围内，其大小是通过安全阀的开阀压和闭阀压来控制的。

③ 充电电流。如图 3-14 所示是充电电流与氧复合效率的关系。由图可见，充电电流对氧复合效率的影响很大，特别是当充电电流达到一定程度后，电流越大，η_{OC} 快速下降。这是因为电池在充电时，正极上析出氧气的速率与充电电流或充电电压成正比，即充电电流越大或充电电压越高，单位时间内析出的氧气越多。然而氧气传输到负极进行氧复合反应的速率是有限的，即氧的析出快于氧的复合，使得氧复合效率降低。所以在阀控式密封铅酸蓄电池中，要求充电时控制充电电流和充电电压，例如浮充使用的蓄电池的浮充电压应保持在 2.20～2.27V/只（25℃）；循环使用的蓄电池电压最高为 2.4V/只，初始充电电流不大于

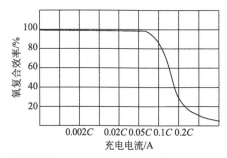

图 3-14 氧复合效率与充电电流的关系

$0.3C_{10}$，以维持氧的析出与复合处于平稳状态。

④ 隔膜的压缩。对隔膜进行压缩，一是为了使极板与电解液充分接触；二是使超细玻纤隔膜与电极间的距离小于隔膜与电极中的大孔的距离，否则正极析出的氧气会从隔膜与电极间的空隙逸到电池的气室，从而降低 η_{OC}。为了达到这一设计要求，一方面，必须采用紧装配方式来组装电池，并控制适当的装配压力；另一方面，还要求隔膜具有很强的贮液能力和良好的抗拉强度和压缩性。

⑤ 板栅合金。因为在含锑的板栅合金中，锑会溶解并迁移到负极，然后沉积下来，从而降低氢的析出电位，导致电池失水，所以阀控式密封铅酸蓄电池的板栅不含锑或只含极少量的锑。

与 VRLA 蓄电池一样，胶体密封铅酸蓄电池的氧复合效率同样要受到充电电流和氧分压的影响，但在不同的使用阶段，其氧复合效率会发生从低到高的变化。

① 使用初期：因为胶体电解质在形成初期，内部没有或极少有裂缝，不能给正极析出的氧气提供足够的扩散通道，使氧复合效率较低。

② 使用中、后期：因为在使用过程中，胶体会逐渐收缩，并形成越来越多的裂缝，这些裂缝便是氧气扩散的通道，因此，氧气的复合效率逐渐提高。运行数月后，氧复合效率可达 95% 以上。

3.4 铅酸蓄电池的性能

3.4.1 内阻特性

（1）内阻的含义

电池的内阻有两个含义，其一是指欧姆电阻，由这部分电阻引起的电压降遵守欧姆定律；其二是指全内阻，它包括欧姆电阻和极化电阻两部分，其中极化电阻不遵守欧姆定律。由于内阻的存在，电池放电时的端电压小于电动势，而充电时的端电压大于电动势。

① 欧姆内阻。就单体电池而言，电池的欧姆电阻等于极板、电解液和隔板的电阻之和。在实际应用中，往往是多只单体电池连接成电池组，所以还包括连接物的电阻。串联后的总内阻等于各单体电池的内阻之和。

② 极化内阻。极化电阻也称表观电阻或假电阻，它是当电池在充电或放电时，由于其电极上有电流通过，引起极化现象而随之出现的一种电阻，其值大小与电流有关，随充、放电电流的增大而增加。铅酸蓄电池的极化内阻在充电或放电初期增加速度较快；在充电和放电中期，极化内阻基本保持不变；在充电后期，当两极开始析出气体时，极化电阻显著增大，电流越大，增大越明显；在放电后期，由于硫酸铅的体积较大，致使极板活性物质的微孔被阻塞，影响了电解液的扩散，使电池的极化内阻增加，电流越大，增大越显著。

（2）影响内阻的因素

电池的内阻不是常数，它受许多因素的影响。不同型号和规格的铅酸蓄电池，会因其结构、极板生产工艺和容量等的不同而具有不同的电阻。通常电池的容量越大，内阻越小。对于同一电池来说，它在不同的充放电状态和处于不同的寿命时期，也具有不同的电阻值，它的内阻主要受电解液浓度、极板荷电程度、充放电电流和电解液温度等因素的影响。

① 电解液浓度。电池内阻随着电解液密度的变化而变化。这是因为在铅酸蓄电池的电解液密度正常值范围内，硫酸溶液的电阻系数随密度的增加而减小，当密度为 $1.200g/cm^3$

（15℃）时，电阻系数最小，然后随密度的增加而有所增大，如图 3-15 所示。

② 极板荷电程度。极板的荷电程度就是极板的充放电状态，它与极板上活性物质的状态有关。在充电过程中，正、负极上的活性物质二氧化铅和海绵状铅的量越来越多，即极板的荷电程度越来越高；反之，在放电过程中，正、负极的活性物质逐渐生成放电产物硫酸铅，极板的荷电程度越来越低。因为硫酸铅的导电能力差，其欧姆电阻远大于铅和二氧化铅的欧姆电阻，所以极板的荷电程度越高，极板的电阻值越小；极板的荷电程度越低，极板的电阻值越大。在放电开始后，极板电阻缓慢增加，当放电接近终期则急剧增加，其值达到放电开始时的 2~3 倍。这是因为硫酸铅体积较大，放电后期时硫酸铅的含量增多，致使极板活性物质的微孔被阻塞，影响了电解液的扩散，因而不仅极板的欧姆内阻增大，而且极化内阻增大。在充电过程中，极板的电阻逐渐减小，且在气体析出前因微孔增大而极化内阻减小。但当气体开始析出后，电池的极化内阻又增大，这是因为气体析出时电化学极化较严重。

③ 充放电电流。充放电电流的大小主要影响极化电阻。小电流充放电时，极化内阻很小，特别是在放电时负载电阻很大的情况下，极化内阻对电池端电压的影响可忽略。反之，电流越大，极化内阻越大，电池的全内阻相应增大。大电流放电时，电压降损失可达数百毫伏，对电池的放电电压影响很大。当大电流充电时，电池的电压上升过快、过高，致使电池两极过早析出气体，使其充电效率大大降低。

④ 电解液温度。阀控式密封铅酸蓄电池内阻与电解液温度的关系如图 3-16 所示。由图可见，在 −10~+30℃ 环境温度下放电，电池内阻随温度的升高而减小，反之当温度降低时，其内阻逐渐增大，电池内阻与温度呈线性变化关系。温度自 25℃ 以下，每降低 1℃，内阻增加 1.7%~2.0%。

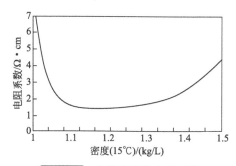

图 3-15 硫酸溶液的电阻系数

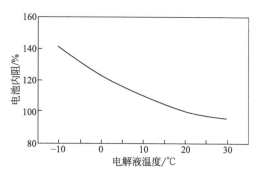

图 3-16 电池内阻与电解液温度的关系

⑤ 电池的容量。由欧姆定律可知，物体的电阻与其长度成正比，与截面积成反比。即导体的截面积越大，其欧姆电阻越小。对于蓄电池来说，为了增大其容量，可增大极板面积和增加极板的片数。所以，电池的容量越大，其极板的面积越大，电池的欧姆内阻也就越小。表 3-9 列出了不同容量的铅酸蓄电池（同一厂家生产的相同结构电池）欧姆电阻的近似值。

表 3-9 不同容量的铅酸蓄电池的欧姆电阻

容量/A·h	电阻×10⁻⁴/Ω	容量/A·h	电阻×10⁻⁴/Ω
1~2	100~400	1000	2~7
10	50~100	5000	0.6~2
50	25~80	10000	0.35~0.8
100	10~65	15000	0.1~0.3

（3）内阻的测定

① 用公式做近似计算。蓄电池在充放电过程中的内阻可由下式求出：

$$r_{充} = \frac{U_{充} - E}{I_{充}} (\Omega) \tag{3-13}$$

$$r_{放} = \frac{E - U_{放}}{I_{放}} (\Omega) \tag{3-14}$$

式中，E 为电池的电动势，V；$U_{充}$、$U_{放}$ 为电池充、放电时的端电压，V；$I_{充}$、$I_{放}$ 为充、放电电流，A。由于电池在充放电时有电流通过，所以式中的内阻 r 为全电阻，即包括极化内阻和欧姆内阻。

例如，某铅酸蓄电池接上负载后，通过线路的电流是 12A，放电至端电压为 1.95V 时，将电路断开，测得电池的开路电压为 2.05V，则该蓄电池放电至此时的内阻为：

$$r_{放} = \frac{E - U_{放}}{I_{放}} = \frac{2.05 - 1.95}{12} = 0.008 (\Omega)$$

由上述计算结果及表 3-9 中的数据可知，铅酸蓄电池的欧姆内阻非常小，必须要防止电池的短路，否则，一旦电池短路会产生很大的短路电流，该电流会严重损害电池。

② 用电池内阻测试仪测定。蓄电池的内阻可用专门的电池内阻测试仪进行测试，也可用电导仪测试电池的电导。电池内阻测试仪或电导仪的种类很多，其使用方法可以参照相关使用说明书。

3.4.2 电压特性

（1）电动势

电池的电动势是电池工作的原动力，在电动势的作用下，电子将从负极移向正极，即电流从正极流向负极。电动势的大小决定了电池的开路电压和工作电压的大小。

电池的电动势就是电池的正极和负极的电极电位之差。铅酸蓄电池的正负极的标准电极电位分别为 $\varphi^{\ominus}_{PbO_2/PbSO_4} = 1.685V$ 和 $\varphi^{\ominus}_{PbSO_4/Pb} = -0.356V$，所以其标准电动势为：

$$E^{\ominus} = \varphi^{\ominus}_{PbO_2/PbSO_4} - \varphi^{\ominus}_{PbSO_4/Pb} = 1.685 - (-0.356) = 2.041V$$

① 电动势的形成。电动势的形成实际上就是电极电位的形成过程，即电极活性物质表面与电解液形成界面双电层的过程。负极电极电位的形成如图 3-17 所示。负电极上海绵状的铅由 Pb^{2+} 和电子组成，当负极插入稀硫酸溶液中时，其表面会受到极性水分子的攻击，使 Pb^{2+} 脱离极板表面进入溶液，电子则留在极板表面上。随着 Pb^{2+} 不断进入溶液，极板上带的负电荷不断增加，它对进入溶液中的 Pb^{2+} 有吸引作用，使 Pb^{2+} 重新获得电子并在极板上析出。刚开始时，铅溶解的速度大于析出的速度，随着溶解的 Pb^{2+} 浓度增大，溶解的速度减小而析出的速度增大。当溶解与析出的速度相等时，达到动态平衡，此时在铅电极与电解液的接界面上形成稳定的双电层结构（电极带负电，溶液带正电），其电位差就是负极的电极电位 $\varphi_{PbSO_4/Pb}$。

正极电极电位的形成如图 3-18 所示。正极上的二氧化铅是一种碱性氧化物，它在稀硫酸中先与水分子作用，生成可电离的物质 $Pb(OH)_4$，然后电离成 Pb^{4+} 和 OH^-，即

$$PbO_2 + 2H_2O \Longrightarrow Pb(OH)_4$$

$$Pb(OH)_4 \Longrightarrow Pb^{4+} + OH^-$$

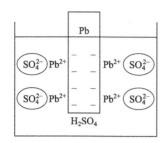

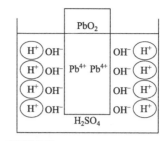

图 3-17 负极电极电位的形成   图 3-18 正极电极电位的形成

电离生成的 Pb^{4+} 留在极板上使极板带正电，OH^- 则受溶液中 H^+ 的吸引进入溶液，但由于 OH^- 受极板上正电荷的吸引，不可能远离极板去和 H^+ 结合成水分子，故它只能在极板表面附近，使极板表面附近溶液带负电荷。当 OH^- 进入溶液与 OH^- 返回极板表面的速度相等时，在正极板与溶液的接界处形成稳定的双电层，其结构是正极板带正电，溶液带负电，它们之间的电位差就是正极电极电位 $\varphi_{PbO_2/PbSO_4}$。

② 电动势的计算。

a. 用电极的能斯特方程式计算。首先根据电极反应写出正、负极的能斯特方程式：

负极反应为：$$Pb-2e+SO_4^{2-} \Longrightarrow PbSO_4$$

负极电极电位为：$$\varphi_{PbSO_4/Pb} = \varphi_{PbSO_4/Pb}^{\ominus} + \frac{0.059}{2}\lg\frac{1}{a_{SO_4^{2-}}}$$

正极反应为：$$PbO_2+2e+4H^++SO_4^{2-} \Longrightarrow PbSO_4+2H_2O$$

正极电极电位为：$$\varphi_{PbO_2/PbSO_4} = \varphi_{PbO_2/PbSO_4}^{\ominus} + \frac{0.059}{2}(\lg a_{SO_4^{2-}} a_{H^+}^4)$$

所以铅酸蓄电池的电动势为：

$$
\begin{aligned}
E &= \varphi_{PbO_2/PbSO_4} - \varphi_{PbSO_4/Pb} \\
&= (\varphi_{PbO_2/PbSO_4}^{\ominus} - \varphi_{PbSO_4/Pb}^{\ominus}) + \frac{0.059}{2}\lg(a_{SO_4^{2-}}^2 a_{H^+}^4) \\
&= E^{\ominus} + 0.059\lg(a_{SO_4^{2-}} a_{H^+}^2)
\end{aligned}
\tag{3-15}
$$

b. 用电池的能斯特公式计算。根据铅酸蓄电池的电池反应和电池的能斯特方程式，铅酸蓄电池的能斯特方程式为：

$$E = E^{\ominus} + \frac{0.059}{2}\lg\frac{a_{Pb}a_{PbO_2}a_{H_2SO_4}^2}{a_{PbSO_4}^2 a_{H_2O}^2} = 2.041 + 0.059\lg\frac{a_{H_2SO_4}}{a_{H_2O}} \tag{3-16}$$

铅酸蓄电池中硫酸的浓度较高，H_2O 和 H_2SO_4 的活度与浓度相差较大，即平均活度系数远小于 1，表 3-10 和表 3-11 列出了水在硫酸中的活度 a_{H_2O} 和 H_2SO_4 的平均活度系数 $\gamma_\pm$。

表 3-10 水在硫酸溶液中的活度

质量摩尔浓度/(mol/kg)	0.1	0.2	0.3	0.5	0.7	1.0	1.5	2.0
水的活度 a_{H_2O}/(mol/L)	0.99633	0.99281	0.98923	0.98190	0.97427	0.96176	0.93872	0.91261
质量摩尔浓度/(mol/kg)	2.5	3.0	3.5	4.0	4.5	5.0	5.5	6.0
水的活度 a_{H_2O}/(mol/L)	0.8836	0.8516	0.8166	0.7799	0.7422	0.7032	0.6643	0.6259
质量摩尔浓度/(mol/kg)	6.5	7.0	7.5	8.0	8.5	9.0	9.5	10.0
水的活度 a_{H_2O}/(mol/L)	0.5879	0.5509	0.5152	0.4814	0.4488	0.4180	0.3886	0.3612

表 3-11 酸溶液的平均活度系数

质量摩尔浓度 /(mol/kg)	平均活度系数 $\gamma_\pm$				质量摩尔浓度 /(mol/kg)	平均活度系数 $\gamma_\pm$			
	10℃	20℃	25℃	30℃		10℃	20℃	25℃	30℃
0.001	0.957	0.839	0.830	0.823	1.5	0.147	0.131	0.124	0.117
0.005	0.693	0.656	0.639	0.623	2.0	0.149	0.132	0.124	0.118
0.01	0.603	0.562	0.544	0.527	3.0	0.173	0.151	0.141	0.132
0.05	0.387	0.354	0.340	0.326	4.0	0.215	0.184	0.171	0.159
0.1	0.307	0.278	0.265	0.254	5.0	0.275	0.231	0.212	0.196
0.2	0.243	0.219	0.209	0.199	6.0	0.350	0.289	0.264	0.242
0.5	0.181	0.162	0.154	0.147	7.0	0.440	0.359	0.326	0.297
1.0	0.153	0.137	0.130	0.123	8.0	0.545	0.439	0.397	0.358

【例 3-1】 已知铅酸蓄电池电解液的质量摩尔浓度为 4.0mol/kg，求电动势。

解 查表 3-10 和表 3-11 得：$a_{H_2O}=0.7799\text{mol/L}$，$\gamma_\pm=0.184$（20℃）

根据电解质的总活度计算式得：

$$a_{H_2SO_4}=(2^2\times1^1)\times(4.0\times0.184)^3=1.595\text{mol/L}$$

将 a_{H_2O} 和 $a_{H_2SO_4}$ 代入铅酸蓄电池的能斯特方程式得：

$$E=2.041+0.059\lg\frac{1.595}{0.7799}=2.059\text{(V)}$$

（2）开路电压

电池在开路状态下的电压称为开路电压。铅酸蓄电池的开路电压基本上等于其电动势。铅酸蓄电池开路电压的大小可用以下经验公式来计算：

$$U_开=0.85+d_{15}\text{(V)} \tag{3-17}$$

式中，0.85 为常数；d_{15} 为 15℃时极板微孔中电解液与溶液本体密度相等时的密度。

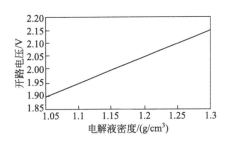

图 3-19 开路电压与电解液密度的关系

如图 3-19 所示为开路电压与电解液密度的关系。由图可见，电解液密度越高，电池的开路电压也越高。

在充电过程中，由于极板微孔中电解液的密度大于溶液本体的密度，所以，充电结束后，电池的开路电压随着微孔中的硫酸逐渐向外扩散而逐步降低，当极板微孔中电解液的密度与溶液本体的密度一致时，开路电压也就固定下来。同样，在放电过程中，由于极板微孔中电解液的密度小于溶液本体的密度，所以，放电结束后，随着溶液本体逐渐向微孔中扩散，电池的开路电压逐渐增加，当微孔中电解液与溶液本体密度相一致时，开路电压也保持不变。

式（3-17）在 15℃时，电解液密度在 $1.05\sim1.300\text{g/cm}^3$ 内是准确的。如：15℃时，防酸隔爆式铅酸蓄电池和启动用铅酸蓄电池在充足电后，电解液密度分别为 $1.20\sim1.22\text{g/cm}^3$ 和 $1.28\sim1.30\text{g/cm}^3$，则用式（3-17）可以计算出它们相应的开路电压分别为 $2.05\sim2.07\text{V}$ 和 $2.13\sim2.15\text{V}$。

（3）端电压

① 充放电过程中端电压的变化。电池端电压是指电池与外电路相连接且电极上有电流通过时正、负极两端的电位差。电池的端电压与电动势、内阻、电流及电解液的密度等均有关系。当用恒定的电流进行充放电时，电池的端电压可用下式表示：

$$U_充 = E + \eta_V + I_充 r_内 \tag{3-18}$$

$$U_放 = E + \eta_V + I_放 r_内 \tag{3-19}$$

式中，$U_充$ 和 $U_放$ 为充放电时蓄电池的端电压，V；$I_充$ 和 $I_放$ 为蓄电池的充电电流和放电电流，A；E 为蓄电池的电动势，V；$r_内$ 为蓄电池的欧姆内阻，Ω；η_V 为蓄电池充放电时的超电压，V。

超电压就是为了克服极化电阻而引起的充电电压增大或放电电压减小的那一部分电压值。超电压与电流密度的大小有关。电流密度越大，极化电阻越大，超电压越大。所以，大电流充放电时，极化内阻不能忽视，它将严重影响电池性能，即放电时使端电压下降，电池的放电容量减小；而充电时又使端电压过高，引起水的大量分解，降低电池的充电效率。超电压对端电压的影响与内阻压降对端电压的影响在方向上是一致的，所以可以将它们合并为一项，此时的 r 应理解为全内阻，即

$$U_充 = E + I_充 r_内 \tag{3-20}$$

$$U_放 = E - I_放 r_内 \tag{3-21}$$

a. 放电过程中端电压的变化。用恒定的电流对铅酸蓄电池进行放电时，其端电压将随放电时间发生变化，这种放电电压随时间变化的曲线称为放电特性曲线。图 3-20 中的曲线 1 为铅酸蓄电池采用标准放电电流放电时的放电曲线。

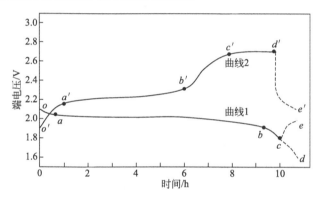

图 3-20 铅酸蓄电池的充放电端电压变化曲线

由图可见，放电时端电压的变化分为三个阶段。在放电初始的很短时间内，端电压急剧下降，然后端电压缓慢下降，当接近放电终期时，端电压又在很短时间内迅速下降。当电压降到一定值时，必须停止放电，否则蓄电池的性能会严重受损。其中第二阶段维持时间越长，铅酸蓄电池的特性越好。

在放电之前，极板上活性物质微孔中硫酸溶液的密度与本体溶液的密度相等，电池的电压为开路电压。

在放电初期，极板微孔中硫酸首先被消耗，微孔内溶液密度立即下降，而本体溶液中的硫酸向微孔内扩散的速度很慢，不能立即补充消耗的硫酸，使微孔中硫酸浓度下降，故本体溶液与微孔中的溶液形成较大的浓度差，即此阶段的浓差极化较大，结果导致电池端电压明显下降（$o \sim a$ 段）。随着浓度差的增大，使硫酸的扩散速度增加，当电极反应消耗硫酸的速度与硫酸扩散的速度相等时，此阶段结束。

在放电中期，由于电子移动速度、电极反应速率与硫酸扩散速度基本一致，即极化引起的超电压基本稳定，因此该阶段的端电压主要与蓄电池的电动势和欧姆内阻有关。电动势与电解液的浓度有关，所以端电压随电解液浓度的逐渐减小和欧姆内阻的逐渐增大而呈缓慢下降的趋势（$a \sim b$ 段）。

在放电后期，正、负极活性物质逐渐转变成硫酸铅，并向极板深处扩展，使极板活性物质微孔被体积较大的硫酸铅阻塞，本体溶液中的硫酸向微孔内扩散变得越来越困难，导致微孔中硫酸密度急剧下降，因此浓差极化也急剧增大。此外，放电产物硫酸铅是不良导体，使电池欧姆内阻增大，所以此阶段的端电压下降速度很快（$b \sim c$ 段）。

当端电压下降到 c 点电压后，如果再继续放电，端电压下降的速度更快（$c \sim d$ 段）。这是因为微孔中硫酸的浓度由于得不到补充已降至很低，使放电反应无法继续进行，所以 c 点电压为蓄电池放电终止电压。

当蓄电池停止放电后，放电反应不再发生，本体溶液中的硫酸逐渐向微孔中扩散，使微孔中的溶液浓度逐渐上升，并最终与本体溶液的浓度相等，使电池的开路电压逐渐上升并稳定下来（$c \sim e$ 段）。

b. 充电过程中端电压的变化。用恒定电流对铅酸蓄电池进行充电时，其端电压将随充电时间发生变化，这种充电电压随时间的变化曲线称充电特性曲线。图 3-20 中的曲线 2 为采用标准充电电流对普通铅酸蓄电池充电时的充电曲线。由图可见，充电时端电压的变化也可分为三个阶段。在充电初始的很短时间内，端电压急剧上升，然后端电压缓慢上升，在充电后期，端电压又在短时间内迅速上升并稳定下来。

在充电初期，由于充电反应使硫酸铅转变成铅和二氧化铅，同时释放出硫酸，使极板微孔中硫酸的密度迅速增大，微孔中硫酸向外扩散的速度低于充电反应生成硫酸的速度，因而微孔中硫酸的密度上升很快，使本体溶液与微孔中的溶液形成较大的浓度差，即此阶段的浓差极化较大，结果导致端电压上升的速度很快（$o' \sim a'$ 段）。随着浓度差的增大，使硫酸的扩散速度增加，当电极反应生成硫酸的速度与硫酸扩散的速度相等时，此阶段结束。

在充电中期，由于电子移动速度、电极反应速率与硫酸扩散速度达成一致，即极化引起的超电压基本稳定，因此该阶段的端电压主要与电池的电动势有关。电动势与电解液的浓度有关，所以端电压随电解液浓度的逐渐增大而缓慢上升（$a' \sim b'$ 段）。

在充电末期，当普通蓄电池端电压上升到水的分解电压 2.3V（b' 点）时，两极就有大量均匀的气体（氢气和氧气）析出，氢气、氧气析出的超电位较大，因此，此阶段因气体析出而使超电位快速上升（$b' \sim c'$ 段）。端电压上升到 2.6～2.7V 后就稳定下来，该电压就是充电终止电压，当电压稳定下来后，应停止充电（$c' \sim d'$ 段）。

充电结束后，蓄电池的开路电压会逐渐下降。这是因为在充电过程中微孔中硫酸的密度始终大于本体溶液的密度，所以刚停止充电时，开路电压较高，随着微孔内硫酸逐渐向外扩散，直到微孔内外硫酸的密度相等时，开路电压也逐渐下降并稳定下来（$d' \sim e'$ 段）。

② 影响端电压的因素。

a. 温度。电池端电压与温度的关系，与温度对电解液黏度和电阻的影响密切相关。温度升高，硫酸的黏度减小，溶液中硫酸根离子和氢离子扩散的速度加快，将有利于电化学反应，使电池的极化作用减小；温度降低，硫酸的黏度增大，使电解液中离子的扩散速度降低，并降低了电化学反应的速率，使电池的极化作用增大。因此，当温度升高时，电池在充电时的端电压下降，而放电时的端电压升高；当温度降低时，电池的充电电压升高，而放电电压降低。如图 3-21 所示是温度对铅酸蓄电池充放电时端电压的影响。

b. 电流（充放电率）。某一电流值对于具体的蓄电池而言，究竟是大电流还是小电流，与电池的容量大小直接相关。比如 10A 的电流，对于 100A·h 的电池来说是一个合适的电流，但对于 10A·h 的电池来说就是大电流，对于 1000A·h 的电池则又是很小的电流。因此电流的大小必须相对蓄电池的容量大小而言。通常用充电率和放电率来表示蓄电池充放电电流的大小。

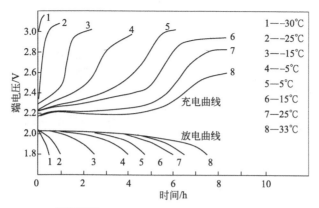

图 3-21　温度对充放电时端电压的影响

　　蓄电池放电或充电至终止电压的速度，称放电率或充电率。放电率或充电率有小时率和倍率（电流率）两种表示方法。

　　小时率是指蓄电池应在多少时间内（h）充进或放出额定容量值。如 10h 率就是指在 10h 内放出或充入的容量为额定容量值，即放电或充电电流为：

$$I = C_{额} / H \tag{3-22}$$

　　式中，I 为放（充）电电流，A；$C_{额}$ 为额定容量，A·h；H 为放（充）电率，h。

　　例如，某蓄电池的额定容量为 120A·h，用 10h 率充电，然后用 5h 率放电，则放电电流为 24A，充电电流为 12A。

　　倍率是指放电电流的数值为额定容量数值的倍数，即

$$I = kC_{额} \tag{3-23}$$

　　式中，k 为倍率的系数，$k = 1/H$。

　　例如，某蓄电池的额定容量为 60A·h，用 0.2C 充电和 3C 放电，则充电电流为 12A，放电电流为 180A。

　　小时率和倍率之间的关系见表 3-12。由此可见，放电率或充电率越快，充、放电电流越大，小时率的值越小，倍率越大；反之，放电率或充电率越慢，充放电电流越小，小时率的值越大，倍率越小。

表 3-12　小时率与倍率之间的关系

小时率/h	0.5	1	4	5	10	20
倍率/A	2C	1C	0.25C	0.2C	0.1C	0.05C

　　i．放电率对端电压的影响。放电电流对普通铅酸蓄电池端电压的影响情况如图 3-22 中的放电曲线所示。不同放电率下 VRLA 蓄电池的放电特性曲线如图 3-23 所示，其中曲线 5 为标准放电曲线，是将 VRLA 蓄电池充足电后，静置 1～24h，使电池表面温度为 25℃±5℃，然后以 10h 率 [0.1C_{10}（A）] 的电流放电至端电压为 1.8V/只时得到的曲线。

　　由图可见：放电率快，即放电电流大时，其端电压下降的速度也快。这是因为大电流放电时，因极化引起的超电位和电池的欧姆内阻压降增大，电池的端电压下降的速度快。

　　当放电率慢，即放电电流小时，端电压下降的速度慢。这是因为小电流放电时，因极化引起的超电位和电池的欧姆内阻压降小，电池的端电压下降的速度慢。值得注意的是，用小电流放电时，容易引起过量放电。过量放电一方面使 $PbSO_4$ 的生成过量，引起极板上活性物质膨胀，进而造成极板弯曲和活性物质脱落，最终导致电池寿命缩短；另一方面，小电流

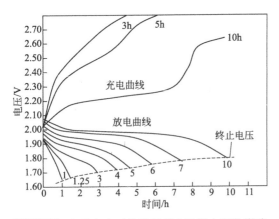

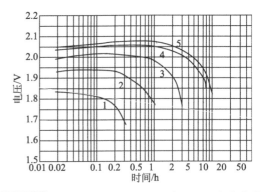

图 3-22　充放电率对普通铅蓄电池端电压的影响　　图 3-23　几种放电率下 VRLA 端电压的变化曲线
1—15min 率；2—1h 率；3—3h 率；4—8h 率；5—10h 率

过放后经正常充电可能会充电不足，如果不及时过量充电，电池的容量会下降。因此为了防止过量放电，当小电流放电时应将放电终止电压规定得高一些。

蓄电池放电终止电压是指其放电时应当停止的电压。由图 3-22 可见，不同的放电率规定有不同的放电终止电压，放电率越快，放电终止电压越低。这是因为大电流放电时，虽然端电压低而且下降的速度快，但极板上仍有活性物质未能参与反应，所以可以适当降低放电终止电压。

ⅱ. 充电率对端电压的影响。充电电流对端电压的影响情况如图 3-22 所示。由图可见，充电率越快，即充电电流越大时，端电压越高且上升速度越快，这是因为大电流充电时，极化内阻增大，电池的内阻压降增大。反之，充电率越慢，即充电电流越小时，端电压越低且上升速度缓慢。这是因为小电流充电时，极化内阻小，电池的内阻压降小。一般地说，用较大电流充电固然可以加快充电过程，但因充电终期大部分能量用以分解水，能量损失较大，所以一般在充电后期要减小充电电流。

3.4.3　容量特性

（1）容量表示方法

① 理论容量。理论容量是指极板上的活性物质全部参加电化学反应所能放出的电量，可根据活性物质的质量，按照法拉第电解定律计算出来。

根据法拉第电解定律，铅酸蓄电池每放出或充入 1F（96500C 或 26.8A·h）的电量，正极板上要消耗或生成 0.5mol 的 PbO_2（119.6g），负极板上要消耗或生成 0.5mol 的 Pb（103.6g）。根据铅酸蓄电池的电化学反应可知，为了同时满足正负极电化学反应的需要，电解液中要消耗或生成 1mol 的硫酸（2×49g）。

所以，铅酸蓄电池正、负极板物质的电化学当量分别为：

$$K_{PbO_2} = 119.6 \div 26.8 = 4.46[g/(A·h)]$$
$$K_{Pb} = 103.6 \div 26.8 = 3.87[g/(A·h)]$$

两极要消耗或生成硫酸的量分别为：

$$K_{H_2SO_4} = 49 \div 26.8 = 1.68[g/(A·h)]$$

因此，每千克活性物质具有的理论容量分别为：

$$C_{PbO_2}^{\ominus} = \frac{1000}{K_{PbO_2}} = \frac{1000}{4.46} = 224.2(A·h)$$

$$C_{Pb}^{\ominus} = \frac{1000}{K_{Pb}} = \frac{1000}{3.87} = 258.4(A \cdot h)$$

正极需要硫酸的质量为：$m_{H_2SO_4} = 224.2 \times 1.68 = 410.3(g)$

负极需要硫酸的质量为：$m'_{H_2SO_4} = 258.4 \times 1.68 = 472.9(g)$

实际上，每千克活性物质具有的容量就是理论比容量，所以 PbO_2 和 Pb 的理论比容量分别为：

$$C'_{PbO_2} = \frac{1}{K_{PbO_2}} = \frac{1}{4.46} = 0.2242(A \cdot h/kg)$$

$$C'_{Pb} = \frac{1}{K_{Pb}} = \frac{1}{3.87} = 0.2584(A \cdot h/kg)$$

② 实际容量。电池的实际容量小于理论容量。在最佳放电条件下，铅酸蓄电池的实际容量也只有理论容量的 45%～50%，这与活性物质的利用率有关。

在正常放电情况下，负极活性物质的利用率为 55%左右，正极活性物质的利用率在45%左右。由于铅酸蓄电池放电时，电极上生成的 $PbSO_4$ 的密度小于 PbO_2 和 Pb 的密度，体积变大，使极板上的微孔逐渐变小甚至堵塞，影响了电解液的扩散和电化学反应，使活性物质得不到充分利用。因此，铅酸蓄电池的实际容量小于理论容量。另外，正极活性物质的利用率低于负极，其主要原因是正极的浓差极化大于负极的浓差极化，因为正极反应使微孔中除 SO_4^{2-} 浓度发生变化以外，H^+ 浓度也发生变化，同时有 H_2O 的消耗与生成。

③ 额定容量。额定容量是在指定放电条件下电池应能放出的最低限度的电量，也称保证容量。额定容量是厂方的规定容量，是设计和生产电池时必须考虑的一个指标。额定容量在电池型号中标出，它是使用者选择电池和计算充放电电流的重要依据。蓄电池的额定容量和实际容量一样，也小于理论容量。对于不同用途的电池，其额定容量的指定条件也有所不同，表 3-13 列出了几种铅酸蓄电池的额定容量的指定放电条件。

表 3-13 不同用途铅酸蓄电池额定容量的指定放电条件和容量的温度系数

用途	放电率/h	温度/℃	终止电压/V	容量温度系数/℃⁻¹
固定用	10	25	1.8	0.008
启动用	20	25	1.75	0.01
摩托车用	10	25	1.8	0.01
蓄电池车用	5	30	1.7	0.006
内燃机车用	5	30	1.7	0.01

(2) 影响容量的因素

影响蓄电池容量的因素很多，主要取决于活性物质的量和活性物质的利用率。活性物质的利用率又与极板的结构形式（如涂膏式、管式、形成式等）、放电制度（放电率、温度、终止电压）、原材料及制造工艺等因素有关。

① 放电率对容量的影响。放电率快，即放电电流大时，电池的放电容量小。这是因为大电流放电时，极板上活性物质发生电化学反应的速率快，使微孔中 H_2SO_4 的浓度下降速度也快，而本体溶液中的 H_2SO_4 向微孔中扩散的速度缓慢，即浓差极化增大。因此，电极反应优先在离本体溶液最近的表面上进行，即在电极的表层优先生成 $PbSO_4$。然而 $PbSO_4$ 的体积比 PbO_2 和 Pb 的体积大，于是放电产物 $PbSO_4$ 会堵塞电极外部的微孔，电解液不能充分扩散到电极的深处，使电极内部的活性物质不能进行电化学反应，这种影响在放电后期更为严重。所以，大电流放电时，极化现象严重，使活性物质的利用率低，放电容量也随之

降低。

　　放电率慢，即放电电流小时，电池的放电容量大。这是因为小电流放电时，本体溶液的硫酸能及时扩散到极板微孔深处，极化作用较小，使活性物质的利用率提高。所以，小电流放电时，蓄电池的放电容量增大。值得注意的是，小电流放电可能使电池过量放电，引起电池损坏，必须严格控制放电终止电压。

　　另外，间隙式放电也容易引起电池过量放电。所谓间隙式放电，就是放电过程不是连续进行，中间有多次停止放电的时间间隔。停止放电可以起到去极化的作用，因为电池停止放电后，电解液的扩散作用可使微孔重新被硫酸充满，消除浓差极化。这样，在下一次放电时，有利于极板深处的活性物质发生化学反应，提高活性物质的利用率，使电池的放电容量高于连续放电时的容量。

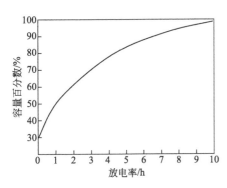

图 3-24　放电率与容量百分数的关系

　　图 3-24 表示固定用铅酸蓄电池的放电率与容量的关系。由图可知，用 1h 率放电时，蓄电池只能放出额定容量的 50％ 左右；用 5h 率放电时，能放出额定容量的 80％ 左右；用 10h 率放电时，蓄电池能放出的电能接近其额定容量。

　　放电率对蓄电池容量的影响可用容量增大系数 K 来表示，其值与放电率有关，如表 3-14 所示。容量增大系数的含义是，大电流放电使电池放电容量小于额定容量，为了满足负载要求，必须选用额定容量等于 K 倍于实际容量（负载所需容量）的电池。同样，根据 K 值可以计算出蓄电池在不同放电率下的实际放电容量。容量增大系数 K 等于额定容量与指定放电率下的实际容量之比，即

$$K = C_{额} / C_{实} \tag{3-24}$$

　　当放电率大于 10h 率（请注意：其数值小于 10，如 5h 率）时，实际容量小于额定容量，$K > 1$；当放电率小于或等于 10h 率（请注意：其数值大于 10，如 20h 率）时，实际容量等于额定容量（大于 10h 率时，控制终止电压使 $C_{额} = C_{实}$），$K = 1$。

表 3-14　放电率与容量增大系数 K

放电率/h	16	10	9	8	7.5	7	6	5	4	3	2	1.5	1.25	1
K	1	1	1.03	1.07	1.09	1.11	1.14	1.20	1.28	1.34	1.58	1.72	1.85	1.96

　　② 温度对容量的影响。温度对铅酸蓄电池的容量影响较大，主要是由于温度变化引起电解液性质（主要是黏度和电阻）发生变化，进而影响蓄电池的容量。当电解液的温度较高时，离子的扩散速度增加，有利于极板活性物质发生反应，使活性物质的利用率增加，因而容量较大。当电解液的温度较低时，则上述各方面变化刚好相反，使放电容量减小，尤其在 0℃ 温度条件下，电解液黏度增大的幅度随温度的降低而增大。电解液的黏度越大，离子扩散受到的阻力越大，使电化学反应的阻力增加，结果导致电池的容量下降。

　　温度对铅酸蓄电池的影响可用温度系数来表示。蓄电池容量的温度系数是指温度每变化 1℃ 时，蓄电池容量发生变化的量。

　　容量温度系数不是一个常数，它在不同的温度范围有不同的值，而且与电池的种类（见表 3-13）和新旧程度有关。如图 3-25 所示为固定型铅酸蓄电池容量与温度的关系曲线。由图可见，温度与容量并非线性关系，在较低温度范围内，容量随温度上升而增加的幅度大，因而容量的温度系数较大，但在较高温度时，温度系数较小。

由表 3-13 可见，对于固定型蓄电池来说，额定容量的规定温度为 25℃，温度系数为 0.008℃$^{-1}$。所以每升高或降低 1℃，固定型蓄电池的容量相应地增加或减小 25℃时容量的 0.008 倍。设温度为 T 时的容量为 C_T，25℃时的容量为 C_{25}，则它们之间的关系可表示为：

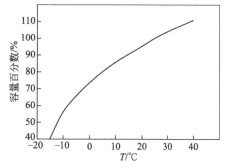

$$C_{25} = \frac{C_T}{1 + 0.008(T - 25)} \qquad (3-25)$$

图 3-25 电解液温度与容量
百分数的关系曲线

式中，C_T 和 C_{25} 是指相同放电率时的放电容量，当以 10h 率放电时，C_{25} 就是铅酸蓄电池的额定容量。

例如，某铅酸蓄电池额定容量为 1200A·h，当电解液平均温度为 15℃，放电电流为 120A 时，能放出的容量为：

$$C_{15} = C_{25}[1 + 0.008(T - 25)] = 1200 \times [1 + 0.008(15 - 25)] = 1104(A·h)$$

能放电的时间为：$\qquad t = C_{15} \div I = 1104 \div 120 = 9.2(h)$

值得注意的是，当电解液温度升高时，蓄电池的容量相应增大，但当温度过高（超过 40℃），会加速蓄电池的自放电，并造成极板弯曲而导致其容量下降。所以，蓄电池的环境温度不能太高，即使在充电过程中，电解液温度也不得超过 40℃。对于阀控式密封铅酸蓄电池来说，环境温度宜保持在 20℃左右，最高不宜超过 30℃。

③ 终止电压对容量的影响。由蓄电池放电曲线可知，当蓄电池放电至某电压值时，电压急剧下降，若在此时继续放电，已不能获得多少容量，反而会对电池的使用寿命造成不良影响，所以必须在某一适当的电压值（放电终止电压）停止放电。

在一定的放电率条件下，放电终止电压规定得高，电池放出的容量就低；反之，放电终止电压规定得低，电池的放电容量就高。如果放电终止电压规定得过低，就会造成电池的过量放电，使电池过早损坏。

在不同的放电率条件下，必须规定不同的放电终止电压。在大电流放电时，活性物质的利用率低，电池的放电容量小，可以适当降低终止电压；在小电流放电时，活性物质的利用率高，电池的放电容量大，应适当提高终止电压，否则会引起电池的过量放电，对电池造成危害。不同放电率下的放电终止电压参考值如表 3-15 所示。

表 3-15 不同放电率下的放电终止电压参考值

放电率/h	10	5	3	1	0.5	0.25
普兰特式极板	1.83	1.80	1.78	1.75	1.70	1.65
涂膏式极板	1.79	1.76	1.74	1.68	1.59	1.47
管式极板	1.80	1.75	1.70	1.60	—	—

（3）电池连接方式与容量的关系

电池在制造或使用时，需要将其连接起来，成为电池组。电池的连接方式有多种，即串联、并联及串并联相结合等方式，如图 3-26 所示。

① 串联。串联是电池的几种连接方式中使用最多的一种［见图 3-26（a）］。因为单体电池的电压较低，如铅酸蓄电池的电压为 2.0V/只，而用电设备的电压通常高于单体电池的电压，所以为了提高电池的电压，必须将其串联成电池组。串联电池组可以提高电池的电压，但电池组的容量与单体电池的容量是相等的。即

$$U_串 = U_1 + U_2 + U_3 + \cdots + U_n \qquad (3-26)$$

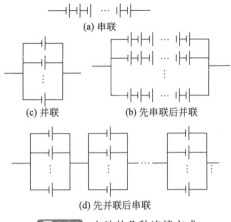

(a) 串联

(c) 并联 (b) 先串联后并联

(d) 先并联后串联

图 3-26 电池的几种连接方式

$$C_串=C_1=C_2=C_3=\cdots=C_n \qquad (3-27)$$

式中，$U_串$ 为串联电池组的总电压，V；$C_串$ 为串联电池组的总容量，A·h；U_1、U_2、$U_3\cdots U_n$ 为各单体电池的电压，V；C_1、C_2、$C_3\cdots C_n$ 为各单体电池的容量，A·h。

② 并联。电池并联［见图 3-26（c）］的目的是提高电池的容量。在实际使用中，如果用电设备需要大容量电池，则直接选用相应大容量的电池，而不是将小容量并联起来以提高容量。只有当所需电池容量太大，又没有相应的型号的电池时，才通过并联方式来提高电池的容量。并联电池组可以提高电池的容量，但电池组的电压与单体电池的电压是相等的。即

$$U_并=U_1=U_2=U_3=\cdots=U_n \qquad (3-28)$$
$$C_并=C_1+C_2+C_3+\cdots+C_n \qquad (3-29)$$

式中，$U_并$ 为并联电池组的总电压，V；$C_并$ 为并联电池组的总容量，A·h。

通常情况下不采用并联方式，是因为并联回路上的各只电池在制造过程中，受技术、材料、工艺等因素的影响，各电池的性能参数不可能完全一致，使电池组在运行过程中，会出现个别异常电池。

现假设在并联电池组中出现了一只落后电池 b（如图 3-27 所示），即电池 b 的内阻高于电池 a 和 c，则充电时电池 b 的电流 I_b 将减小。因为 $I_1=I_a+I_b+I_c$，所以电池 a 和 c 的电流 I_a 和 I_c 将增大。对于电池 b 来说，I_b 的减小会造成充电不足，其内阻也会越来越大，相应地电流 I_b 也会越来越小，如此循环的结果是其容量越来越低。反之，对于电池 a 和 c 来说，电流 I_a 和 I_c 因 I_b 的越来越小而逐渐增大，使得这两只电池的浮充电流超过正常值，过大的电流会引起电池失水，缩短电池的寿命。

如果在放电时出现了落后电池 b（如图 3-28 所示），即电池 b 的端电压低于电池 a 和 c 的端电压，则电池 b 由于其容量小而先放完电，另两只电池仍在继续放电。这时，电池 a 和 c 不仅给负载提供电流，而且对电池 b 进行充电。由图可见：

$$I_2=I_a+I_c-2I_环$$
$$I_a=I_c=1/2I_2+I_环$$

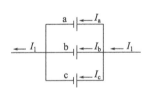

图 3-27 充电时并联电池组的电流分布

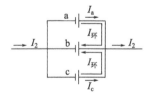

图 3-28 放电时并联电池组产生的环流

在正常状态下，并联电池组中的三只电池的放电电流 $I_a=I_b=I_c=I_2/3$。所以，电池 a 和 c 的放电电流大大超过正常值，亦将提早放完自身的容量。所以，如果将电池并联放电使用，由于各单体电池之间的电压不可能完全相等，则会发生电压高的电池对电压低的电池充电的现象。

③ 串并联结合。电池串并联结合［见图 3-26（b）和（d）］通常用于没有设备所需的大容量电池的情况。根据以上关于并联方式的分析可知，一旦并联电池组中出现一只落后电

池，就会影响电池组中的其他电池，所以只是在万不得已的情况下才使用并联与串并联结合的方式。

3.4.4 自放电特性

（1）蓄电池的自放电现象

有三种作用会引起蓄电池的自放电，即化学作用、电化学作用和电作用。其中电作用主要是内部短路，引起铅酸蓄电池内部短路的原因主要有：极板上脱落的活性物质、负极析出的铅枝晶和隔膜被腐蚀而损坏等。化学作用和电化学作用主要与活性物质的性质及活性物质或电解液中的杂质有关，包括正负极的自溶解、各种杂质与正极或负极物质发生化学反应或形成微电池而发生电化学反应等。

① 负极的自放电。

a. 海绵状铅的自溶解。由于铅电极的电极电位小于氢的电极电位，所以铅与硫酸能发生以下化学反应：

$$Pb + H_2SO_4 \Longrightarrow PbSO_4 + H_2\uparrow$$

上述铅的自溶解反应是引起负极自放电的主要原因。不过氢气在铅上的析出超电位比较大，使得铅的自溶解速度较慢。但当负极上含有氢超电位较低的金属如 Pt、Sb 时，会加快负极的自放电。对于用铅锑合金板栅制成的铅酸蓄电池，负极的析氢超电位约降低 0.5V。所以，为了减小自放电（如阀控式密封铅酸蓄电池），必须采用无锑或低锑的合金板栅。

b. 形成微电池的自放电。当蓄电池负极上存在电极电位比 Pb 高的不活泼金属时，负极的 Pb 将会与该金属形成微电池，这些不活泼金属的来源有以下几种途径：活性物质中存在的不活泼金属杂质（如 Cu 和 Ag 等）；电解液中不活泼杂质金属离子在负极上沉积（如 Cu^{2+} 在负极上析出 Cu）；正极铅锑合金板栅上的锑溶解并在负极上沉积。

如果正极板栅是铅锑合金，则由于正极板栅容易被腐蚀并溶解出锑离子进入溶液，充电时锑离子迁移到负极并在活性物质铅的表面析出，形成无数 Pb-Sb 微电池，使负极发生自放电。形成的微电池为：

$$(-)Pb \mid H_2SO_4 \mid Sb(+)$$

电极反应为：

$$(-)Pb - 2e + SO_4^{2-} \longrightarrow PbSO_4 \tag{3-30}$$

$$(+)2H^+ + 2e \longrightarrow H_2\uparrow \tag{3-31}$$

反应的结果是负极逐渐转变成 $PbSO_4$，同时有 H_2 产生，导致负极容量下降。

如果是富液式铅酸蓄电池，在补加蒸馏水的过程中可能会引进杂质，其中不活泼的杂质金属离子在充电时迁移到负极并在铅的表面上析出，形成无数微电池后发生与式（3-30）和式（3-31）类似的自放电反应。所以，对于富液式铅酸蓄电池来说，由于采用铅锑合金板栅和经常补加蒸馏水，其自放电比阀控式密封铅酸蓄电池的自放电严重得多，而且使用时间越长，其自放电越严重。

c. 溶解氧引起的自放电。电池充电时会在正极产生氧气，对于富液式铅酸蓄电池来说，有少量氧气溶解于电解液中并扩散至负极，使负极自放电，其反应为：

$$2Pb + O_2 + 2H_2SO_4 \longrightarrow 2PbSO_4 + 2H_2O$$

如果采用微孔橡胶隔板，可有效阻止溶解氧和锑离子向负极扩散。但对于阀控式密封铅酸蓄电池来说，贫电解液结构和超细玻璃纤维隔膜使正极的氧气能顺利扩散到负极引起负极的放电，这个过程是氧复合循环的需要，是在充电过程中发生的，不属于自放电范畴。

d. Fe^{3+} 引起的自放电。铁离子是极易引入富液式铅酸蓄电池电解液中的杂质，如果补加的水不纯就有可能引入杂质铁离子。Fe^{3+} 引起负极自放电的反应为：

$$2Fe^{3+}+Pb+SO_4^{2-}\longrightarrow PbSO_4+2Fe^{2+} \tag{3-32}$$

上述反应产生的 Fe^{2+} 又能扩散到正极，引起正极的自放电。

② 正极的自放电。

a. 正极的自溶解。正极上的二氧化铅能与硫酸溶液发生自溶解，同时析出氧气，其化学反应方程式为：

$$PbO_2+H_2SO_4\longrightarrow PbSO_4+H_2O+\frac{1}{2}O_2\uparrow$$

上述反应与氧气在 PbO_2 上的超电位大小有关，凡是引起氧超电位降低的因素，均增大正极的自溶解速度。当温度升高时，氧超电位降低；正极板栅上的锑（铅锑合金）或银（银可以降低板栅的腐蚀速度），能降低氧的超电位。

b. PbO_2 与板栅构成微电池。正极 PbO_2 与板栅相接触部位可构成如下微电池：

$$Pb(板栅)\mid H_2SO_4\mid PbO_2$$
$$Sb(板栅)\mid H_2SO_4\mid PbO_2$$

这些微电池引起的自放电反应为

Pb-PbO_2 微电池　　　$(-)Pb+SO_4^{2-}-2e\longrightarrow PbSO_4$

$(+)PbO_2+4H^++SO_4^{2-}+2e\longrightarrow PbSO_4+2H_2O$

Sb-PbO_2 微电池　　　$(-)Sb+2H_2O-5e\longrightarrow SbO_2^++4H^+$

或　　　　　　　　$Sb+H_2O-3e\longrightarrow SbO^++2H^+$

$(+)PbO_2+4H^++SO_4^{2-}+2e\longrightarrow PbSO_4+2H_2O$

由以上反应可见，正极板栅与 PbO_2 形成的微电池放电会析出 SbO_2^+ 或 SbO^+，这些离子迁移到负极后还原成金属 Sb，并与负极 Pb 形成微电池引起自放电。

c. 电解液中杂质离子引起的自放电。对于富液式电池来说，维护过程中要经常给电池补加蒸馏水，如果直接向电池中加自来水或不纯水，则会使电解液中的杂质离子增多，如 Cl^-（氯离子）、Fe^{2+} 等。

自来水中含有大量的 Cl^-，如果不慎引入，它会与正极的 PbO_2 发生如下氧化还原反应：

$$PbO_2+4HCl\longrightarrow PbCl_2+2H_2O+Cl_2\uparrow$$

$PbCl_2$ 继续与硫酸反应：$PbCl_2+H_2SO_4\longrightarrow PbSO_4+2HCl$

由上述反应可见，Cl^- 反应后产生 Cl_2 不断逸出电池，使 Cl^- 逐渐减少，即因 Cl^- 引起的自放电逐渐减弱，但产生的 Cl_2 对隔板有腐蚀作用。

Fe^{2+} 与正极发生的自放电反应为：

$$2Fe^{2+}+PbO_2+4H^++SO_4^{2-}\longrightarrow PbSO_4+2Fe^{3+}+2H_2O \tag{3-33}$$

生成的 Fe^{3+} 又会迁移到负极并引起负极的自放电。所以两种价态的铁离子不断往返于正负极之间，循环往复地使正负极发生式（3-32）和式（3-33）所示的自放电反应，从而导致电池容量迅速下降。

d. 有机物引起的自放电。若电解液中含有还原性的有机物如淀粉、葡萄糖和酒精等，则充电时这些有机物被氧化成醋酸，醋酸能与铅反应生成可溶性的醋酸铅，醋酸铅再与硫酸反应生成硫酸铅。如果在活性物质与板栅交界处存在醋酸，则使板栅受到腐蚀。有关的化学反应为：

$$Pb+2HAc\Longrightarrow PbAc_2+H_2\uparrow$$
$$PbAc_2+H_2SO_4\Longrightarrow PbSO_4+2HAc$$

由上述化学反应可见，醋酸对正极的影响很大，不过在充电时，醋酸可在正极进一步氧化成 CO_2 析出。

③ 浓度差引起的自放电。当电极上活性物质处于有浓度差的电解液中时，会形成浓差微电池而引起自放电。刚充完电的电池，微孔中 H_2SO_4 的浓度高于电解液本体的 H_2SO_4 浓度，会形成微电池。对负极来说，内层电位低而表面电位高，即浓差电池的负极在微孔内部，正极在极板表面；对正极来说，其浓差电池的正极在微孔内部，负极在极板表面。不过，随着放置时间的延长，微孔内外的浓度相等时，浓度差消失，浓差引起的自放电也消失。有关的电极反应为：

负极的浓差微电池 $\quad (-)Pb+SO_4^{2-}-2e \longrightarrow PbSO_4 \qquad$ （微孔内部）

$\qquad\qquad\qquad\qquad (+)2H^+ + 2e \longrightarrow H_2\uparrow \qquad$ （极板表面）

正极的浓差微电池 $\quad (-)H_2O-2e \longrightarrow 2H^+ + \dfrac{1}{2}O_2\uparrow \qquad$ （极板表面）

$\qquad\qquad\qquad\qquad (+)PbO_2 + 4H^+ + SO_4^{2-} + 2e \longrightarrow PbSO_4 + 2H_2O \qquad$ （微孔内部）

另一种情况也会出现浓差自放电。对于大容量富液式铅酸蓄电池来说，当其以浮充方式工作时，容易出现电解液分层现象，即出现上小下大的浓度差。该浓度差引起的结果是，正、负极板下部发生放电反应，极板上部有 O_2 和 H_2 析出。不过，只要适当提高浮充电压，利用充电时产生的气体便能消除电解液的分层现象。

（2）影响自放电的因素

① 杂质的影响。由上述一系列的化学反应可见，杂质可通过化学作用（如 Fe^{2+}/Fe^{3+}、Cl^- 等）、电化学作用（形成微电池）引起电池的自放电。

② 板栅合金的影响。普通铅酸蓄电池采用的是铅锑合金，其自放电比较严重，并随着使用时间或循环次数的增加，自放电也会越来越严重。在正常情况下，每昼夜因自放电而损失的容量可达额定容量的 $1\%\sim2\%$。一般新电池的自放电率较小，约为 1%，而旧电池的自放电率可增加到 $3\%\sim5\%$。如图 3-29 所示是高锑和低锑合金板栅以及铅钙合金板栅引起的电池容量损失情况。由图可见，电池的自放电随锑含量的增加而增大，无锑合金板栅电池的自放电较小。所以，阀控式密封铅酸蓄电池为了减小其自放电，采用的板栅是无锑的铅钙或铅钙锡合金等。

③ 温度的影响。温度对蓄电池自放电的影响很大。随着温度的提高，电池搁置时，内部发生的一系列化学与电化学反应速率加快，进而引起自放电率增加。如图 3-30 所示是用硫酸浓度降低来表示的随温度增加自放电增大的情况。由图可见，温度越低，蓄电池的自放电速度越小，所以低温有利于电池的储存。

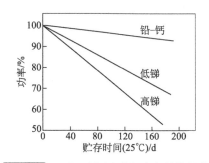

图 3-29 25℃下搁置时电池容量的损失

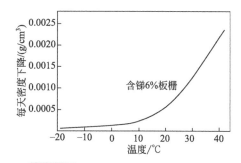

图 3-30 电解液密度与温度的关系

（3）几种电池的自放电比较

① VRLA 与普通电池比较。如图 3-31 所示为 VRLA 蓄电池与普通铅酸蓄电池相比较的自放电特性曲线。由图可见，VRLA 蓄电池的自放电速度远小于普通铅酸蓄电池的自放电速度，在 20℃时储存 1 年后的容量损失约为 25%，远低于普通铅酸蓄电池。

VRLA 蓄电池的自放电量较小，这是因为：极板板栅采用无锑的 Pb-Ca-Sn 等合金，减小了因锑污染而引起的自放电；采用优质的超细玻璃纤维隔膜，使电池内部各部分电解液密度保持一致，无普通铅酸蓄电池的分层现象，减小了因浓差而引起的自放电；全密封结构，在工作过程中不需补加纯水，即不存在维护过程中引入杂质的可能性，减小了外来杂质引起的自放电。

② 启动用密封电池与普通电池比较。

a. 搁置后剩余容量。免维护电池（使用铅钙合金）和少维护电池（使用低锑合金）与普通电池在搁置期间的容量保持性能比较如图 3-32 所示。由图可见，免维护电池的自放电率远小于普通电池，少维护电池的自放电优于普通电池，但比免维护电池要差一些。

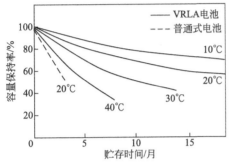

图 3-31 VRLA 蓄电池的自放电特性

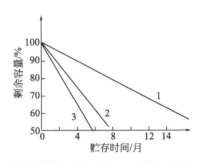

图 3-32 蓄电池搁置时剩余容量
1—免维护型；2—少维护型；3—普通型

b. 充电时的析气性能。电池在充电终期的电流绝大部分用于水的分解，故在恒压充电条件下，电流的大小就意味着水的分解量，故可用充电终期的电流值表征水损失的程度。如图 3-33 所示为定电压 14.4V 充电终期三种类型电池电流的变化情况。如图 3-34 所示为使用 18 个月后，三种类型电池充电终期电流的变化。如图 3-35 和图 3-36 所示为三种类型电池在环境温度为 26.6℃ 和 51.6℃ 下，充电终期电流随时间的变化情况。

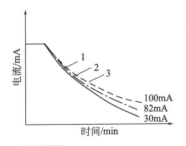

图 3-33 充电终期电流变化
1—免维护型；2—少维护型；3—普通型

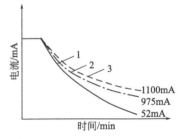

图 3-34 使用 18 个月后充电终期电流变化
1—免维护型；2—少维护型；3—普通型

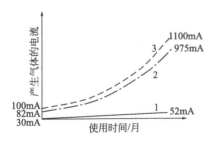

图 3-35 26.6℃时充电终期电流的变化
1—免维护型；2—少维护型；3—普通型

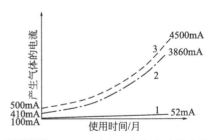

图 3-36 51.6℃时充电终期电流的变化
1—免维护型；2—少维护型；3—普通型

由图 3-33～图 3-36 可见，免维护蓄电池在充电终期的析气量最小，其次是少维护蓄电池，普通蓄电池最大；电池在使用初期的析气量较小，随着使用时间的延长，析气量会越来越大。图 3-35 和图 3-36 显示的情形是温度越高，充电终期电流越大，即析气量越大。

（4）减小自放电的措施

减小电池自放电一直是电池制造者和使用者所期望的，可以从以下两方面采取措施来减小蓄电池的自放电。

① 改进工艺。由于铅酸蓄电池自放电的主要原因有铅负极的自溶解、正极板栅上锑溶解后对负极活性物质的污染以及电解液和活性物质中存在的杂质的影响等，以上影响因素都可通过工艺上的改进得到解决。

a. 采用负极添加剂降低负极自溶解的速度。如作为膨胀剂的腐殖酸和木质素磺酸盐等负极添加剂能有效抑制氢的析出和铅的自溶解。

b. 采用低锑合金或不含锑的铅合金（如铅钙合金）制作板栅，以避免正极板栅腐蚀产生的锑离子在负极析出，使负极因锑污染而发生自放电。

c. 严格控制原材料如铅、锑、硫酸、隔板等的纯度，避免生产过程中引入杂质。

② 做好维护工作。旧电池的自放电大于新电池，部分原因是使用和维护不当。

对于普通铅酸蓄电池来说，如果添加的水纯度太低、盛水的容器和密度计不洁净、配制电解液的硫酸杂质太多等，都会增加电解液中的杂质含量，使电池的自放电增大。另外，普通铅酸蓄电池正极板栅的铅锑合金，在充电时特别是在过充电时容易发生腐蚀，腐蚀产物锑离子扩散到负极后引起负极的自放电，所以要避免经常进行过充电。

对于 VRLA 蓄电池来说，使用过程中不须补加水，其板栅也不含锑，所以其自放电率的变化相对普通铅酸蓄电池来说要小。但是，在使用过程中可能由于充放电方法不当，导致铅枝晶的生长，使正负极板之间发生微短路，电池因微短路而自放电率增大。所以，正确的使用方法对减小 VRLA 蓄电池的自放电同样重要。

3.4.5　寿命特性

铅酸蓄电池启用后，在其初期的充放电循环中，容量逐渐增大，然后达到其容量最大值。此后，其容量会逐渐下降，在使用后期容量下降速度有所加快，当容量下降到额定容量的 75%～80% 时，被认为到了寿命终期，如图 3-37 所示。铅酸蓄电池的寿命与运行方式和使用维护方法密切相关。

按充放电运行方式工作的蓄电池，其寿命比较短，因为反复的充电和放电循环，容易引起活性物质的脱落和正极板栅的腐蚀，对于阀控式密封铅酸蓄电池还会导致失水故障。按浮充运行方式工作的蓄电池，其寿命较长，因为这种工作方式的蓄电池被全充电和全放电的次数很少，且经常处于充足电的状态，有利于提高电池的寿命。对于 VRLA 蓄电池来说，为了防止电池失水，适合这种运行方式。

铅酸蓄电池的循环寿命与放电深度有关。放电深度越深，电池的循环次数越少，其寿命越短；放电深度越浅，电池的循环次数越多，其寿命越长。如图 3-38 所示是阀控式密封铅酸蓄电池的循环寿命与放电深度之间的关系。

由此可见，为了提高铅酸蓄电池的使用寿命，一定要做好平时的维护保养工作。对于 VRLA 蓄电池来说，提高电池寿命应做到以下几个方面：一是电池工作环境的温度最好由空调控制；二是选择合适的容量，使蓄电池放电深度不要太深；三是选择合适的运行方式，避免经常大电流地充放电。

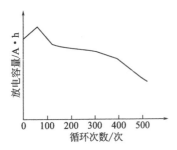

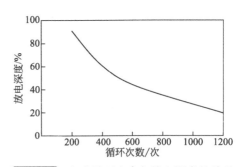

图 3-37 电池容量随充放电循环的变化   图 3-38 电池循环寿命与放电深度的关系

3.5 铅酸蓄电池的充电方法

铅酸蓄电池的充电方法很多，根据不同电池种类、不同需要以及不同的充电阶段，要采用不同的充电方法。铅酸蓄电池最基本的方法有恒流充电法和恒压充电法，其他方法可以看作这两种方法的改进或结合，如两阶段恒流充电法和先恒流后恒压（限流恒压）充电法。这些方法各有自己的优缺点，了解其特点，对于使用与维护电池十分重要。

3.5.1 恒流充电法

在充电过程中，充电电流始终保持恒定的方法，叫作恒流充电法。

根据 $U_充 = E + I_充 r_内 + \eta v$ 可知，当 $I_充$ 保持恒定时，$U_充$ 将随着 E 的不断上升而上升。若端电压上升至 2.3V 以上，则电池内会有大量的水发生分解。恒流充电时的端电压变化曲线见图 3-20 中的曲线 2。

通常用标准充电率（10h 率）电流对铅酸蓄电池进行恒流充电，充电电流的大小为：

$$I_充 = \frac{C_额}{10} = 0.1C_额（A）$$

这种充电方法有如下特点：

① 优点：恒流充电电流可调，故可以适应不同技术状态的蓄电池，如新蓄电池、正常状态的蓄电池和有不同故障的蓄电池，因而目前得到广泛的应用；恒流充电时，当蓄电池基本充好后还能以很小的电流对蓄电池继续充电，使极板内部较多的活性物质参加电化学反应，从而使蓄电池充电比较彻底，保证了蓄电池的容量。

② 缺点：充电过程中需要较多的人工干预，如端电压的测试、温度的测量、电流调节等；恒流充电时，电池的极化内阻较大，特别是大电流充电时，电压较高；只能用于普通（富液式）铅酸蓄电池，不能用于 VRLA 蓄电池的充电；充电后期因电压太高而析气严重，在富液式电池中能观察到电解液中有大量的气泡产生，这不仅可能使极板上的活性物质脱落，降低蓄电池的寿命，而且还降低充电效率；充电时间长，通常需要十几个小时。

恒流充电法通常用于普通（富液式）铅酸蓄电池，其充电终止的标志为同时出现以下几个现象：

① 15℃时的电解液密度达到规定值，即防酸隔爆式铅酸蓄电池电解液的密度为 1.20～1.22g/cm³，启动用铅酸蓄电池电解液的密度为 1.28～1.30g/cm³；

② 电池的端电压 $U_终 = 2.60～2.75V/只$，并且连续 3h 保持不变（每小时测一次）；

③ 电池的电解液中均匀剧烈地产生气泡；

④ 充入的电量应该等于电池放出电量的 1.2～1.4 倍，即 $C_{充}=120\%～140\%C_{放}$。

3.5.2 恒压充电法

在充电过程中，电源加在电池两端的电压始终保持恒定的方法，叫作恒压充电法。

采用恒压充电法充电时，电池的充电电流为：

$$I_{充}=(U_{充}-E-\eta_V)/r_{内} \qquad (3-34)$$

由上式可知，充电开始瞬间，由于电动势较小，所以充电初始电流很大；充电开始后由于极化的产生和增大，使充电电流急速下降；在充电中期，随着反应的进行，极化引起的超电位不再变化，充电电流随电动势的增加而逐渐下降；在充电末期，特别是充足电后，电动势不再增加，充电电流也就稳定下来。充电电流随时间的变化曲线如图 3-39 所示。

由于铅酸蓄电池充电电压大于 2.3V 时会发生分解水的反应，所以，为了减少水的分解，通常恒压充电的电压都设定在 2.3V 左右。

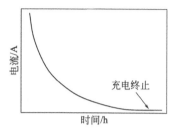

图 3-39 恒压充电时电流的变化曲线

这种充电方法有如下特点：

① 优点：恒压充电电流随蓄电池端电压的升高而逐渐减小，最后自动停充，因此恒压充电操作简单，不须人工调整电流；耗水量少，可避免充电后期的过充电；恒压充电在充电初期的充电电流较大，因而充电速度较快；恒压充电性能比较接近蓄电池充电接受特性，因此恒压充电如果掌握得好可以取得较好的充电效果。

② 缺点：恒压充电的电流不能自由调节，因此不能适应不同技术状态的蓄电池的充电；充电初期充电电流太大，特别是电池放电过深时，电流会非常大，这不仅会损坏充电设备，而且电池可能因充电电流过大而受到损坏，如发生极板弯曲、断裂和活性物质脱落等故障；恒压充电后期的充电电流过小，极板深处的活性物质不能充分恢复，因而不能保证蓄电池彻底充足电。

恒压充电可以用于普通型和阀控密封式两大类铅酸蓄电池，但其充电终止有所不同，前者包括以下两个标志，而后者只有第二个标志。

① 15℃时的密度达到规定值，即 $d_{固}=1.20～1.22g/cm^3$，$d_{启}=1.28～1.30g/cm^3$；

② 电流已稳定不变，并且恒定在很小的值。

3.5.3 分级恒流充电法

充电初期用较大电流，中期用较小的电流，末期用更小的电流进行充电的方法，叫作分级恒流充电法。

分级恒流充电法（如图 3-40 所示）的初期可用 3～5h 率的电流，当单体电池的电压上升到 2.4V 或者电解液温度显著上升高达 40℃时，将充电电流减半到 10h 率电流。当单体电池的端电压再次上升到 2.4V 时，再进一步递减电流。通常最后阶段的充电电流不低于 20h 率电流。目前使用较多的是两阶段恒流充电法，具体方法是：

第一阶段：以 10h 率电流进行充电，充电至单体电池的端电压达 2.4V 时，需 6～8h。

第二阶段：以 20h 率电流进行充电，一直到充电终止标志出现为止。

分级恒流充电法的特点是，通过减小后期的充电电流，克服了恒流充电后期析气严重的缺点。但这种方法同样只能用于普通铅酸蓄电池，充电终止标志与恒流充电法的终止标志相同，只是终止电压因后期电流减小会有所降低。

3.5.4 先恒流后恒压充电法

在充电初期用恒流充电法进行充电，当单体电池的端电压升到恒定的电压时，再恒定在该电压值进行恒压充电的方法，称为先恒流后恒压充电法。其充电曲线如图3-41所示。

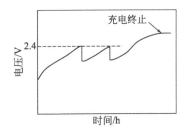

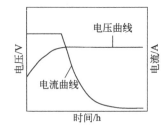

图 3-40　分级恒流充电电压变化曲线　　　**图 3-41**　先恒流后恒压充电的充电曲线

这种方法既可用于普通铅酸蓄电池，也可用于 VRLA 蓄电池。具体步骤是：

第一阶段：用10h率或5h率电流进行恒流充电，直到单体电池电压达到2.3V/只左右；

第二阶段：将单体电池的充电电压恒定在2.3V/只左右，直到蓄电池出现恒压充电的终止标志为止。

第二阶段的电压可恒定在 $2.25\sim2.35\text{V}$/只之间，这样使电池在整个充电过程中保持不析气或微量析气状态，从而减少纯水的消耗量，提高充电效率。

这种方法的特点是：充分利用了恒流充电法和恒压充电法的优点，即恒流充电初期电流易被电池接受，恒压充电作为后期充电可减少电池中水的分解。

3.5.5 限流恒压充电法

在充电电源与蓄电池之间串联一个电阻，对充电初期电流加以限制的恒压充电法，称为限流恒压充电法。工作原理如图3-42所示。由图可知充电电流 I 为：

$$I=\frac{U-E}{R+r} \tag{3-35}$$

所以串联电阻 R 的阻值可按下式进行计算：

$$R=\frac{U-E}{I}-r=\frac{U-2.1}{I}-r \tag{3-36}$$

式中，U 为电源电压，可按每只电池为 $2.5\sim3.0\text{V}$（一般为 2.6V）来决定；r 为电池内阻，其值很小，可忽略不计；I 为需要限定的充电初期电流。

3.5.6 快速充电

快速充电是指在短时间内（$1\sim2\text{h}$），用大于 $1C$ 的脉冲电流将电池充好，在充电过程中，既不产生大量气体，也不使电解液温度过高（低于 $45\,^{\circ}\text{C}$）。

若用恒流充电法对电池进行充电，通常采用10h率或20h率电流，充电时间长达十几个小时，有时甚至达二十多个小时。如果单靠增大充电电流来缩短充电时间，则电解液温度过高，气体析出过于剧烈，这不仅使电流利用率下降，而且影响电池的寿命。所以，快速充电电流不能用直流电，而是采用脉冲电流。

（1）充电接受特性

以最低析气率为前提的蓄电池可接受充电电流曲线如图3-43所示。曲线方程式为

$$I=I_0\text{e}^{-\alpha t} \tag{3-37}$$

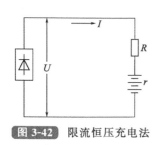

图 3-42 限流恒压充电法

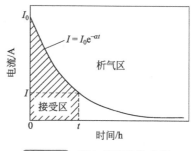

图 3-43 充电接受特性曲线

式中，I_0 为 $t=0$ 时的最大起始电流；I 为任意时刻 t 时蓄电池可接受的充电电流；α 为衰减系数，也叫充电接受比，其值随电池结构和使用状态的不同而不同。

这是一条自然接受特性曲线。只要在任一时刻 t 的充电电流大于充电接受电流 I，就会增加出气率，使充电效率降低；小于充电接受电流 I 的充电电流，是蓄电池具有的储存充电电流。因此，在充电过程中，当用某一速率的电流充电时，蓄电池充到某一极限值后，若继续充电，只能导致电解水而产生气体和温升，不能提高充电速度。

如果按接受特性曲线充电，则在某一时刻 t，已充电的容量 C_S 是从 0 到 t 时曲线下面的面积，可用积分法求得：

$$C_S = \int_0^t I \, dt = \int_0^t I_0 e^{-\alpha t} \, dt \tag{3-38}$$

设充电前电池放出的容量为 C，则充满电时：

$$C_S = C = I_0/\alpha$$

所以 $$\alpha = I_0/C \tag{3-39}$$

因此，充电接受比 α 是起始接受电流 I_0 和电池放出容量 C 的比值。实验证明，电池的放电深度越大，其充电接受能力越高；放电时放电电流越大，其充电接受能力也越高。

（2）快速充电的基本原理

快速充电是用 $1C$ 以上的大电流进行充电，电池的端电压很快会上升到分解水的电压值，所以必须在充电过程中采用去极化措施。一般采用停充和放电的方法进行去极化：

停止充电：停止充电后，欧姆极化和电化学极化很快消失，浓差极化随微孔内外离子扩散过程的进行而减小直至消失。

小电流放电：停充后进行放电，可通过放电反应消耗微孔中的硫酸，以减小浓度差，使浓差极化减小，达到去极化的目的。

所谓电池的充电初期并不一定是电池完全放电后的充电初期，任意荷电状态的电池在开始充电时都可认为处于充电初期，也都存在一个比较大的充电接受电流。所以，只要在大电流的充电过程中，经过停充或小电流放电等去极化步骤，再充电时电池就会又有一个比较大的充电接受电流。所以，快速充电是间断地用大电流进行充电，在充电过程中，进行短暂的停充，并在停充时加入放电脉冲以消除电池的极化。每一次的停充与放电，能使电池的充电接受电流更接近于充电电流，即充分利用了初期较大的充电接受电流。

快速充电必须用专门的快速充电机来实现，快速充电机的种类很多，各自的充电制度不同，相应的充电电流波形也不一样。如图 3-44 所示为其中一种快速充电机的充电电流波形示意图。如图所示，先以 $1\sim2C$ 的大电流充电，当电池端电压达到预定电压（低于析气电压）时，停止充电一段时间，再以小电流放电，放电后停止一段时间，进行端电压检测，如尚未降到一定数值，再进行下一次放电，如已降到一定数值，则转入充电状态。如此往复循环，直到蓄电池的容量充满时自动关机。

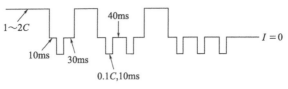

图 3-44 快速充电电流波形

3.5.7 浮充充电

浮充电是指将充好电的电池并联在高频开关电源（整流器）与负载的放电回路中，由高频开关电源（整流器）给负载提供工作电流的同时，给蓄电池提供足够补偿电池因自放电或瞬间大电流放电所损失的容量。

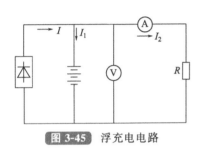

图 3-45 浮充电电路

浮充电主要用于蓄电池作为备用电源的情况，其目的是保证电池始终处于充足电的状态。特别是对于铅酸蓄电池来说，始终处于充足电的状态有利于提高电池的寿命。

如图 3-45 所示为蓄电池浮充电电路。图中 I_1 为浮充电流，是补偿自放电所需的电流；I_2 为负载电流，是系统中各负载所需电流之和；I 为高频开关电源（整流器）设备输出的总电流。三种电流间的关系为：I_1 远小于 I_2；$I = I_1 + I_2$。

3.6 铅酸蓄电池的运行方式

为了保证通信不间断，通常为通信设备配备固定用铅酸蓄电池。根据通信设备所需的电压和电流的大小，选择适当容量的铅酸蓄电池，经串联、并联或串并联组成电池组。电池组的运行方式可根据当地市电供电的可靠程度分为三类：充放电运行方式（循环制）、全浮充运行方式（连续浮充制）和半浮充运行方式（定期浮充制）。

3.6.1 充放电运行方式

（1）运行方式

由两组蓄电池轮流以充、放电循环方式给相关负载供电的运行方式，称为充放电运行方式，又叫循环制。即当一组蓄电池给负载供电时，另一组蓄电池则处于充电或备用状态，两组蓄电池在充电和放电的循环中轮换着给负载供电。

这种运行方式适用于市电不可靠、市电不稳定、无市电而用自备发电机组供给交流电或负载容量小的通信局（站）等情况。为了保证通信不间断，应选择容量较大的蓄电池，通常应能满足负载一昼夜以上所需要的电量。

（2）特点

① 优点：充放电设备简单；提供的电流无脉动交流成分。

② 缺点：水的消耗量比较大，使维护工作量增多；由于电池组要进行频繁的充放电循环，活性物质的体积不断收缩和膨胀，使正极活性物质易发生软化、脱落，致使蓄电池的使用寿命较短；蓄电池的容量较大，相应的充电设备的容量也要增大；输出的电能是由交流电经过高频开关电源（整流器）和蓄电池的再次转换后得到的，使得整个电源设备的效率较低，为 30%～40%；这种运行方式不适合用于阀控式密封铅酸蓄电池。

3.6.2 全浮充运行方式

（1）运行方式

在昼夜时间内都由整流设备和蓄电池组并联起来给负载供电的运行方式，叫全浮充运行方式或连续浮充制。

在正常情况下，全浮充运行的蓄电池组不对负载放电，整流设备除供给通信设备所需要的全部电流外，还要对蓄电池做浮充充电（如图 3-44 所示），以补偿蓄电池自放电所损失的电量及瞬间大负载放电时消耗的电量。只有当市电偶然停电、整流设备有故障或瞬间有大脉冲负载电流时，才由蓄电池放电，以保证通信设备的电源供电不中断。这种运行方式只能在市电供电可靠和电压稳定的条件下使用。

（2）浮充电流

① 浮充电流的作用。浮充电流的作用有三个：一是补偿蓄电池自放电所损失的容量；二是补偿蓄电池瞬间大电流放电所损失的容量；三是用于 VRLA 蓄电池的氧复合循环。

在防酸隔爆式铅蓄电池中，浮充电流只起前两项作用，而在阀控式密封铅蓄电池中，浮充电流要起到三个方面的作用。因此，阀控式密封铅蓄电池因氧复合循环的需要，其浮充电流的值要比防酸隔爆式铅蓄电池的值要大。

② 影响浮充电流的因素。影响蓄电池浮充电流的因素有温度、浮充电压和电池的新旧程度等。

a. 温度：温度对 VRLA 蓄电池的浮充电流影响很大，温度每升高 $10\,^{\circ}\mathrm{C}$，其浮充电流会成倍地增大。VRLA 蓄电池的浮充电流对温度的变化特别敏感，一是因为它的内部氧循环反应是放热反应；二是因为其密封、贫电解液、紧装配和超细玻璃纤维隔膜等结构特点，使电池的散热性能差，极易造成电池内部热量的积累，使电池温升显著；三是因为当电池温度升高时，电池内电化学反应速率加快，使参加氧复合循环的氧气的量和电池的自放电速度都增加，所以浮充电流也相应增大。反之，当温度降低时，其浮充电流相应减小。所以，VRLA 蓄电池的浮充电流必须随温度的变化进行调节。

b. 浮充电压：浮充电流随浮充电压的增加而增大。浮充电流值虽可通过电流表进行监测，但在实际运行中，浮充电流很难控制，其值的调节是通过控制浮充电压来实现的。

c. 电池的新旧程度：电池越旧，浮充电流越大。这种影响对于防酸隔爆式铅酸蓄电池来说十分明显，这是因为此类电池采用了铅锑合金板栅，在使用过程中，电池越旧其自放电越严重，必然需要更大的浮充电流来补偿自放电损失的容量。

（3）浮充电压

浮充电压是指浮充时各单体蓄电池两端的电压（V/只），它对 VRLA 蓄电池来说，是一个十分重要的技术参数。

① 浮充电压随温度的调节。在实际工作中，对 VRLA 蓄电池的浮充电流的调节最终是通过对浮充电压的调节来实现的，所以根据温度调节浮充电流实际上就是根据温度调节浮充电压。依据国家行业标准 YD/T 799—2010《通信用阀控式密封铅酸蓄电池》的要求，在环境温度为 $25\,^{\circ}\mathrm{C}$ 时，阀控式密封铅酸蓄电池的浮充电压应设置在 2.25V/只，允许变化范围为 $2.20\sim2.27$V/只。

这是因为 VRLA 蓄电池是贫电解液结构，其浮充电流受温度影响很大。如果电池温度发生变化后，不能及时对浮充电压进行调整，就会使电池因浮充电流过大或过小而造成电池的损坏。

如果浮充电压过高，使电池处于过充电状态，可能对电池造成的危害有：使水的分解反应加剧，析气量增大，氧复合效率降低，造成电池失水，容量下降；使正极板栅的腐蚀加剧，电池寿命缩短；使浮充电流增大，电池温度升高，造成电池的热失控。即温度升高→浮充电流增大→电池处于过充电状态→失水、正极板栅腐蚀、热失控。

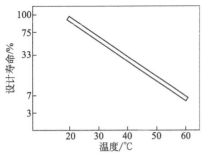

图 3-46 电池使用寿命与温度的关系

如果浮充电压过低，虽然可降低失水速度，但使电池处于充电不足状态，容易造成极板的硫化，最终缩短电池的寿命。即温度降低→浮充电流减小→电池处于欠充电状态→电池硫化。

如图 3-46 所示是 VRLA 蓄电池使用（设计）寿命与温度之间的关系。由图可见，VRLA 蓄电池在高温环境下，其寿命会受到显著的影响，所以，为了提高 VRLA 蓄电池的使用寿命，必须将其置于室温（20～25℃）下工作，即电池的工作环境应该有空调设备。一旦温度发生变化，应及时对浮充电压进行温度补偿。浮充电压的温度补偿公式为：

$$U_T = U_{25} - \alpha(T - 25℃) \tag{3-40}$$

式中，U_{25} 为温度为 25℃时的浮充电压，其值为 2.25V/只；U_T 为温度为 T（℃）时的浮充电压；α 为温度补偿系数，其值为 3～7mV/℃。当取 $\alpha = 4$mV/℃ 时，按式（3-40）可计算出不同温度下电池的浮充电压，如表 3-16 所示。

表 3-16　不同温度下 VRLA 蓄电池的浮充电压

温度/25℃	0	5	10	15	20	25	30	35
浮充电压/(V/只)	2.35	2.33	2.31	2.29	2.27	2.25	2.23	2.21

温度的采样方法很重要，它直接关系着补偿的效果。温度采样有三种方式：一是采集蓄电池附近的空气温度，这种方法最容易，但很不准确，因为蓄电池温度的升高很难引起蓄电池附近的空气温度的升高；二是采集蓄电池内部电解液温度，虽然最能反映蓄电池的实际情况，但较难实现；三是采集蓄电池外壳的表面温度，也是最实际和较容易实现的方法，目前许多设备就是根据第三种方式来采样和设计温度补偿单元。

值得注意的是，虽然在温度发生变化时可对浮充电压进行温度补偿，但并不是说电池就可在任意环境温度下使用。因为当温度过低时，升高浮充电压同样会引起浮充电流过大，造成板栅腐蚀加速；而温度过高时，降低浮充电压，会因浮充电流太小而引起电池欠充电，导致电池发生硫化。

② 浮充电压的不均衡。蓄电池组中各单体电池的浮充电压是不相同的，这种现象被称为浮充电压的不均衡或浮充电压的波动。一般来说，当 VRLA 蓄电池是新电池和电池寿命接近终止时，电压波动较大，当浮充电压设置不合理或未及时对电池进行均衡充电时，电压的波动也会增大。当然电池本身的质量不好，也是电压出现不均衡的重要原因之一。

国家行业标准 YD/T 799—2010《通信用阀控式密封铅酸蓄电池》规定蓄电池进入浮充状态 24h 后，各电池间的端电压差应符合以下要求：

a. 蓄电池组由不多于 24 只 2V 蓄电池组成时，各电池间的端电压差不大于 90mV；

b. 蓄电池组由多于 24 只 2V 蓄电池组成时，各电池间的端电压差不大于 200mV；

c. 标称电压为 6V 的蓄电池，各电池间的端电压差不大于 240mV；

d. 标称电压为 12V 的蓄电池，各电池间的端电压差不大于 480mV。

新的阀控式密封铅酸蓄电池在使用的初期，会发生各单体电池的浮充电压高于或低于平均电压的现象，但随着时间的延长（大致需半年时间），浮充电压会趋向一致，如图 3-47 所示。新电池出现浮充电压波动的原因有两个：

a. 隔膜的电解液保持率不一致。保持率高的电池中，隔膜中氧气的扩散通道少于保持率低的电池，这会造成前者的电压偏高和氧复合效率下降，但随着时间的延长，保持率高的电池由于受氧复合效率的影响而失去部分水，使其保持率下降并接近于保持率低的电池。

b. 极板化成程度不一致。化成程度低的电池，其浮充电压较低，但在浮充过程中，极板会逐渐完成化成过程，电压随之上升，并接近于化成程度高的电池。

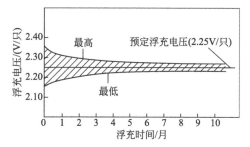

图 3-47 新电池浮充电压的波动

由图 3-47 可见，新电池经过约两个月的时间后，浮充电压的最高与最低值之间的差值基本上能满足国家行业标准 YD/T 799—2010 的规定。

表 3-17 中列出了某通信部门使用的 48 只电池的浮充电压值，可以看出，其中超过一半电池的浮充电压都高于标准中规定的电压值（2.20～2.27V/只），其最大值与最小值之间相差达 230mV。之所以出现这种情况，有可能是电池生产质量未能控制一致，或者未定期进行均衡充电，或者浮充电压设置不合理所致。

表 3-17 某蓄电池组各单体电池的浮充电压 单位：V/只

2.28	2.28	2.36	2.33	2.23	2.25	2.25	2.21
2.27	2.25	2.28	2.31	2.29	2.23	2.19	2.15
2.28	2.38	2.25	2.28	2.31	2.30	2.31	2.27
2.28	2.31	2.28	2.35	2.29	2.27	2.30	2.24
2.22	2.33	2.27	2.19	2.21	2.25	2.33	2.30
2.25	2.36	2.19	2.26	2.29	2.28	2.24	2.30

（4）特点

① 优点。

a. 铅酸蓄电池的容量小。由于市电可靠，电池的容量只须能保证市电中断后，在自备机组供电前的一段时间内对负载供电即可。一般维持对负载供电 1～3h 即可。

b. 耗水量少，维护工作量小。浮充电压低于水的分解电压，所以在浮充过程中水的分解量很少，对于防酸隔爆式铅酸蓄电池来说，补加水的工作量大大减少。

c. 使用寿命较长。蓄电池在整个寿命期间，很少进行全充全放的循环，极板不易受到损坏，电池寿命是三种运行方式中最长的。

d. 整个电源系统的效率较高。因为浮充供电时，直流电能直接由整流设备供给，不须经过电能的转换，使电源设备的效率可达 60%～80%。

e. 全浮充运行电池的情况比较稳定，易于实现智能化的监控和管理。

② 缺点。全浮充运行方式提供的电流中有一定的脉动成分，其供电电路中必须装配滤波设备和稳压装置，以保持供电电压的稳定和减小负载变化时的影响，使整个电源设备较为复杂。此外，它只能在市电供电可靠的地方使用。

3.6.3 半浮充运行方式

（1）运行方式

定期用整流设备和蓄电池并联起来给负载供电的运行方式，叫半浮充运行方式或定期浮充制。即部分时间由整流设备和蓄电池浮充供电，此时整流设备给负载提供电流的同时，也对蓄电池进行浮充，使蓄电池已放出的容量和自放电损失的容量得以补足；而在另一部分时间里由蓄电池单独供电。

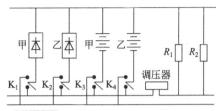

图 3-48 两组蓄电池轮流半浮充供电

这种运行方式适用于市电电网不太可靠（市电只在一定时间内供电）或负载变化较大的情况。通常用两组蓄电池进行工作，需要两台整流设备分别进行浮充供电和单独对已放电的铅酸蓄电池进行充电，如图3-48所示。

当市电正常时，整流设备甲对甲组蓄电池浮充供电，整流设备乙对乙组蓄电池进行充电。当市电中断后，由甲组蓄电池单独对负载供电，充好电的乙组蓄电池由充电状态转为备用状态。一旦市电恢复供电，甲组电池若放出的容量不多，则可继续进行浮充供电，放出的容量可通过浮充来恢复；如果甲组蓄电池已放出大部分容量，则由乙组蓄电池进行浮充供电，甲组蓄电池由整流设备甲单独对其充电，充足电后又转入备用状态。如此由两组蓄电池轮流进行"浮充供电→单独供电→充电及备用"的循环。

半浮充的另一种情况就是，当负载大时为浮充供电，负载小时由蓄电池组单独供电。通常是白天负载电流大，夜间负载电流小。

（2）特点

半浮充运行方式与全浮充运行方式和充放电运行方式相比，具有以下特点：

① 蓄电池的容量较充放电运行方式小，只要能满足停电或单独供电期间应提供的容量即可，但大于全浮充运行方式所需的容量；

② 水的消耗量及维护工作量小于充放电运行方式，但大于全浮充运行方式；

③ 蓄电池的寿命比全浮充运行方式的寿命短，但比充放电运行方式的电池寿命长；

④ 由于在浮充供电期间直接由整流设备提供负载电流，减少了电池充放电转换的功率损耗，因此设备效率较充放电运行方式高（为 $50\%\sim60\%$），但小于全浮充运行方式。

3.7 铅酸蓄电池的失效模式

VRLA 蓄电池的设计寿命长达 15～20 年，但其实际的使用寿命往往远低于其设计寿命，有的只能使用 2～3 年甚至更短。VRLA 蓄电池的使用寿命也比不上传统的防酸隔爆式铅酸蓄电池，后者通常能使用 10 年以上。导致 VRLA 蓄电池的寿命如此之短的原因有以下几个方面：一是产品的质量问题；二是电池的特殊结构；三是使用维护方法不当。特别是阀控电池的特殊结构，导致它的失效模式比普通铅酸蓄电池的失效模式要多，除了硫化、短路等失效模式外，还有失水、热失控、早期容量损失和负极汇流排腐蚀等。

3.7.1 极板硫化

（1）极板硫化的原因

铅酸蓄电池的正负极板上部分活性物质逐渐变成颗粒粗大的硫酸铅结晶，在充电时不能转变成二氧化铅和海绵状铅的现象，叫做极板的硫酸盐化，简称（极板）硫化。

铅酸蓄电池在正常使用的情况下，极板上的活性物质在放电后，大部分都变成松软细小的硫酸铅结晶，这些小晶体均匀地分布在多孔性的活性物质中，在充电时很容易与电解液接触起作用，并恢复成原来的活性物质二氧化铅和海绵状的铅。

如果使铅酸蓄电池长期处于放电状态，极板上松软细小的硫酸铅晶体便逐渐变成坚硬粗大的硫酸铅晶体，这样的晶体体积大且导电性差，因而会堵塞极板活性物质的微孔，使电解液的渗透与扩散作用受阻，并使电池的内阻增加。在充电时，这种粗而硬的硫酸铅不易转变成二氧化铅和海绵状铅，结果使极板上的活性物质减少，容量降低，严重时使极板失去可逆作用而损坏，使电池的使用寿命缩短。

通常认为是硫酸铅的重结晶造成了晶体颗粒的长大。因为小晶体的溶解度大于大晶体的溶解度，所以，当硫酸浓度和温度发生波动时，小晶体发生溶解，溶解的 $PbSO_4$ 又在大晶体的表面生长，引起较大的晶体进一步长大。

引起蓄电池极板硫化的原因很多，但都直接或间接地与电池长期处于放电或欠充电状态有关。归纳起来有以下几种：

① 长期处于放电状态。这是直接导致电池硫化的原因。其他许多原因间接引起电池硫化，也是通过使电池放电，并使其得不到及时充电而长期处于放电状态。

② 长期充电不足。如浮充电压过低、未充电至终止标志即停止充电等，都会造成电池长期充电不足，未得到充电的那部分活性物质，因长期处于放电状态而硫化。

③ 经常过量放电或小电流深放电。这会使极板深处的活性物质转变成硫酸铅，它们必须经过过量充电才能得到恢复，否则因得不到及时恢复而发生硫化。

④ 放电后未及时充电。铅酸蓄电池要求在放电后 24h 内及时进行充电，否则会发生硫化而不能在规定的时间内充足电。

⑤ 未及时进行均衡充电。铅酸蓄电池组在使用过程中，会出现不均衡的现象，其原因就是电池已出现了轻微的硫化，必须进行均衡充电以消除硫化，否则硫化会越来越严重。

⑥ 储存期间未定期进行充电维护。铅酸蓄电池在储存期间会因自放电而失去容量，要求定期进行充电维护，否则会使电池长时间处于亏电状态。

⑦ 电解液量减少。电解液液面降低，使极板上部暴露在空气中，不能有效地与电解液接触，活性物质因不能参与反应而发生硫化。

⑧ 内部短路。短路部分的活性物质因不能发生充电反应而长期处于放电状态。

⑨ 自放电严重。自放电会使恢复的铅或二氧化铅很快又变成放电态的硫酸铅，如果自放电严重，就容易使电池处于放电状态。

⑩ 电解液密度过高。密度过高使电池自放电速度加快，且容易在极板内层形成颗粒粗大的晶体。另外，密度过高还会造成放电时误以为电量充足而过量放电，充电时误以为电池已到了充电终期而实际充电不足，最终引起硫化。

⑪ 温度过高。高温会使蓄电池自放电的速度加快，且容易在其极板内层形成颗粒粗大的晶体。

对于 VRLA 蓄电池来说，贫液式结构和内部的氧复合循环也是造成其发生硫化的主要原因。这是因为：一方面贫液式结构使部分活性物质不能与电解液有效接触，而且随使用时间的延长，电解液饱和度逐渐下降，暴露在空气（氧气）中的活性物质也随之增多，这部分活性物质也因得不到充电而发生硫化；另一方面氧复合循环使充电后期正极产生的氧气在负极发生复合反应，使负极处于未充足电状态，以防止氢气的析出，但同时使负极容易因充电不足而发生硫化现象。

（2）极板硫化的现象

① 放电时的现象。

a. 容量下降：硫化电池的活性物质已变成颗粒粗大的晶体，不能恢复成充电态的二氧化铅和海绵状的铅，因此容量比正常时的容量要低，放电时其容量比正常电池先放完。

b. 端电压低：硫化电池的内阻较大，特别是极化内阻大，使放电电压偏低。

c. 电解液密度低：硫化电池的硫酸铅在充电时无法恢复，因此会使电解液的密度低于正常值，这种现象只能在普通铅酸蓄电池中观察到，对于 VRLA 蓄电池则无法观测到电解液密度的变化情况。

② 充电时的现象。

a. 端电压上升快：因硫化电池的内阻较大，所以恒流充电时电池的端电压上升速度比正常电池要快，普通铅酸蓄电池用恒流充电法充电时，其端电压可高达 2.9V 以上；如果用限流恒压法充电，则充电的限流阶段会很快结束，进入恒压阶段后，充电电流也会快速下降至充电结束状态，使电池无法充进电。

b. 过早分解水：因充电时端电压上升很快，很快就会达到水的分解电压 2.3V，使电池过早出现冒气现象，且电压过高使冒气现象十分激烈。

c. 电解液密度上升慢：因硫化电池不能发生正常的充电反应，充电电流大多用于分解水，因此电解液密度上升缓慢甚至不上升。

③ 内阻的变化。硫化电池的内阻比较大，主要是粗大的 $PbSO_4$ 颗粒堵塞微孔引起较大的浓差极化，使极化内阻增大。当电池的硫化比较严重，造成电池容量损失达 50% 以上时，就会引起蓄电池内阻的快速增加。

④ 极板的颜色和状态。硫化生成的硫酸铅呈白色坚硬的沙粒状，其体积较铅大，所以使负极板表面粗糙，严重时极板表面呈现凹凸不平的现象。硫化主要发生在负极板上，在普通铅酸蓄电池中，可通过观察负极板的颜色来发现，即负极板呈灰白色，严重时表面有白色斑点。

（3）极板硫化的处理

① 过量充电法。当电池的硫化程度轻微时，可用过量充电法。普通铅酸蓄电池可先向电池内补加纯水至规定高度，再用 10h 率电流充电，当电压达 2.5V 时，再用 20h 率电流充电，当电压又达 2.5V，并有大量气泡冒出，改用 40h 率电流充电数昼夜，一直到电压和密度等稳定不变时为止。对于 VRLA 蓄电池，则可采用均衡充电法进行过量充电。

② 反复充放电法。当电池的硫化程度较为严重，容量已损失近一半时，可采用反复充放电法。

对于普通铅酸蓄电池可用如下方法处理：

a. 首先用纯水调整液面高度，然后用 20h 率电流进行充电，当电压达 2.5V 时，停充半小时，再用 20h 率充电，当电压达 2.5V 时，又停充半小时，如此反复，直到电压和密度不再变化为止；

b. 用 10h 率电流放电，放电到终止电压 1.8V 为止，计算放电容量；

c. 静置 1~2h 后，再用 20h 率电流充电，充到电压和密度稳定不变时为止；

d. 重复步骤 b 和 c，直到放电容量接近额定容量时，即可充电投入使用。

VRLA 蓄电池的反复充、放电法，就是在前述"过量充电"之后，进行 10h 率的放电容量检测，并反复循环，直到容量恢复为止。值得注意的是，VRLA 蓄电池在硫化比较严重时，往往伴有失水现象，所以容量恢复的效果不好，必须设法打开电池，补加适量的纯水，再处理硫化故障（用上述处理普通铅酸蓄电池硫化的方法或见"失水的处理方法"）。

③ 水疗法。普通铅酸蓄电池在硫化十分严重时可用此法。具体方法是：将电池用 20h 率放电电流放到电池终止电压 1.75V，然后将电解液倒出，重新注入密度为 $1.050g/cm^3$ 的电解液（或纯水），进行小电流充电。若密度有上升趋势，则表明处理有效。当密度不再上

升时，则以 20h 率放电电流的 1/2 放电 1~2h，然后再充电，如此反复进行数次充放电，直至硫化消除为止。处理完毕后，调整电解液密度及液面高度即可。

④ 脉冲充电法。用脉冲充电法处理硫化是近年来兴起的容量恢复技术，这种方法必须用专门的脉冲充电仪器来进行。利用这种仪器进行修复的方法分为在线和离线两种。

在线修复：把能产生脉冲源的保护器并联在电池的正负极柱上，接上电源就会有脉冲输出到电池。这种修复方式的特点是所需要的能源很少，可常年并联在电池的两端，但修复速度比较慢。这种方法不仅可对硫化电池进行修复处理，而且对于正常电池可以起到抑制硫化的作用。

离线修复：修复仪可以产生快速的脉冲，脉冲电流相对比较大，产生脉冲的频率比较高，主要是用来修复已经硫化的电池。

3.7.2 内部短路

（1）内部短路的原因

内部短路指电池内部的微短路，即正负极之间局部发生短接的现象。普通铅酸蓄电池发生内部短路的原因主要有：

① 隔离物损坏或极板弯曲导致隔离物损坏，使正负极板相连而短路；

② 活性物质脱落太多，使底部沉积物堆积过高，与正负极板的下缘相连而短路；

③ 导电体掉入正负极板之间，使正负极板相连而短路。

VRLA 蓄电池发生内部短路的原因主要是铅枝晶生长，与活性物质的脱落无关，因为紧装配方式可防止活性物质的脱落。铅枝晶生长与以下因素有关：

① 超细玻璃纤维隔膜：隔膜中存在的氧气扩散通道，为铅枝晶的生长提供了条件，即铅枝晶沿隔膜中的大孔生长，造成短路。

② 过量充电：过量充电时，负极容易生成铅枝晶。

（2）内部短路的现象

① 放电时的现象。铅酸蓄电池发生内部短路后，放电现象与硫化时的放电现象相同，即放电容量低、电压偏低、电解液密度低（普通铅酸蓄电池能观察到）。

② 充电时的现象。普通铅酸蓄电池采用恒流法或限流恒压法进行充电时，短路的现象为：

a. 温度高：短路使充电反应无法完成，即电能不能转变成化学能，只能转变成热能，造成电池温度升高。

b. 端电压上升慢：由于电池内部微短路，使电池电动势下降，导致恒流充电时充电电压偏低。如果用限流恒压法充电，则恒流充电阶段因电压上升慢而充电时间延长，甚至不能进入恒压充电阶段。

c. 冒气迟缓：因充电时端电压上升缓慢，甚至不上升，很难达到水的分解电压 2.3V，所以冒气迟缓，甚至不冒气。

d. 电解液密度上升慢：短路发生后，充电电流经过短路点流回外电路，使充电反应无法完成，因此电解液密度上升缓慢甚至不上升。即使有部分充电反应发生，也会因短路而发生自放电，导致电解液密度下降。

对于 VRLA 蓄电池来说，只能用限流恒压法进行充电，当发生短路时，能观察到的现象只有上述的 a、b 条，观察不到 c、d 条。

普通铅酸蓄电池和 VRLA 蓄电池的短路与硫化现象比较见表 3-18 和表 3-19。

表 3-18 普通铅酸蓄电池硫化与短路的比较

现象 \ 失效模式		硫化	短路
放电现象		① 电压低且下降快 ② 放电容量低 ③ 电解液密度偏低	① 电压低且下降快 ② 放电容量低 ③ 电解液密度偏低
充电现象	限流恒压充电	① 限流（或恒流）充电阶段电压上升快，使本阶段充电很快结束 ② 恒压充电阶段电流下降快，并很快到达充电结束阶段 ③ 电解液密度上升慢	① 限流（或恒流）充电阶段电压上升慢，使本阶段充电时间延长，甚至不能进入恒压充电阶段 ② 电解液密度上升慢 ③ 温度高 ④ 冒气迟缓
	恒流充电	① 电压上升快，甚至高达 2.9V 以上 ② 冒气早，而且剧烈 ③ 电解液密度上升慢	① 电压上升慢 ② 冒气迟缓 ③ 电解液密度上升慢 ④ 温度高

表 3-19 VRLA 蓄电池硫化与短路的比较

现象 \ 失效模式	硫化	短路
放电现象	① 电压低且下降快 ② 放电容量低	① 电压低且下降快 ② 放电容量低
充电现象 （限流恒压充电）	① 限流（或恒流）充电阶段电压上升快，使本阶段充电很快结束 ② 恒压充电阶段电流下降快，并很快到达充电结束阶段	① 限流（或恒流）充电阶段电压上升慢，使本阶段充电时间延长，甚至不能进入恒压充电阶段 ② 温度高

由上述两表可见，短路电池和硫化电池的放电现象相同，但充电现象不同，因此，可以根据充电时的现象来区分这两种失效模式。

（3）内部短路的处理

VRLA 蓄电池短路后无法修理，只能更换新的电池。处理普通铅酸蓄电池短路故障的方法应该针对具体原因而有所不同，具体的方法有：

① 隔离物损坏者，更换新的隔离物。

② 由于极板弯曲导致内部短路者，可视弯曲的程度进行处理：极板弯曲轻者，更换新隔板；极板弯曲重者，更换极板或电池。

③ 活性物质脱落太多使底部沉积物堆积过高者，清除脱落的活性物质。

④ 其他导电体落入正负极板之间时，如果是透明的容器，可用塑料棍从注液孔插入正负极板之间，排除短路物体；如果是不透明的容器，可以先用 10h 率电流放电到 1.8V 为止，再除去封口胶，将极板取出后排除短路物体，必要时换上新隔板。

值得注意的是，短路电池都伴随有硫化故障，排除短路故障后，必须处理硫化。

3.7.3 极板反极

电池的反极是指蓄电池组中个别落后电池在放电后期最先放完电，而后被其他正常电池反充，发生正负极性颠倒的现象。

（1）极板反极的原因

落后电池往往有硫化或短路故障，其表现为密度偏低、容量较小，因此在放电过程中会很快放完容量，端电压也下降很快，此时它非但不能放电，还会造成其他电池对其进行充电。由于蓄电池组是串联放电，所以其他正常电池对它进行的是反充电，结果造成正负极性反转，成为反极电池。

此外，用容量不同的电池或新旧程度不同的电池串联放电，也会使小容量的电池或旧电池在放电后期被大容量的电池或新电池反充，成为反极电池。所以，型号规格不同的电池或新旧程度不同的电池不能串联起来进行充电。

另一种引起反极的原因是充电时将正负极性接错，这种反充常常因为不易察觉而造成电池的严重反极，甚至损坏电池，因此每次充电前应仔细检查接线是否正确。

（2）极板反极的现象

电池组在放电过程中，由于反极电池原有的放电电压急剧下降，而后被反充时又被加上2V以上的反向电压，所以每出现一只反极电池，铅酸电池组的总电压就要降低4V以上。如果在不断开负载的情况下，测量各单体蓄电池的电压，就可发现反极电池的电压为负值，且电解液密度也偏低。

（3）极板反极的处理

发现反极电池应立即将其从蓄电池组中拆下来，单独进行处理。由于电池的反极通常是由电池的硫化引起的，所以按处理硫化的方法，单独对其进行小电流过量充电或反复充放电，直到其容量恢复正常后，才能投入使用。

若电池反极时间短，又能及时从电池组中取出并进行处理，一般能使其恢复正常。但若反极时间长，特别是充电时极性接反而造成的反极，由于负极已生成二氧化铅，正极已生成铅，电池极性完全反转，则很难恢复，必须进行多次长时间小电流过量充电和放电的循环处理，才能恢复正常，而且该电池的寿命也会明显低于其他未被反充的电池。

3.7.4 正极板栅腐蚀

正极板栅腐蚀指正极板栅在电池过充电时，因发生阳极氧化反应而造成板栅变细甚至断裂，使活性物质与板栅的电接触变差，进而影响电池的充放电性能的现象。

（1）正极板栅腐蚀的原因

正极板栅腐蚀的原因主要是板栅上的铅在充电或过充电时发生了如下的阳极氧化反应：

$$Pb + H_2O \longrightarrow PbO + 2H^+ + 2e \tag{3-41}$$

$$PbO + H_2O \longrightarrow PbO_2 + 2H^+ + 2e \tag{3-42}$$

$$Pb + 2H_2O \longrightarrow PbO_2 + 4H^+ + 4e \tag{3-43}$$

当板栅中含有锑时，会同时发生如下反应：

$$Sb + H_2O - 3e \longrightarrow SbO^+ + 2H^+ \tag{3-44}$$

$$Sb + 2H_2O - 5e \longrightarrow SbO_2{}^+ + 4H^+ \tag{3-45}$$

上述反应在浮充电压和温度过高时会加速发生，引起正极板栅的腐蚀速度加快，并因为腐蚀反应消耗水而引起电池失水。

（2）正极板栅腐蚀的现象

正极板栅腐蚀不太严重，还未影响到活性物质与板栅之间的电接触时，电池的各种特性如电压、容量和内阻均无明显异常。但当正极板栅腐蚀很严重使板栅发生部分断裂时，电池在放电时会出现电压下降、容量急剧降低以及内阻增大等现象。如果腐蚀还发生在极柱部位并使之断裂，则放电时正极极柱有发热现象。

（3）正极板栅腐蚀的预防

要减缓正极板栅腐蚀的速度，使用时应做到：①不要经常过量充电；②不要在温度过高的环境中使用电池；③根据环境温度的变化调整浮充电压。值得注意的是，在温度过低的情况下，为了保证电池处于充电状态，要提高浮充电压到比较高的值，这同样有引起板栅腐蚀的危险，所以蓄电池也不宜在温度过低的环境中使用。

3.7.5 失水

指蓄电池内由于氧复合效率低于100％、水的蒸发等导致水的逸出而引起电解液量的减少，进而造成电池放电性能大幅下降的现象。研究表明，当水损失达到$3.5mL/(A \cdot h)$时，放电容量将低于额定容量的75％；当水损失达到25％时，电池就会失效。

研究发现，大部分阀控式密封铅酸蓄电池容量下降的原因，都是电池失水。一旦电池失水，就会引起电池正负极板跟隔膜脱离接触或供酸量不足，造成电池因活性物质无法参与电化学反应而放不出电来。

（1）失水的原因

① 气体复合不完全：在正常状态下，阀控式密封铅酸蓄电池的气体复合效率也不可能达到100％，通常只有97％～98％，即在正极产生的氧气有2％～3％不能被其负极吸收，并从电池内部逸出。氧气是充电时分解水形成的，氧气的逸出就相当于电解液中水的逸出。2％～3％的氧气虽然不多，但长期积累就会引起电池严重失水。

② 正极板栅腐蚀：从化学反应式（3-40）～式（3-42）可以看出，正极板栅腐蚀要消耗水。

③ 自放电：蓄电池正极自放电析出的氧气可以在负极被吸收，但负极自放电析出的氢气却不能在正极被吸收，只能通过安全阀逸出而导致电池失水。当环境温度较高时，自放电加速，因此而引起的失水会增多。

④ 安全阀开阀压力过低：电池的开阀压力设计不合理，使开阀压力过低时，将使安全阀频繁开启，加快水的损失速度。

⑤ 经常均衡充电：在均衡充电时，由于提高了充电电压，使析氧量增大，电池内部压力增大，一部分氧来不及复合就通过安全阀逸出。

⑥ 电池密封不严：电池密封不严使电池内的水分和气体易逸出，导致电池失水。

⑦ 浮充电压控制不严：通信用阀控式密封铅酸蓄电池的工作方式是全浮充运行，其浮充电压有一定的范围要求，而且必须进行温度补偿，其值的选择对电池寿命影响较大。浮充电压过高或浮充电压没有随温度的上升而相应调低，都会加速电池失水。

⑧ 环境温度过高：环境温度过高就会引起水的蒸发，当水蒸气压力达到安全阀的开阀压力时，水蒸气就会通过安全阀逸出。所以阀控式密封铅酸蓄电池对工作环境温度要求较高，将其控制在20℃±5℃内为宜。

（2）失水的现象

阀控式密封铅酸蓄电池发生失水后，因为其密封和贫电解液结构，所以不能像防酸隔爆铅酸蓄电池（容器是透明的）那样，能直接用肉眼观察到水的损失。

① 内阻的变化：当电池失水比较严重，造成电池容量损失达50％以上时，就会引起电池内阻的快速增加。

② 放电时的现象：蓄电池放电时的现象基本上与硫化现象相同，即容量和端电压都出现下降。这是因为失水后使部分极板不能与电解液有效地接触，也就失去了部分容量，放电电压也因此下降。

③ 充电时的现象：电池失水后因为失去了部分容量，使充电的第一阶段较快结束，即

表现为电池充不进电。

由此可见，电池发生失水后，表现出来的现象与硫化现象基本相同。事实上这两种故障之间有联系，即硫化会加快水的损失，失水必然伴随有硫化的发生。在通常情况下，只要平时按照规程进行维护，出现硫化故障的可能性就小，但长时间的正常运行也会使水分逐渐性减少，因此，一旦出现容量下降，并充不进电，则基本上可以判断电池发生了失水故障。

（3）失水的处理

失水的处理流程为：打开电池盖→补加纯水→处理硫化故障→将电池密封。

① 适当补加纯水。

a. 打开电池盖：因为阀控式密封铅酸蓄电池不是全密封电池，都留有排气通道，所以电池盖与电池槽之间通常只是部分粘接在一起，即留有缝隙用于排气。只要找到粘接位置，用适当的工具即可打开电池盖。

b. 补加适量的纯水：补加纯水时要注意适量，因为阀控式密封铅酸蓄电池是贫液式电池，加水过多会堵塞气体通道，影响氧气的复合效率。不过氧复合效率低，会使过量的水被不断消耗，并最终使电池处于贫液状态。但是，如果加水量太多造成电解液呈流动状态，则会使侧立安置的电池发生漏液现象。

② 处理硫化故障。由于失水电池都伴随有硫化故障，所以补加适量纯水后，必须按照处理硫化故障的方法消除极板硫化。电池容量恢复后，用粘接剂将电池密封好，密封时要注意在电池盖和电池槽之间留一定的排气缝隙。

（4）减少失水的措施

① 正确选择和及时调整浮充电压。浮充电压过高，电解水反应加剧，析气速度加快，失水量必然增大；浮充电压过低，虽然可降低失水速度，但容易引起极板硫化。因而必须根据负荷电流大小、停电频率以及电池温度和电池组新旧程度及时调整浮充电压。

② 保持合适的环境温度。尽可能使环境温度保持在 $20℃±5℃$，这样方可保持电池内部温度不超过 $30℃$。机房内环境温度不得超过 $35℃$。

③ 定期检测电池内阻（或电导）。虽然用电导仪测电池电导可以判断电池质量，但是当电池组的容量在额定容量的 50% 以上时，测得的电导值几乎没有变化，只有在容量低于额定容量的 50% 时，电池电导值才会迅速下降。因此当蓄电池组中各单体电池的容量均大于 $80\%C_{额}$，就不能用电导（或内阻）来估算电池容量和预测电池的使用寿命。然而对同一电池而言，一旦发现内阻异常增大，则很可能是失水所致，其结果必然导致容量下降。

3.7.6 热失控

热失控是指恒压充电时，浮充电流与温度发生一种积累性的相互增长作用，从而导致电池因温度过高而损坏的现象。

（1）热失控的原因

① 氧复合反应放热：正极产生的氧气在负极发生的氧复合反应是一个放热反应，该反应放出的热如果不能释放出去，就会使电池的温度升高。

② 电池结构不利于散热：阀控式密封铅酸蓄电池的结构特点是密封、贫电解液、紧装配和超细玻璃纤维隔膜（隔热材料），都不利于散热。即这种电池不像富液式电池那样，能通过排气、大量的电解液和极板间非紧密的排列来散发掉电池内产生的热量。

③ 环境温度高：环境温度越高越不利于电池散热，而且温度增加会使浮充电流增大，浮充电流与温度会发生相互增长的作用。所以充电设备应有温度补偿功能，即当温度升高时调低浮充电压。

④ 浮充电压过高：浮充电压设置过高，会使浮充电流增大，导致电池温度升高。

（2）热失控的现象

热失控发生时主要表现为电池的温度过高，严重时造成电池变形并有臭鸡蛋味的气体排出，甚至有发生爆炸的可能。

（3）热失控的处理

发生热失控的电池通常伴有失水现象，所以可采用处理失水的方法进行处理。此外，还可以通过如下措施来预防热失控的发生：

① 充电设备应有温度补偿和限流功能；

② 严格控制安全阀质量和设计合理的开阀压力，以通过多余气体的排放来散热；

③ 合理安装电池，在电池之间留有适当的空间；

④ 将电池设置在通风良好的位置，并保持合适的室内温度。

3.7.7 负极汇流排腐蚀

一般情况下，负极板栅及汇流排不存在腐蚀问题，但在阀控式密封蓄电池中，当发生氧复合循环时，电池上部空间充满了氧气，当隔膜中电解液沿极耳上爬至汇流排时，汇流排的合金会被氧化形成硫酸铅。如果汇流排焊条合金选择不当或焊接质量不好，汇流排中会有杂质或缝隙，腐蚀会沿着这些缝隙加深，致使极耳与汇流排断开，从而导致阀控式密封蓄电池因负极板腐蚀而失效。

综上所述，VRLA 蓄电池不仅失效模式的种类较多，而且难以对其失效模式做出准确的诊断，这是因为：

① VRLA 蓄电池的各种失效模式都可能由多种因素引起，包括使用因素、结构因素，如表 3-20 所示列出了引起硫化、短路、失水、热失控和正极板栅腐蚀等五种常见失效模式的使用因素和结构因素。

表 3-20 引起 VRLA 蓄电池失效的使用因素和结构因素

失效模式	使用因素	结构因素
硫化	①充电不足；②未及时充电；③浮充电压过低；④长期处于放电状态；⑤环境温度高	贫液式
失水	①充电电流过大；②经常过充电；③浮充电压过高；④环境温度高	①贫液式；②密封式
正极板栅腐蚀		—
热失控		①贫液式；②密封式；③紧装配；④超细玻璃纤维隔膜
短路	①经常过量充电；②浮充电压偏高	超细玻璃纤维隔膜

② VRLA 蓄电池的密封结构，使其内部情况不易观察得到，加上其贫液结构，使对失水这种简单故障都无法做出准确的诊断。

③ 相同的使用因素会同时引起多种失效模式，如充电电流过大、经常过充电、浮充电压过高、环境温度高可能同时引起失水、热失控、正极板栅腐蚀等。

④ 各种失效模式之间相互影响，即一种失效模式可能引起另一种失效模式，图 3-49 表示出了五种常见失效模式之间的相互影响。

图 3-49 各种失效模式之间的关系

3.8 铅酸蓄电池的维护

3.8.1 安装方法

新电池的安装质量会直接影响蓄电池日后的运行和维护工作，对蓄电池的使用性能和寿命都起着十分重要的作用，正确的安装涉及以下几个方面：

① 电池的选择：应选择同一厂家同型号、同批次的蓄电池，以保证各电池间各种性能的一致性；尽量选择单体电池，以方便在维护过程中能监测到每只电池的有关数据；禁止将不同厂家、不同型号、不同种类、不同容量、不同性能以及新旧程度不同的电池串、并联在一起使用，因为性能不一致的电池不便于维护，而且性能差的电池会影响整个电池组的寿命。

② 连接方式：最好只对电池进行串联，即选择合适容量的电池，通过串联组成电池组。只有在条件受限时，才采用几个单体电池并联组成电池组。

③ 安装位置：蓄电池应放置在通风、干燥、远离热源和不易产生火花的地方，电池排列不能过于紧密，单体电池之间应至少保持 10mm 的间距。

④ 环境温度：蓄电池应在适宜的环境温度下工作，允许工作温度范围为 10~30℃。在条件允许的情况下，蓄电池室应安装空调设备并将温度控制在 22~25℃之间。这不仅可延长蓄电池的寿命，而且可使蓄电池有最佳的容量。

⑤ 电池放置方向：为了使 VRLA 蓄电池的电解液上下比较均匀地吸附在隔膜中，在安装时应根据极板的几何形状放置，长极板（高型）的宜卧放，短极板（矮型）的宜立放。

⑥ 极柱的连接：蓄电池的极柱是用连接条相互连接在一起的，在紧固极柱时，力矩要适当。力量太大会使极柱内的铜套溢扣，力量太小又会造成连接条与极柱接触不良，因此安装中最好采用厂家提供的专用扳手，或参照厂家提供的参考值。

⑦ 注意安全：由于电池串联后电压较高，故在装卸导电汇流排时，应使用绝缘工具，戴好绝缘手套，以防因短路而引起设备损坏和人身伤害。

⑧ 补充电与容量测试：安装完毕的蓄电池在启用前是否补充电依储存期限而定。通常出厂时间不长，可随时安装使用；若储存时间超过 6 个月，则应先进行补充电再使用；若储存时间超过一年，则经补充电后，须做容量测试并达到要求后再投入使用。

在补充电和容量测试过程中，应认真记录单体电池的电压、内阻和放电容量等数据，作为原始资料妥善保存。在蓄电池运行过程中，每半年须将运行数据与原始数据进行比较，如发现异常情况应及时进行处理。

3.8.2 充电维护方法

蓄电池是供电系统中不可缺少的设备，固定用 VRLA 蓄电池因具有不需要加水、逸气和酸雾极少等特点而被广泛使用。蓄电池是有一定使用寿命的，如果不了解其电特性，不注意日常维护，就会引起电池的容量损失而使电池提前失效。一旦蓄电池容量下降而达不到预定的放电时间，就不能保证负载（如通信设备）正常工作，甚至造成重大的责任事故，因此必须了解蓄电池的性能，并能对其进行正确的使用和维护。

（1）新电池的补充电

普通铅酸蓄电池在使用前必须加电解液并对其进行初充电，但 VRLA 蓄电池是带着电解液以荷电态出厂，所以在投入使用前不需要进行初充电。由于电池从生产、入库、包装、运输、安装到投入运行往往需要数月时间，因此，在投入正式使用前应进行补充电，否则电池浮充电压的波动要达到正常的范围将需要较长时间。补充电的方法有：

① 以（2.35±0.02）V/只的电压进行限流恒压充电，充电时间在 16～20h。

② 先用 $U_充=2.4$V/只，充电 24h；然后转入浮充状态，用 $U_浮=2.25～2.30$V/只的电压浮充 3～7d；当 $I_浮$ 非常小时，电池组即可进入正常运行。值得注意的是，串联电池数不同时，第二阶段的电压应取不同的值，即

12～48V 的电池组：$U_浮=2.25～2.27$V/只；高电压（大于 48V）的电池组：$U_浮=2.27～2.30$V/只，这是因为当电池组的电压高（串联电池数多）时，较高的 $U_浮$ 可使所有电池的电压至少有 2.20V/只，能使电池组中所有电池都处于充电状态。

（2）正常充电

蓄电池在放电之后的充电称为正常充电。铅酸蓄电池必须在放电后的 24h 之内进行正常充电。VRLA 蓄电池的正常充电采用的是限流恒压法，初期电流限定在 0.2C 以下，恒定的电压为 2.25～2.35V/只（25℃）。

如图 3-50 所示为采用限流恒压法（$0.1C_{10}$，2.25V/只）对 100% 放电后的 VRLA 蓄电池进行充电时的充电特性曲线。由图可见，在充电前期（0～7.5h）的充电电流恒定在 $0.1C_{10}$，此时电池的端电压逐渐上升到 2.25V/只（25℃）；在充电的后期，电压恒定在 2.25V/只，充电电流先呈指数规律迅速衰减（7.5～10h），然后缓慢减小（10～20h）；在电池充电结束阶段，电流值很小并基本保持不变。实际上，不同的电池厂家都对其生产的电池规定有相应的充电电压值，使用过程中要详细阅读使用说明书。

限流恒压法所需的充电时间与下列因素有关：

一是与电池充电前的放电深度有关，试验表明，放电深度越深，充电所需时间越长。

二是与恒定的电流和电压值有关，如图 3-51 所示。试验表明，提高电流和电压值，可使充电终止提前到达。

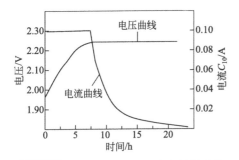

图 3-50 VRLA 蓄电池的充电特性曲线

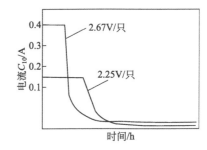

图 3-51 不同电压下的限流恒压充电曲线

值得注意的是，过高的充电电压会降低氧复合效率，而且使负极有氢气析出，这将导致水的损失十分严重，所以不宜用过高电压充电。

限流恒压充电法的充电终止阶段的电流太小，有可能使电池充电不足。为了使电池在充电末期获得足够的充电电流，可以在充电快结束时，将电压适当增加，以提高充电终期的充电电流。假如前期的充电电压恒定在 2.25V/只（25℃）左右，后期则可恒定为 2.35V/只左右。如图 3-52 所示。

（3）均衡充电

电池在浮充过程中，由于种种原因会出现容量和电压不均衡的现象，若不消除这种不均衡，就会使这种不均衡更加严重，并形成所谓的"落后电池"。所以，应该定期对电池组进行均衡充电。均衡充电就是当蓄电池组中各电池出现端电压不均衡的现象时，对全组电池进行的过量充电。均衡充电的目的就是防止电池发生硫化或消除电池已经出现的轻微硫化。VRLA 蓄电池遇到下列情况之一时，应进行均衡充电：

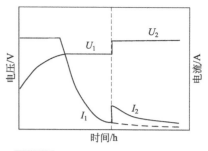

图 3-52 递增电压充电的充电曲线

① 两只以上单体电池的浮充电压低于 2.18V（对于 48V，24 只电池而言）；

② 放电深度超过 20%；

③ 闲置不用的时间超过六个月；

④ 全浮充时间超过三个月；

⑤ 温度变化而没有及时修正浮充电压。

按照国家行业标准 YD/T 799—2010《通信用阀控式密封铅酸蓄电池》规定，均衡充电应采用限流恒压的方式。具体方法是：当环境温度为 25℃ 时，均衡充电的电压应设置在 2.30～2.40V/只，充电电流应小于 $0.25C_{10}$（A），充电时间一般为 8～12h。当环境温度每升高或降低 1℃，单体电池的均衡充电电压应下降或升高 3～7mV/只。为了延长蓄电池的使用寿命，当均衡充电的电流减小至连续 3h 不变时，必须立即转入浮充电状态，否则，将会造成电池过充电而影响其使用寿命。

（4）补充充电

补充充电是指单独对落后电池进行的过量充电。VRLA 蓄电池的补充充电可用专门的单体电池容量恢复仪进行充电。如补充充电后，电池的容量仍不能恢复，则说明电池已经出现故障，必须进行专门处理。

3.8.3 日常维护

传统的防酸隔爆铅酸蓄电池是 20 世纪 60 年代末就开始使用的，对它的维护已积累了十分丰富的经验，VRLA 蓄电池是 90 年代初才开始逐渐取代防酸隔爆式铅酸蓄电池进入通信电源领域，对它的维护经验相比前者而言要少，特别是厂家对这种电池的优点做了夸大宣传，让使用者忽略了对电池的日常维护，使电池寿命受到了严重的影响。实际上，VRLA 蓄电池的一些优点也是以牺牲电池的寿命为代价的，为此对它的维护要求更高。

为了更清楚地了解 VRLA 蓄电池（GMF）的维护工作的重要性，现将它与防酸隔爆式铅酸蓄电池（GF）的特点比较于表 3-21 中。

表 3-21 GF 和 GMF 电池的特点比较

电池种类	防酸隔爆式铅酸蓄电池（GF）	阀控式密封铅酸蓄电池（GMF）
结构特点	富液式（$d_{15}=1.20～1.22g/cm^3$） 排气式（防酸隔爆帽）	贫液式（$d_{15}=1.28～1.30 g/cm^3$） 密封式（安全阀）
散热性能	好	差
环境温度	范围宽，可不需空调	需空调控制在 20～25℃
$U_浮$ 的温度补偿	不需要	需要
纯水的补充	需要经常补加纯水	不需补加纯水

电池种类	防酸隔爆式铅酸蓄电池（GF）	阀控式密封铅酸蓄电池（GMF）
电池内部情况	可观察到	不能观察
电池室	需要（酸雾逸出对环境与设备有腐蚀）	不需要（无酸雾逸出）
自放电	严重	小
比能量	较小	较大
失效模式	少	多
使用寿命	长（15～20年）	短（几年）
维护工作	简单、繁重	智能化、少

由表可见，阀控式密封铅酸蓄电池的优点主要表现在：①对环境和设备几乎无污染和腐蚀；②不须补加纯水，维护工作量少；③可不单设蓄电池室，电池可多层放置，占地面积少；④电池的比能量高；⑤自放电小。这些优点正好能满足通信设备对分散式供电的要求，也是阀控式密封铅酸蓄电池得到广泛应用的主要原因。

但是，阀控式密封铅酸蓄电池的缺点与它的优点一样十分突出，如：①不能观察到电池内部的工作情况；②不能补加纯水；③散热性能差；④失效模式多；⑤使用寿命短。这些缺点主要是由阀控式密封铅酸蓄电池的结构特点决定的，使得它对温度特别敏感，所以对它的维护要求更高，最好对其进行智能化的管理和维护。

由上讨论可见，为了保持阀控式密封铅酸蓄电池的性能和延长其使用寿命，必须做好以下几个方面的日常维护工作。

（1）保持清洁卫生

每周定期擦拭蓄电池和机架上的灰尘，保持蓄电池的清洁。灰尘积累太多，会使蓄电池组连接点接触不良，改变蓄电池充放电时的电压值，容易引起故障。擦拭蓄电池时切记要用干布或毛刷，最好使用吸尘器。

（2）每天巡视一次

每天要定时察看蓄电池，一要闻空气中是否有微酸气味，如果有微酸气味，则有可能是浮充电压设置过高，导致蓄电池排出酸雾，此时要及时调整浮充电压和进行通风处理；二要看蓄电池的外形有无变形、温度是否正常、蓄电池的接线端子和安全阀有无渗液、安全阀能否正常开启等，如果有异常则要及时查明原因并更换蓄电池。

如果有空调设备，应检查空调的温度控制情况，保证温度控制在25℃左右；如果没有空调设备，则应根据室内温度及时调整浮充电压。

（3）每周测试电压值

25℃时蓄电池的浮充电压值为2.25V/只。电压选择过低时个别电池会由于长期充电不足造成硫化而失效；电压过高，氧复合效率低，则气体逸出量增加，电池容易失水。

蓄电池的均充电压值为2.35V/只，不应超过2.40V/只，充电电压过高将引起充电电流过大，产生的热量会使电解液温度升高，温度升高又会导致充电电流增大，如此循环会使蓄电池发生热失控而变形、开裂。值得注意的是，在测试蓄电池的电压值时，一定要在电池组两端点上测量，如果在其他处测试，将会产生电压降，使测试的结果不准确。

（4）每月测量单体蓄电池的电压值

蓄电池串联使用容易存在电压不均衡的现象，电压低者易成为落后电池。如果落后电池得不到及时的充电，则在以后的充放电或者浮充过程中，其落后程度会越来越深，最终致使落后电池失效。所以每月应测量每个单体蓄电池的电压值，对电压值低于2.18V的蓄电池要进行均衡充电，使其恢复到完全充电状态，以避免个别落后电池失效。

（5）定期进行均衡充电

每季度对全组电池进行一次均衡充电，充电方法如前所述。

（6）每半年测量内阻和开路电压

电池的内阻或电导在电池的剩余容量大于50%时，几乎没有什么变化，但在剩余容量小于50%之后，内阻几乎呈线性上升。蓄电池内阻与剩余容量的关系如图3-53所示。由图可见，当电池的内阻出现明显下降时，电池的容量已显著下降。所以，可通过测量蓄电池的内阻发现落后或失效电池。

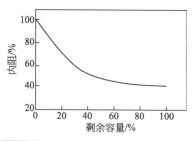

图 3-53 电池内阻与剩余容量的关系

在有条件的情况下，即在保证不会对通信造成中断的情况下，可让蓄电池脱离充电设备，大约静置2h后测量其内阻和开路电压。内阻大和开路电压低的蓄电池，应及时对其进行容量恢复处理，若不能恢复（容量达不到额定容量的80%以上），则对其进行更换。

（7）注意放电深度

阀控式密封铅酸蓄电池的寿命与放电深度密切相关，当蓄电池单独给负载供电时，尽量不要放电过多，否则在浮充时要提高充电电压来补足放掉的容量，这意味着电池可能会在此过程中损失一些水分，时间一长就会使电池因失水而失效。所以，当市电停电或整流设备出现故障时，应及时启动发电机组对负载供电，以此减少蓄电池的放电时间。

如果蓄电池必须长时间放电，则应严格控制放电终止电压，防止电池过放电。因为在通信领域中，蓄电池的放电速率大都在 $0.02 \sim 0.05 C_{10}$ 内，所以应将放电的终止电压设置在1.90V/只左右。如果过放电，就必须过量充电，这会加速水的损失，而不过量充电又会使电池充电不足。因此要严防过放电。

（8）检查连接部位

每半年应检查一次连接导线、螺栓是否松动或被腐蚀污染，松动的螺栓必须按规定力矩及时拧紧，被腐蚀污染的接头应及时清洁处理。电池组在充放电过程中，若连接条发热或压降大于 10 mV 以上，应及时用砂纸等对连接条接触部位进行打磨处理。

（9）放电测试

每年核对性放电一次（实际负荷），记录各单体电池电压，检查是否存在落后电池，放电容量为额定容量的30%～40%；每三年进行一次容量试验，六年后每年做一次容量测试，放电容量为额定容量的80%。

（10）搁置蓄电池的维护

搁置不用的蓄电池应在干燥、通风的地方储存，储存温度不宜太高，最好在室温（25℃）左右，否则电池的自放电严重，易使电池发生失水和硫化。搁置的蓄电池应定期进行充电维护，否则会因为长期闲置而发生硫化，引起蓄电池过早失效。通常每半年充电1次，充电方法为限流恒压法，电压为 2.35V/只（25℃），若环境温度不在 25℃，则应对电池电压进行温度补偿，补偿系数为3～7mV/℃。

3.8.4 剩余容量的测量

通信用 VRLA 蓄电池以全浮充运行方式工作，平时靠浮充电压来保持充电状态，但长时间的浮充状态不利于对电池健康状态的了解。在日常维护工作中，为了估算电池在市电停电期间能持续放电的时间，或了解蓄电池在长期浮充运行后的技术性能状况，需要对蓄电池的容量进行测试。

在 VRLA 蓄电池的维护工作中，要定期对其做两种放电测试：一是核对性放电，每年一次，其放电量为 $30\% \sim 40\% C_{10}$；二是容量测试，每三年一次，六年后每年一次，其放电量为 $80\% C_{10}$。

核对性放电和容量测试的意义在于：①可对蓄电池的容量进行检测，评估蓄电池的容量，即可用电池的剩余容量作为铅酸蓄电池使用寿命是否终结的判据；②可消除电池的硫化。若经过 3 次测试，蓄电池组的容量均达不到额定容量的 80% 以上，可认为此组蓄电池的寿命已终止，应予以更换。

容量测试分为离线测试和在线测试两种，前者为蓄电池脱离实际（通信）负载进行的容量测试，后者为蓄电池在实际运行中进行的容量测试。

在容量测试前应做好以下准备工作：①检查电池组的各连接点是否拧紧；②准备好原始记录和前一次放电记录，以备与本次放电记录做比较；③对将做放电测试的电池组充足电，以便能测试出真实的容量；④对另一组电池也充足电，使供电系统在放电测试期间能保证供电不间断。

（1）离线测试

当负载较小时，可用假负载做离线放电测试，假负载为可变电阻器。测试步骤为：

① 将电池组脱离供电系统，并将假负载串联到蓄电池组的两端；

② 用 10h 率电流对负载放电，定时测量每一电池电压；

③ 核对性放电的放电量控制在 $30\% \sim 40\% C_{10}$，容量测试的放电量控制在 $80\% C_{10}$；

④ 由于蓄电池组中可能存在落后电池，所以在放电过程中要认真监测蓄电池电压，特别要注意电压下降快的电池，当有一只电池的电压降到终止电压 1.8V/只时，应立即停止放电，并找出落后电池；

⑤ 根据放电电流和放电时间计算出电池组的容量，并换算成 25℃ 时的容量；

⑥ 放电后应及时对电池组充电，并处理好落后电池，不能恢复者做更换处理。

离线测试具有如下特点：a. 电池组须脱离系统，如果市电突然停电，则可能会造成系统瘫痪；b. 容易因工作失误造成电池过度放电；c. 工作量大；d. 须用高频开关电源（整流器）离线均充二十多小时，易造成某些电池过充；e. 须消耗大量电能，并产生大量热量。

（2）在线测试

当负载较大时，可以采用在线测试法进行放电测试。在线测试不必将蓄电池组脱离系统，只需将开关电源（整流设备）关闭，让蓄电池组直接对实际系统进行放电即可。在放电过程中人工测量记录电池的端电压，当某一单体电池达到或接近终止电压时，恢复市电，并将该单体电池确定为落后电池，其容量作为电池组的容量。

与离线测试不同的是，放电电流不一定是 10h 率的电流，而是由负载大小来决定的。放电终止电压的大小应根据负载电流的范围来确定。

与离线测试相比，在线测试具有劳动强度较小、操作简单、节省电能等优点，但同样存在如下问题：

① 需人工进行蓄电池电压测量，两次测量的间隔期可能存在某些单体电池过度放电的可能性（可装上集中监控系统解决这个问题）；

② 如果在放电期间发生停电，则有可能使系统瘫痪，所以为了系统的安全，可只放电 20% 左右，而失效电池在放电深度 20% 的情况下不一定能检测出来；

③ 由于放电电流不能恒定，测得的容量不够准确。

（3）在线测试落后电池

在线和离线的对蓄电池组的全放电容量测试，都对系统的安全存在威胁。在线测试落后电池是一种新的蓄电池维护技术，即用专用的设备对电池组的在线放电情况进行监测，找出落后电池，然后用单体电池容量测试设备对落后电池进行容量检测和恢复处理，用该落后电池的容量作为整个蓄电池组的容量。具体步骤如下：

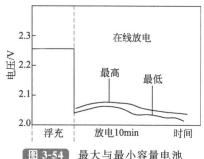

图 3-54　最大与最小容量电池端电压变化曲线

① 关闭开关电源→利用电池监测设备对蓄电池组进行 5~10min 的在线放电监测→找出落后电池，如图 3-54 所示；

② 开启高频开关电源→用单体电池容量测试设备（可充电和放电的设备）对落后电池做在线容量试验（先用 10h 率电流放电至 1.8V，再用 20h 率电流充电，整个过程自动完成）→实验结束时，落后电池恢复原有状态；

③ 若落后电池容量仍然偏低，可利用单体电池容量测试设备对其进行在线小电流的反复充放电，恢复其容量；

④ 当电池要报废时，可利用单体电池容量测试设备对单一落后电池进行在线容量试验，所得结果作为报废依据，不需对整组放电，从而减少工作量。

在线测试落后电池具有如下优点：电池组不需要脱离系统，操作安全可靠，降低系统瘫痪的风险；不需要使用庞大的试验设备、人工调整假负载电流以及测试记录各项数据资料等；只需对落后电池做深放电，不需对整组电池深放电（其放出的电能很小，大约为整组电池容量的 1/24），以免降低其使用寿命；可在测试容量的同时，将落后电池恢复正常；在有集中监控系统的通信局（站）更显其优越性，而且还可以提高维护工作效率，节省电能。

但这种方法不能全放电，因此存在如下问题：一是有可能发现不了真正的落后电池，因为在放电早期电压较低的电池不一定在放电后期也表现为电压偏低；二是不能使除落后电池以外的其他大部分电池得到放电活化，因为放电过程可以使电极上已发生硫化的活性物质得到恢复。

习题与思考题

1. 写出下列铅酸蓄电池型号的含义：GF-100、6-Q-120、3-QA-60、GM-500、2-N-360、T-450、6-D-75、3-M-12、3-MA-75。

2. 铅酸蓄电池由哪几部分组成？各部分的作用是什么？

3. 写出铅酸蓄电池的电化学表达式、铅酸蓄电池的充放电反应以及充电后期分解水的反应，并根据上述反应说明电池在充放电过程中会发生哪些现象？

4. 铅酸蓄电池的欧姆内阻是由哪几部分组成的？在充放电过程中它们是如何变化的？

5. 什么叫充电率和放电率？请将表 3-22 中的充放电率用另一种表示方式表示出来：

表 3-22　小时率与倍率之间的换算表

小时率	5h		20h		0.5h
倍率		2C		0.1C	5C

6. 铅酸蓄电池的标准充放电率是多少？充放电率对铅酸蓄电池的端电压有何影响？

7. 普通铅酸蓄电池的充放电终止标志各是什么？为什么不同的放电率要规定不同的放电终止电压？

8. 铅酸蓄电池的理论容量、额定容量和实际容量之间的关系是什么？电解液的密度和温度对铅酸蓄电池的容量有什么影响？为什么大电流放电时，铅酸蓄电池的容量要减小？

9. 一块 3-Q-120 蓄电池，设其额定容量只有理论容量的 50%，求该蓄电池的正、负极板共需活性物质多少克（三只单体电池的所有极板)?

10. 额定容量为 150A·h 的蓄电池，在 15℃ 时，用 4h 率电流进行放电，能放电多少小时? 当温度为 10℃，改用 5h 率电流放电，能放出多少容量? 能放电多少小时?

11. 某负载要求蓄电池在 25℃ 时，能用 60A 的电流连续放电 5h，问选择多大的额定容量才合适?

12. 影响铅酸蓄电池自放电的因素有哪些? 简述减小铅酸蓄电池自放电的措施。

13. 影响铅酸蓄电池的寿命有哪些? 如何延长铅酸蓄电池的使用寿命?

14. 什么叫恒流充电和恒压充电? 它们各有什么特点? 画出它们的充电曲线并说出它们的充电终止标志。

15. 什么叫两阶段恒流充电法和限流恒压充电法? 画出它们的充电曲线示意图。

16. 什么叫快速充电? 简述快速充电的原理。

17. 什么叫全浮充运行方式? 简述其特点。

18. 什么叫浮充电流? 浮充电流的作用是什么? 影响浮充电流的因素有哪些?

19. 什么是浮充电压? 为何 GF 型电池和 VRLA 蓄电池的浮充电压的范围各不相同?

20. 阀控式密封铅酸蓄电池的结构特点有哪些?

21. 说出阀控式密封铅酸蓄电池的密封原理，并写出有关的氧复合循环反应。

22. 什么叫氧复合效率? 充电电流对氧复合效率有什么影响?

23. 说出阀控式密封铅酸蓄电池的自放电小于普通铅酸蓄电池的自放电的原因。

24. 温度对阀控式密封铅酸蓄电池的浮充电流有什么影响? 为什么温度变化时必须对阀控式密封铅酸蓄电池的浮充电压进行调节? 如何调节?

25. 为什么新的阀控式密封铅酸蓄电池组在浮充时会出现浮充电压不均衡的现象? 通常要经过多长时间的浮充才能逐渐消除这种不均衡现象?

26. 阀控式密封铅酸蓄电池的失效模式有哪几种? 引起这些失效模式的使用因素和结构因素分别有哪些? 各种失效模式之间的联系是怎样的?

27. 如何区别阀控式密封铅酸蓄电池的硫化和短路故障? 处理硫化故障的方法有哪些?

28. 如何处理阀控式密封铅酸蓄电池的失水故障? 为什么失水一定伴随有硫化?

29. 什么叫反极? 引起反极的原因是什么? 铅酸蓄电池反极后有什么现象?

30. 如何对阀控式密封铅酸蓄电池进行补充电和正常充电?

31. 在哪些情况下必须对阀控式密封铅酸蓄电池进行均衡充电? 简述其步骤。

32. 请比较阀控式密封铅酸蓄电池和防酸隔爆式铅酸蓄电池之间的差异。

33. 请说出阀控式密封铅酸蓄电池的日常维护的要点。搁置不用的阀控式密封铅酸蓄电池的维护方法是什么?

34. 对电池进行容量测试的意义是什么? 请说出在线测试落后电池的方法。

chapter 04

第4章
碱性蓄电池

碱性蓄电池是指以强碱作电解质的蓄电池，包括镉镍、氢镍、锌银、铁镍、镉银等多个系列的蓄电池。其中铁镍电池自放电严重；镉银电池含有毒金属镉和贵金属银；镉镍蓄电池虽然具有较好的性能，但其中的镉对环境有污染，也将逐渐被淘汰；氢镍电池分为高压氢镍电池和低压氢镍电池（氢化物-镍蓄电池），前者以氢气为负极材料，后者以金属氢化物为负极材料，是一种能替代镉镍电池的新型绿色电池。本章主要介绍镉镍蓄电池、氢化物-镍蓄电池和锌银蓄电池。

4.1 镉镍蓄电池

4.1.1 概述

(1) 镉镍蓄电池的发展

镉镍电池正极采用镍的氧化物（NiOOH），负极采用金属镍，电解质采用氢氧化钾（KOH）或氢氧化钠（NaOH）溶液，其电池表达式为：

$$(-)Cd \mid KOH(或 NaOH) \mid NiOOH(+)$$

1899 年，瑞典人 Jungner 首先发明了镉镍电池，由于它具有很多独特的优点，因此发展迅速，其 100 多年的发展历史大致可以概括为 4 个阶段：

在 20 世纪 30 年代以前，主要是极板盒式电池，也称为袋式电池，主要用于牵引、启动、照明和信号电源。这种电池使用寿命长，但由于活性物质装在极板盒里，因此内阻较大，不适合大电流放电；

1934 年研制出了烧结式电池，具有机械强度高、内阻小、可大电流放电的优点，主要用于坦克、飞机、火箭等各种引擎的启动；

1947 年研制出了密封镉镍电池，它是最早研制成功的密封蓄电池，可以在任意位置工作，不需维护，因此大大扩大了其应用范围。烧结式密封镉镍电池同时具有可以大电流放电的优点，可以用作导弹、火箭和人造卫星的电源以及用于便携式电子设备。

20 世纪 80 年代，研制成功了新型的纤维式、发泡式和塑料黏结式镉镍电池，其生产工艺简单，生产效率高，活性物质填充量大，电池容量提高 40% 以上。

镉镍电池最突出的特点是使用寿命长，循环次数可达几千甚至上万次，人造卫星用镉镍电池在浅充放条件下可循环 10 万次以上，密封镉镍电池循环寿命也可达 500 次以上；使用温度范围宽，可在−40～50℃内正常使用；镉镍电池还具有自放电小、耐过充过放、放电电压平稳、力学性能好等优点。缺点是活性物质成本较高、存在镉污染、电池长期浅充放循环时有记忆效应。

（2）镉镍蓄电池的分类

镉镍电池的规格、品种很多，分类的方法也不同。习惯上可按如下原则区分。

① 按电极的结构和制造工艺分

a. 有极板盒式，包括袋式、管式等。

b. 无极板盒式，包括压成式、涂膏式、半烧结式和烧结式等。

c. 双极性电极叠层式。

② 按电池封口结构分

a. 开口式，指电池盖上有出气孔的电池。

b. 密封式，指电池盖上有安全阀的电池。

c. 全密封式，指采用玻璃-金属密封、陶瓷-金属密封或陶瓷-金属-玻璃三重密封结构的电池。有极板盒式电池是开口的，无极板盒式电池可以是开口电池，也可以是密封电池。

③ 按放电特性分

a. 低倍率（D），指其放电倍率小于 $0.5C$。

b. 中倍率（Z），指其放电倍率在 $0.5～3.5C$ 之间。

c. 高倍率（G），指其放电倍率 $3.5～7C$ 之间。

d. 超高倍率（C），指其放电倍率大于 $7C$。

④ 按电池外形分

a. 方形（F）。

b. 圆柱形（Y）。

c. 扁形或扣式（B），高度小于直径的 2/3。

（3）型号

镉镍电池单体和电池组型号的命名是按国标 GB 7169—2011《含碱性和其他非酸性电解质的蓄电池和蓄电池组型号命名方法》中的有关规定进行的。

对单体电池而言，其型号命名主要包括五部分：

系列代号	形状代号 （适用时）	放电率代号 （适用时）	结构形式代号 （适用时）	额定容量

国标 GB 7169—2011 规定，镉镍电池的系列代号为 GN，是负极材料镉的汉语拼音 Ge 和正极材料镍的汉语拼音 Nie 的第一个大写字母；第二部分为电池的形状代号，但开口电池不标注，外形代号右下角加注 1，表示其为全密封结构；第三部分表示放电（倍）率，但低倍率也不标注；第四部分为结构形式代号；第五部分表示电池的额定容量。如：

GNY4——额定容量为 $4A \cdot h$ 的圆柱形密封镉镍电池。

GN20——额定容量为 $20A \cdot h$ 的方形开口镉镍电池（方型开口电池不标注代号）。

$GNF_1 20$——额定容量为 $20A \cdot h$ 的方形全密封镉镍电池。

对电池组而言，其型号命名主要包括三部分：

串联单体电池只数	单体电池型号	并联单体电池只数 （存在时）

例如：

20GN17——由 20 只方形开口镉镍电池单体组成的额定容量为 17A·h 的电池组。

36GNF30——由 36 只方形密封镉镍电池单体组成的额定容量为 30A·h 的电池组。

18GNY500m——由 18 只圆柱形密封镉镍电池单体组成的额定容量为 500mA·h 的电池组（单体额定容量为 mA·h 时，在数字后面加 m 以示区别）。

10GNYG40-2，指由额定容量为 40A·h、高放电率的圆柱形密封镉镍蓄电池以 10 串、2 并的形式组成的镉镍蓄电池组。

另外，IEC 标准的型号命名方法与高架标准有所不同。

便携式密封镉镍蓄电池的 IEC 标准规定型号应符合 GB/T 22084.1—2008《含碱性或其他非酸性电解质的蓄电池和蓄电池组便携式密封单体蓄电池第 1 部分：镉镍电池（IEC 61951-1；2003，IDT）》的规定，方形密封镉镍蓄电池的 IEC 标准规定型号应符合 IEC 60622：2002《含碱性或其他非酸性电解质的蓄电池和蓄电池组方形密封镉镍单体蓄电池》的规定，方形排气式镉镍蓄电池的 IEC 标准规定型号应符合 GB/T 15142—2011《含碱性或其他非酸性电解质的蓄电池和蓄电池组 方形排气式镉镍单体蓄电池（IEC 60623：2001，IDT）》的规定，部分气体可复式方形镉镍蓄电池的 IEC 标准规定型号应符合 IEC 62259《含碱性或其他非酸性电解质的蓄电池和蓄电池组 部分气体可复式方形镉镍单体蓄电池（Secondary cells and batteries containing alkaline or other non-acid electrolytes-nickel-cadmium prismatic secondary single cells with partial gas recombination）》的规定。例如，GNG185（KH185）：指额定容量为 185A·h，高放电率的方形排气式镉镍蓄电池；GNGK185（KGH185）：指额定容量为 185A·h，高放电率的方形部分气体可复式镉镍蓄电池。

4.1.2 基本组成

镉镍蓄电池主要由（正、负）极板、隔板、电解液和容器等组成，如图 4-1 所示。将（正、负）极板群相对交错排好，极板间隔以多微孔隔板，加盖封口（盖上留有注液孔）之后，便成为镉镍蓄电池。使用时，首先注入强碱溶液，经过充放电循环活化，即可使用。镉镍蓄电池各部分组成如下：

（1）极板

镉镍电池中采用的极板，有袋式、烧结式和压成式等几种形式。

① 袋式极板。袋式极板又称盒式极板，它是由多孔的镀镍钢带制成的盒子，盒内填充氧化镍粉末和石墨粉末的混合物，作为正极板盒。石墨用于增强导电性，并不参加电化学反应。盒内填充氧化镉粉末和活性铁粉末的混合物，作为负极板盒。掺入的活性铁粉，可使氧化镉具有高度的分散性，以防板结。将正、负极板盒分别排列起来，安在镀镍的钢制柜架上压接在一起就成为正、负极板。

它具有自放电小、机械强度高、可靠性好、长期储存无损坏、耐过充电和过放电以及比其他形式的极板价格低等优点，因此被广泛使用。

但是由于盒式极板上的微孔面积只占整个极板面积的 12%～18%，使得电解液在极板内部扩散速度较慢；且微孔面积不能过大，否则会引起活性物质的过量脱落；此外正极板活性物质在充电时会有一定程度的膨胀，使得正、负极板的间距不能太小，一般应保持 1.0～1.5mm，所以内阻较

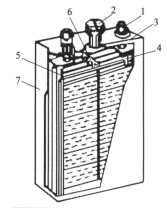

图 4-1 有极板盒式电池结构
1—极柱；2—气塞；3—电池盖；
4—正极板；5—负极板；
6—绝缘棍；7—电池外壳

大。同时，由于盒式极板本身结构的限制，极板不能太薄，因此极板电化学反应速率较慢。正是由于这些原因使得盒式极板大电流放电性能较差。为了提高镉镍蓄电池的放电性能，又研制出了烧结式极板。

② 烧结式极板。烧结式极板是由多孔镍基板经过浸渍或电解等方法，在基板上形成氧化镍结晶，作为正极板；在基板上形成氢氧化镉结晶，作为负极板。这种极板很薄，且正、极板充电时膨胀很小，正、负极板间的距离较小，为 0.5～1.0mm。因此，电池的内阻较小，内部导电性能良好，能够大电流放电。这种形式的极板，正极活性物质氧化镍的利用率可达 90% 以上，负极活性物质氢氧化镉的利用率可达 65% 以上。

③ 压成式极板。压成式极板是以镀镍钢网为骨架，以氧化镍和石墨粉的混合物为正极材料，以海绵状镉粉和氧化镉粉为负极材料，在模具中加压成型后，即为正、负极板。

④ 极板群。为了把正负极板分别连接在各自的集电柱上，在极板上设有极板耳，将极板耳用点焊机焊接在集电柱上组成了极板群。

正、负极板的组合方法有两种，一种是正、负极板各一片交替组合的方法；另一种则是把两片极板作为一组而组合的方法。后一种组合方法，体积比能量大。

(2) 隔板

由于镉镍蓄电池电解液是强碱溶液，因此要求隔板具有良好的离子导电性能和很好的耐碱性以及热稳定性。镉镍蓄电池的隔板，最普通的是多孔聚氯乙烯瓦楞板以及尼龙隔膜。新型的隔膜，有经过表面润湿性处理的聚丙烯毡隔膜、甲基丙烯酸接枝的聚丙烯隔膜，以及有机、无机混合隔膜，如以聚甲氟乙烯-氧化锆制成的隔膜等。

(3) 电解液

镉镍蓄电池的电解液，通常是氢氧化钠或氢氧化钾溶液。当环境温度较高时，使用 15℃ 时密度为 1.17～1.19g/cm³ 的氢氧化钠溶液；当环境温度较低时，使用 15℃ 时密度为 1.19～1.21g/cm³ 的氢氧化钾溶液；当环境温度在 -15℃ 以下时，使用 15℃ 时密度为 1.25～1.27 g/cm³ 的氢氧化钾溶液。为了增加蓄电池容量和循环寿命，通常使用氢氧化锂 (15～50g/L) 作为电解液添加剂。不同浓度氢氧化钾和氢氧化钠溶液的密度与质量分数的关系见表 4-1。

表 4-1　不同密度溶液中氢氧化钾和氢氧化钠的含量

溶液密度 (15℃)/(g/cm³)	KOH 含量		NaOH 含量	
	%	g/L	%	g/L
1.100	12.0	132	—	—
1.108	12.9	143	—	—
1.116	13.8	153	—	—
1.125	14.8	167	—	—
1.134	15.7	178	—	—
1.142	16.5	188	—	—
1.152	17.6	203	13.50	155.5
1.162	18.6	216	14.24	165.3
1.171	19.5	228	15.06	176.5
1.180	20.5	242	16.00	188.8
1.190	21.4	255	16.91	201.2
1.200	22.4	269	17.81	213.7

溶液密度 (15℃)/(g/cm³)	KOH 含量		NaOH 含量	
	%	g/L	%	g/L
1.210	23.3	282	18.71	226.4
1.220	24.2	295	19.65	239.7
1.231	25.1	309	20.60	253.6
1.241	26.1	324	21.55	267.4
1.252	27.0	338	22.50	281.7
1.263	28.0	353	23.50	296.8
1.274	28.9	368	24.48	311.9
1.285	29.8	385	25.50	327.7
1.297	30.7	398	26.58	344.7
1.308	31.8	416	27.65	361.7
1.320	32.7	432	28.83	380.6
1.332	33.7	449	30.00	399.6
1.345	34.9	469	31.20	419.6
1.357	35.9	487	32.60	442.7
1.370	36.9	506	33.73	462.1
1.383	37.8	522	35.11	485.9
1.397	38.9	543	36.36	507.9
1.410	39.9	563	37.75	532.7
1.424	40.9	582	39.16	558.0
1.438	42.1	605	40.58	598.3
1.453	43.4	631	42.02	610.6
1.468	44.6	655	43.58	639.8

开口式镉镍蓄电池在刚投入使用时，必须灌注新的电解液并进行初充电，在使用过程中，还需要定期更换电解液。配制电解液的方法如下。

① 根据蓄电池的数量和每只电池所需电解液的量，计算出需要配制的电解液的总质量。然后根据下述方程式计算出所需氢氧化钾或氢氧化钠的质量以及水的体积。

$$m_1 + m_2 = m_3 \tag{4-1}$$

$$m_1 w_1 = m_3 w_3 \tag{4-2}$$

式中，m_1、m_2、m_3 分别为氢氧化钠或氢氧化钾、水、电解液的质量；w_1、w_3 分别为氢氧化钠或氢氧化钾、电解液的质量分数。

【例 4-1】配制 15℃时密度为 1.20g/cm³ 的氢氧化钾溶液 15kg，需 95％的固体氢氧化钾和纯水各多少千克？纯水的体积是多少升？

解 已知 $m_3 = 15\text{kg}$ $d_3 = 1.20\text{g/cm}^3$ $w_3 = 22.4\%$（查表 4-1） $w_1 = 95\%$

求 $m_1 = ?$ $m_2 = ?$ $V_2 = ?$

将上述已知条件代入式（4-1）和式（4-2）得：

$$m_1 + m_2 = 15 \tag{4-3}$$

$$95\% m_1 = 15 \times 22.4\% \tag{4-4}$$

由式（4-4）得：$m_1 = 3.537(kg)$

将 m_1 代入式（4-3）得：$m_2 = 15 - 3.537 = 11.463(kg)$

因为水的密度为 $1g/cm^3$，所以水的体积为：

$$V_2 = m_2/d_2 = 11.463/1 = 11.463(L)$$

② 准备配制工具如容器、搅拌棒以及量筒等，容器应用耐碱材料制成，且没有盛过任何酸液，配制前应将这些物件用纯水洗净。

③ 准备台秤、橡皮围裙等物品，准备固体氢氧化钾或氢氧化钠及纯水等。

④ 取所需纯水于容器中，再称取所需固体强碱倒入水中，搅拌使之溶解。澄清后，测其密度是否合格，不合要求应加以调整。最后将合格的澄清电解液注入蓄电池内。

配制过程中应注意以下事项：

① 称量过程应迅速完成，否则强碱固体因露置在空气中潮解而使称量不准确又带入杂质（强碱易吸收空气中的 CO_2 生成碳酸盐）。

② 配制时，不能在金属容器中进行，否则会带入金属杂质离子。

③ 配制时，搅拌时应防止碱液溅出。碱性电解液对人体皮肤和衣服，特别是毛织品有强烈的腐蚀性，使用时应十分小心。如不慎将电解液溅在身上，应立即用 3% 硼酸或大量的清水冲洗。

④ 配制好的电解液如不立即使用，应密封保存，防止与空气接触。

（4）容器

镉镍蓄电池的电池槽一般用高强度的镀镍钢板制成，其两侧有许多起伏的波纹，用以增加机械强度。近年来，为了达到电池小型、轻量化的目的，多采用聚苯乙烯、尼龙等耐碱的合成树脂。我国在 20 世纪 70 年代开始研制并生产了塑料容器。

开口式镉镍蓄电池在电池盖的中央部位，设有兼作注液孔的排气栓，以防止空气中的 CO_2 被电解液吸收。排气栓有很多种，常见的有塑料气塞盒和无压型排气栓。

塑料气塞，其内腔用一隔墙分为两部分，气体从蓄电池中排出时，先经过第一气室，与内腔壁接触碰撞使随带的电解液回流回电池内部，剩下的干净气体再经过第二气室排出。

无压型排气栓，带有一个自动阀，该阀门能使电池内部保持气密性，只有在充电和自放电过程中产生的气体达到一定压力时，该阀门才自动打开，将气体排出。

4.1.3 基本结构

根据电池结构和制造工艺的特点，常见的镉镍电池可分为有极板盒式（袋式）电池、烧结式电池、密封式电他、发泡式电池、镍纤维式电池、塑料黏结式电池等。

（1）有极板盒式电池

有极板盒式镉镍电池一般为开口电池，极板强度好，结构牢固，成本低，寿命长达 2000～4000 周期，适用于低倍率放电。

① 电池结构：电池的正、负极结构基本相同，都是把活性物质（粉状或片状）装填在用冲孔钢带制成的扁平或长圆筒形的盒子里。正极填充氧化镍，负极填充镉。正负极之间用隔板栅隔开，极距一般为 1.0～1.5mm。极板盒的作用，一是作导电骨架；二是作极板成型骨架；三是减少活性物质在循环中的膨胀，延长电池寿命。其结构如图 4-1 所示。

② 电池装配：袋式正负极板、隔板组成极板组，每一极板组的极板数量由电池容量大小确定。正、负极板交替穿插，各极板之间用绝缘隔离物隔开，然后装入铁壳或塑料外壳内封盖，极柱从盖的极柱孔中引出。

（2）烧结式电池

1928 年德国学者 G. Pflerder 等首次申请了烧结式镉镍电池专利，20 世纪 40 年代开始工业化生产。烧结式镉镍电池内阻小，适合高倍率放电，全烧结式镉镍电池放电倍率可高达45C 以上。烧结式镉镍电池的极板组由正极板、负极板和隔膜层叠而成。正、负极板都用烧结式极板的称为全烧结式镉镍电池。正极板用烧结式，负极板用非烧结式，如黏结式、电沉积式等，则称其为半烧结式镉镍电池。

① 全烧结式：全烧结式镉镍电池结构如图 4-2 所示。将经烧结和浸渍的正极或负极包封隔膜，以交错方式装配成电极组，装在塑料电池壳内，装入电解液 KOH，进行开口化成，使正极的 NiOOH 和负极的 Cd 转变为活性物质。也可将正、负极片分别配以辅助电极单独化成。达到化成目的后，倒去化成电解液，灌注纯电解液即为成品电池。

② 半烧结式：半烧结式电池结构与全烧结式基本相似，只是负极片是非烧结式的，隔膜包封在负极上，电池中负极片比正极片多一片。正极板采用烧结式，负极板用压成式或湿式拉浆电极。电解液 KOH 的密度为 $1.23\sim1.25g/cm^3$，并加入 LiOH $15\sim20g/L$。

（3）密封式电池

密封式镉镍电池分密封镉镍电池和全密封镉镍电池。密封镉镍电池配有安全装置，当电池内压超过规定值时，允许气体从安全阀逸出。全密封镉镍电池没有压力释放装置，通常称其为气密封电池。

① 密封镉镍电池。密封镉镍电池有圆柱形、扁形或扣式、长方形和椭圆形等。扣式电池容量一般为 $0.02\sim0.50A\cdot h$；圆柱形电池容量一般为 $0.07\sim10A\cdot h$。

圆柱形密封镉镍电池结构如图 4-3 所示。电池的电极分为板式电极和卷式电极（或带式电极），一般低倍率和中倍率电池采用板式电极，高倍率电池均采用带状卷式电极。

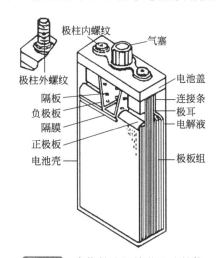

图 4-2　全烧结式镉镍蓄电池结构

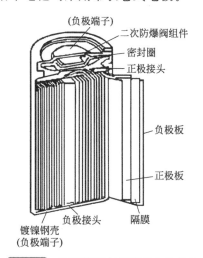

图 4-3　圆柱形密封镉镍蓄电池结构

圆柱形密封电池正极采用烧结式极板，负极可采用烧结式，也可用非烧结式极板。如采用涂膏法或压制法将 Cd 涂在多孔性的负极基板上。

板式电极组成极板组的方法与烧结式开口电池相似。采用带状卷式电极时，将带状正负极连同隔膜一起卷绕成电极芯，装入镀镍钢壳内，连接正、负极引线，正极焊在顶盖上，负极焊在壳上。灌入电解液，装上安全阀，防止电池过充或过放产生超压而发生危险。安全阀一般装在电池盖上。

扣式电池由压成式极板组成，将正负极物质分别在模具中压制成圆形或板状，装配成夹层状结构电池，如图 4-4 所示。扣式电池没有安全装置，但结构上允许电池膨胀，以缓解在异常情况下引起的超压。

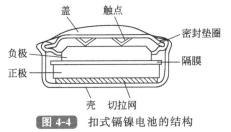

盖　　触点

密封垫圈

负极

隔膜

正极

壳　切拉网

图 4-4　扣式镉镍电池的结构

② 全密封镉镍电池。全密封镉镍电池与密封镉镍电池的工作原理相同，只是密封结构不同。电池使用时，既无气体释放，也不泄漏电解液，通常称其为气密封电池。全密封镉镍电池对电池壳体材料有特殊要求，一般用不锈钢或优质镀锌钢作电池壳体。全密封镉镍电池封口用金属陶瓷封接，可用电子束焊、弧焊和激光焊等封焊方法。电池封焊后，将电池倒置 18h 以上，在焊缝上用酚酞溶液进行漏液检验。全密封镉镍电池的容量分选与密封电池相同，但必须外加内阻测量、充放电效率和自放电检查、高真空检漏等。

4.1.4　工作原理

（1）充放电反应

电池负极为海绵状金属镉，正极为氧化镍（NiOOH），电解液为 KOH 或 NaOH 水溶液，电池电化学式为：

$$(-)Cd \mid KOH(或\ NaOH) \mid NiOOH(+)$$

负极反应：　　　　　　　$Cd + 2OH^- \rightleftharpoons Cd(OH)_2 + 2e$ 　　　　　　　　　　　　　(4-5)

正极反应：　　$2NiOOH + 2H_2O + 2e \rightleftharpoons 2Ni(OH)_2 + 2OH^-$ 　　　　　　(4-6)

电池反应：　　$Cd + 2NiOOH + 2H_2O \rightleftharpoons 2Ni(OH)_2 + Cd(OH)_2$ 　　　　(4-7)

电池放电时，负极镉被氧化成 Cd^{2+}，并与电解液中的 OH^- 结合生成 $Cd(OH)_2$ 沉淀到极板上；正极上氧化镍接受由负极经外线路流来的电子，被还原为 $Ni(OH)_2$；充电时变化正好相反。由电池反应式（4-7）得知，电池放电过程消耗水，充电过程生成水，电解液并没有随着电池反应的进行而消耗。

镉镍蓄电池在充电过程中不可避免地伴随电解水这一副反应。当端电压达 1.5V 时，活性物质已基本恢复，此时电流主要用于分解水，因此冒气现象会逐渐剧烈。实际上，充电时冒气程度在正常情况下可作为充电终了判断标志之一。分解水的电化学方程式如下：

负极：　　　　　　　　$2H_2O + 2e \longrightarrow 2OH^- + H_2\uparrow$ 　　　　　　　　　　　(4-8)

正极：　　　　　　　　$4OH^- - 4e \longrightarrow 2H_2O + O_2\uparrow$ 　　　　　　　　　　　(4-9)

总反应：　　　　　　　　$2H_2O \longrightarrow 2H_2\uparrow + O_2\uparrow$ 　　　　　　　　　　　(4-10)

（2）密封原理

要使电池实现密封，关键是要消除工作和储存时产生的气体。目前常用的消除气体的方法有几种，其中最为常用的是氧循环法。

氧循环法也称为氧气再复合法，即在制造电池时，使负极的活性物质比正极的活性物质多一些。充电时，当正极充足后，负极仍未充足。此时正极上产生的氧气在适当的电池结构下，扩散到负极，与负极活性物质发生反应被吸收掉，在负极生成未充电物质，使负极总是处于未充足电的状态。这样就不会产生氢气，从而消除了充电过程中两极产生的气体，但不能消除自放电产生的氢气。因此，要采用此方法，必须满足下列条件：

① 负极在电解液中稳定，不会自溶解析出氢气，同时负极活性物质过量，可吸收氧气；

② 具有一定的气室，便于氧气通过；

③ 采用合适的隔膜，便于氧气通过，促进氧气快速向负极扩散。

镉镍蓄电池完全可以满足以上要求。因为，金属镉电极在碱溶液中不发生自溶解而析出氢，而且适当控制充电条件，也可使镉电极上不析氢。另外，负极是海绵状镉，它可以与正极产生的氧气发生下列反应：

化学反应：　　　　　$2Cd + O_2 + 2H_2O \longrightarrow 2Cd(OH)_2$ 　　　　　　　　(4-11)

或电化学反应：
$$O_2+2H_2O+4e\longrightarrow 4OH^-\tag{4-12}$$
$$2Cd+O_2+2H_2O\longrightarrow 2Cd(OH)_2\tag{4-13}$$

（3）密封措施

镉镍蓄电池完全可以采用氧循环法实现密封。镉镍蓄电池是最早被研制成功的密封蓄电池。为了实现密封，必须采取以下密封措施：

① 负极的容量大于正极的容量。负极的容量大于正极的容量就是使负极始终具有未充电的物质，负极容量大于正极容量的部分，称为充电储备物质。正负极活性物质容量比一般要求负极容量是正极容量的 1.3～2.0 倍。当正极充完电后，即 $Ni(OH)_2$ 全部转变为 $NiOOH$ 后，负极仍有部分未充电的 $Cd(OH)_2$，正极充电和过充电时产生的氧气可与负极镉发生反应而被消除，负极上又生成了 $Cd(OH)_2$，使得负极总是处于未充足电的状态。这种充电保护作用又称为镉氧循环。

② 控制电解液用量。由于 H_2O 参与成流反应，因此电解液量不能太少，否则会影响电池性能和寿命。但是电解液量也不能太多，因为电解液量过多易使电极处于淹没状态，减小氧气与负极镉化合的反应面积；同时也淹没隔膜透气孔，使氧气向负极扩散受阻；而且电解液多，使得电池内部气室减少。因此，要严格控制电解液用量，一般是在不影响电池性能的前提下，电解液量要尽量少。

③ 采用微孔隔膜。隔膜既要能保持电解液，又要给氧气扩散提供微孔通道。隔膜的微孔孔径小，能使气体透过，也可以防止活性物质的微小颗粒穿透隔膜造成短路。隔膜要尽量薄，以降低电池内阻，同时可以缩短氧气扩散路径，便于气体扩散。另外还要求隔膜化学性质稳定、韧性和强度好、耐压、耐冲击振动。

④ 采取多孔薄型电极，实现紧密装配。采取紧密装配可以减小极间距离，有利于氧气从正极向负极顺利扩散。采用多孔镉电极可以增大负极表面积，有利于氧气吸收。

⑤ 采用反极保护。在电池组串联使用时，即使单体电池型号相同，串联电池组中总会存在一个相对容量小的电池，这只容量较低的电池决定了整个电池组的容量。电池组放电时，这只容量最小的电池最先放完电，如果整个电池组仍在放电，这时这只电池就会被强制过放电。放电曲线如图 4-5 所示。第一阶段为正常放电，当放电至 A 点时，电池电压下降到 0V，正极容量已经放完，负极上仍有未放电的活性物质存在，在第二阶段中，电压急剧下降到 $-1.4V$，此时负极继续发生

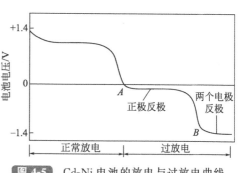

图 4-5　Cd-Ni 电池的放电与过放电曲线

氧化反应，正极则发生水的分解，生成氢气。放电至 B 点，负极容量也被放完。电池电压急剧下降到 $-1.52～-1.6V$，这时负极发生 OH^- 的氧化而生成氧气。这时正负极上析出气体的情况正好与过充电时相反，因此称为"反极充电"。

发生反极充电时，正负极分别生成 H_2 和 O_2，会使电池内压急剧上升，而且 H_2 和 O_2 同时产生，有爆炸的危险。为了消除或避免反极充电，除了严格禁止过放电外，还应采取反极保护措施。反极保护的方法有两类：一类是正极中加入反极物质；另一类是电池中加入辅助电极，使产生的气体在辅助电极上进行再化合反应。目前普遍采用在正极加入反极物质 $Cd(OH)_2$，在正常充放电时 $Cd(OH)_2$ 不参加反应，当发生过放电时，正极上发生 $Cd(OH)_2$ 的还原，避免了 H_2 的产生。同时负极过放电产生的 O_2 又可被正极生成的 Cd 吸收，从而避免了电池内部气体积累。镉镍密封蓄电池充放电及过充电、过放电时正负极上的反应如图 4-6 所示。

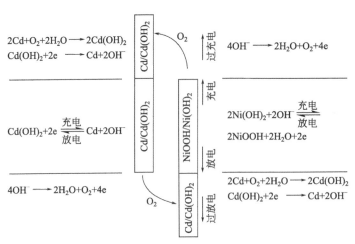

图 4-6 镉镍密封蓄电池充放电过程中的正负极反应

因此，在由多只电池串联组成的电池组中，为了保证电池组中单体电池的容量均一性，必须进行容量分选，将单体电池容量相同或相近的电池组成电池组。

⑥ 使用密封安全阀。为防止电池内部因意外而出现高内压，密封电池一般都设有安全阀。当电池内部压力超过规定临界压力时，安全阀自动开启，使气体放出，保证安全。

⑦ 正确使用和维护电池。要严格充放电制度。在充电时，要保证充电末期 O_2 的生成速率不超过 O_2 的再化合速率，这样才能避免电池内部气体的大量产生。目前发展了许多充电控制方法，如压力控制、温度控制、电压控制、容量控制等。禁止过放电。尽管密封电池采取了反极保护措施，但是如果长期过放电，氢气会从正极析出，造成电池内部压力增大，最后迫使电池密封打开，降低电池寿命。

温度对电池性能有一定的影响，高温会促使镍电极析氧速率加快，低温时电解液电阻率降低，内阻增大，因此，在一些对电池性能有严格要求的场合，如在人造卫星上使用密封镉镍电池，要严格控制使用温度，有时需要加热或散热。

4.1.5 主要性能

镉镍蓄电池的性能通常是指其物理性能和电性能。其物理性能主要包括：①电池外形尺寸、体积和质量；②电池内阻；③热性能。其电性能主要包括：①充放电性能；②荷电保持能力；③循环寿命；④活性物质利用率；⑤自放电特性。

（1）充放电特性

镉镍电池的标准电动势为 1.299V，标称电压为 1.2V，平均工作电压为 1.20～1.25V。刚充足电的电池开路电压较高，超过 1.4V，放置一段时间后，不稳定的 NiO_2 发生分解，开路电压会降到 1.35V 左右。

如图 4-7 所示是开口式镉镍电池的充放电曲线。由图可知，充电开始时，电池电压为 1.3V 左右，随着充电进行，电压慢慢上升到 1.4～1.5V，并稳定较长时间，电压超过 1.55V 后，电解液中水开始分解，产生气体，电压开始急剧上升，到末期，正负极上都开始析出气体，电池电压达到 1.7～1.8V。

其放电曲线比较平稳，只是在放电终止时突然下降，一般以 0.2C 放电时，电压稳定在 1.2V 左右。电池放置一段时间后再放电，由于 NiO_2 的分解，因此初期电压稍有降低，容量也稍有减小。镉镍电池放电终止电压的规定与放电率有关，一般在 1.0V 左右，较高放电率时可以设定较低的放电终止电压。开口式镉镍电池对过充、过放有一定的耐受能力，但密封镉镍电池要严格充放电制度。密封镉镍电池的充电曲线与开口式镉镍电池也有一定差异。密封锡镍电池的充电曲线如图 4-8 所示。

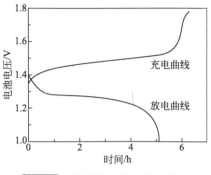

图 4-7　镉镍电池的充放电曲线

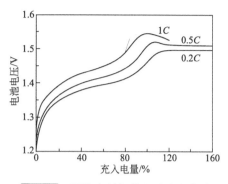

图 4-8　圆柱密封镍镍电池充电曲线

从图 4-8 中可以看出，密封镉镍电池在充电曲线上有一个电压最高点，这是由于充电时正极上生成的 O_2 在负极上被海绵状的 Cd 复合，反应放出大量的热，使电池温度升高，电池电压降低。

电池放电容量与活性物质的利用率、放电率、温度、电解液的浓度及电极结构有关。一般情况下，正极活性物质利用率为 70％左右，负极活性物质利用率为 75％～85％。烧结式电极中活性物质利用率更高些。

镉镍电池可以大电流放电，有极板盒式电池以 5C 电流放电时，仍可给出额定容量的60％，开口烧结式电池则可以高达 20C 的脉冲电流放电。一般有极板盒式及密封镉镍电池适用于中小电流放电，开口烧结式电池适用于高倍率放电。密封镉镍电池不同放电倍率时的放电曲线如图 4-9 所示。

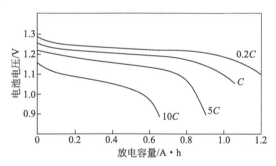

图 4-9　密封镉镍电池不同放电倍率时的放电曲线

镉镍电池的工作温度范围很广（－40～50℃），不同温度下镉镍电池的充电曲线和放电曲线如图 4-10 和图 4-11 所示。由于 Cd 电极不易钝化，所以低温性能较好，但是在低温状态下，电解液的电阻增大，使得电池容量下降。升高温度可使其容量增加，但工作温度超过50℃时，会造成电池性能恶化。高温时正极上析氧过电势降低，正极容易充电不足；镉的溶解会也随着温度的上升而增大，容易形成镉枝晶，导致短路；小颗粒的镉结晶优先溶解，会促进形成大颗粒晶粒，降低负极活性；高温还会加速镍基板腐蚀和隔膜氧化，导致电池失效。密封镉镍电池工作温度一般在 5～25℃之间。

（2）容量特性

镉镍蓄电池的额定容量是指 25℃时，用 0.2C（A）的电流放电至终止电压为 1.0V/只时，应能放出的最低限度的电量（A·h）。

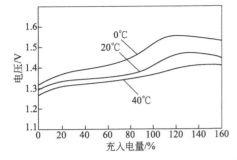

图 4-10 密封镉镍电池不同温度下的充电曲线

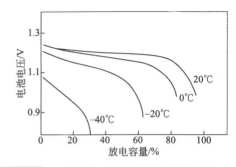

图 4-11 密封镉镍电池不同温度下的放电曲线

新的镉镍蓄电池在开始使用时，容量一般都能达到额定容量以上，经过若干次充放电循环，其容量显著增加，可达额定容量的 $130\%\sim140\%$，使用一段时间后，容量才逐渐减小到额定容量值，以后容量随充放电循环次数的增加而减小。

镉镍蓄电池的放电容量与放电制度、电解液浓度与纯度、放电温度等有关。

① 放电率的影响。与铅蓄电池相比，放电率对镉镍蓄电池放电容量的影响要小。如果放电终止电压不受限制，则较大电流放电与小电流放电所得的容量是接近的。用 2h 率以下的放电率放电时，均能保持在 95% 以上。这是因为限制电池容量的正极活性物质的体积，在放电过程中不是增大而是减小了，这样便增大了活性物质的微孔率，使电解液与活性物质的接触更多，即减小了极化内阻。但是用大电流放电时，端电压下降很快，这是由于大电流放电时，电池的极化内阻增大。

② 电解液组成的影响。对于开口式镉镍蓄电池来说，在不同温度下，使用相应组成的电解液（见表 4-2），能提高电池的放电容量。

表 4-2 不同温度下镉镍蓄电池电解液的组成与密度

温度	$-40\sim-25℃$	$-25\sim-15℃$	$-15\sim15℃$	$+15\sim35℃$
密度（15℃）/(g/cm³)	1.27	1.25	$1.19\sim1.21$	$1.17\sim1.19$
组成	KOH 溶液	KOH 溶液	KOH 溶液＋LiOH（20g/L）	NaOH 溶液＋LiOH（$10\sim20$g/L）

在低温环境下，应采用较高密度的纯氢氧化钾溶液，否则会因电解液的冻结而影响电池使用。在高温环境下工作时，电解液中应加入少量的 LiOH，以提高电池的充电效率、放电容量和循环特性。

加氢氧化锂的作用：蓄电池放电时，锂离子（Li^+）能够吸附在 $Ni(OH)_2$ 的颗粒表面；充电时，又能从颗粒上解析下来。如此反复作用，可提高颗粒的分散性，防止颗粒变大和结块，从而显著提高了蓄电池的性能。

然而电解液中的锂离子含量不可太高，如果过高，除增加电解液的内阻外，还会使残留在正极板上的锂离子从活性物质颗粒表面慢慢渗入晶格内部，形成电化惰性的 $LiNiO_2$ 化合物，反而对正极板的化学反应产生有害影响。

③ 温度的影响。镉镍蓄电池可在 $-40\sim50℃$ 环境中使用，是高、低温性能较好的电池系列。

在 $-40\sim20℃$ 内，镉镍蓄电池的容量随电解液温度的升高而增大，这是因为随温度升高，电解液的电导率（比电导）升高，黏度下降，电池的极化内阻减小，使电池的放电容量增加。在 10℃ 以下，电解液温度每升高 1℃，电池容量增大 $0.5\%\sim0.6\%$；在 20℃ 以上，容量增加不明显；当温度过高时（>50℃），自放电严重，放电容量反而下降。

镉镍蓄电池的低温放电性能虽然优于其他电池，但在低温下，电解液电导率下降，黏度变大，使电池的欧姆内阻和极化内阻增大，导致电池的容量降低。所以镉镍蓄电池的最佳使用温度是+15~35℃。在0℃时的放电容量约为25℃时放电容量的90%；在-20℃以正常电流放电能放出额定容量的70%以上；在-40℃仅能放出额定容量的20%左右。

值得注意的是，电池放电时，电池内部的温度高于环境温度，特别是高倍率放电时，电池内部产生的热量可使电池内部温度升高。所以高温环境下高倍率放电时，会影响电池的性能与使用寿命。

④ 电解液纯度的影响。对于开口式镉镍蓄电池来说，使用过程中电解液不断吸收空气中的 CO_2，生成大量的碳酸盐，使电解液的纯度降低。如果将镉镍蓄电池与铅蓄电池同置一室，还有可能引入硫酸盐杂质。这两种杂质都是引起镉镍电池容量下降的有害物质，其原因是：

碳酸盐和硫酸盐一方面使电解液的电阻增大，特别是低温时容易结晶出来，堵塞极板微孔，使电池的极化内阻增大，引起放电容量下降；另一方面，它们还会在电池放电时，与负极作用生成颗粒粗大的碳酸镉和硫酸镉，其导电性能不良，并吸附在负极表面使极化内阻增大而降低电池容量。其有关反应为：

$$Cd + CO_3^{2-} - 2e \longrightarrow CdCO_3 \tag{4-14}$$

$$Cd + SO_4^{2-} - 2e \longrightarrow CdSO_4 \tag{4-15}$$

为了防止空气中的 CO_2 与电解液起反应，通常在蓄电池中注入适量纯净的凡士林油，将液面与空气隔离开。为防止硫酸根离子混入电池，通常要将酸性和碱性电池分开放置，用于铅蓄电池的密度计、量筒等器具不能用于镉镍电池。当碳酸盐含量过高时，可用换电解液的方法来消除其影响。

(3) 自放电特性

对于充足电的氧化镍电极，由于存在不稳定的二氧化镍，储存过程中很容易发生析氧反应 [见式 (4-16)]，产生自放电；另外，NiOOH 也会慢慢发生析氧反应而自放电 [见式 (4-17)]。

$$4NiO_2 + 2H_2O \longrightarrow 4NiOOH + O_2\uparrow \tag{4-16}$$

$$4NiOOH + 2H_2O \longrightarrow 4Ni(OH)_2 + O_2\uparrow \tag{4-17}$$

所以刚充好电的镉镍蓄电池的自放电率较大，但随后逐渐降低。经过 2~3d，镉镍电池自放电几乎停止。这是因为镉电极在碱溶液中的平衡电极电势比氢的平衡电极电势正，而且氢在镉上的析出过电势很大，因而负极不发生镉的溶解，不析出氢气。

(4) 电池寿命

在各类电池中，镉镍电池的循环寿命是最长的，可达 3000~4000 个周期，总的使用寿命可达 8~25 年。放电条件（放电深度、温度、放电倍率等）对电池的循环寿命影响很大，尤其是放电深度直接影响电池的循环寿命，减小放电深度可使循环寿命大大延长。密封镉镍电池的寿命比开口式电池要短，在控制使用和控制充电条件下，可达到 500 次以上全放电。

(5) 电池内阻

电池内阻由欧姆内阻和极化内阻组成。极化内阻是电流通过电池内部时产生的，其大小与电流的大小有关。通常所说的电池内阻主要是指电池的欧姆内阻。

镉镍蓄电池的欧姆内阻主要由电极电阻、电解液电阻和隔膜电阻等组成。镉镍蓄电池的欧姆内阻一般都比较小。例如，充电态的有极板盒式电池（100A·h）的高倍率、中倍率和低倍率电池的直流欧姆电阻分别为 0.1mΩ、1mΩ 和 2mΩ 左右。电池寿命结束时，欧姆内阻会增大。电池内阻与额定容量的乘积近似为定值，不同镉镍电池内阻与额定容量乘积的近似定值如表 4-3 所示。

表 4-3　镉镍蓄电池内阻与额定容量的乘积　　　　　单位：$\Omega \cdot A \cdot h$

电池类型	有极板盒式 中倍率电池	有极板盒式 低倍率电池	烧结式 开口电池	烧结式圆柱 密封电池
欧姆内阻与额定容量的乘积	0.1	0.15～0.20	0.03～0.06	0.03～0.04

（6）记忆效应

镉镍电池长期进行浅充放循环后再进行深放电时，表现出明显的容量损失和放电电压的下降，经数次全充放电循环，电性能还可以得到恢复，这种现象称为记忆效应。例如，低地球轨道卫星用电池一般以 25% 放电深度放电，在较理想的工作温度下，可以实现 3000～4000 次循环寿命，但经常表现出电压和容量达不到额定要求，从而影响整机供电。随着循环次数增加或温度升高，记忆效应更加明显。

扫描电镜分析表明，发生记忆效应的镉电极含有的大颗粒 $Cd(OH)_2$ 比正常镉电极多，但是有极板盒式电池很少发生记忆效应。可以采用再调节法消除其记忆效应。例如，电池充电后，可以先用较大电流放电至电池电压为 1.0V，再用小电流使电池完全放电，然后进行全充放电，可以提高电池放电电压和放电容量。如果定期通过一个电阻以 100h 率或更小电流放电至较低的终止电压，则几乎可以恢复到全容量。

4.1.6　使用与维护

（1）使用维护注意事项

在使用维护镉镍电池前，必须熟知下列注意事项：

① 不要敲折、砸毁或焚烧电池，否则会飞溅出腐蚀性碱液误伤人物或引起爆炸。

② 维护工作中使用的各种器具和容器，必须保持清洁和专用。不允许在电池上放置金属工具或其他器具，否则有可能使电池短路放电而过热，损坏电池。特别在紧固螺母时，要防止电池正负极短路，可将扳手用绝缘胶布缠好后再使用。

③ 对于带气塞的镉镍电池，充电前应打开气塞盖或将闷塞换成通气塞。带有闷塞的电池充电会发生气胀而有可能引起电池爆炸。如果气塞上有胶套管，则其弹性会日益老化，致使蓄电池内部气体不易排除，损坏电池。所以应经常检查，并及时更换新的橡胶套管。

④ 充电场所应保持通风，防止氢氧气体积累发生爆炸事故。

⑤ 不允许有明火接近充电的电池，也不允许存放铅蓄电池和任何酸性物质。

⑥ 电解液是腐蚀性较强的碱性溶液。当手或其他处皮肤不小心接触到电解液时，应立即用 3% 的硼酸溶液冲洗，以中和烧伤处的碱液。

⑦ 蓄电池的充电和放电，均应按照规定的要求，不可过量放电和经常充电不足。充电前应检查电池连接片是否接触良好，橡胶零件有无损坏（发现损坏时要立即更换）；检查液面高度和端电压。充电过程中要注意电解液温度不要超过规定值，氢氧化钾溶液温度不宜超过 35℃，氢氧化钠溶液温度不宜超过 45℃。在低温严寒季节，要注意给蓄电池保温。用密封电池时应做到：不用大电流长时间过充电。

⑧ 溢出电池槽外的电解液，以及形成的碳酸盐白色粉末，必须及时擦拭干净。因为碳酸盐是导电不良物质，不但增加电阻，降低绝缘，而且还会造成极柱接触发热，槽体变形，损坏电池。若是金属外壳则应涂少量凡士林油，但不要涂在橡胶零件和沥青上；若外壳有生锈的地方，可用竹片或塑料片将锈刮去，用沾炼油的布擦拭干净，再涂上一层凡士林油或耐碱漆，切不可用刀刮或用砂纸打磨。

⑨ 蓄电池在室温下使用时，每经过 100 次充放电循环，应更换电解液。当发现蓄电池

的容量显著降低时，应即时更换电解液。此外，当蓄电池在冬季低温（−15℃以下）条件下使用时，应换用冬季电解液；当蓄电池在高温下使用（15～50℃）时，应更换夏季电解液，以适应环境温度的变化。

（2）充电制度

① 初充电。镉镍蓄电池常以放电态出厂，使用前必须充电。开口电池通常以干荷电状态出厂，充电前需灌注足量的电解液，并经过初充电循环才能投入正常使用。其初充电步骤为：

a. 外部检查：将蓄电池的外部擦拭干净，检查有无机械损伤和连接错误、胶塞上的气孔通气是否良好、螺口有无松动。

b. 配电解液：用合格的蒸馏水和化学纯以上的固体氢氧化钾或氢氧化钠配制所需的电解液，并根据使用温度加入适量分析纯的氢氧化锂。待冷却到室温，测量其密度是否合乎要求，合格后方能灌入电池。

c. 灌电解液：全部蓄电池的灌注应在2h内完成。操作应小心细致，不要使电解液洒在电池外面，液面应达到规定高度的液面线。最后向电解液中注入适量的凡士林油，并在连接条上涂上凡士林油。

d. 静置浸泡：电解液灌入电池后，需静置2～4h，使极板被电解液充分浸泡。若出现液面下降应补加电解液至规定高度。用电压表检查各单体电池端电压，若无电压，则适当延长浸泡时间（例如10h）；若仍无电压，则应更换或修理。

e. 开始充电：初充电电流可按说明书中的规定，若无说明书，则可采用分级恒流法充电，即先用0.2C（A）的电流充电8h，再用0.1C（A）的电流充电6h。初次充电结束的标志为几个现象的同时出现：电压达到1.75～1.80V/只，并保持3h以上稳定不变；充入的电量不小于额定容量的2.2倍；正负极产生均匀剧烈的气泡。

f. 容量检查：充电结束后放置1h，再用0.2C率电流放电，当电池组中有一只电池的端电压下降到1.0V时，停止放电并计算容量：

$$C_{放} = I_{放}t$$

容量达到额定容量者，充电后可投入使用；不合格者，仍需重复上述充放电循环，直到容量达到要求为止。

g. 资料整理：在初充电循环过程中，必须记录充放电过程中端电压的变化情况，并将其绘制成充放电曲线，作为原始资料保存起来。

初充电过程中应注意以下几点：a. 电解液温度不可超过35℃，一旦温度达到40℃，应将充电电流减小，但充电时间相应延长。若温度继续上升，则应停止充电，待温度降到30℃以下时，再继续充电。b. 充电过程中，除特殊情况（充电装置故障、温度过高、外电源停电）外，不允许停止充电。c. 当发现电解液液面下降时，应及时用纯水或蒸馏水补充到规定液面高度；d. 当充电未完成时，不许投入使用；e. 充电过程中，产生的气体使碱液外溢时，应随时擦拭干净，以免腐蚀地面或引起电池短路。

② 其他充电制度。各种镉镍蓄电池的充电制度见表4-4。

（3）放电制度

各种镉镍蓄电池的放电制度见表4-5。由表4-5可见，当用1C以下电流放电时，各种类型电池的放电容量大致相同；但当用大于1C的电流放电时，对于不同类型的电池则规定有不同的放电终止电压，且放电容量各不相同。对于烧结式电池来说，能承受大电流放电，在电流大于10C的情况下，仍能放电1min；而盒式极板的电池，因其电池内阻较大，只能用较小电流放电。

表 4-4　各种镉镍蓄电池的充电制度

充电制度	开口全烧结电池			开口半烧结电池			开口有极板盒电池（中倍率）			密封圆柱电池		
	充电电流/A	充电电压/V	充电时间/h	充电电流/A	充电电压/V	充电时间/h	充电电流/A	充电电压/V	充电时间/h	充电电流/A	充电电压/V	充电时间/h
正常充电	0.2C	—	7	0.2C	—	7	0.2C	—	7~8	0.2C	—	7
补充充电	0.1C	—	10	0.1C	—	10	0.1C	—	10	0.1C	—	10
过量充电	0.2C	—	10	0.2C	—	10	0.2C	—	12	0.2C	—	10
快速充电	0.5C	—	2	0.5C	—	2	0.4C	—	2	0.33C	—	4
	0.2C	—	5	0.2C	—	5	0.2C	—	3			
浮充充电	2~5mA/(A·h)	1.37~1.39	不定	3~5mA/(A·h)	1.38~1.40	不定	1~3mA/(A·h)	1.42~1.45	不定	0.05C	1.40	不定
均衡充电	—	1.46~1.48	4~8	—	1.46~1.50	4~8	—	1.52~1.55	4~8	—	1.44~1.46V	6~10

表 4-5　各种镉镍蓄电池的放电制度

放电制度	开口全烧结式电池		开口半烧结式电池		开口有极板盒电池（中倍率）		密封圆柱电池	
	终止电压/V	放电时间/min	终止电压/V	放电时间/min	终止电压/V	放电时间/min	终止电压/V	放电时间/min
0.2C	1.0	300	1.0	300	1.0	285	1.0	285
1C	1.0	54	1.0	54	1.0	54	1.0	54
5C	1.0	8	0.9	6	—	—	0.8	6
7C	1.0	7	0.9	4	—	—	—	—
10C	1.0	1	0.8	2	—	—	0.6	2
12C	0.9	2	—	—	—	—	—	—
15C	0.9	1	—	—	—	—	—	—

（4）电解液的更换

电解液品质的好坏对电池性能有直接影响。各电池厂商对电解液都有一定的要求。配制电解液必须采用合格的材料，严格控制杂质含量。在使用中要随时注意电解液的变化。

电解液的劣化，主要是电解液吸收了空气中的 CO_2 而生成的 K_2CO_3 不断积聚的结果。若电解液内 K_2CO_3 含量大于 50g/L，则该电解液须更换。

根据开口电池实际使用经验，一般 2~3 年、充放电 100 周次以上，须更换电解液。更换电解液应在充电态进行。用塑料吸液器或针筒将电解液吸出，然后加注新的电解液。

电解液成分有三种（见表 4-6）。

表 4-6　镉镍电池电解液组成和密度

材料名称	材料规格	全烧结电池	
		常温用	低温用
氢氧化钾	优级纯（82%）	1000g	1000g
氢氧化锂	分析纯	30g	27g
蒸馏水	≥200kΩ	2000g	1700g
电解液密度/(g/cm³)		1.25±0.01	1.29±0.01

配制方法：将称好的蒸馏水倒入干净的容器内，然后把所需 KOH 缓慢倒入，边倒边搅拌。氢氧化钾溶解为放热反应，溶解温度可达 80℃左右。氢氧化钾全部加完后，趁热将氢氧化锂也慢慢倒入，搅拌至全部溶解。待温度降至 20℃时，测量溶液密度。允许多次调整，直至合格为止。调整好密度后，应静置 3～4h。取其澄清溶液或过滤后保存在加盖密封塑料桶内，保存期一般不超过 2 年。

（5）储存方法

新的镉镍蓄电池，在启用前可保存 3 年不锈蚀，并保证全部电气性能。已经启用的蓄电池其储存视其储存期限的长短，可分为长期放电状态下储存和短期带电储存。

蓄电池的储存好坏与周围环境温度、空气湿度及蓄电池储存前的技术状况有关。严格按要求维护和储存的电池不会损坏，可以保证容量和寿命。

① 长期储存。储存期超过一年的蓄电池，应当进行一次正常的充放电循环。即用 5h 率（$0.2C_5$）的电流充电 8h，然后用同一电流值放电，直到蓄电池组中有一只蓄电池的端电压最先下降到 1.0V 为止。然后倒出电解液，将蓄电池表面擦拭干净，拧紧气塞。在极柱、跨接连板等金属裸露部分喷洒金属防锈剂或涂以薄层中性凡士林油，以防锈蚀。使用时，按初充电方法给予还原。远距离运输的蓄电池，亦应按上述长期储存的方法进行处理。

② 短期储存。储存期不超过一年的蓄电池，可带电解液充电储存。储存前，调整液面使其达到规定高度，清擦干净，可充电或放电或半放电状态储存。使用时，仍用正常充电方法充电即可使用。储存时应注意以下几点：储存电池的房间应通风良好，干燥；储存蓄电池的室内温度最好控制在（20±5）℃内；应经常清擦蓄电池槽盖上的白色粉末，使储存的蓄电池处在正常条件下；储存蓄电池的室内不得有酸雾、铅酸电池及酸类物质。

（6）常见故障

镉镍蓄电池的故障种类没有铅蓄电池那么多，知其特性、懂其维护，一些故障完全可以避免。镉镍蓄电池常见的故障有以下几种。

① 容量下降。镉镍蓄电池最常见的故障是容量下降。其原因很多，主要是长期充电不足、长期不更换电解液、过放电、温度过高或过低、电解液中杂质含量过高等原因引起的。特别是浮充运行的蓄电池组，负荷放电后不及时给予充电，错误地认为浮充电流就可以补偿电池放出的容量，从而造成蓄电池长期充电不足而引起容量下降。

根据上述原因，通常用下述方法恢复容量：

a. 倒出旧电解液，用纯水彻底清洗电池内部，然后换入新电解液，最后进行过量充电，即可恢复容量。

b. 长期使用氢氧化钾电解液而引起容量下降者，可换成氢氧化钠电解液，或含有氢氧化锂的混合电解液，容量即可恢复。其更换方法如下：

改用氢氧化钠溶液：首先将蓄电池用标准放电电流放电，直到蓄电池组中有一只蓄电池的端电压下降到 1.0V 为止。倒出旧电解液，用纯水彻底清洗蓄电池内部，换上新的氢氧化钠电解液，浸渍 2h 后，进行两次过量充电、标准放电循环。经上述处理，蓄电池容量即可完全恢复。

改用混合电解液：将蓄电池用标准电流放电后，倒出旧电解液，用纯水彻底清洗蓄电池内部，注入密度较高的新电解液（若用氢氧化钠电解液，其密度为 1.18～1.20g/cm³；若用氢氧化钾溶液，其密度为 1.20～1.22g/cm³）。用标准充电电流充电几分钟，测量各单只蓄电池的端电压，高于 0.2V 者，可按以下方法处理：

将蓄电池用标准充电电流充电 12h，接着用标准放电电流放电 3h，如此重复三次充放电循环。第三次放电后，测量各单体电池端电压，选取达到 1V 以上的蓄电池，倒出电解液，换上新的混合溶液，静置 6h，使极板充分浸透，而后进行两次充放电循环：

第一次充放电循环：用标准充电电流充电 12h，再用标准放电电流放电 4h。

第二次充放电循环：用标准充电电流充电 12h，再用标准放电电流放电，直到蓄电池组中有一只蓄电池的端电压下降到 1.0V 为止。计算容量，检查其恢复的程度如何。

镉镍蓄电池的容量恢复可能不是一两次充放电循环就能完成的，性能下降严重的蓄电池应进行多次反复充放电循环，直到用标准放电电流放电能放出额定容量的 70% 左右，容量恢复工作便可结束，而后才可按正常情况投入使用。

② 内部短路。蓄电池短路或微短路及断路时，蓄电池的端电压为低值或零值。短路或微短路的蓄电池，在充电时电压不上升或上升较小、较慢，它的温度比其他正常蓄电池的温度高得多，这是蓄电池短路或微短路的一个特征。蓄电池的短路或微短路主要是由正、负极板相接触而引起的。

镉镍蓄电池短路可能是由脱落的活性物质引起的，可用上述换电解液的方法进行处理。如果不能消除，且极板不可拆卸，则更换新电池；若电池极板可拆除，则可用下述方法进行处理：

先将电解液倒出，拆除极板，清除短路物质，重新密封，并注入电解液到规定高度。用正常充电电流（$0.2C_5$）充电 12h，再用同一电流放电到终了电压 1.0V 为止，如此充电与放电循环 3~5 次之后，蓄电池的端电压即可恢复。

③ 反极。蓄电池组在使用中，个别蓄电池极性颠倒即称为反极。蓄电池在长期使用中，虽然极板面积和极板厚度完全相同，但是由于蓄电池正、负两极上活性物质的活化程度、活性物质的微孔率和内阻等各方面的差异，蓄电池的容量不可能完全一样。容量不等的蓄电池用同一放电电流放电时，容量较小的蓄电池必然提前放完，容量较多的蓄电池的放电电流对容量较小、提前放完电的蓄电池反向充电，出现逆向电压，即反极。

处理方法：

发现反极的蓄电池应迅速将其从回路中拆出，用正常充电电流（$0.2C_5$）给予过量充电，再用同一电流值放电到终了电压 1.0V 为止，如此反复充放电循环 3~5 次，以恢复电池的极性和容量，然后再接入蓄电池组中使用。使用中注意检查其是否正常，切不可过量放电。

为了防止蓄电池反极，在使用过程中，应按规定时间和条件进行过量充电，改善蓄电池的性能，放电时间不可过长，终了电压不可过低。

④ 爬碱。在蓄电池槽及槽盖上出现白色结晶粉末的现象称为爬碱。因开口蓄电池的极柱和气塞密封不严、电解液液面过高、充电电流太大及温度过高等原因引起电解液外溢，外溢的电解液与空气中的二氧化碳反应生成碳酸盐，结晶出来的白色粉末就附在了电池表面。开口蓄电池，因其开口结构，故电解液的外溢是不可避免的。这种白色粉末导电不良，接触电阻大，使蓄电池的自放电严重，绝缘强度降低，并且在电流通过时使极柱发热，容易使塑料蓄电池槽因受热而膨胀变形，甚至开裂漏液。为了减少电解液外溢现象产生，电解液液面不得高于规定值，长时间的充电与放电电流不宜太大，温度不宜过高，避免气体剧烈产生。

处理方法：

拧下极柱螺母，擦净白色粉末，在极柱螺纹处喷以金属防锈剂或涂以薄层中性凡士林油，重新垫好橡胶垫圈，均匀地紧固螺母。

在使用蓄电池的过程中，应保持电解液液面正常高度，经常清洁电池表面，当有白色粉末出现时，应及时处理。

4.2 氢化物镍蓄电池

4.2.1 概述

（1）氢镍蓄电池的发展

氢镍蓄电池属于新型二次碱性电池，镍的氧化物或氢氧化物为正极活性物质，氢为负极活性物质。根据氢活性物质储存形式（性质）的不同，氢镍蓄电池可分为高压氢镍蓄电池和低压氢镍蓄电池两类。

① 高压氢镍蓄电池。高压氢镍蓄电池是 20 世纪 70 年代初由美国学者 M. Klein 和 J. F. Stockel 等首先研制的，具有比能量较高、寿命长、耐过充过放、耐反极以及可以通过氢压来指示电池荷电状态等一系列优点。单体电池采用氢电极为负极，镍电极为正极，在氢电极和镍电极间夹有一层吸饱 KOH 电解液（20℃时密度为 $1.30g/cm^3$）的石棉隔膜。氢电极是用活性炭作载体的聚四氟乙烯（PTFE）黏结式多孔气体扩散电极，它由含铂催化剂的催化层、拉伸镍网导电层、多孔聚四氟乙烯防水层等组成。镍电极可用压制或烧结的 $Ni(OH)_2$ 电极。

高压氢镍蓄电池有如下缺点：容器需要耐高氢压，一般充电后氢压达 $3\sim5MPa$，这就需要用较重的耐压容器，降低了电池的体积比能量及质量比能量；自放电较大；不能漏气，否则电池容量减小，并且容易发生爆炸事故；成本高；体积比能量低。目前研制的高压镍氢电池主要应用于空间技术。

② 低压氢镍蓄电池。低压氢镍蓄电池分为两种。一种是在氢镍电池中放入能够可逆吸放氢的储氢合金，以降低氢压，如 M. W. Earl 和 J. Dunlop 发现，在 $1.55A \cdot h$ 的氢镍电池中，放入 $5.29g$ $LaNi_5$，充电后，电池的氢压只有 6×10^5Pa；另一种低压氢镍电池则是以储氢合金（金属氢化物）为负极，$Ni(OH)_2$ 为正极，KOH 溶液为电解质。这种金属氢化物镍（MH-Ni）电池与镉镍电池比较，二者的结构基本相同，只是使用的负极不同，镉镍电池使用海绵状的镉为负极，而 MH-Ni 电池使用储氢合金为负极材料。

MH-Ni 电池是由荷兰飞利浦石油公司 Markin 等于 1985 年首先研制成功。其关键技术是用 $LaNi_5$ 电极代替高压氢镍电池中的氢电极，MH-Ni 电池的研究开发与金属储氢材料的研究密切相关。1968 年，荷兰人报道了 $LaNi_5$ 合金具有很强的储氢能力；随后，1974 年美国人发表了 TiFe 合金储氢的报告，从此储氢合金的研究和利用得到了较大发展。20 世纪 70 年代初，Justi 和 Ewe 等首次发现用电化学方法能够使储氢材料可逆地吸、放氢，随后他们开始了 MH-Ni 电池的研究。1984 年，荷兰飞利浦公司研究解决了储氢材料 $LaNi_5$ 在充放电过程中容量衰减的问题，使得 MH-Ni 电池的研究进入实用化阶段。20 世纪 80 年代后期，性能优良、价格低廉的混合稀土-镍系（$MmNi_5$）储氢材料开发成功并投入批量生产，才使得 MH-Ni 电池真正实现了产业化。

日本、美国、法国等许多国家都在 MH-Ni 电池的材料、电极成型工艺、在线检测技术及工装设备等许多方面投入了大量的人力、物力和财力，极大地推动了 MH-Ni 电池的研发和产业化进程。美国最先于 1987 年建成试生产线，随后日本也在 1989 年前后进行了试生产。目前有美国 Ovonic、法国 SAFT、德国 Varta 及日本松下、三洋、汤浅等世界知名 MH-Ni 电池生产商。

在国家"863"计划的支持下，我国于 1992 年在广东省中山市建立了 MH-Ni 电池试生产基地，有力地推动了 MH-Ni 电池的研发和产业化进程。目前，国内已建起数家年产千万只电池的大型企业，如比亚迪、江门三捷、海四达等，逐步发展成为在国际上具有竞争力的电池生产基地。

氢化物镍蓄电池具有如下特点：能量密度高，是镉镍蓄电池的 1.5～2 倍；电池的工作电压为 1.2～1.3V，与镉镍电池的电压相当，因此可以作为镉镍电池的替代品；可快速充放电；低温性能好；可实现密封；耐过充放电能力强；无毒，无环境污染；不使用贵金属；记忆效应小等。表 4-7 列出了几种镍系列电池的性能比较。

表 4-7　几种镍系列电池的比能量

电池系列	质量比能量/(W·h/kg)		体积比能量/(W·h/L)	
	理论值	实际值	理论值	实际值
Cd-Ni	214	30～40	751	60～90
H_2-Ni	378	45～70	273	30～40
MH-Ni	275	35～45	1134	90～120

氢化物镍蓄电池主要用于道路交通、邮电通信、铁路、电力、航空、航海以及军事等领域；小容量的氢化物镍蓄电池则广泛用于便携式通信设备、小型日用电器等。

（2）氢镍蓄电池命名

氢镍电池单体和电池组型号的命名是按国标 GB 7169—2011《含碱性和其他非酸性电解质的蓄电池和蓄电池组型号命名方法》中的有关规定进行的，与镉镍电池基本相同。

第三个字母为外形代号，Y 代表圆柱形，外形代号右下角加注 1，表示全密封结构。第四位一般用于表示容量。

国标 GB 7169—2011 规定，氢镍蓄电池的系列代号为 QN，是负极氢气的汉语拼音 qing 和正极材料镍的汉语拼音 nie 的第一个大写字母；第二部分为电池的形状代号，但开口电池不标注，外形代号右下角加注 1，表示其为全密封结构（因氢镍蓄电池均为全密封结构，外形代号右下角通常可不加注 1）；第三部分表示放电（倍）率，但低倍率也不标注；第四部分为结构形式代号；第五部分表示电池的额定容量。如：

对单体而言，如：

QNYG7——额定容量为 7A·h，高放电率的圆柱形金属氢化物镍蓄电池。

QN30——额定容量为 30A·h，低放电率的全密封氢镍蓄电池。

$QNY_1$40——额定容量为 40A·h，低放电率的全密封氢镍蓄电池。

对电池组而言，如：

1QN30——由 1 只额定容量为 30A·h，低放电率的全密封氢镍蓄电池组成的氢镍蓄电池组。

28$QNY_1$40——由 28 只低放电率全密封氢镍蓄电池单体组成容量为 40A·h 的电池组。

便携式密封金属氢化物镍蓄电池的 IEC 标准规定型号应符合 GB/T 22084.2—2008 的有关规定。例如：QNB0.35（HB116/054）——指额定容量为 0.35A·h，低放电率的扣式密封金属氢化物镍蓄电池，其直径约为 11.6mm，高度约为 5.4mm。

4.2.2　基本结构

氢化物镍蓄电池（MH-Ni 蓄电池）的结构与镉镍蓄电池基本相同，其区别只是负极活性物质不同。MH-Ni 蓄电池的正极为氧化镍电极，负极为储氢合金电极，隔膜一般为无纺布（如聚丙烯和聚酰胺）。

圆柱形 MH-Ni 蓄电池的结构如图 4-12 所示。电池外壳为镀镍钢筒，并兼作负极，但不参与电化学反应，电池盖帽为正极引出端，并装有安全排气装置。

方形 MH-Ni 蓄电池的结构如图 4-13 所示。方形和扣式电池由层状的正极、负极及中间的隔膜叠合而成。在圆柱形和方形电池的正极端均装有一安全阀,当电池内部的气体压力增大时,气体可以从此阀释放出去。

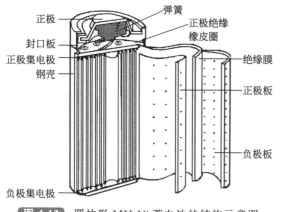

图 4-12 圆柱形 MH-Ni 蓄电池的结构示意图

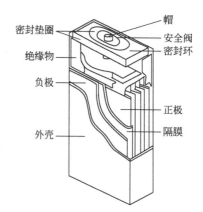

图 4-13 方形 MH-Ni 蓄电池的结构图

氢化物镍蓄电池的正极有烧结式和发泡式两种。烧结式正极是在烧结的多孔镍基体内,采用化学或电化学方法填充氢氧化亚镍制备而成,它使用的基本材料有羰基镍粉、冲孔镀镍钢带、造孔剂、粘接剂以及硝酸镍等;发泡式正极则是在泡沫镍基体上,用涂浆法直接填充氢氧化亚镍制备而成,它使用的基本材料有泡沫镍、球形氢氧化亚镍以及粘接剂等。

氢化物镍蓄电池的负极是将 AB_5 或 AB_2 型储氢合金粉与黏合剂混合后热压在基体上或制备成稀浆涂在基体上,它使用的基本材料有储氢合金粉、冲孔镀镍钢带或拉伸网、粘接剂等。

由于氢化物镍蓄电池与镉镍蓄电池在正极和电解液结构方面基本相同,这已在镉镍蓄电池一节中做了介绍,因此下面只对负极储氢合金进行介绍。

(1) 储氢合金与其他储氢方式的比较

储氢合金是一种能储存氢气的合金,它所能储存的氢的密度大于液态氢,因而被称为氢海绵。而且氢储入合金中时不仅不需要消耗能量,反而能放出热量。储氢合金释放氢时所需的能量也不高,加上工作压力低,操作简便、安全,因此是最有前途的储氢介质。

储氢形式可分为物理储氢和化学储氢两种,也可以分为容器储氢和材料储氢。各种储氢的方法和特点见表 4-8。

氢气与材料的相互作用有物理吸附和化学吸附。物理吸附时氢气以分子形式吸附在材料表面,材料与 H_2 之间的作用力主要为弱的范德华力;化学吸附时,H—H 键断裂,氢以原子的形式吸附在材料表面或体相中,形成强的化学键。对于以物理吸附作用储氢的材料来说,由于作用力太弱使得储氢量很低。对于以化学吸附作用储氢的材料,由于化学键太稳定,使得脱氢反应难以进行,从而不能满足实际需要。理想的储氢材料与 H_2 之间的作用力应介于物理吸附的范德华力和化学吸附的化学键之间,为 20~40kJ/mol。

(2) 储氢合金的种类

储氢合金是指由金属或合金(通常用 M 代表)与氢作用生成的金属氢化物(MH_n),是 1968 年由 Reilly 发明的。当时发明的是 Mg_2Ni 合金,直到 Philips 发现 $LaNi_5$ 能吸收和释放氢气后,才真正开始了储氢合金粉的应用研究与开发。储氢合金能够在一定温度和压力下,可逆吸收、储存和释放氢气,其反应方程式为:

表 4-8　氢气的储存方式及特点

储氢分类方法			性能和特点
物理储氢	容器储氢	高压储氢	氢气体积可以缩小至 1/50；优点是操作方便，能耗低；缺点是需要高压容器，存在安全隐患
		液化储氢	氢气体积可以缩小至 1/800 以内，仅从质量和体积上考虑，液化储氢是一种极为理想的储存方式；缺点是氢液化能耗大（约占液化氢能的 30%）、对储罐的绝热要求极高、维持低温困难
	储氢材料储氢	吸附材料储氢	吸附储氢材料包括分子筛、碳素材料（一般活性炭、高比表面积活性炭、石墨片、碳纤维和碳纳米管等）和其他新型吸附剂。其中，活性炭是较理想的储氢材料。碳纳米管的储氢密度为 0.01%～67%（质量分数），当储氢密度小于 1%（质量分数）时，碳纳米管并不是合适的储氢材料。其他储氢材料包括有机液态储氢材料、玻璃微球储氢材料和无机物储氢材料等
化学储氢		离子型氢化物储氢	是较早的储氢材料，最早的应用是直接用作还原剂；离子型氢化物包括碱金属与氢直接反应生成的离子型氢化物和 $LiAlH_4$、$NaBH_4$ 等的络合物等。如用 Ti 修饰的 $NaAlH_4$ 的储氢量高达 3.1%～3.4%（质量分数），其循环性能也较好
		合金储氢	金属或合金储氢是目前比较有前途的储氢方式，可使体积缩小至 1/1000 以内；优点是储氢密度高，运输、储存和使用方便安全；缺点是：①储氢量无法满足像燃料电池电动车储氢密度为 $62kg/m^3$ 或 6.5%（质量分数）的要求；②金属氢化物在室温下具有热力学稳定性，虽然储氢量相对较高，但室温下析氢速度太慢

$$2M + nH_2 \rightleftharpoons 2MH_n + Q \qquad (4-18)$$

上述反应是一个可逆过程，正向反应时，金属吸氢，并放出热量（生成热）；逆向反应时，金属氢化物释氢，吸收热量。这样，只需要改变温度与压力，就能使反应正向或逆向反复进行，达到金属（合金）储氢或释氢的目的。

当然，不是任何金属或合金都具有上述功能，理想的、有使用价值的储氢合金，必须具备如下条件：①吸氢能力强，能吸收尽量多的氢；②储氢时生成热应尽量小，便于释氢时的温度不必太高（作为储热作用时，则生成热应该越高越好）；③储氢和释氢的速度要快；④导热性能优良；⑤对氧气、一氧化碳和水等杂质的抵抗力要强；⑥化学稳定性好，经久耐用，不易产生破碎粉化；⑦使用与运输安全、可靠；⑧原材料来源丰富，价格低廉，环境友好。

目前正在研究和已经使用的储氢合金有稀土系合金、钛系合金、镁系合金和锆系合金等。另外，用于原子反应堆的金属氢合物、非晶态储氢合金等也正在研究和探索中。常用的储氢合金分类见表 4-9。

① 镁系合金。镁系合金是最早研究和被使用的储氢合金。纯镁氢化物 MgH_2 是唯一可在工业上使用的合金。其来源丰富、价格便宜、密度低、储氢量大。但缺点是分解温度高达 250℃，而且反应速率慢，这使其应用受到了影响。

为了克服 MgH_2 合金的缺点，先后研制出 Mg_2Ni 和 Mg_2Cu 储氢合金。Ni 和 Cu 对镁氢化物的形成起到了催化作用，从而使氢化反应速率提高。但是 Mg 与 Ni 形成 Mg_2Ni 和 $MgNi_2$ 两种金属化合物，其中只有 Mg_2Ni 可以吸氢，而且吸氢和释氢温度仍然较高，故反应速率还不够理想。

为了克服 Mg_2Ni 储氢合金的缺点，相继出现了用 Al 或 Ca 来置换 Mg_2Ni 中部分 Mg 的新合金，使得吸氢和释氢的速度提高了许多。

表 4-9 储氢合金的分类

分类	储氢合金类别	举例	吸氢质量分数/%	电化学容量/(mA·h/g)	
				理论值	实测值
按组成	稀土类	LaNi₅、LaNi₅₋ₓ Aₓ（A = Al、Mn、Co、Cu 等），MmNi₅（Mm 为混合稀土，主要成分是 La、Ce、Pr、Nd 等）			
	钛系	TiNi、Ti₂Ni、TiFe、TiMn₁.₅ 等			
	镁系	Mg₂Ni、Mg₂Cu 等			
	锆系	ZrMn₂ 等			
按各组分配比	AB₅ 型	LaNi₅、LaNi₅₋ₓAₓ、MmNi₅ 等	1.3	348	330
	AB₂ 型	ZrMn₂、TiMn₂ 等	1.8	482	420
	A₂B 型	Mg₂Ni、Ti₂Ni、Mg₂Cu 等	2.0	965	500
	AB 型	TiNi、TiFe 等	3.6	536	350
	固溶体型	V₀.₈Ti₀.₂H₀.₈	3.8	1018	500

② 稀土系合金。稀土系储氢合金以 $LaNi_5$ 为最典型的代表，由荷兰飞利浦实验室首先研制，它是储氢合金中应用性能最好的一种。这种合金具有六方结构（$CaCu_5$ 型）。其最大优点是在室温下就可以氢化，平衡压力适中而平坦、吸放氢平衡压力差小、吸氢释氢均较容易，抗杂质气体中毒特性好，且储氢密度高。其缺点是价格太高、吸氢和释氢的速度不够快、吸氢后体积膨胀较大（约 23.5%）。

为了让稀土系合金得到广泛的使用，开发研究了新的系列合金（多元合金），主要有 $LaNi_5$ 三元系合金和 MnNi 三元系合金。$LaNi_5$ 三元系合金是分别用 Al、Mn、Cr、Fe、Cu、Pt 等金属，替代 $LaNi_5$ 中的部分 Ni，从而使储氢性能得到改善；MnNi 三元系合金是用混合稀土（Ce、La、Sm 等）代替了部分 La，并且再分别加入 Al、B、Cu、Si 等元素，这样不仅降低了价格，而且又提高了合金储氢与释氢的能力。

③ 钛系合金。钛系储氢合金分为 Ti-Fe 系、Ti-Mn 系和 Ti-Ni 系等。

Ti-Fe 系合金储氢量大、价格便宜，但缺点是活化困难、抵抗杂质能力差、容易中毒。可以用其他元素如 V、Cr、Mn、Co 等代替部分铁组成二元合金，活性大为改善。

Ti-Mn 系合金中，以 $TiMn_{1.5}$ 二元合金的储氢性能最好，而且在室温条件下即能活化，反应速率快，反复吸释氢的能力强，且价格便宜，是一种很受重视、应用性好的储氢合金。

（3）储氢合金的储氢原理

储氢合金是像海绵吸收水那样能够可逆地吸放大量氢气的特定金属氢化物，由一种吸氢元素或与氢有很强亲和力的元素（A）和另一种吸氢量小或根本不吸氢的元素（B）共同组成。

当氢与储氢合金表面接触时，氢分子吸附到合金表面，氢氢键解离，变为原子态氢。这种氢原子的活性大，进入金属的原子之间，首先形成含氢固溶体（MH_x），其溶解度 $[H]_M$ 与固溶体平衡氢压 p_{H_2} 的平方根成正比，即

$$p_{H_2}^{\frac{1}{2}} \propto [H]_M \tag{4-19}$$

其后，在一定的温度和压力条件下，固溶相 MH_x 继续与氢反应生成金属氢化物（MH_y），这一反应可写成：

$$MH_x + \frac{y-x}{2}H_2 \rightleftharpoons MH_y + Q \tag{4-20}$$

由上述反应可见，储氢合金与氢形成两相，一个相称为 α 相，这是氢原子与金属形成的

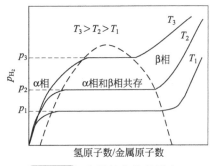

图 4-14 金属氢化物的压力-
组成-温度曲线

固溶体（MH_x）；另一相称为 β 相，它是金属与氢形成的金属氢化物（MH_y）。事实上，在金属吸氢的初期形成 α 相，随着体系中氢分压的增加，α 相吸收的氢浓度不断提高，当 α 相氢原子浓度超过一定值后，开始产生第二相，即 β 相。β 相从金属的外层开始形成，然后逐渐由外向内生成。在 β 相完全形成之前，是 α 相和 β 相共存区域，此时氢气的分压基本保持不变，即所谓的平台氢压。当 β 相完全形成后，如果氢气压力继续增大，则将有更多的氢原子进入氢化物相。如图 4-14 所示。

金属氢化物释放氢原子的过程与吸收氢原子的过程正好相反。释氢反应也是从金属氢化物表面开始的。在分解过程中的两相共存区域，氢的分压也是不变的。随着氢原子浓度的降低，氢化物相逐渐转化为 α 相，完全转化为 α 相后，氢原子的浓度随着氢分压的降低而降低。

对于一个理想过程，氢的吸收与释放过程中的平台氢压应相同。但实际上，不同的金属或储氢合金有着不同程度的滞后现象发生。这与合金在氢化过程中金属晶格膨胀引起的晶格间的应力有关。

（4）储氢合金的性能

储氢材料的性能主要包括吸氢热效应、平台氢压力、储氢密度和电化学容量等。

① 热效应和平台氢压力。金属氢化物在吸氢过程中有热量生成，释氢过程中要吸收热量。所以金属氢化物的生成热不能太大，否则它在放氢时需要吸收太多的热量。表 4-10 列出了某些 AB_5 型储氢合金的热力学性质。

表 4-10 常见储氢合金的热力学参数

合金种类	储氢温度/℃	平台氢压力/MPa	$-\Delta H(H_2)$ /(kJ/mol)
$LaNi_5$	25	0.19	30.2
$La_{0.8}Nd_{0.2}Ni_5$	25	0.31	30.2
$La_{0.8}Gd_{0.2}Ni_5$	25	0.48	30.2
$LaNi_4Co$	50	0.22	40.3
$LaNi_{4.6}Al_{0.4}$	20	0.016	36.5
$LaNi_{4.6}Sn_{0.4}$	20	0.0076	38.6
$LaNi_{4.6}Si_{0.4}$	30	0.07	35.7
$MmNi_5$	20	1.30	26.5
$MmNi_{4.5}Cr_{0.5}$	20	0.48	25.6
$MmNi_{4.5}Mn_{0.45}Zr_{0.05}$	50	0.40	33.2

图 4-14 为金属氢化物的压力-组成-温度曲线。由图可见，随着氢分压的增加，储氢合金中氢的数量增加，即发生吸氢过程，并发生从 α 相到 β 相的转变，此时有一个吸氢分压平台。该平台氢压的大小和平台的宽度是选择储氢合金的重要依据。在 MH-Ni 蓄电池中，必须考虑合金在吸氢时不能在太大的氢分压下进行，否则会造成安全性问题。另外，氢分压过大会引起严重的自放电。但是，氢分压也不能过低。否则，吸收氢后，金属氢化物难以分解，影响电池的高倍率放电性能。

② 储氢密度。储氢密度与储氢形式（方法）密切相关，各种储氢形式对应的氢密度和

氢含量如表 4-11 所示。由表可见，金属氢化物的储氢密度比高压氢、液氢和固态氢的储氢密度要高。

表 4-11　各种储氢形式对应的氢密度和氢含量

储氢形式	机理	性能特点			
		氢含量（质量分数）/%	氢密度 /(10^{22}个 H/cm³)	吸氢压力 /MPa	热效应，$-\Delta H$(H₂) /(kJ/mol)
高压氢（15MPa）	物理储氢	100	0.5	—	—
液态氢（20K）		100	4.2	—	—
固态氢（4.2K）		100	5.3	—	—
AX-21 活性炭		100g/kg	32kg/m³	5.0（77K）	—
超级 AX-21 活性炭		＞90g/kg	＞17.18kg/m³	5.4（150K）	—
碳纳米管		0.01～67	—	—	—
MgH_2	化学储氢	7.65	6.6	—	—
Mg_2NiH_4		3.16	5.9	—	—
VH_2		3.81	10.5	0.101	64.4
$TiFeH_{1.95}$		1.75	5.7	—	—
$LaNi_5H_6$		1.37	6.2	0.101	23.0
$ZrMn_2H_{3.6}$		1.75	6.0	0.404	30.1

③ 电化学容量。储氢材料的电化学容量取决于金属氢化物中含氢量 x，$x=$H/M（原子比），储氢合金电极充电时，储氢材料每吸收一个氢原子，相当于得到一个电子。因此，根据法拉第定律，金属氢化物的理论容量为：

$$C=\frac{xF}{3.6M} \tag{4-21}$$

式中，F 为法拉第常数；M 为储氢合金的摩尔质量。

对于 $LaNi_5$ 储氢合金，最大吸氢量 $x=6$，即形成 $LaNi_5H_6$。因此，可计算出 $LaNi_5$ 储氢合金的理论容量为 372mA·h/g。金属氢化物的实际容量是指电池放电时所测得的容量值，实际容量不仅与储氢材料的性能（如可逆性和热力学稳定性等）有关，而且与放电制度（如温度、压力和放电速率）等有关。

4.2.3　工作原理与密封原理

（1）工作原理

① 充电过程。氢化物镍蓄电池的正极反应与镉镍蓄电池的正极反应相同，其反应式为：

$$Ni(OH)_2+OH^- \longrightarrow NiOOH+H_2O+e \tag{4-22}$$

氢化物镍蓄电池的负极在充电时，水分子在储氢合金 M 上放电，分解出氢原子吸附在电极表面形成吸附态的氢原子 MH_{ab}，吸附氢原子再扩散到储氢合金内部与合金形成固溶体 α-MH。当溶解于合金相中的氢原子越来越多时，氢原子将与合金生成金属氢化物 β-MH。氢在合金中的扩散较慢，扩散系数一般都在 $10^{-8}\sim10^{-7}$cm/s，扩散成为充电过程的控制步骤。上述过程可以表示如下：

$$M+H_2O+e \longrightarrow MH_{ab}+OH^- \tag{4-23}$$

$$MH_{ab} \longrightarrow α\text{-}MH \tag{4-24}$$

$$α\text{-}MH \longrightarrow β\text{-}MH \tag{4-25}$$

所以，充电时的电池总反应为：

$$MH + NiOOH \longrightarrow M + Ni(OH)_2 \tag{4-26}$$

② 放电过程。放电时，NiOOH 得到电子转变为 Ni(OH)$_2$，金属氢化物（MH）内部的氢原子扩散到表面而形成吸附态的氢原子，再发生电化学反应生成储氢合金和水。氢原子的扩散步骤仍然成为负极放电过程的控制步骤。有关反应为：

负极反应 $\qquad\qquad MH + OH^- \longrightarrow M + H_2O + e \tag{4-27}$

正极反应 $\qquad\quad NiOOH + H_2O + e \longrightarrow Ni(OH)_2 + OH^- \tag{4-28}$

电池反应 $\qquad\quad M + Ni(OH)_2 \longrightarrow MH + NiOOH \tag{4-29}$

过放电时，正极上可被还原的 NiOOH 已经消耗完（MH-Ni 蓄电池设计为负极容量过量），这时 H$_2$O 在镍电极上得到电子并析出氢气，如式（4-30）所示。生成的氢气可以扩散到储氢合金电极上消耗掉，如式（4-31）所示。这时电池的电压变成"负"的，即镍电极电位反而比氢电极电位更负，此现象称为"反极"。因此，MH-Ni 电池具有较强的耐过放能力。在放电过程中，储氢合金担负着储氢和电化学反应的双重任务。

正极（镍电极）$\qquad\quad 2H_2O + 2e \longrightarrow H_2\uparrow + 2OH^- \tag{4-30}$

负极（储氢合金电极）$\qquad H_2 + 2OH^- \longrightarrow 2H_2O + 2e \tag{4-31}$

（2）密封原理

在充电过程中，随着储氢合金吸附的氢原子的进一步增加，吸附氢原子可以通过化学或电化学机理脱附形成氢分子，即

$$2MH \longrightarrow 2M + H_2\uparrow \tag{4-32}$$

或 $\qquad\qquad\qquad MH + H_2O + e \longrightarrow M + OH^- + H_2\uparrow \tag{4-33}$

过充电时，由于正极上可以氧化的 Ni(OH)$_2$ 大都变成了 NiOOH，这时 OH$^-$ 失去电子形成 O$_2$，O$_2$ 再扩散到负极，在储氢合金的催化作用下得到电子形成 OH$^-$，或者与负极产生的氢气复合成水，放出热量，使电池温度升高，同时也降低了电池的内压。负极上由于储氢合金已吸饱了氢不能再吸氢，这时负极将发生如式（4-32）和式（4-33）所示反应而析出 H$_2$，H$_2$ 再在储氢合金的催化作用下与正极渗透过来的氧气复合成水。

从上面的反应可以看出，由于储氢合金的催化作用，在过充的过程中，正极析出的氧气可以扩散到负极被吸收；同样在过放的过程中，正极析出的氢气可以扩散到负极被储氢合金吸收。因此，氢化物镍电池具有耐过充电和过放电的能力，电池也因此能实现密封。

由上可见，MH-Ni 电池具有较强的耐过充的能力；储氢合金在电池中起储氢、发生电化学反应和催化剂的三重作用。

但是，随着充放电循环的进行，储氢合金将逐渐失去催化能力，电池内压便升高。所以，为了使氢化物镍电池实现密封，即保证氧的复合反应，消除氧气压力，在设计电池时，将负极容量设计成过量，即电池容量由正极限制，这样才能保证密封电池的安全。

另外，电池化成不好会造成金属氢化物电极表面催化性能差，这将引起电池的充电效率与充电容量下降。当充电量达到一定程度后，一方面会导致负极产生氢气，氢气在正极上消耗或被负极再次吸收的速率是缓慢的；另一方面会使正极有较多的氧气析出，氧气又不能有效地被负极消耗。这两方面的原因将造成电池内压迅速增加，最终使电池漏气。由此可见，对于理想的 MH-Ni 电池而言，必须具有良好的金属氢化物电极以降低电池的内压，提高负极复合氧气的能力，使电池达到良好的密封性能。

4.2.4 主要性能

为了更好地使用 MH-Ni 蓄电池，必须在明确结构、特点和工作原理的基础上，充分地了解其特性，包括充电、放电、温度的影响和自放电特性等。

（1）充电特性

如图 4-15 所示，MH-Ni 蓄电池充电曲线与镉镍（Cd-Ni）蓄电池相似，只是充电后期 MH-Ni 蓄电池的充电电压比 Cd-Ni 蓄电池略低。充电速率对 MH-Ni 蓄电池充电电压的影响如图 4-16 所示，充电速率对充电电压有明显的影响，从图中可以看出，充电电压随充电速率的提高而增大，而且在充电后期影响更为明显。

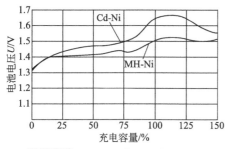

图 4-15　MH-Ni 蓄电池与 Cd-Ni 蓄电池充电曲线（1C，20℃）

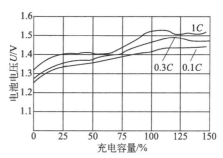

图 4-16　充电速率对 MH-Ni 蓄电池充电电压的影响（20℃）

（2）放电特性

MH-Ni 蓄电池的放电曲线与 Cd-Ni 蓄电池基本相似，但其放电容量几乎是 Cd-Ni 蓄电池的两倍。电池放电过程中的容量和电压与使用条件有关，如放电倍率、环境温度等。放电倍率越大，放电容量与放电电压越低，如图 4-17 所示。

（3）温度特性

在相同充电速率条件下，环境温度对 MH-Ni 蓄电池充电特性的影响如图 4-18 所示。由图可以看出，温度对充电电压有明显的影响，充电电压随温度升高而降低。当充电容量接近额定容量的 75％时，正极产生的氧气使得电池电压升高；当充电容量达额定容量的 100％时，电池电压达到最大值。当充电容量超过额定容量时，由于电池自身温度的升高，导致电池的充电电压反而有所降低。引起这种现象的原因是电池电压有一个负的温度系数，由于充电效率依赖于温度，因此，在较高的温度下充电时，电池的放电容量会降低。

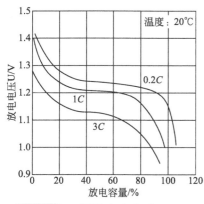

图 4-17　不同放电速率下 MH-Ni 蓄电池的放电曲线

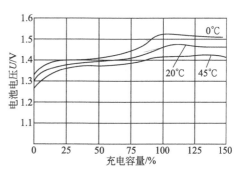

图 4-18　温度对 MH-Ni 蓄电池充电特性的影响（0.3C）

在相同放电速率条件下，环境温度对 MH-Ni 蓄电池放电性能的影响如图 4-19 所示。由图 4-19（a）可以看出，放电电压随温度的升高而增大。从图 4-19（b）可以看出，随着放电速率的提高，温度对放电容量的影响越来越显著，特别是在低温条件下放电，MH-Ni 蓄电池放电容量下降更为明显。

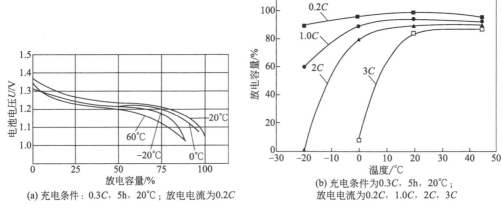

(a) 充电条件：0.3C，5h，20℃；放电电流为0.2C

(b) 充电条件为0.3C，5h，20℃；
放电电流为0.2C，1.0C，2C，3C

图 4-19 环境温度对 MH-Ni 蓄电池放电性能的影响

（4）自放电特性

MH-Ni 蓄电池的自放电速率比 Cd-Ni 蓄电池大，一般为 20%～25%/月。影响 MH-Ni 蓄电池自放电的因素很多，其中储氢合金的组成、使用温度和电池的组装工艺影响较大。

储氢合金的析氢平台压力越高，氢气越容易从合金中逸出，自放电越明显，一般控制储氢合金的析氢平台压力在 10^{-4}～1MPa 之间；温度越高，MH-Ni 蓄电池自放电速率越大；隔膜选择不当或者电池组装不合理，随着电池充放电次数的增加，合金粉末出现脱落或形成枝晶等现象，都会加速自放电，甚至造成短路。

MH-Ni 蓄电池自放电引起的容量损失是可逆的，对于长期储存的 MH-Ni 蓄电池，经过 3～5 次小电流充放电，可以恢复电池的容量。如图 4-20 所示为 MH-Ni 蓄电池在不同温度下的自放电特性。

（5）循环寿命

如图 4-21 所示为 MH-Ni 蓄电池的电池容量与循环次数的关系，从图上曲线可以看出 MH-Ni 蓄电池的容量随着充放电次数的增加而减小。对于 MH-Ni 蓄电池，由于正极析出的氧气中一部分与合金粉末表面的稀土元素（Re）发生反应，生成稀土氢氧化物 $[Re(OH)_3]$，减少了活性物质，从而导致电池容量降低。密封 MH-Ni 蓄电池在充电放电循环过程中，容量降低经历了如下几个步骤：

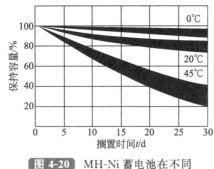

图 4-20 MH-Ni 蓄电池在不同
温度下的自放电特性

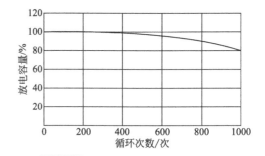

图 4-21 MH-Ni 蓄电池的循环寿命
充电：0.25C，3.2h，20℃；放电：1.0C，1.0V，20℃

① $Re(OH)_3$ 的形成。在实际的过度充放电过程中，正极析出的氧气总有一部分没有与吸收在负极合金中的氢气发生复合反应，而是与合金粉末表面的稀土元素（Re）发生反应，生成稀土氢氧化物 $[Re(OH)_3]$，即

$$Re + 3OH^- - 3e \longrightarrow Re(OH)_3$$

② $Re(OH)_3$ 的增长。随着 MH-Ni 蓄电池充放电次数的增加，储氢合金表面的 $Re(OH)_3$ 的厚度会不断增加，致使储氢合金的吸氢减少，氢是以氢气形式存在电池内，从而导致电池内部氢气的分压会逐渐增大。

③ 氢气泄漏和电解质溶液损失。当 MH-Ni 蓄电池的内压高于密封通气孔允许的最大压力时，就会发生氢气的泄漏，同时引起电解质溶液损失，随着电解质溶液的减少，电池的内阻增大，电池的容量减小。

从上述分析可知，要想提高 MH-Ni 蓄电池的循环寿命，必须从改善电极性能和提高电池组装工艺两个方面下工夫。

4.2.5　使用与维护

（1）新电池启用

一般情况下，新电池只含有少量的电量，应充电后再使用。这是因为 MH-Ni 蓄电池的自放电率比较高，出厂时间长，必然导致电池处于放电态。但如果电池出厂时间较短，电量很足，可先放电后再充电。新电池一般要经过 3～5 次循环，性能才能发挥到最佳状态。

（2）充放电温度

蓄电池充电时的环境温度应在 10～40℃。这是因为充电效率受环境温度的影响较大，当环境温度在 10～30℃时，充电效率最佳；当环境温度低于 0℃或高于 40℃时，充电效率会明显下降，使电池内气体吸收反应不充分，造成电池内压升高而打开安全阀，使电池泄漏，性能恶化。放电时环境温度应在 -10～45℃。当放电温度在 -10℃以下和 45℃以上时，蓄电池的放电容量会明显下降。

（3）串联与并联

MH-Ni 蓄电池可以串联或并联使用，应将同批次、同规格、新旧程度相同的电池串联使用，否则容量小或旧的电池有可能在放电后期被反充，造成电池的损坏，甚至爆炸。

（4）充电方法

一般采用恒流充电法，根据充电率的大小不同分为慢充和快速。如：

① $0.1C_5$（A）充电 16h；

② $0.4C_5$（A）充电 3.5h；

③ $1C_5$（A）充电至 $-\Delta U \leqslant 10\text{mV}$/只 或 $dT/dt = 1.6℃/3\text{min}$，再以 $0.1C_5$（A）补充电 2h。

其中，$-\Delta U$ 表示充电后期电池电压的下降值，该值应根据设备精度尽量取小；dT/dt 表示电池内部温度的变化速率。

（5）放电终止电压

终止电压为 1.0V（20℃），超过 1.0V 的放电为过放电，过放电会使储氢合金被氧化而丧失储氢能力，影响电池寿命。

（6）避免反极充电

MH-Ni 蓄电池反极充电是指充电器输出正极接在了蓄电池的负极，充电器输出负极接在了蓄电池的正极，对电池组进行充电的现象。反极充电会引起 MH-Ni 蓄电池内压升高，使电池因安全阀开启而泄漏，造成电池性能恶化，甚至会使电池破裂。因此，在安装新的电池组、为电池组充电等工作中，一定要避免 MH-Ni 蓄电池反极充电。

（7）储存方法

长时间不用的电池，应先将其充足电，然后从电池仓中取出，置于干燥的环境中，最好放入专门的电池盒中，以避免电池短路。

① 短期储存：将电池储存在温度在$-20\sim45℃$、通风干燥、无腐蚀性气体的地方。如果将电池储存在相对湿度特别高或温度低于$-20℃$或高于$45℃$的地方，会使电池金属部件锈蚀、电池泄漏或有机材料部分收缩。

② 长期储存：由于长期储存会加速蓄电池自放电和活性物质钝化，所以环境温度在$10\sim30℃$之间较合适；长期储存后由于活性物质的钝化，电池电压和容量会下降，启用时，须重复$3\sim5$次充放电循环，方可使电池恢复原有性能。储存时间超过一年时，最好每年充一次电，以避免自放电引起电池泄漏或性能恶化。

（8）防止记忆效应

MH-Ni 蓄电池的记忆效应较小，但在使用中应尽量做到每次使用完后再充电。为防止记忆效应，可每个月（或每 30 次循环）进行一次深放电（放电到 1.0V/只）。如果已经出现记忆效应，可用以下方法进行恢复：

方法一：先正常充电（$0.2C_5$ 率）至完全充电状态；再正常放电（$0.2C_5$ 率）至 1.0V/只后，用小电流（如 $0.1C_5$）放电至 1.0V/只；再用 $0.1C_5$ 率充电 20h 以上；正常充放电循环 $3\sim5$ 次直至电池容量恢复为止。

方法二：先采用 $0.1C_5$（A）电流将电池电压放电至 0.6V/只；再正常充放电循环 $3\sim5$ 次直至电池容量恢复为止。

4.3 锌银蓄电池

4.3.1 概述

（1）锌银电池的发展

早在 19 世纪前夕，意大利科学家伏打（A. Volta）对锌银电堆研究为电化学的发展奠定了基础。1883 年，克拉克（C. J. Clarke）在专利中叙述了第一只完整的碱性锌银原电池。但是，由于存在一些难以解决的技术难点，直到 20 世纪 50 年代，碱性锌银体系才作为一次电池和二次电池获得承认，并逐渐得到了广泛的应用。

对锌银电池发展贡献最大的是法国科学家亨利•安德烈（H. Andre）。1941 年，他发表了题为《锌银蓄电池》的论文，他采用一种半透膜（玻璃纸）作锌银电池隔膜，有效地减缓了微溶于碱的氧化银胶粒从正极向负极的迁移，减缓了两极连通导致电池失效的"银桥"的形成。同时，他采用了海绵状多孔锌电极和浓的氢氧化钾（40%～45%）溶液，降低了锌电极腐蚀速度，终于制造出了具有实用价值的锌银电池。

第二次世界大战以后，随着电子工业的迅速发展，迫切需要寿命长、功率大、工作电压平稳、体积小、质量轻和使用方便的电池。锌银二次电池由此得到了更快的发展，满足了通信设备、其他仪器和稳压直流电源的需求。

20 世纪中叶，由于导弹、火箭和航天技术的发展，使人工激活干荷电态和自动激活干荷电态的锌银一次电池以及全密封锌银二次电池得到了发展和应用。20 世纪 70 年代，小型计算器和电子手表的大量生产，电子仪器的微型化，使扣式锌银电池产量剧增。

（2）锌银电池的分类

锌银电池的分类方法有多种。按工作方式，可以分为一次电池和二次电池；按储存状态，可以分为干式荷电态电池和干式放电态电池；按结构，可以分为密封式电池和开口式（即排气式）电池；按外形，可以分为矩形电池和扣式电池；按激活方式，可以分为人工激活电池和自动激活电池；按放电率，可以分为高倍率、中倍率和低倍率电池。

锌银电池的分类如图 4-22 所示。由图可见，锌银蓄电池（二次电池）分为干式荷电和干式放电两类。此外，还可按形状和放电率分类。

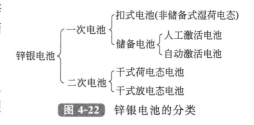

图 4-22 锌银电池的分类

（3）锌银电池的命名规则

锌银系列电池的型号命名按 GB 7169—2011《含碱性和其他非酸性电解质的蓄电池和蓄电池组型号命名方法》中的有关规定进行。

单体蓄电池的型号，采用汉语拼音字母与阿拉伯数字相结合的方法表示。必要时，附加蓄电池形状、放电率及结构形式代号。

系列代号以两极主要材料的汉语拼音第一个大写字母表示，负极材料在左，正极材料在右。锌银蓄电池的系列代号是 XY。X 是负极锌（xin）的汉语拼音的第一个大写字母，Y 是正极银（yin）的汉语拼音的第一个大写字母。

额定容量以阿拉伯数字表示，单位为安时（A·h）或毫安时（mA·h）。标准规定，额定容量小于 100mA·h 的电池一般以 mA·h 为单位。

锌银蓄电池按其适用的放电率高低，分为低倍率型（D）、中倍率型（Z）、高倍率型（G）和超高倍率型（C）四种。在型号表示中，低倍率蓄电池放电率字母代号 D 通常省略。

形状代号：开口蓄电池形状不标注；密封蓄电池形状代号分别为方形（F）、圆柱形（Y）和扁形（扣式，B）；全密封蓄电池在形状代号右下角加脚注，如 F_1、Y_1、B_1。

单体蓄电池型号排列顺序为：系列形状放电率结构形式容量。

例：

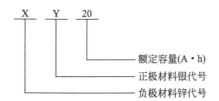

额定容量(A·h)

正极材料银代号

负极材料锌代号

XY20 表示额定容量为 20A·h 的方形、开口、低倍率锌银蓄电池单体。其中电池形状代号、低倍率代号均不标注。

将 n 个极群组分别装在一个内部隔成 n 个槽的电池壳中，这样的蓄电池称为整体蓄电池。一个槽内的极群组构成的蓄电池相当于一个单体蓄电池，极群组数就是这样的单体蓄电池数。整体蓄电池的型号由两部分组成，前一部分是多槽整体电池壳内极群组的个数，后一部分是一个槽内极群组构成的蓄电池型号。为与蓄电池组的型号相区别，在极群组个数的数字下面加一短横线表示。

整体蓄电池型号排列顺序为：极群组个数—个槽内蓄电池型号。

例：

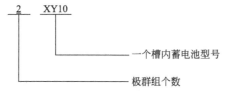

一个槽内蓄电池型号

极群组个数

2XY10 表示两个 10A·h 锌银极群组组成的整体蓄电池。

由单体蓄电池串联组成的蓄电池组，型号由单体蓄电池的数量及单体蓄电池的型号组成；由整体蓄电池串联组成的蓄电池组，型号由整体蓄电池的个数及整体蓄电池的型号组成，中间加一短横线"-"。

蓄电池组型号排列顺序为：串联单体蓄电池数量单体蓄电池型号，或者为：串联整体蓄电池数量-整体蓄电池型号。

例：

20XYG30 表示由 20 只 30A·h 高倍率型锌银蓄电池单体串联组成的锌银蓄电池组。

例：

4-2XY10 表示由四个双槽 10A·h 锌银整体蓄电池串联组成的锌银蓄电池组。

锌银储备电池组的型号组成如图 4-23 所示。

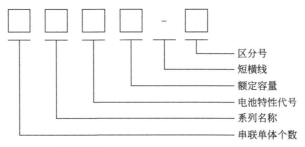

图 4-23 锌银储备电池组型号命名

串联单体个数用阿拉伯数字表示；系列名称为锌银电池系列 XY；电池特性代号为 ZB，代表储备；额定容量用阿拉伯数字表示，常以 A·h 为单位；区分号使用详细规范（或技术条件）中电池区分号表示。

例：20XYZB18-008。

20XYZB18-008 表示由 20 只单体电池串联、额定容量为 18A·h 的锌银储备电池。

（4）锌银蓄电池的特点与用途

① 特点。

a. 质量比能量和体积比能量高：质量比能量可达 100～300W·h/kg，体积比能量可达 180～200W·h/L，为铅酸蓄电池的 2～4 倍；

b. 比功率高，可以高速率放电，且在大电流放电时，容量下降不多；

c. 放电电压平稳，自放电较小，具有较好的机械强度；

d. 成本高（使用昂贵的银作为电极材料），充放电次数少，寿命短。另外其高低温性能也不太理想。

② 用途。锌银蓄电池主要用于对电池性能有特殊要求又不计成本的场合，如军事和宇航技术方面。锌银电池可应用于水下鱼雷发射及水雷、特殊试验艇、深海救护艇等；在宇航技术中，它应用于火箭、导弹、人造卫星、宇宙飞船等作电源；在直升机、喷气飞机上用锌

银电池作启动和应急电源；锌银电池还应用于便携式通信机、电视摄像仪、雷达以及助听器、电子手表等。

锌银蓄电池按其放电率类型可分为高、中、低型，它们有着各自不同的用途。

高倍率型：这类电池具有优越的大电流放电性能，可用作各类导弹、运载火箭的控制系统、伺服机构、发动机等设备的主电源，也可用作各种飞机、靶机的启动及应急电源。

中倍率型：锌银蓄电池的工作电压非常平稳，在中、低倍率下工作时更为显著，在导弹、火箭的遥测系统、外测系统、安全自毁系统及仪器舱中，这类电池得到广泛使用。

低倍率型：这类电池不仅电压平稳，且性能可靠，适宜用于电压稳定度要求很高的弹上或箭上仪器，密封式锌银电池还可用作使用寿命在几天到十几天的返回式卫星主电源。

4.3.2 基本结构

锌银蓄电池单体结构如图 4-24 所示。主要由电极组、单体（电池）盖、单体（电池）壳、排气阀、极柱等组成。电极组由正极（片）、负极（片）和隔膜组成。在单体电池盖上一般装有两个极柱，分别与电极组的正、负极引线连接。注入电解液、拧上排气阀即可使用。

（1）负极

锌银蓄电池的负极（锌电极）的活性物质为锌粉，按照制造工艺的不同，大致可分为涂膏式、粉末压成式和电沉积式等几种类型。

① 涂膏式负极：涂膏式负极的制造方法是将一定比例的混合锌粉混合均匀，加入适量的黏结剂，调成膏状，涂在导电骨架上，晾干（或烘干）后模压成型。根据不同产品的具体要求，按氧化锌（ZnO，分析纯）65％～75％、锌粉（Zn，分析纯）25％～35％、缓蚀剂 1％～4％配比混合。加入锌粉的目的是改变混合锌粉的导电性，减少充电时使氧化锌转变成有电化学活性锌的阻力；加入缓蚀剂的目的是减轻锌的自放电。

② 粉末压成式负极：粉末压成式负极片的制造方法是将电解锌粉经压制、烧结而成。也可将电解锌粉与 1％～3％的缓蚀剂和 1％的聚乙烯醇粉混合后直接压制成型，不经过烧结处理。

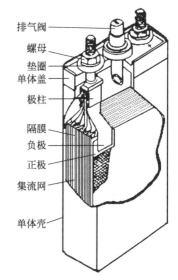

图 4-24 锌银蓄电池单体结构示意图

与涂膏式负极片相比，用电解锌粉烧结成的粉末压成式负极的电化学活性较大，工艺简单，不用化成，而且强度较好，常用于高倍率放电的一次电池。而涂膏式负极片，活性物质循环性能较好，常用于二次电池。

（2）正极

银电极按制造方法的不同可分为烧结式、氧化银粉末压成式、涂膏式及烧结树脂黏结式等几种类型。

① 烧结式银电极：将活性银粉铺于模具内，以银网为导电骨架，在 49.07～58.88MPa 压力下加压成型。在 400～500℃高温炉内烧结 15～30min，取出冷却后用于装配蓄电池。如果用于一次电池或干荷电池，则需化成。

② 氧化银粉末压成式银电极：该法用化学法制备 AgO 粉末，在银拉网骨架上加压成型。为便于成型，可以加入少量黏结剂（聚乙烯醇、羧甲基纤维素等）。化学法制备的氧化银电极的特点是，即使在低放电率下，也不出现高坪阶电位。

③ 涂膏式银电极：将化学法制得的氧化银粉末与蒸馏水按质量比（8∶2）～（7∶3）混合成膏状，借助涂片模涂于导电骨架银网的两面，干燥后放入 400℃ 的高温炉中热分解成金属银，并使其部分烧结。将烧结过的极片用模具压制。然后将极片放在 5% 的 KOH 电解液中，用低充电率（0.1C）化成，使金属银充分地转化为 AgO。

④ 烧结树脂黏结式银电极：将一定量的聚乙烯粉末送入温度为 120℃ 的辊压机中，以增塑聚乙烯，然后加入一定量银粉［聚乙烯与银粉质量比为（1∶2）～（1∶10）］，继续将其辊压混匀，然后转入另一台温度为 110℃ 的辊压机中辊压。在两层电极带之间夹一导电架（银网），一并送入具有加热装置的油压机（温度为 120℃）进行加热加压。然后，把这种电极送入燃烧炉中，将聚乙烯烧掉，再经过辊压机压平，送入高温炉（555℃）烧结，再送到油压机中压成所需的厚度。再经化成、洗涤、干燥，即可用于装配电池。

（3）隔膜

锌银蓄电池的隔膜应具有饱吸电解液的润胀性、渗透性、在电解液中的化学稳定性以及较高的机械强度。一般锌银电池需要以下四种不同的隔膜材料组成四层隔膜结构来满足上述要求。四层隔膜结构分别为：

紧贴银电极的隔膜叫银电极隔离物，其作用是维持电解液层与电极接触，并抗御氧化银对隔膜的氧化，常用化学稳定性较好的非编织纤维。

第二层隔膜称为正极隔膜，又称阻银隔离物，从形式上看也可能包在负极板周围。其作用是阻止从正极上散发的胶体或溶解的银离子向锌电极迁移。除具有良好的化学稳定性外，还具有良好的离子导电性，使 OH^- 和 K^+ 能顺利通过。如 $25\sim30\mu m$ 的再生纤维素隔离物。

紧挨着锌电极的一层隔膜叫锌电极隔离物，其作用是增加负极板的强度，阻止负极活性物质的脱落，保证电极表面有足够的电解液量。如棉纤维制成的耐碱绵纸。

负极板的第二层隔膜的作用是阻止锌枝晶的生长，且有助于保持锌电极的外形结构，并能阻止在充、放电循环过程中生成的锌泥引起的短路，所以称为阻锌枝晶隔离物。

（4）电解液

锌银蓄电池的电解液为被氧化锌饱和的密度为 $1.40\sim1.45g/cm^3$ 的氢氧化钾溶液，其中的氧化锌可降低负极在电解液中的溶解作用。对于低放电率的蓄电池，可加入适量的氢氧化锂以延长电池的使用寿命。

由于隔膜在电解液密度低于 $1.40g/cm^3$ 的 KOH 溶液中不稳定，会发生溶胀，使其强度下降，所以要采用较浓的电解液。为了防止碱电解液的浓度下降，当电池的液面下降时，不能补加纯水，只能补充电解液。

（5）电池槽

开口式锌银蓄电池的电池槽和槽盖通常用尼龙注塑而成。它具有耐碱性能好、机械强度高、槽体透明可观察液面高度、在高温 85℃ 时不变形、在低温 -60℃ 时不产生裂纹、耐冲击、抗老化等一系列优点。

为了防止开口式锌银电池发生爬碱现象，其空心极柱压制在槽盖上。槽盖上有一注液孔，通过注液孔随时补充电解液，为了使电池内的气体排出，并能防止外部气体进入，在注液孔上装有单向排气阀。

4.3.3　工作原理

锌银蓄电池是由锌负极、氧化银正极和氢氧化钾电解液组成的。其电化学表达式为：

$$(-)Zn \mid KOH \mid AgO(或 Ag_2O)(+)$$

放电时，正极上进行的反应是氧化银还原为金属银，反应分两步进行，电极反应如下：

$$2AgO+H_2O+2e \longrightarrow Ag_2O+2OH^-$$

$$(4-34)$$

$$Ag_2O + H_2O + 2e \longrightarrow 2Ag + 2OH^- \tag{4-35}$$

锌银电池的锌负极在碱性介质中进行的反应与电解液的组成和用量有关。当电池体系采用氧化锌饱和的电解液，且电解液用量很少时，锌电极发生的电化学反应如下：

$$Zn + 2OH^- \longrightarrow Zn(OH)_2 + 2e \tag{4-36}$$

$$Zn + 2OH^- \longrightarrow ZnO + H_2O + 2e \tag{4-37}$$

因此，锌银电池放电时的总反应为式 (4-38)、式 (4-39) 或式 (4-40)、式 (4-41)。

当放电产物为 ZnO 时：

$$Zn + 2AgO \longrightarrow ZnO + Ag_2O \tag{4-38}$$

$$Zn + Ag_2O \longrightarrow ZnO + 2Ag \tag{4-39}$$

当放电产物为 $Zn(OH)_2$ 时：

$$Zn + 2AgO + H_2O \longrightarrow Zn(OH)_2 + Ag_2O \tag{4-40}$$

$$Zn + Ag_2O + H_2O \longrightarrow Zn(OH)_2 + 2Ag \tag{4-41}$$

锌银蓄电池的充电过程是上述反应的逆反应。

由上述总反应式 (4-38) ~ 式 (4-41) 可见，锌银蓄电池中的电解质并未参与反应，即充放电过程中，电解液的浓度基本上不发生变化。与镉镍蓄电池一样，在充电后期将发生如式 (4-8) ~ 式 (4-10) 所示的分解水的反应。

4.3.4 主要性能

(1) 电动势

由锌银电池反应式可知，虽然锌电极与氧化银电极的电极反应中有 OH^- 参与反应，但是由于 OH^- 并不参与电池的总反应，因此锌银蓄电池的电动势与电解液的浓度无关。

由于锌银蓄电池的正极反应分两步进行，所以电池反应也相应有两个阶段。电池的电动势与电池反应有关，所以，对应于两个阶段的电池反应，锌银电池的电动势（开路电压）有两个不同的值。即

$$E = \varphi_+^\ominus - \varphi_-^\ominus$$

上式中，$\varphi_+^\ominus$ 为电池正极的电极电位；$\varphi_-^\ominus$ 为负极的电极电位。正、负极的标准电极电位随电极反应不同而不同。

对于负极，当电极产物为 ZnO 时，$\varphi_-^\ominus$ 值为 $-1.260V$；当电极反应产物为 $Zn(OH)_2$ 时，$\varphi_-^\ominus$ 值为 $-1.249V$。对于正极，当由 AgO 还原成 Ag_2O 时，$\varphi_+^\ominus$ 为 $0.607V$；当由 Ag_2O 还原为 Ag 时，$\varphi_+^\ominus$ 为 $0.345V$。

因此，当负极产物为 $Zn(OH)_2$ 时，相应于不同的正极反应，电池的电动势分别为

$$E_1 = 0.607 - (-1.249) = 1.856(V)$$

$$E_2 = 0.345 - (-1.249) = 1.594(V)$$

当负极产物为 ZnO 时，相应于不同的正极反应，电池的电动势分别为

$$E_1 = 0.607 - (-1.260) = 1.867(V)$$

$$E_2 = 0.345 - (-1.260) = 1.605(V)$$

放电时，E_1 为相应于 AgO 还原为 Ag_2O 时的电动势，E_2 为相应于 Ag_2O 还原为 Ag 时的电动势；充电时，E_2 为相应于 Ag 氧化为 Ag_2O 时的电动势，E_1 为相应于 Ag_2O 氧化为 AgO 时的电动势。因此，锌银蓄电池放电时的放电曲线出现两个电压坪阶，E_1 为高坪阶的电动势，E_2 为低坪阶的电动势；充电时的放电曲线同样有两个电压坪阶，先出现电动势为 E_2 的低压阶坪，后出现电动势为 E_1 的高压坪阶。这是锌银电池特有的电压特性。在高放电率下，电压的高坪阶会减小或消失。

（2）充放电特性

碱性锌银电池是一种高比能量和高比功率的电池。它的负极为金属锌，正极为银的氧化物（二价银的氧化物过氧化银 AgO 和一价银的氧化物氧化银 Ag_2O），电解液为氢氧化钾的水溶液。

由于锌银电池正极材料主要由两种价态银的氧化物组成，因此，在对锌银电池充、放电过程中，对应着两种银氧化物的生成和还原的过程，锌银电池的充电曲线如图 4-25 所示，不同放电倍率下的放电曲线如图 4-26 所示。

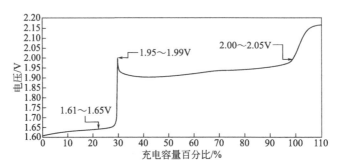

图 4-25 锌银电池充电曲线

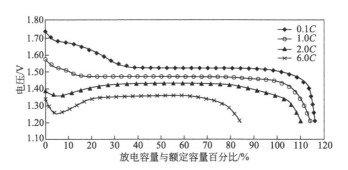

图 4-26 锌银电池在不同放电倍率下的放电曲线

可以看出，锌银蓄电池的充电、放电曲线明显呈现阶梯状的特征。充电曲线的第一阶梯为 1.61~1.65V 的充电电压，第二阶梯则为 1.95~1.99V 的电压。两个阶梯也称为两个坪阶，通常情况下，电压较高的阶梯称为高坪阶，电压较低的阶梯称为低坪阶。

第一阶梯的充电时间约占总充电时间的 30%，第二阶梯约占 70%。实际上，第一阶梯对应于银被氧化为一价的氧化物 Ag_2O，第二阶梯则对应于二价银的氧化物 AgO 的形成。在充电终止时，观察到第三个新的阶梯，在 2.05V 以上，银的继续氧化基本终止，充电电流消耗于氧化银阳极的生成。

当用小电流放电时（如图 4-26 中的 0.1C 放电曲线），二价银氧化物 AgO 在第一阶梯被还原，Ag_2O 则在第二阶梯被还原，第二阶梯的长度在放电时比在充电时要短得多。也就是说，在充电和放电时，出现了很明显的电压变化滞后现象。

大电流放电将使锌银蓄电池的电压降低，并使放电曲线上第一阶梯的相对长度缩短。当用很大的电流放电时，第一阶梯完全消失，放电过程实际上从第二阶梯开始。

对于不同放电率的电池，两个阶梯长度不相同。在低倍率放电时，第一个阶梯的电压在 1.76V 左右，为高坪阶电压段，放出的容量占放电总容量的 15%~30%。第二个阶梯段的电压在 1.40V 左右，为低坪阶电压段，放出的容量占放电总容量的 70%~85%，该坪阶的电压较平稳。

低坪阶放电电压平稳，使得锌银电池可以用于对电源电压平稳性要求严格的场合。然而，对于电压精度要求较高的使用场合，锌银电池的高坪阶电压成为突出问题。

导致锌银电池低坪阶电压平稳的原因主要有两个。第一，电池放电时，氧化银电极上氧化银的含量逐渐减少，正极的反应面积减小，从而提高了电池放电的真实电流密度，引起电极极化增大，氧化银电极的电极电位变负，放电电压降低；第二，与放电低坪阶对应的是氧化银还原为银的过程。氧化银的电导是银的电导的 $1/10^{14}$，银的生成使电极的电导大大增加，从而降低了电池的内阻，减小了电池放电电压的衰减。

极化的增大，使放电电压降低，电导的增加，减小了压降程度，两者的作用相互抵偿，从而使电池工作电压保持不变或变化幅度较小。

锌银电池负极采用多孔锌电极，可逆性较好，放电时电极电位变化不大，也保证了电池工作电压的平稳。

在某些使用场合下，高坪阶电压会带来不利影响。一是该坪阶电压不平稳；二是高坪阶电压的存在对电池的使用造成许多不便。

消除高坪阶电压的方法主要有以下几种。

第一种：预放电。在电池使用前，以一定的放电制度进行放电，放出一部分容量，使电压达到要求的范围或达到低坪阶电压段。这种方法简单易行，但对使用者不方便。更重要的是将要损失一部分容量，有时甚至可损失 30％ 的容量，显然不是一种经济的处理方法。

第二种：添加卤化物。一般是在电解液中添加一定量卤化物，如氟化钾、溴化钾或碘化钾。可在制造电池化成银电极时，用含卤化物的电解液进行化成，电池在出厂前已不存在高坪阶电压；也可以在激活电解液中加入卤化物。该方法较简便，对容量没有影响。但是随着循环周期的增加，卤化物的效果会逐渐减弱。有人认为是由于在化成（充电）时，卤素离子生成某种卤化物或者络合物，吸附在 AgO 和 Ag_2O 以及骨架周围，使电极表面的电阻增加，从而达到了消除高阶电压的目的。

第三种：采用脉冲充电或者不对称交流电充电。这些方法与一般使用的直流恒流充电方法不同的是，充电电流是交变的，每一个交变周期里，正半周有一定的电流充电，负半周施加相反方向的电流，使电池放电，需要保持正半周充电容量大于负半周的放电容量。正半周充电生成的二价银氧化物在负半周有一部分参加放电反应，生成一价银氧化物。采用脉冲充电和不对称交流电充电的好处是：消除放电曲线上的高坪阶电压，提高电池容量。

电池充电时，随着电极活性物质氧化还原反应的不断进行，电池的容量增加，电压升高。在充电末期，活性物质的氧化还原反应停止，如果继续充电，电池的容量不再增加，充入的电量用于析出氢气和氧气的反应，这时需要停止充电。

温度对锌银蓄电池的放电特性影响很大，由图 4-27 可以看出，随着温度的降低，放电电压降低，同时放电时间缩短。这是由于温度降低，使电池内阻增加。在低温下放电时，高坪阶电压段不明显，甚至消失。原因是在低温下放电，要克服电池内阻而消耗能量，使得电池在开始放电时，工作电压下降，随着放电的进行，电池内部发热，工作电压趋于正常。放电温度过高，则电池寿命缩短，甚至不能正常工作。

（3）比能量和比功率

比能量是评价电池能量的综合性指标。在传统的水系电解液电池系列中，锌银电池的比能量较高。实际使用的锌银电池活性物质利用率正极达 85％～

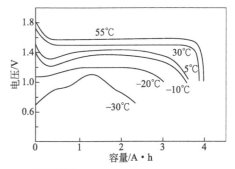

图 4-27 锌银电池不同温度下的放电性能（放电倍率 2C）

90%，负极达 60%～70%。银电极极化小，放电生成导电性好的银。并且电解液用量少，其他零部件质量占的比例小，均可以使锌银电池具有较高的质量比能量。加上电池装配紧凑，其体积比能量也较高。

比功率是衡量电池性能的另外一项主要指标。在某些要求短时间大电流放电的工作场合，决定电池体积和质量大小的，首先往往不是电池的比能量，而是其比功率特性。与其他传统的电池体系相比，锌银电池的比功率较高，可用于高电流密度放电，这也是锌银电池长期被用于许多导弹武器、运载火箭的原因之一。

在大电流密度下放电时，锌银电池也具有很高的比能量。在常温下，锌银电池以 1h 率放电时，可以放出额定容量的 90% 以上；以 1/3h 率放电时，能够放出额定容量的 70% 以上；在特定条件下，可在 3～5min 内放出电池的大部分容量，显示出其优越的大电流放电性能。当用大电流放电时，放电的延续时间通常并不受电池电容量的限制，而受二次电池的发热限制。当用大于 2h 率的放电电流连续放电时，在放电时间内，温度急剧上升到 90～100℃，这就使锌电极的腐蚀和隔膜的破坏加速，从而降低二次电池的循环寿命。

主要的电池体系的比能量特性见表 4-12。在目前大量生产的二次电池中，锌银电池的比能量仅次于锂离子电池。

表 4-12　几种二次电池的比能量

电池种类	质量比能量/(W·h/kg)	体积比能量/(W·h/L)
铅酸电池	30～50	90～120
镉镍电池	25～35	40～60
锌银电池	100～120	180～240
锂离子电池	120～140	260～340

（4）自放电

对于原电池和一些有长期荷电储存要求的蓄电池来说，自放电是一个重要指标。锌银电池的自放电较小，即它具有良好的荷电储存性能。锌银电池自放电主要是由电极的电化学不稳定引起的。其中包括两部分：锌负极的自溶解；正极氧化银的分解及银的迁移。电解液的浓度、温度、电极中的杂质对这个过程有着明显的影响。

汞是锌电极中的有益添加剂。为了减小自放电，通常在制造电池时向锌电极中加入一定量的金属汞（或汞的化合物）作为缓蚀剂。汞与锌形成汞齐（即锌汞合金），使锌上析出氢的过电位提高，从而抑制析氢的阴极过程反应，最终降低析氢速度。由于是共轭反应，锌溶解的阳极过程也受到阻碍，使锌溶解速率减缓。

虽然汞是很好的缓蚀剂，但是它具有剧毒，可以损害人的神经系统。不少机构都在研究对人体无害的代汞添加剂。

已知铜、铁、钴、镍、锑、砷或锡都是极为有害的，它们无论在电极上还是处于电解液中，都会与负极锌发生置换反应，生成的金属铜、铁、钴或者镍均沉积在锌电极上。碱性溶液中铁、钴、镍的电极电位比锌正得多，而且氢在它们上面析出的过电位较低，加速了氢的析出以及锌的腐蚀速率，从而增加了负极的自放电速度，使电池荷电储存寿命受到影响。因此，一般对铁、铜等杂质的含量控制在 0.0005% 以内。含有镉、铝、铋或铅的锌合金则可降低锌的腐蚀速率。

电解液浓度也是影响负极自放电的一个重要因素，锌在低浓度氢氧化钾溶液中的自放电速率要大一些。因此，凡要求储存寿命较长的电池都采用较浓的氢氧化钾电解液。

但是由于锌电极是多孔电极，真实表面积很大，实际上总是以一定的自溶解速率在溶解，自放电总是存在的。

过氧化银 AgO 在热力学上不稳定，储存中它容易分解成氧化银 Ag_2O 和氧气，结果使其容量降低。在室温下，AgO 分解速率很小，环境温度升高会加速分解反应。

（5）寿命

电池的寿命主要指循环寿命、湿储存寿命（包括荷电湿储存寿命）和干储存寿命。与其他化学电源相比，湿寿命短是锌银电池的一个突出缺点。

循环寿命是考核蓄电池连续工作能力的指标。锌银蓄电池循环寿命较短，通用的高倍率型电池只有 10～50 周次，低倍率型电池有 250 周次左右。比铅酸电池低得多，与镉镍电池相比，差距更大。

锌银电池在实际使用中，一旦将电解液注入电池，便开始了隔膜的损坏过程和电极的变化。因此，把电池从开始加注电解液到电池失效，丧失规定功能经过的时间，称作湿储存寿命，也称湿搁置寿命，简称湿寿命。根据不同的电池结构和使用条件，锌银电池的湿寿命从 3 个月到 20 个月左右。

在某些使用场合，要求电池随时可以进行工作，也就意味着在正常情况下，电池是以荷电湿态搁置的。经过一段时间搁置，电池内部会发生相应的化学变化（自放电），电池容量部分损失，工作电压也会下降，为了使电池随时都能够满足技术指标的要求，对电池需要进行充电维护。蓄电池每次充电后，在一定条件下储存性能满足技术要求的最长储存时间，称为电池的荷电湿储存寿命，也称为荷电湿搁置寿命，简称荷电湿寿命。

目前，锌银蓄电池的荷电湿储存寿命不高，一般为 3～6 个月。锌银扣式电池的荷电湿寿命稍长，一般为 1～2 年。荷电湿储存寿命低是由电池自放电引起的，凡影响自放电的因素均会对锌银电池的荷电湿储存寿命产生影响。

除了锌银扣式电池出厂时已有电解液外，其他类型的锌银电池都是干态出厂。使用前加注电解液激活电池，从出厂到加注电解液有一段干态储存时间。在干态储存期间，电极的活性物质要发生变化，隔膜材料会老化损坏，干态储存时间过长，电池激活后也不能满足技术要求规定的性能指标。电池（自装配后）干态储存后，性能满足技术要求的最长储存时间，称为电池的干态储存寿命，或称干搁置寿命。目前，锌银电池的干态储存寿命达 5～8 年，有的可储存 12 年以上。

由于锌银电池的成本较高，从经济性考虑，希望电池的干态储存寿命、湿态储存寿命和荷电储存寿命越长越好。实际上锌银电池的使用寿命是较短的。限制其使用寿命的主要因素有隔膜的氧化和氧化银的迁移、锌枝晶穿透、锌电极的下沉和锌电极自放电率比较大四个方面。

① 隔膜的氧化和氧化银的迁移。锌银蓄电池通常使用水化纤维素膜作为主隔膜，化学稳定性较差。在电池中长期和氧化银、过氧化银等强氧化剂接触，其会被氧化而受到破坏，造成强度变差。此外，锌银电池采用浓氢氧化钾作为电解液，对隔膜有腐蚀作用，长期浸泡在浓碱中的隔膜会发生解聚。同时，氧化银在氢氧化钾溶液中有一定的溶解性。25℃时，密度为 $1.40g/cm^3$ 的氢氧化钾溶液中氧化银的溶解度为 $0.05×10^{-3}g/cm^3$（以 Ag 计）。在溶液中的形式是 Ag^+、OH^- 和胶体银微粒。它们迁移到达隔膜后，将膜的分子氧化，本身被还原为银，沉积在隔膜上。溶解的氧化银还可以透过隔膜，到达锌负极，在负极上还原成银沉积下来。沉积在膜上的银积累到一定数量后，就可以透过隔膜，形成很细的银桥，发生电子导电。最初造成微短路，然后逐渐发展成完全短路，最终导致电池失效。

② 锌枝晶穿透。当负极过充电时，由于电极上的氧化锌或者氢氧化锌都已完全还原，电解液中的锌酸盐离子就要在电极上放电析出金属锌。首先是电极微孔中电解液内的锌酸盐离子被消耗，再继续沉积锌，只能通过电极外部电解液中的锌酸盐离子来实现。由于浓度极

化较大，结晶在电极表面的突出部分优先生长，形成树枝状结晶。枝晶可以一直生长到隔膜之间的间隙，甚至在隔膜的微孔里生长，以致穿透隔膜，造成电池短路。因此，锌枝晶穿透也是锌银蓄电池寿命短的原因之一。

③ 锌电极的下沉。由于锌酸盐溶液的分层性质，电池上部锌酸盐浓度低而碱浓度高，电池下部锌酸盐浓度高而碱浓度低，相对于同一锌电极来说，形成浓差电池。随着充放电循环的进行，锌电极上部逐渐减薄，下部逐渐加厚，使锌电极变形，这种现象称为锌电极的下沉。电极下部沉积的锌积累，有可能使隔膜胀破，造成电池短路。同时，锌电极变形后，与正极相对应的作用面积减小，且下沉的锌堵塞锌电极下部的微孔，同样导致其作用面积减小，活性物质利用率下降，放电容量降低。

④ 锌电极自放电率比较大。锌银蓄电池经过多次循环，正、负极活性物质的配比不平衡，金属锌的含量相对减少，充电时受银电极控制，放电时受锌电极控制，电池容量损失比较严重。

（6）成本

锌银电池的另一个缺点就是价格昂贵，这是因为电池的主要原材料是贵重的金属银及银盐，其在整个锌银蓄电池的费用中占 75% 以上。

4.3.5 使用与维护

（1）新电池的激活

锌银蓄电池有干式放电（未荷电）和干式荷电两种。在启用前，擦去蓄电池表面灰尘和金属零件上的凡士林油，仔细检查产品是否过期和有无损坏现象。经检查方能激活，两种电池因性能不同而激活方式有所不同。

① 干式放电（未荷电）电池。干式未荷电的锌银蓄电池，依靠初充电来激活。激活前，首先配制 15℃ 时密度为 1.40g/cm³ 的氢氧化钾电解液，并混入适量的氧化锌。打开气塞，用吸水器或医用注射器（取下针头）向蓄电池内注入电解液。在不低于 15℃ 环境温度下，浸渍 36～48h，在浸渍过程中为了方便排气，气塞可不拧紧。蓄电池浸渍好后，用干布擦净。用万用表检查极性和开路电压，如极性相反或无电压，应查出原因，待消除故障后，方可进行化成充电和放电。

化成是通过电化学或者化学的方法使蓄电池电极的活性物质利用率提高的工艺过程。电池制造出来后，为了让活性物质充分活化起来，就需要在较好的条件下做一两个周次的充放电循环，即化成。干式荷电态的电池在制造时就已经将电极化成完毕，所以激活后不需要进行化成就能够直接使用。其他蓄电池在正式使用前，必须经过化成，目的是为了使极板上的活性物质都能够均匀地参加化学反应。干式放电（未荷电）电池化成的方法是：

首先用 10h 率的电流进行充放电循环，充电终了电压为 2.05V，放电终了电压为 1.0V。然后以 10h 率的电流充电，充好电的蓄电池以 5h 率的电流放电进行容量检查，其放电容量不得低于额定容量。如低于额定容量时，需再做一次充放电循环。

容量合格的蓄电池，经过正常充电，搁置 24h，测量电池电动势为 1.82～1.84V 者，即可使用。低于 1.82V 者，应放电后再充电一次，如果电动势仍低于 1.82V，说明该蓄电池的内部有短路，不宜使用，另做处理。

② 干式荷电电池。干式荷电的锌银电池，通常在蓄电池装配以前，已将单个极板进行了化成。这类蓄电池在使用时，只须将新电解液注入蓄电池中，经数十分钟浸泡，便自动激活。

（2）正常充电

锌银蓄电池在运行过程中进行的充电，叫正常充电，通常用 10h 率做恒流充电。对于新蓄电池而言，其实际容量往往大于额定容量，因此充电电流值应该比按额定容量计算出来的电流值稍大一些。例如，XYD-20型新蓄电池，因其实际容量有可能达到30A·h，所以充电电流值可在2～3A之间，充电终了电压为2.05V。若端电压达2.05V时仍继续充电，则蓄电池中将有大量的氢气和氧气析出，它不但能携带出电解液，腐蚀接线柱，还能使隔膜加速氧化和加速锌枝晶生成，从而引起短路和缩短蓄电池的寿命。充电时，当蓄电池组中有一只蓄电池端电压达2.05V时，就应将它从电池组中取出，以防过量充电，剩下的蓄电池继续充电，直到终了电压出现为止。

当使用充电器（直流电源）为电池充电时，为了防止过充电，要求充电时对单体电池电压做好记录。当其电压超过2.00V时，更要严密监视，每15 min就应测量一次。

（3）浮充电

浮充电时，恒压直流电源可对蓄电池不断进行小电流充电，随时补充蓄电池因消耗和自放电而损失的能量，使蓄电池在充满电状态下运行。

（4）正常放电

锌银蓄电池分为高速率、中速率和低速率三种放电类型，其正常的放电率也各不相同。

对于高速率和中速率放电型的锌银蓄电池，一般安装在导弹、火箭和卫星上使用，或者作为飞机的启动电源以及当飞行中发动机不供电时作单独供电电源，平时处于浮充状态。当它们放电时，放电率一般高于5h率，致使放电时出现高压阶段的时间极短，甚至不出现高压阶段。通常只要求它们在规定时间内能可靠地供电，而对它们的循环寿命不做要求。

对于低速率放电型的蓄电池，通常安装在地面设备上使用，要求它有较长的循环寿命。放电率通常在5～10h率，放电终了电压在1.0～1.1V。当蓄电池组中有一只蓄电池的端电压下降到终了电压时，就应停止放电，以免容量较小的电池被反充。这是因为反充时，蓄电池电压出现负值而反极，使负极产生氧气，正极产生氢气。当两极产生较多气体时，会造成活性物质脱落和加速隔膜老化，负极脱落的海绵状锌还会造成蓄电池的内部短路，从而缩短蓄电池寿命。

为了防止过放电的发生，在放电快终了时要加大检查单只蓄电池端电压的频率。在多组蓄电池同时放电时，由于锌银蓄电池放电终了时电压下降得很快，如不及时检查测量，很容易造成过放电。在这种情况下，不要使多组电池同时放电，应将其开始放电时间隔开，这样可以避免多组蓄电池同时到达终了电压造成过放电。

锌银蓄电池在低速率下放电时，一般要求电压平稳，而放电初期出现的高压阶段给使用者带来不便，可采用预放电来消除高压部分，即用大电流预放一段时间（放电电流可定为$1C$率）来消除之。高电压是由于银电极上有AgO而产生的。如果设法在充电时，使导电网附近的AgO还原为Ag_2O，那么高电压就不存在了。人们发现采用脉冲充电和不对称交流电充电，可以使导电网附近的AgO还原，达到消除高电压的效果。

（5）日常维护

同其他的蓄电池一样，正确的使用和维护方法，对锌银蓄电池的寿命和工作性能有很大提高，否则会降低蓄电池的各种性能及寿命。锌银蓄电池的日常维护应做到以下几点：

① 在使用过程中应经常保持蓄电池外壳及顶盖的清洁、干燥、注液口密封，可定期用水冲洗蓄电池盖上的电解液和盐类物质，并用干布擦干。

② 严格控制充放电终了电压，以防过量充电和过量放电。当充电至电池端电压达2.00V时，要加大检查单只蓄电池端电压的频率，约半小时后，即可达到终了电压2.05V。当电池放电至端电压为1.3V时，也会很快使其端电压降至终了电压1.0V，也必须勤加测量。

③ 当锌银蓄电池的电解液量不足时，应补充同样密度的电解液。如果补纯水会降低锌

银蓄电池的电解液密度。当电解液密度低于 1.40 g/cm³ 时，隔膜较易腐蚀，锌电极的溶解速度加快，银离子的迁移速度也加快，从而加速了电池容量的下降和电池的内部短路。

④ 锌银蓄电池在运行中，应每隔两个月或在 10 次充放电循环后，做一次容量检查和内部是否有短路的检查。运行超过半年的蓄电池，则每月检查一次。如蓄电池的容量低于额定容量的 80% 或内部有短路，则认为寿命终了，不能再继续使用。

⑤ 当极柱发黑时，不能用砂纸或锉刀打磨发黑部分。因为极柱和连接板都镀有银，其目的是提高导电性能和防止生锈，打磨会使镀层受到破坏，使基体金属外露生锈，并且使其接触电阻增大和接触不良，同时打磨下来的金属粉末也容易掉入蓄电池内部，造成电池内部短路，影响其电气性能。此外，这层发黑物质是由内部电解液带出的氧化银，它不会影响电池电气性能，不必用砂纸或锉刀去打磨掉。

⑥ 充好电的蓄电池应在温度不大于 35℃ 的情况下保存备用，最好在室温（15～35℃）下使用。在低温下使用时，要注意保温，否则就不能大电流放电。

⑦ 平时不要打开气塞，以防有害杂质混入蓄电池内部，特别是有害气体如 CO_2、SO_3 等容易与电解液发生反应。

⑧ 不能同酸性蓄电池放在一起充放电，也不可与酸性蓄电池放在同一室内。

⑨ 锌银蓄电池在较长时间内不使用时，要以放电态搁置。因为锌银蓄电池在充电态时，正极活性物质以过氧化银和氧化银状态存在，具有较强的氧化性，会加速隔膜的氧化和裂解，缩短蓄电池的寿命。放电状态的正极以银状态存在，不具有氧化性，对隔膜没有影响。

⑩ 锌银蓄电池长时间搁置不用时，至少每月要做一次正常充放电和大电流放电。这是因为锌银蓄电池长时间不使用时，会在负极的部分表面形成钝化层。发生钝化的电极，表面虽仍然被活性物质覆盖着，但却不能充分地充电。也就是说，电极的钝化会导致蓄电池的容量降低。严重者，甚至会导致蓄电池失效。

事实证明，对钝化的电极，采用低倍率充电、高倍率放电的方法，有可能使发生钝化的物质大部分活化。定期地对搁置的蓄电池充放电是防止电极钝化、保证电极活性的有效措施。

⑪ 锌银蓄电池的电解液液面不能超过液面标准的上线，否则会有下列三个坏处：一是充电后期电解液会淹没隔膜上端，容易造成负极物质淤积于上部，在正、负极之间形成"锌桥"，引起短路；二是锌和氧化银在电解液中的溶解量会增加，从而使容量下降和缩短电池寿命；三是蓄电池电解液外溢趋于严重，自放电增强。因此，电解液量不可太多，如高于液面，应用注射器套一塑料管，将多余电解液吸出来。

(6) 常见失效形式

① 容量下降。电池使用初期，室温下的放电容量低于额定容量，有时是属于电池固有的"正常"现象，有时属于使用不当的非正常现象。有的干式荷电态电池为了满足某些特殊需求，在制造过程中预先放掉了一部分容量，使第一周期放电容量偏低，但是它应能满足特殊规定的技术要求，而且在后续的循环中应有所恢复。另一种现象是由于电池经过长期干态储存，正极过氧化银分解，负极金属锌氧化，损失了容量。干式放电态的锌电极在长期干储存过程中由于金属锌被氧化，电导下降或与导电网接触变差，可造成第一周期化成容量不足，再经过一次化成或几次使用自然会恢复正常。上述几种情况都属于"正常"现象。除此之外，多是由使用维护不当造成的非正常现象，应检查原因，采取相应的措施。可从以下几点入手分析：

a. 电解液量不足。从电池单体侧面看，没有游离态电解液，甚至将电池倒置也没有游离电解液从电极组流出。充放电过程中发热严重，很快到达充电或放电终止电压。应尽快补足电解液，并使其进一步充分渗透，再使用时问题就自然解决。

b. 电解液渗透不充分。从表面看，电解液很多，却多浮在气室里。从正面看，隔膜还有发干的迹象，电解液没有充分渗透到电极和隔膜中去，一些气室小、电极组与壳体装配比较紧和电极较厚的电池容易出现这种现象。尤其是采用抽气激活时由于操作不熟练或密封垫漏气更容易导致此现象的发生。注液时虽然尚未注足规定量，却再也加注不进去剩余的电解液量。若充放电时同时出现发热和很快充电或放电到终止电压的现象，可以使用空的注射器按照抽气激活的方法对单体电池反复抽气，这时会有很多气泡冒出，电解液面会逐渐下降。若电池不须立即使用，也可按滴注时静止渗透的方法再让电池延长渗透 2~3d，电池容量即可增加。

c. 化成不充分。干式放电态电池在注液后须化成 1~2 个周期，若化成终止电压控制不好或充电电流太大，都有可能造成电池容量偏低。有些经过长期干态储存的放电态电池，活性物质间电接触变差，内阻增大，也可以造成化成不充分。倘若充电终止电压测量无误，则可看到第二周期的化成容量比第一周期高，如果再增加一两次化成循环，电池容量即可达到要求。

d. 电池类型选择错误。若将低倍率型电池用 1C 以上的电流放电，则由于电池电极较厚、隔膜层数较多，高倍率放电时活性物质利用率不能充分发挥，放电容量必然偏低，而且工作电压也较低。如果工作电压还能满足需要，则可继续使用，若工作电压太低，则应适当增加串联电池单体的数量，以达到使用性能的要求。

e. 充电环境温度太低。低温下充电也会因充电不充分而造成放电容量不足。但是，这不是永久性的容量损耗，当在 15℃ 以上的室温中充电时，容量就能够自行恢复。

如果电池已经使用了较长时间或者经过了多个循环周次，放电容量逐渐衰减是正常现象。按照化成制度对电池做一次小电流全容量充放电循环，可使容量得到部分恢复，如果这样还不能满足工作容量的需求，则应当更换新的电池。

② 放电电压低。人们常说的锌银电池的额定工作电压是 1.50V，其实这是低倍率放电时的情况，随着放电电流的增大，电池的工作电压会下降。在 15℃ 以上的室温条件下放电时，不同放电倍率下电池的平稳工作电压如表 4-13 所示。

表 4-13　放电倍率与平稳工作电压对应表

放电倍率/C	平稳工作电压/V
3~7	1.30~1.45
1~3	1.43~1.50
0.5~1	1.48~1.52

如果电池平稳工作电压较表 4-13 中给出的值低得多，则需要进行检查，可能有以下几方面的原因：

a. 连接件接触不良或电缆线太长、太细。首先要检查各串联电池间的汇流条、螺母、垫圈、接线焊片有无松动、接触是否良好、有无锈蚀等。有时因为极柱根部螺纹深度太浅，螺母根本安装不到底，虽然感觉螺母已经非常紧了，实际并未真正紧压在汇流条上，如果用镊子拨动垫圈可以活动，证明的确没有压紧，应适当增加垫圈。

电池的供电电缆不能太细太长。如果放电电流仅仅是毫安级的，影响可以忽略；如果放电电流达几安培、几十安培甚至更大，就必须考虑导线的电压降。因为电池的输出电压很低，电流又相对很大，导线电阻稍微增加一点，造成的电压损失就会相当大。

b. 电解液量不足。电解液干枯不仅造成电池容量下降，同时也使得输出电压降低。这种干枯可能是因为激活注入电解液量过少，也可能是由于长期使用后水分蒸发或者爬碱漏液造成损失。从外表可以看出，内部没有游离态的电解液，甚至倒置也没有电解液游离出来。补充电解液到正常位置后，经过充分渗透电压就会回升。

c. 环境温度过低。低温放电时，由于电解液的电导下降和电极极化加大，锌银蓄电池的放电电压显著下降，放电倍率越高，电压降低就越严重。这是由电池的本性决定的，若给电池采取一些保温措施，充分利用放电过程中产生的热量，可使放电电压回升，放电容量也有所提高。

d. 荷电储存时间过久。长期荷电储存后的锌银蓄电池由于过氧化银的分解以及残余金属银的反应，产生了导电性更差的一价氧化银，由此增大了正极的内阻。长期搁置过程中，锌电极上的电极材料逐渐失去活性，也会增大负极的放电阻力。这些原因导致了电池放电初始电压降低，即电压滞后现象。但经过一段时间的放电，由于有导电性优异的金属银生成，电阻下降，电压即可恢复到正常值。这段电压滞后会影响仪器的正常工作，可在正式放电前先用工作电流或更大的电流预放电几分钟，当然这种方法适用于放电倍率不太大的情况，在很大的放电倍率下，预放电的时间应当更短，以免损失过多的容量。经此处理，正式放电时工作电压会更平稳。再充电后立即放电，这种现象随即消失。

e. 电池类型选择不当。低倍率型电池如果进行 1C 以上的放电，则工作电压下降。如果工作电压不能满足仪器设备的基本要求，则需要增加串联电池单体的数量。

③ 充不进电。接通充电电源之后，如电池电压很快升到 2.10V 以上，大量冒气，不能再充，是否意味着电池已经失效了呢？

遇到这种情况，首先要检查充电电流是否正确，倘若充电电流太大，就会出现这种假象。尤其是用多挡电流表时更应注意。

第二种可能是长期放电态储存后的结果。经过这种长时间的储存，锌电极上氧化锌老化，变得不活泼，活性物质和导电网的电连接变差，也会引起充电电压较快地上升。将电流减小一些，缓慢充电，反复一两次就会有所好转。

第三种可能是经过长期荷电态储存的电池，在使用前做补充电出现的。由于储存中的过氧化银分解及其与残留金属银反应，生成了高电阻的氧化银，正极电阻加大，补充电就会出现很高的极化，造成充不进的现象。若减小充电电流，会收到一些效果，但总的不会很大。最好的办法是将电量全部放掉，再做一次充电。一些特殊场合使用的电池，在设计中已考虑到了长期荷电储存的影响，如不特别指出，一般不需要补充电，仍能满足使用要求。

第四种可能是长期小电流使用（如小到几十小时率以下）会造成充电接受能力的急剧下降，充电容量骤减。在这种情况下，电流仅集中在电极的少数活性地区，引起活性物质结晶变粗，活性下降，而且还会破坏隔膜的均匀性。这种损伤是永久性的，用小电流充电可获得部分恢复。所以，在选用电池时并非容量越大越好。有时为了避免充电带来的麻烦，将电池设计大的冗余度，达到一次长时间使用的目的。其实，这不但增加了设备的投资费用，也有碍于蓄电池性能的充分发挥。只要能满足一次使用的要求，应使电池的放电率在十几分之一倍率到几倍率之间。若电流小到几十小时率甚至上百小时率则是不恰当的。

第五种可能是电池的两极容量配比不平衡，出现充电时某一极先到终点，而放电时另一极先到终点的现象。长期干态储存的干式荷电态电池有时会出现这种情况，这是由储存中两极容量的不平衡损失造成的，或者是锌电极氧化严重，或者是银电极分解严重，都有可能形成这种结果。出现这种情况的明显标志是第一次放电容量很低，充电时测量两极电位会看到一极极化严重，而另一极极化很小。排除的办法是用小电流（如 10h 率）将电池过放电到额定容量值，再循环几次，情况会有所好转。

④ 内部短路。电池内部短路是电池的最终失效形式。电池内部两极之间由电子绝缘变成了电子导电状态，不能建立起稳定的电势差，无法再储存和输出能量，完全不能继续

工作。

　　电池短路的原因主要有以下几个：a. 隔膜受氧化银和氧的氧化破坏，强度下降，产生孔洞；b. 银迁移在隔膜微孔中沉积出金属银，严重时可形成连通隔膜两面的电子通道；c. 树枝状金属锌刺穿隔膜；d. 锌电极活性物质随着循环自动生长，超出隔膜，并与正极的极耳接触。另外，由于操作失误，坚硬的金属和其他碎屑掉进电池，也可以刺破隔膜造成短路。

　　可根据蓄电池的充电和荷电搁置情况来判断其是否已经短路。正常使用的蓄电池组按规定的电流充电，如果个别单体电池的充电时间特别长，电压总达不到 2.05V 以上，且发热、烫手，就可能发生了短路。将电池单体取下，荷电搁置 3～5d，如果其开路电压下降到 1.55V 以下，甚至 1.0V 以下，则证明其确实已经短路。另外，有的电池充电时虽也能勉强充电到 2.05V，但荷电储存几天后，开路电压下降到 1.55V 以下，说明发生了微短路。短路的电池不能继续使用，若勉强使用将会变成额外的负载消耗能量。短路损坏的锌银电池无法修复，应当更换新的电池。

　　因此，为了预防锌银电池的内部短路，就要防止过充电和过放电以及高温放电。因为过充或过放产生的氧气会加速锌电极的自溶，使电解液中锌酸盐的含量增大，从而使负极变形和形成锌枝晶。另外，氧气易使隔膜老化，特别是高温放电时，隔膜老化的速度加快。同样道理，也不能在高温下存放锌银蓄电池。

　　⑤ 爬碱、漏液。爬碱、漏液是碱性电池的问题之一，不仅影响电池的外观，更重要的是还可以造成下列麻烦：a. 碱液腐蚀导线、连接件以及焊接点造成电接触不良，影响正常供电。b. 漏出的碱液可以腐蚀外壳以及相邻的整机构件。c. 破坏电池对地的绝缘电阻，严重时可干扰整机的工作状态。d. 当漏出的碱液将电池两极连通时，可造成电池外部的微短路，损失容量，尤其对于需要长期荷电储存的电池危害更大。

　　锌银蓄电池的爬碱、漏液通常有以下几种情况：a. 从气孔塞冒碱，多发生在过充电或过放电时有大量气体逸出的情况下，冒出来的碱量大而猛烈，危害很大。b. 沿着气孔塞、极柱的密封缝隙缓慢地爬延，速度慢但持续时间长。对极柱封结工艺做一些改进，沿极柱爬碱的量就会减少。c. 壳盖间黏结不好，或零件本身有裂缝，电解液从这些裂缝中爬出。

　　关于电池爬碱的原因，国内外学者做了大量的研究工作，提出了电化学爬延的理论：曾经的理论认为电解液靠毛细现象上升是导致爬碱的根本原因。经过计算，认为靠表面张力的作用，只能使碱液沿毛细管上移最高达 3.8mm，事实上爬延的高度要远远超过这个数值。新的理论用弯月面上面潮湿薄膜区不断发生的电化学反应解释了这个问题。通常看到，在负极上的爬碱要比正极严重得多，这是因为，在负极引线与电解液接触的电解液弯月面上方有一片潮湿水膜，由于电化学腐蚀现象的存在，在这里将发生氢和氧的还原反应，生成氢氧根离子；在负极的基体里发生金属的氧化：

$$O_2 + 2H_2O + 4e = 4OH^-$$
$$2H_2O + 2e = 2OH^- + H_2\uparrow$$

及

$$Zn + 2OH^- = ZnO + H_2O + 2e$$

　　图 4-28 给出了这个过程的示意图。氢和氧的还原生成了氢氧根离子，造成了弯月面上方水膜区中碱浓度的提高。浓碱容易从空气里吸收水分，同时靠浓度差的作用，弯月面下面电解液中的水也可以扩散到这个薄膜区中，于是薄膜变成较厚的碱膜，碱的高度就向上移动了一段距离。新的碱膜继续向前润湿，在它的前方仍然形成一个薄膜区，在这个薄膜区里同样会发生氢和氧的还原反应，生成氢氧根离子，形成浓碱溶液，它又继续吸收水分，增厚上爬，如此周而复始地进行下去，碱的高度就持续不断地上升。一些学者在试验时用显微镜观

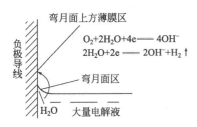

$O_2+2H_2O+4e \Longrightarrow 4OH^-$

$2H_2O+2e \Longrightarrow 2OH^-+H_2\uparrow$

图 4-28 负极引线上的电解液弯月面及其上方的水膜区

察并记录了这个过程。

在解决锌银电池密封问题上，国内外学者做了不少努力，研制成功了使用不同消气原理的不漏碱、不透气的全密封锌银蓄电池。小型扣式电池的大量生产也是在基本解决了电池的爬碱、气胀等问题之后才实现的。

全密封锌银电池的结构一般比较复杂，对使用维护的要求也比较严格，目前实际上使用的电池都是通气式电池。通气式电池的盖上都装有气孔塞，气孔塞依靠橡胶密封套管（也称活门）或弹簧压紧的钢珠使电池在平时保持密封状态，只有当电池内部气体积蓄到一定压力的时候才能推开活门或钢珠做瞬间排气。由于通气时间很短，就减少了碱的爬延渗出。

⑥ 胀肚。一般电池胀肚有三种情况：

第一种是给电池注液后或只经过少数循环就出现，即使卸下气孔塞也不见有气体放出和胀肚减轻的迹象。这是设计不合理造成的，是电池干态时装配过紧所致。在这种情况下，隔膜及锌电极浸润后膨胀，产生的压力使外壳变形。加注这种电池的电解液要注意，决不可太少，否则会影响正常的放电容量。

第二种是使用中的积气胀肚，主要是气孔塞透气性不好造成的。只要拧松气孔塞，就会观察到气体泄出，肚子立即变小。若是新电池，则可取下密封套管，看通气孔是否通畅。若通畅，则可更换密封套管，或者用镊子撑开密封套管活动一下也有些作用。对于钢珠弹簧式气孔塞，可拧松旋塞，调小排气压力。已经长期使用的电池发生气胀，就应当看密封套管是否与气塞颈粘连、通气孔是否被碳酸盐结晶或碱结晶堵塞，若发生此种情况应刷洗或更换新的气孔塞。

第三种是在电池的多次循环中产生锌电极下沉造成的。下沉的锌电极中下部增厚，压迫壳壁鼓起。这种变形是永久性的，只要电池容量还可以满足使用需求，电池外壳又容纳得下，就不影响短期使用，但要经常观察电池变化情况，以防电池胀裂。

⑦ 电池组焊锡熔化。锌银蓄电池极柱焊锡熔化主要是放电时极柱局部过热引起的，造成局部过热的主要原因是：极柱螺母松动；极柱内焊锡量少，不能保证引线束与极柱内壁的接触面稳定；跨接连板与极柱台的接触面有污物或绝缘颗粒；外部严重短路。前三个因素主要引起接触电阻增大。根据电流的热效应，在大电流放电时，必然造成局部温升过高。当极柱温升达焊锡熔点（183℃）时，将引起极柱焊锡熔化。因此，极柱螺母应拧紧，要经常清洁电池表面。当拆卸或组装蓄电池组时，应将金属工具裸露部分包上绝缘胶布。

习题与思考题

1. 说出下列型号的含义：5GN45、GN250、GNYG10、10GNBZ1.8。

2. 镉镍蓄电池气塞的主要作用是什么？为什么必须保持气塞通畅，并且充电时不能将气塞打开？

3. 镉镍蓄电池在高温和低温条件下各使用什么组成和密度的电解液？

4. 如何配制镉镍蓄电池的电解液？配制过程中应注意什么事项？

5. 镉镍蓄电池的正负极活性物质各是什么？写出镉镍蓄电池在充放电过程中发生的电化学反应？

6. 密封镉镍蓄电池的密封原理是什么？

7. 镉镍蓄电池的标准充放电率是多少？对型号为 GN45 的蓄电池进行正常充电的方法

是什么？充电的终止标志是什么？

8. 镉镍蓄电池的初充电和均衡充电应怎样进行？

9. 为什么每经过 100 次循环或容量显著下降时，要更换镉镍蓄电池的电解液？如何更换？

10. 镉镍蓄电池的储存方法与铅蓄电池有何不同？

11. 引起镉镍蓄电池容量下降的原因有哪些？如何恢复镉镍蓄电池的容量？

12. 什么叫镉镍蓄电池的记忆效应？如何防止记忆效应的发生？

13. 氢镍蓄电池有哪些种类？目前通信用的是哪一种氢镍蓄电池？

14. 目前有哪几种储氢方式？比较它们的优缺点。

15. 什么叫储氢合金？储氢合金有几种？作为电池负极材料的储氢合金应满足哪几个基本条件？

16. 为什么说氢化物镍蓄电池是"绿色电池"？它与镉镍蓄电池相比，有什么特点？

17. 氢化物镍蓄电池的型号是如何规定的？

18. 写出氢化物镍蓄电池的充放电反应。

19. 氢化物镍蓄电池的正常充电的方法是什么？

20. 氢化物镍蓄电池的储存方法是什么？如何防止其轻微的"记忆效应"？

21. 说出下列型号的含义：15XYG45、XY20、XYZF60。

22. 写出锌银蓄电池的电化学表达式和充放电反应。

23. 为什么锌银蓄电池充放电时的端电压均呈两阶段变化？

24. 为什么锌银蓄电池的大电流放电性能好？

25. 为什么锌银蓄电池不能过充电？正常充电电流是多少？充电终止电压是多少？

26. 为什么锌银蓄电池的电解液中碳酸盐含量过高，会引起电池的容量下降？

27. 引起锌银蓄电池短路的原因主要是什么？

28. 锌银蓄电池维护过程中应注意哪些事项？

第5章
锂离子电池

5.1 概述

5.1.1 发展历史

20世纪60～70年代发生的石油危机迫使人们去寻找新的替代能源，由于金属锂在所有金属中最轻、氧化还原电位最低、质量能量密度最大，因此锂电池成为替代能源之一。在20世纪70年代初实现锂原电池的商品化。锂原电池的种类比较多，其中常见的为 Li/MnO_2、Li/CF_x（$x<1$）、$Li/SOCl_2$。前两者主要是民用，后者主要是军用。

人们几乎在研究锂原电池的同时就开始了对可充放电锂二次电池的研究。随着人们环保意识的日益增强，铅、镉等有毒金属的使用日益受到限制，因此需要寻找新的可替代传统铅酸电池和镉镍电池的可充电电池，锂二次电池自然成为有力的候选者之一。

电子技术的不断发展推动各种电子产品向小型化方向发展，如便携电话、微型相机、笔记本电脑等的推广普及。小型化发展必须伴随着电源的小型化。传统铅酸电池、镉镍电池等容量不高，因此也必须寻找新的电池体系，使锂二次电池成为强有力的候选者。

在20世纪80年代末以前，人们的注意力主要集中在以金属锂及其合金为负极的锂二次电池体系。但是在充电的时候，由于金属锂电极表面的不均匀（凹凸不平）导致表面电位分布不均匀，从而造成锂不均匀沉积。该不均匀沉积过程导致锂在一些部位沉积过快，产生树枝一样的结晶（枝晶）。当枝晶发展到一定程度时，一方面会发生折断，产生"死锂"，造成锂的不可逆；另一方面更严重的是，枝晶穿过隔膜，导致正、负极短路，并产生大量的热，甚至使电池着火发生爆炸，从而带来严重的安全隐患。其中具有代表性的为20世纪70年代末 Exxon 公司研究的 Li/TiS_2 体系，充放电过程示意如下：

$$x Li + TiS_2 \underset{\text{放电}}{\overset{\text{充电}}{\rightleftharpoons}} Li_x TiS_2 \tag{5-1}$$

尽管 Exxon 公司未能将该锂二次电池体系实现商品化，但它对锂二次电池研究的推动作用是不可低估的。这种以金属锂或其合金为负极的锂二次电池之所以不能实现商品化，主要原因是循环寿命的问题没有得到根本解决。

① 如上所述在充电过程中，锂的表面不可能非常均匀，因此不可能从根本上解决枝晶的生长问题，从而不能从根本上解决安全隐患。

② 金属锂比较活泼，很容易与非水液体电解质发生反应产生高压，造成危险。

1980 年，Goodenough 等提出了氧化钴锂（$LiCoO_2$）作为锂充电电池的正极材料，揭开了锂离子电池的雏形。1985 年发现碳材料可以作为锂充电电池的负极材料，发明了锂离子电池，1986 年完成了锂离子电池的原型设计并实现了 Li/MoS_2 充电电池的商品化。但是 1989 年因 Li/MoS_2 充电电池发生起火事故完全导致该充电电池的终结，其主要原因还是在于没有真正解决安全性问题。"千呼万唤始出来"，人们终于在 20 世纪 80 年代末、90 年代初发现用具有石墨结构的碳材料取代金属锂负极，正极则采用锂与过渡金属的复合氧化物如氧化钴锂 $LiCoO_2$，这种充电电池体系成功地解决以金属锂或其合金为负极的锂二次电池存在的安全隐患，并且在能量密度上高于以前的充放电电池。同时由于金属锂与石墨化碳材料形成的插入化合物（intercalation compound）LiC_6 的电位与金属锂的电位相差不到 $0.5V$，因此电压损失不大。在充电过程中，锂插入石墨的层状结构中，放电时从层状结构中跑出来，该过程可逆性很好，组成的锂二次电池体系的循环性能非常优良。另外，碳材料便宜、没有毒性且处于放电状态时在空气中比较稳定。这样一方面避免使用活泼的金属锂，另一方面避免枝晶的产生，明显提高了锂二次电池的循环寿命，从根本上解决了安全问题。因此在 1991 年该二次电池实现了商品化。

按照电化学命名规则，该电池体系应该命名为"石墨-氧化钴锂充电电池"，但是对于普通老百姓而言不容易记住。由于充放电过程是通过锂离子的移动实现的，因此人们便将其称为"锂离子电池"。

从 1990 年至今，锂离子电池一直在不断发展。表 5-1 为二次锂电池的发展过程。从该表可以看出，除了常见的锂离子电池外，还有锂/聚合物电池、聚合物锂离子电池、Li/FeS_2 电池等，本书主要讲述锂离子电池（包括聚合物锂离子电池）。

表 5-1　二次锂电池的发展过程

年代	电池组成的发展			电池体系举例
	负极	正极	电解质	
1958	—	—	有机电解液	—
20 世纪 70 年代	① 金属锂 ② 锂合金（LiAl、LiSi、LiB 等）	① 过渡金属硫化物（TiS_2、MoS_2、FeS、FeS_2 等） ② 过渡金属氧化物（V_2O_5、V_6O_{13} 等） ③ 液体正极（SO_2）	① 液体有机电解质 ② 固体无机物电解质（LiN_3）	$Li/LE/TiS_2$ Li/SO_2
20 世纪 80 年代	① 锂的嵌入物（$LiWO_2$） ② 锂的碳化物（LiC_{12} 等）（焦炭）	① 聚合物正极 ② FeS_2 正极 ③ 砷化物（$NbSe_3$） ④ 放过电的正极 $LiCoO_2$、$LiNiO_2$	① 聚合物电解质 ② 增塑的聚合物电解质	锂/聚合物二次电池 $Li/LE/MoS_2$ $Li/LE/NbSe_3$ $Li/LE/LiCoO_2$ $Li/PE/V_2O_5$、V_6O_{13} $Li/LE/MnO_2$
1990	锂的碳化物（石墨、LiC_6）	锂与过渡金属的复合氧化物，如尖晶石氧化锰锂（$LiMn_2O_4$）等		$C/LE/LiCoO_2$ $C/LE/LiMn_2O_4$
1994	无定形碳	—	水溶液电解质	水锂电
1995	—	氧化镍锂	聚偏氟乙烯（PVDF，polyvinylidene fluoride）凝胶电解质	聚合物锂离子电池（准确地应称为"凝胶锂离子电池"）
1997	锡的氧化物	橄榄石形 $LiFePO_4$	—	—

年代	电池组成的发展			电池体系举例
	负极	正极	电解质	
1998	新型合金	—	纳米复合电介质	—
1999	—	—	—	凝胶锂离子电池的商品化
2000	纳米氧化物负极	—	—	—
2002	—	—	—	C/电解质/LiFePO₄
2008	掺杂导电聚合物	—	—	掺杂/嵌入复合机理的水锂电
2009/2010	—	—	PE 或 LE/水溶液电解质	充电式锂-空气电池

注：LE 为液体电解质；PE 为聚合物电介质。

5.1.2 分类与特点

(1) 锂离子电池的分类

锂离子电池的种类较多。根据其工作温度来分，可分为高温锂离子电池和常温锂离子电池。根据所用电解质的状态可分为液态锂离子电池（lithium ion battery，LIB，即通常所说的锂离子电池）、聚合物电解质锂离子电池（polymer lithium ion battery，LIP）和全固态锂离子电池。在学术界也可以根据正极材料的不同而分类，使用的正极材料有氧化钴锂、氧化镍锂、氧化锰锂等，当然还有别的分类方法。同时在这些分类的基础上也可以再进行细分。

液态锂离子电池和聚合物锂离子电池所用的正负极材料都是相同的，工作原理也基本一致。一般正极使用 LiCoO₂，负极使用各种碳材料如石墨，同时使用铝、铜作集流体。其主要区别在于电解质的不同，锂离子电池使用的是液体电解质，聚合物锂离子电池则以聚合物电解质来代替，这种聚合物可以是"干态"的，也可以是"胶态"的，目前大部分采用聚合物胶体电解质。

由于聚合物锂离子电池使用了胶体电解质，不会像液体电液那样发生泄漏，所以装配很容易，使得电池整体很轻、很薄，也不会产生漏液与燃烧爆炸等安全上的问题，因此可以用铝塑复合薄膜制造电池外壳，从而可以提高整个电池的比容量；聚合物锂离子电池还可以采用高分子作正极材料，其质量比能量将会比液态锂离子电池提高 50% 以上。此外，聚合物锂离子电池在工作电压、充放电循环寿命等方面都比液态锂离子电池有所提高。基于以上优点，聚合物锂离子电池被誉为新一代锂离子电池。两类锂离子电池结构比较如表 5-2 所示。

表 5-2 两种锂离子电池结构比较

种类 \ 组成	电解质	壳体/包装	隔膜	集流体
液态锂离子电池	液态	不锈钢、铝	PE	铜箔和铝箔
聚合物锂离子电池	胶体聚合物	铝/PP复合膜	没有隔膜或 PE	铜箔和铝箔

(2) 锂离子电池的型号

① 单体锂蓄电池型号。锂蓄电池型号采用英文字母与阿拉伯数字相结合的方法表示。锂蓄电池型号的组成及排列顺序为：

负极体系代号	正极体系代号	形状代号	外形尺寸

用大写英文字母表示锂蓄电池采用的负极体系。I 表示具有嵌入特性负极的锂离子体系，L 表示金属锂负极体系或锂合金负极体系。

用大写英文字母表示锂蓄电池占电极活性物质最大比重的正极体系。C 表示钴基正极，N 表示镍基正极，M 表示锰基正极，V 表示钒基正极，T 表示钛基正极。

用大写英文字母表示锂蓄电池形状。R 表示电池形状为圆柱形，P 表示电池形状为方形，B 表示电池形状为扣式（注：高度小于直径的圆柱形为扣式/扁形）。

用几组被斜线分隔符分开的阿拉伯数字表示锂蓄电池的外形尺寸。对于圆柱形或扣式锂蓄电池，斜线分隔符前的一组数字表示电池的直径，斜线分隔符后的一组数字表示电池的高度；对于方形锂蓄电池，斜线分隔符前的一组数字表示电池的厚度，两个斜线分隔符中间的一组数字表示电池的宽度，斜线分隔符后的一组数字表示电池的高度。

表示电池尺寸的各组数字的单位为毫米，数值取整。如果有一个尺寸小于 1mm，则用 1/10mm 为单位的数字来表示该尺寸，数值取整，并在该组数字前添加字母 t。

对于方形聚合物锂蓄电池，也可以采用单位为 1/10mm 的数字表示其厚度，该组数字前添加字母 t。

如果锂蓄电池为全密封形式，则其型号中形状代号的右下角加脚注"1"。

例：ICR18/65。指直径约为 18mm，高度约为 65mm，钴基正极的圆柱形（嵌入特性负极的）锂离子蓄电池。

例：ICP8/34/150。指厚度约为 8mm，宽度约为 34mm，高度约为 150mm，钴基正极的方形（嵌入特性负极的）锂离子蓄电池。

例：ICPt7/34/48。指厚度约为 0.7mm，宽度约为 34mm，高度约为 48mm，钴基正极的方形（嵌入特性负极的）锂离子蓄电池。

例：IMPt24/68/70。指厚度约为 2.4mm，宽度约为 68mm，高度约为 70mm，锰基正极的方形（嵌入特性负极的）聚合物锂离子蓄电池。

如果某种锂蓄电池的 IEC 标准中规定了型号命名方法，当 IEC 标准规定的型号命名方法与上述规定相同时，采用本标准规定型号；当 IEC 标准规定的型号命名方法与上述规定不同时，采用 IEC 标准规定型号。

② 锂蓄电池组型号。锂蓄电池组型号同样采用英文字母与阿拉伯数字相结合的方法表示。

锂蓄电池组型号的组成及排列顺序为：

串联单体电池只数	负极体系代号	正极体系代号	形状代号	外形尺寸	-并联单体电池只数（存在时）

负极体系代号、正极体系代号、形状代号和外形尺寸的表示方法与前述的单体锂蓄电池型号完全相同，在此不再赘述。

串联单体电池只数和并联单体电池只数用阿拉伯数字表示。当锂蓄电池组含有 2 只以上并联的单体电池时，型号中在外形尺寸数字后添加"-"和并联单体电池只数，并联单体电池只数应大于等于 2（注：电池组只含一只单体电池或只含并联的单体电池时，其型号中串联单体电池只数为 1，不应省略）。

例：1ICR20/70。指直径约为 20mm，高度约为 70mm，由 1 只单体电池组成的钴基正极的圆柱形（嵌入特性负极的）锂离子蓄电池组。

例：2ICP16/34/150。指厚度约为 16mm，宽度约为 34mm，高度约为 150mm，由两只单体电池串联组成的钴基正极的方形（嵌入特性负极的）锂离子蓄电池组。

例：lICPt7/68/48-2。指厚度约为 0.7mm，宽度约为 68mm，高度约为 48mm，由两只单体电池并联组成的钴基正极的方形（嵌入特性负极的）锂离子蓄电池组。

例：2IMPt48/136/70-2。指厚度约为 4.8mm，宽度约为 136mm，高度约为 70mm，由四只单位电池以两串、两并形式组成的锰基正极的方形（嵌入特性负极的）聚合物锂离子蓄电池组。

（3）特点

现在锂离子电池的性能与刚诞生时相比，其性能有了明显提高，具有以下优点。

① 能量密度高，ICR18/65 型的体积比能量和质量比能量分别可达 620W·h/L 和 250W·h/kg，而且还在不断提高。

② 平均输出电压高（约 3.6V），为 Cd-Ni、MH-Ni 蓄电池的 3 倍。

③ 充电效率高，第一次充放电循环后即可达 100%；可快速充放电，1C 充电时容量可达标称容量的 80% 以上，且输出功率大。

④ 自放电小，每月 10% 以下，不到 Cd-Ni、MH-Ni 蓄电池的一半；没有 Cd-Ni、MH-Ni 电池的记忆效应；循环性能优越，充放电次数可达 1200 次以上，当采用浅深度充放电时，其循环次数可达 5000 次以上。

⑤ 工作温度范围宽，目前为 -25～45℃，随着电解质和正极材料的改进，其期望值能拓宽到 -40～70℃。

⑥ 无须维修，残存容量测试方便，为无环境污染的"绿色电池"。

目前，锂离子电池还存在以下不足之处：

① 成本高，主要是正极活性材料 $LiCoO_2$ 的价格高；

② 必须有特殊的保护电路，以防止过充电；

③ 与普通电池的相容性差，因为一般要在用 3 节普通电池的情况下，才能用锂离子电池代替。

5.1.3　应用前景

在锂离子电池研究开发方面，日本、美国处于领先地位。与其他二次电池相比，锂离子电池具有优异的性能，广泛应用于电子产品，如手机、笔记本电脑、微型摄像机、IC 卡、电子翻译器和汽车电话等。另外，在交通工具、军事和储能方面也有应用，但其价格偏高，随着其技术的发展和相关材料的不断改进，大容量锂离子电池的广泛应用指日可待。

（1）在电子产品方面的应用

我国已成为电池行业最大的生产国和消费国，目前我国内地的电池产量达 100 亿只，已成为世界顶级电池制造国。随着镉镍电池的萎缩，锂离子电池已成功地用于手机，并逐步向着轻、薄、短和小型化方向发展，而且体积比能量还会逐步增大。笔记本电脑的电压等级在 10V 以上，容量较大，一般采用 3～4 个单电池串联就可以满足电压要求，然后再将 2～3 个串联的电池组并联，以保证较大的容量。随着数码相机以及其他个人数码电子设备的日益普及，锂离子电池市场仍将保持快速增长，并且市场潜力庞大。锂离子电池代替助听器、心脏起搏器和其他一些非生命维持器件等中的原电池，可解决电量持续时间短、电压下降快以及环境污染等问题，具有广泛的应用潜力。

（2）在交通工具方面的应用

$LiMn_2O_4$ 正极材料的成本较低，是大容量锂离子的最佳材料。日本和欧美国家已研究开发出了大容量的锂离子电池。

① 电动自行车：动力锂离子电池具有轻便小巧的特点，质量只有同等电量铅酸蓄电池质量的 1/3，使用寿命为铅酸蓄电池使用寿命的两倍。设计锂离子电池充放电连接转换装

置，可实现电池充电时并联、放电时串联，以解决电池组因单个电池放电不同引起的整体储能值下降问题，提高了电池组的整体性能和使用寿命。但是受其价格因素的限制，目前，国内市场上的电动自行车，大多采用铅酸电池为动力源。

② 电动汽车：能源是人类赖以生存和社会发展的重要物质基础，是国民经济、国家安全和实现可持续发展的重要基石。交通工具的能量消耗量约占世界总能量的 40%，汽车能量消耗量约占其中的 1/4。目前我国汽车年增长速度达 25% 以上。据预测，到 2020 年，我国汽车的燃油需求约占石油总消耗量的 57%，汽车将要"吃"掉一半左右的自产、进口石油。长期以来，人们从多方面做了不懈努力，试图减缓由能源与环境问题带来的压力，发展省能源与无废物排放的混合物电动汽车（HEV）和纯电动汽车（PEV）被认为是解决这些问题的有效的方法之一。从能量效率和库仑效率角度考虑，锂离子电池是理想的电动汽车动力源。

（3）在军事上的应用

锂离子电池是军用通信电池发展的重点，目前其体积比能量和质量比能量分别可达 620W·h/L 和 250W·h/kg，而且还在不断提高。近年来，在提高其比能量的同时，加强了对其安全性与低温放电性能的研究。安全性试验除了短路、过充/放、挤压、温度冲击、燃烧试验外，还增加了枪击试验等内容，以保证电池在战时及恶劣环境下使用也不发生燃烧与爆炸。

（4）在航空航天方面的应用

目前锂离子电池在航空领域主要应用于无人小/微型侦察机。20 世纪 90 年代，美国国防部高级计划局（DARPR）决定研究小/微型无人机，用来执行战场侦察。应用于航天领域的蓄电池必须可靠性高、低温工作性能好、循环寿命长、能量密度高、体积和质量小，以降低发射成本。从目前锂离子电池具有的性能特性看（如自放电率小、无记忆效应、比能量大、循环寿命长、低温性能好等），锂离子电池比原用 Cd-Ni 电池或 Zn/Ag₂O 电池组成的联合供电电源要优越得多。特别是从小型化、轻量化角度看，对航天器件是相当重要的。因为航天器件的质量指标往往不是按千克计算的，而是按克计算的。而且 Zn/Ag₂O 电池循环和湿储存寿命有限，必须每 12～18 个月更换一次，锂离子电池的寿命则较之长十几倍。

（5）在储能方面的应用

锂离子电池可与太阳能、风能联用，构成"全绿色"新能源系统。锂离子电池自 20 世纪 90 年代初问世以来，因其高能量密度、良好的循环性能及高的荷电保持性能，被认为是大功率电池的理想之选。作为理想的储能蓄电系统的关键材料，磷酸（亚）铁锂和三元 Li-Ni-Mn-Co-O 两种正极材料显示出很好的性能。磷酸（亚）铁锂具有价格低廉、无毒无污染、安全性好等特点；层状三元 Li-Ni-Mn-Co-O 正极材料具有容量高、热稳定性、化学稳定性、大电流放电性能、安全性好等一系列优点。因此，锂离子电池在储能方面具有广阔的应用前景，用它来代替铅酸电池将会大大有利于环境保护。

5.2 液态锂离子电池

5.2.1 基本结构

液态锂离子电池通常被称为锂离子电池。锂离子电池通常采用锂嵌入碳作负极，钴酸锂、镍酸锂或锰酸锂等氧化物作正极，聚乙烯、聚丙烯膜作隔离层，锂盐溶于有机溶剂作电解质。锂钴等氧化物、炭黑等材料与粘接剂混合制浆，涂覆在集流体铝箔上，经烘干、辊压制成正极片；石墨等负极材料涂覆在铜箔上，采用与正极相同的方法制成负极片；正、负极片间插入微孔聚丙烯等薄膜作隔离层，卷绕成柱形或矩形（方形）等，装入电池壳，经焊接引电极、焊盖，再加入由锂盐 LiPF$_6$ 或 LiAsF$_6$ 溶解在 PC-DEC（碳酸丙烯酯-碳酸二乙酯）、EC-DEC（碳酸乙烯酯-碳酸二乙酯）等混合有机溶剂中形成的电解液。锂离子电池的结构如图 5-1 所示。

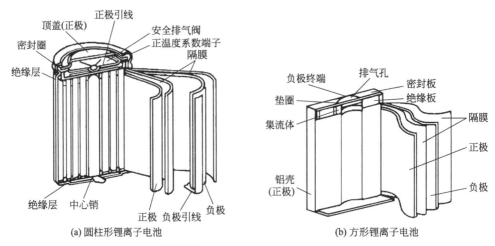

(a) 圆柱形锂离子电池　　　　　　　　(b) 方形锂离子电池

图 5-1 常见的锂离子蓄电池结构

（1）负极材料

自从锂离子电池诞生以来，研究的有关负极材料主要有以下几种：石墨化碳材料、无定形碳材料、氮化物、硅基材料、锡基材料、新型合金、纳米氧化物和其他材料。作为锂离子电池负极材料要求具有以下性能：

① 锂离子在负极基体中的插入氧化还原电位尽可能低，接近金属锂的电位，从而使电池的输出电压高；

② 在基体中大量的锂能够发生可逆插入和脱插，以得到高容量密度；

③ 在整个插入/脱插过程中，锂的插入和脱插应可逆且主体结构没有或很少发生变化，这样可确保良好的循环性能；

④ 氧化还原电位的变化应该尽可能小，这样电池的电压不会发生显著变化，可保持较平稳的充电和放电；

⑤ 插入化合物应有较好的电子电导率和离子电导率，这样可减小极化并能进行大电流充放电；

⑥ 主体材料具有良好的表面结构，能够与液体电解质形成良好的 SEI（solid-electrolyte interface）膜；

⑦ 插入化合物在整个电压范围内具有良好的化学稳定性，在形成 SEI 膜后不与电解质等发生反应；

⑧ 锂离子在主体材料中有较大的扩散系数，便于快速充放电；

⑨ 从实用角度而言，主体材料应该便宜、对环境无污染等。

目前锂离子电池的负极采用的是碳材料，它与锂离子生成锂离子嵌入化合物，通常用 Li$_x$C$_6$（$0<x<1$）表示。当 $x=1$ 时，负极的理论容量为 372mA·h/g。

目前研究开发的负极碳素材料主要有：石墨、石油焦、碳纤维、热解炭、中间相沥青基碳微球、炭黑和玻璃碳等。其中石墨和石油焦最有应用价值。目前，已在工业上得到应用的锂离子电池碳负极材料如表 5-3 所示。

表 5-3　锂离子电池碳负极材料

厂家	德国 Varta	日本 Sony	日本 Sonyo	日本 Nippon Steel	日本 Matsushita	美国 Bellcore
碳负极	针状焦	PFA 热解石墨	天然石墨	沥青基碳纤维	中间相沥青基碳微球	焦炭
$C/(mA \cdot h/g)$	250	320	370	240	200	180

石墨为具有层状结构的物质，导电性好，结晶度较高，适合锂的嵌入-脱嵌，形成锂-石墨层间化合物，充放电效率在 90% 以上，不可逆容量低于 $50mA \cdot h/g$，具有良好的充放电电位平台，可与提供锂源的正极材料 $LiCoO_2$、$LiNiO_2$、$LiMn_2O_4$ 等匹配，组成的电池平均输出电压高，目前大部分商品化锂离子电池中都使用石墨材料作为负极，但其与有机溶剂相容能力差，易发生溶剂共嵌入，降低插锂性能。

焦炭为非完美石墨结构的碳材料。锂在石油焦中的最大理论化学嵌入量为 LiC_{12}，电化学容量为 $186mA \cdot h/g$。这主要是由于嵌入锂时，碳材料会发生体积膨胀，热解碳材料中存在的结构缺陷阻碍了其体积的膨胀。焦炭材料的优点是热处理温度低、成本低、与电解液有较好的相容性（即在焦炭作为负极的锂离子电池中可以使用 PC 基电解液）。

不可逆容量是电池在循环充放电过程中，充电容量和放电容量之间的差值。不可逆容量形成的原因是在碳材料表面发生不可逆反应。即锂在嵌入过程中，溶剂在碳材料表面还原形成 SEI 膜，即固体电解质中间相。

碳负极上的 SEI 膜是有机溶剂不可逆分解形成的。PC 在 $0.6 \sim 1.0V$（vs. Li^+/Li）下在石墨电极上分解生成 Li_2CO_3 和 C_2H_4，使电池循环效率下降，并导致碳负极解体。EC 及其混合溶剂组成的电解液，表面膜的主要成分是 Li_2CO_3 和 $(CH_2OCO_2Li)_2$，与 PC 相反，这层膜非常规则地覆盖在表面上，完全将石墨和电解液隔离开，阻止了电解液进一步分解，且这层膜是良好的锂离子导体，锂离子通过而不带溶剂分子，使石墨成为稳定的可逆电极。

此外，各种用于锂离子电池的纳米负极材料也正在被研究，如纳米锡及其纳米氧化物或复合物、纳米硅及纳米硅复合物、纳米金属合金材料、纳米过渡金属的氧化物、碳纳米管、具有纳米孔结构的无定形碳材料和天然石墨等。

负极的制作方法是，先将负极活性物质碳或石墨与黏合剂混合均匀，制成糊状后均匀地涂覆在铜箔两侧，干燥后辊压至 $25\mu m$，最后按要求剪成所需尺寸。

（2）正极材料

锂离子电池正极材料一般为嵌入化合物（intercalation compound），锂嵌入化合物应具有以下性能：

① 金属离子 M^{n+} 在嵌入化合物 $Li_xM_yX_z$ 中应有较高的氧化还原电位，从而使电池的输出电压高；

② 在嵌入化合物 $Li_xM_yX_z$ 中大量的锂能够发生可逆嵌入和脱嵌以得到高容量，即 x 值尽可能大；

③ 在整个嵌入/脱嵌过程中，锂的嵌入和脱嵌应可逆且主体结构没有或很少发生变化，这样可确保良好的循环性能；

④ 氧化还原电位在锂离子的嵌入/脱嵌过程中变化应尽可能小，即随 x 的变化应该尽可能小，这样电池的电压不会发生显著变化，可保持较平稳的充电和放电；

⑤ 嵌入化合物应有较好的电子电导率和离子电导率，这样可减小极化，降低电池的内阻，并能使电池进行大电流充放电；

⑥ 嵌入化合物在整个电压范围内应化学稳定性好，不与电解质等发生反应；

⑦ 锂离子在电极材料中有较大的扩散系数，便于快速充放电；

⑧ 与有机电解质和黏结剂的接触性能好、热稳定性好，有利于延长电池的寿命和提高其安全性；

⑨ 资源丰富、制备工艺简单、生产成本低和对环境不产生二次污染等。

作为锂离子电池正极材料的氧化物，常见的有氧化钴锂（lithium cobalt oxide）、氧化镍锂（lithium nickel oxide）、氧化锰锂（lithium manganese oxide）和钒的氧化物（vanadium oxide）。对其他正极材料如铁的氧化物、其他金属的氧化物、5V 正极材料以及多阴离子正极材料（目前研究的主要为磷酸亚铁锂 $LiFePO_4$）等也进行了研究。在这几种正极材料的原材料中，钴最贵，其次为镍，最便宜的为锰和钒。因此，正极材料的价格也与上述材料的行情基本一致。这些正极材料的结构主要是层状结构和尖晶石结构。表 5-4 列出了几种锂离子蓄电池正极活性材料的性能参数的比较情况。

表 5-4　不同锂离子电池正极活性材料性能参数比较

正极材料	工作电压/V	理论比容量/(mA·h/g)	实际比容量/(mA·h/g)	理论比容量/(W·h/kg)	实际比容量/(W·h/kg)
$LiCoO_2$	3.8	275	140	1037	532
$LiNiO_2$	3.7	274	170	1013	629
$LiMn_2O_4$	4.0	148	110	440	259
$Li_{1-x}MnO_4$	2.8	210	170	588	480
$LiFePO_4$	3.4	170	140	578	476

$LiCoO_2$ 是最早用于商品化锂离子电池的正极材料，其理论容量为 275mA·h/g。它具有开路电压高、理论比容量高、性能可靠、电导率高、循环寿命长、能快速充放电、电化学性能稳定、制备工艺简单等优点；但它的可逆容量不高（140mA·h/g），抗过充电性较差，钴金属不仅价格昂贵，而且还有一定毒性。

$LiNiO_2$ 具有与 $LiCoO_2$ 类似的层状结构，其理论容量为 274mA·h/g，实际容量已达 170mA·h/g，工作电压 3.7V。该正极材料的主要优点为：自放电率低、无污染、与多种电解质有着良好的相容性、与 $LiCoO_2$ 相比价格便宜等。但 $LiNiO_2$ 的制备条件非常苛刻，这给 $LiNiO_2$ 的商业化带来极大困难；$LiNiO_2$ 的热稳定性差，在同等条件下与 $LiCoO_2$ 和 $LiMn_2O_4$ 正极材料相比，$LiNiO_2$ 的热分解温度最低（200℃左右），且放热量最多，这给电池带来很大的安全隐患；$LiNiO_2$ 在充放电过程中容易发生结构变化，使电池的循环性能变差。

$LiMn_2O_4$ 具有尖晶石结构，其理论容量为 148mA·h/g，实际容量达 110mA·h/g，工作电压为 4V。该正极材料的主要优点为：锰资源丰富，价格便宜，有较好的耐过充性，安全性高，比较容易制备。缺点是理论容量不高；材料在电解质中会缓慢溶解，即与电解质的相容性不太好；在深度充放电的过程中，材料容易发生晶格畸变，造成电池容量迅速衰减，特别是在较高温度下使用时更是如此。为了克服以上缺点，近年新开发了一种层状结构的三价锰氧化物 $LiMnO_2$。该正极材料的理论容量为 286mA·h/g，实际容量已达 200mA·h/g 左右。与尖晶石结构的 $LiMn_2O_4$ 相比，这种结构的 $LiMnO_2$ 虽然在理论容量和实际容量两个方面都有较大幅度的提高，但仍然存在充放电过程中结构不稳定性问题。在充放电过程中晶体结构在层状结构与尖晶石结构之间反复变化，从而引起电极体积的反复膨胀和收缩，导致电池循环性能变坏。而且 $LiMnO_2$ 也存在较高工作温度下的溶解问题。解决上述问题的措施通常是对 $LiMnO_2$ 进行掺杂和表面修饰。

$LiFePO_4$ 具有橄榄石晶体结构，其理论容量为 170mA·h/g，在没有掺杂改性时其实际容量已高达 140mA·h/g，通过对 $LiFePO_4$ 进行表面修饰，其实际容量高达 165mA·h/g，非常接近于理论容量；工作电压为 3.4V 左右。与以上介绍的正极材料相比，$LiFePO_4$ 具有高稳定性、更高安全可靠性、更环保并且价格低廉等优点。$LiFePO_4$ 的主要缺点是理论容量不高，室温电导率低。基于上述原因，$LiFePO_4$ 在大型锂离子电池方面有非常好的应用前景。但 $LiFePO_4$ 要在整个锂离子电池领域显示出强大的市场竞争力，面临以下不利因素：

① 来自 $LiMn_2O_4$、$LiMnO_2$、$LiNiMO_2$ 等正极材料的低成本竞争；

② 在不同的应用领域人们可能会优先选择更适合的特定电池材料；

③ $LiFePO_4$ 的理论容量不高，使其不太可能用于高容量的小型锂离子电池；

④ 在高技术领域人们更关注的可能不是成本而是性能，如应用于手机与笔记本电脑；

⑤ $LiFePO_4$ 急须提高其在 1C 率下深度放电时的导电能力，以此提高其比容量；

⑥ 在安全性方面，$LiCoO_2$ 代表着目前工业界的安全标准，而且 $LiNiO_2$ 的安全性也已经有了大幅度的提高，$LiFePO_4$ 只有表现出更高的安全性能，尤其是在电动汽车等方面的应用，才能保证其在安全方面的充分竞争优势。

在将正极材料制成电极时必须考虑活性物质的粒径和表面积。因为，当电池放电时，电极微孔中锂离子将从孔壁进入活性物质中，使微孔中的 Li^+ 浓度减小，极化内阻增大。放电电流越大，极化越严重。如果微孔的孔径大，孔的长度小，Li^+ 扩散快，则极化内阻减小，锂离子电池的放电性能就好。因此，如果能控制微孔大小和表面积，就可采用较粗粒径的粒子，但如果不能控制微孔大小和表面积，可将活性物质粉碎至 3～10μm。此外，为了提高正极活性物质的导电能力，必须加入导电性物质石墨或乙炔黑，提高电子移动速率。

正极的制作方法是，先将正极活性物质（$LiCoO_2$、$LiNiO_2$、$LiMn_2O_4$、$LiFePO_4$ 等）与导电剂（如石墨、乙炔黑等）及黏合剂等混合均匀，制成糊状后均匀地涂覆在铝箔两侧，然后在氮气流下干燥以除去有机物分散剂，辊压成型后按要求剪成所需尺寸的极片。

（3）电解液

锂离子电池的电解液是由电解质锂盐溶解在有机溶剂中形成的有机电解液。锂离子电池的电解液应该满足下述条件：

① 锂离子电导率高，在较宽的温度范围内电导率在 $3×10^{-3}$～$2×10^{-1}$S/cm 之间。要使有机溶剂电解液具有高的电导率，有机溶剂应具有溶解足量电解质盐并保证离子快速迁移的能力，所以只能选用具有较高介电常数及较小黏度的有机溶剂。

② 热稳定性好，在较宽的温度范围内不发生分解反应。

③ 电化学窗口宽，即在较宽的电压范围内稳定（锂离子电池要稳定到 4.5V）。

④ 化学稳定性高，即与电池体系的电极材料如正极、负极、集电体、隔膜、黏合剂等基本上不发生反应。锂离子电池的正极为强氧化剂，负极为强还原剂，因此，处于两界面之间的有机溶剂电解液，必须要有高度的化学和电化学稳定性，即要求有机溶剂电解质既不会同正负极材料直接发生化学反应，又不会在正负极上发生电化学反应。

⑤ 在较宽的温度范围内为液体，一般希望温度范围为 -40～70℃。

⑥ 对离子具有较好的溶剂化性能。

⑦ 没有毒性，蒸气压低，使用安全。

⑧ 能尽量促进电极可逆反应的进行。

⑨ 对于商品化锂离子电池而言，要求制备容易、成本低。

在上述因素中最重要的因素是安全性、长期稳定性和反应速率。有机电解液由有机溶剂和电解质锂盐两部分组成。因此这些影响因素应该从三个方面来考察：有机溶剂、电解质锂盐及其组成的电解液。

对于有机溶剂而言，主要是考察闪点、挥发性、毒性和电池在滥用状态下同其他电池材料的反应等问题。由于锂离子电池具有较高的电压（一般为 4～4.5V），还要求电解液应该具有足够的氧化稳定性。对于稳定性而言，主要是不与电池的活性电极材料发生反应或者能在电极表面反应形成一层离子通过性非常好的膜，这就要求离子具有较高的淌度（在单位电场强度下，某种离子在一定温度下和一定介质中移动的速率）并且能发生配位（原子或原子团被中心原子吸引的现象，称为配位）作用形成溶剂配合物，从而使锂离子的迁移数比较少。因此，降低锂离子的极化效应对锂离子迁移数的影响以及提高电解液的导电性是选择溶剂的一项重要标准。

有机溶剂主要包括碳酸酯、醚和羧酸酯等，目前在商品化的锂离子电池中获得应用的有机溶剂主要有碳酸乙烯酯（ethylene carbonate，EC）、碳酸丙烯酯（propylene carbonate，PC）、碳酸二甲酯（dimethyl carbonate，DMC）、碳酸二乙酯（diethyl carbonate，DEC）以及碳酸甲乙酯（ethyl methyl carbonate，EMC）等。

表 5-5 列出了一些常见有机溶剂的物理性质。由表 5-5 可见，PC、EC 等溶剂的极性强，介电常数高，但黏度大，分子间作用力大，锂离子在其中移动速度慢；DMC 和 DEC 等黏度低，但介电常数低。由于锂离子电池的电解液应具有较高的离子导电性，即要求溶剂的介电常数高但黏度小，所以，为了获得具有高离子导电性的电解液，一般都采用混合有机溶剂，如 PC＋DEC、EC＋DMC 等。

表 5-5　常见有机溶剂的物理性质

溶剂种类	介电常数	黏度/mPa·s	熔点/℃	沸点/℃
碳酸乙烯酯（EC）	90	1.9	37	238
碳酸丙烯酯（PC）	65	2.5	−49	242
碳酸丁烯酯（BC）	53	3.2	−53	240
γ-丁内酯（GBL）	42	17	−44	204
1,2-二甲氧基乙烷（DME）	7.2	0.64	−58	84
四氢呋喃（THF）	7.4	0.46	−109	66
1,3-二氧戊环（DOL）	7.1	0.59	−95	78
甲酸甲酯（MF）	8.5	0.33	−99	32
醋酸甲酯（MA）	6.7	0.37	−98	58
丙酯甲酯（MP）	6.2	0.43	−88	79
碳酸二甲酯（DMC）	3.1	0.59	3	90
碳酸甲乙酯（EMC）	2.9	0.65	−55	108
碳酸二乙酯（DEC）	2.8	0.75	−43	127

对锂离子电池常用的电解质锂盐而言，主要包括热稳定性好、电化学稳定性好、离子电导率高、价格低、容易制备、对环境污染少等因素。

常用的电解质锂盐主要包括 $LiClO_4$、$LiBF_4$、$LiAsF_6$、$LiPF_6$、$LiCF_3SO_3$ 和 $LiN(SO_2CF_3)_2$ 等，其中 $LiPF_6$ 以较好的电导率、电化学稳定性和环境友好性而在商品化的锂离子电池中获得了广泛应用，其他电解质锂盐则应用较少或多用于实验室研究。

表 5-6 列出了锂盐在不同溶剂体系中 1mol/L 溶液的电导率。由表可见，不论哪种溶剂体系，锂盐溶液电导率的顺序都如下所示：$LiPF_6$，$LiAsF_6 > LiClO_4$，$Li(CF_3SO_2)_2N > LiBF_4 > LiCF_3SO_3 > LiC_4F_9SO_3$。

表 5-6　锂盐在不同溶剂体系中 1mol/L 溶液的电导率　　　　　　　单位：S/m

锂盐	溶剂				
	PC	GBL	PC/DME (1∶1，摩尔比)	GBL/DME (1∶1，摩尔比)	PC/EMC (1∶1，摩尔比)
$LiPF_6$	5.8	10.9	15.9	18.3	8.8
$LiAsF_6$	5.7	11.5	15.6	18.1	9.2
$LiClO_4$	5.6	10.9	13.9	15.0	5.7
$Li(CF_3SO_2)_2N$	5.1	9.4	13.4	15.6	7.1
$LiBF_4$	3.4	7.5	9.7	9.4	3.3
$LiCF_3SO_3$	1.7	4.3	6.5	6.8	1.7
$LiC_4F_9SO_3$	1.1	3.3	5.1	5.3	1.3

组成电解液后，主要是考察其与电极的相容性。因为在电池首次充电过程中，锂离子电池的电极表面要生成一层界面膜（SEI），SEI 膜的形成一方面消耗电池中有限的锂离子，另一方面也增加电极/电解液的界面电阻，造成一定的电压滞后。但优良的 SEI 膜具有有机溶剂的不溶性，允许锂离子比较自由地进出电极而溶剂分子无法穿越，从而阻止溶剂分子的共嵌入和共插入对电极的破坏，提高电解液各组分在电极/电解液相界面的稳定性。当然，有机电解液的电导率高、电化学窗口宽、化学稳定性好等同样也是电解液要求的。

（4）隔膜

蓄电池隔膜的作用是使蓄电池的正、负极分隔开，防止两极接触而短路，此外还要作为电解液离子传输的通道。一般要求其电子绝缘性好，电解质离子透过性好，对电解液的化学和电化学性能稳定，对电解液浸润性好，具有一定机械强度，厚度尽可能小。根据隔膜材料不同，可以分成天然或合成高分子隔膜和无机隔膜，根据其特点和加工方法不同，隔膜材料又可以分成有机材料隔膜、编织隔膜、毡状膜、隔膜纸和陶瓷隔膜。对于锂离子蓄电池体系，需要耐有机溶剂的隔膜材料，一般选用高强度薄膜化的聚烯烃多孔膜，如聚乙烯（PE）、聚丙烯（PP）、PP/PE/PP 复合膜等。

锂离子蓄电池用隔膜材料的制备方法主要分为湿法工艺（热致相分离法）和干法工艺（熔融拉伸法）。干法工艺相对简单且生产过程中无污染，但是隔膜的孔径、孔隙率较难控制，横向强度较差，复合膜的厚度不易做薄，目前世界上采用此方法生产的企业有日本宇部和美国 Celgard 等，表 5-7 所示是美国 Celgard 公司采用干法制备的锂离子蓄电池用隔膜的主要指标。湿法工艺可以较好地控制孔径、孔隙率，可制备较薄的隔膜，隔膜的性能优异，更适用于大容量、高倍率放电的锂离子蓄电池；缺点是其工艺比较复杂，生产费用相对较高。目前世界上采用此法生产隔膜的有日本旭化成（Asahi Kasei）、东燃（Tonen）以及美国 Entek 等。

表 5-7　美国 Celgard 隔膜的性能

性能	Celgard 2400	Celgard 2300
构造	PP 单层	PP/PE/PP 三层
厚度/μm	25	25
孔率/%	38	38
透气度/s	35	25
纵向拉伸强度/MPa	140	180

性能	Celgard 2400	Celgard 2300
横向拉伸强度/MPa	14	20
穿刺强度/N	380	480
拉伸模量（纵向）/MPa	1500	2000
撕裂起始（纵向）/N	66	63
耐折叠性/次	>105	>105

（5）安全阀

锂离子电池在使用过程中存在安全性问题，其主要原因是当充电电压高于 4.2V 时，电池的负极会生成锂枝晶导致电池短路，从而有可能引起电池爆炸。目前解决这一问题的方法是采用限流恒压（恒定电压 4.2V）法对电池充电，使其充电电压不超过 4.2V。

虽然限流恒压法可防止锂枝晶的生长，但在使用过程中，如使用不当（如电池受到外力冲击而短路、过放电等），锂离子电池仍有可能发生爆炸。这是因为当短路或过放电使容量低的电池被反充（反充电流很大）时，电池内温度会升高，电池内有活泼的金属锂（如锂枝晶）、有机溶剂、石墨等易燃物，且有机溶剂为易挥发物质。

为了提高锂离子电池的安全性，一般通过控制外部电路或者在电池内部设置切断异常电流的安全装置，起释放气体以防止蓄电池爆炸的作用。电池内部采取的安全措施有：

① 隔膜 135℃ 自动关断保护：电池升温至 120℃ 时，复合膜 PE-PP-PE 两侧的 PE 膜闭合，蓄电池内阻增大，电池内部升温减缓；当温度达 135℃ 时，PP 膜孔闭合，电池内部断路，电池不再升温，确保电池安全可靠。

② 向电液中加入添加剂：在过充电、电压高于 4.2V 的条件下，添加剂与电解液中其他物质聚合使电池内阻大幅增加，电池断路。

③ 电池盖复合结构：电池盖采用刻痕防爆结构，电池升温时，电池内部活化过程中产生的部分气体膨胀，电池内压加大，压力达到一定程度时，刻痕破裂、放气。

④ 正极中添加碳酸锂：正极中添加碳酸锂可以提高电池的安全性，原因是碳酸锂在充电电压达到 5.0V 时，分解释放气体使电池内压增大，使安全阀打开，切断充电电流，阻止温度上升。

⑤ 采用低熔点分离片：蓄电池内部采用低熔点分离片，即 PTC（positive temperature coefficient 的缩写，意思是正的温度系数，泛指正温度系数很大的半导体材料或元器件。通常提到的 PTC 是指正温度系数热敏电阻，简称 PTC 热敏电阻）元件，当大电流通过时，PTC 元件由于温度升高，电阻增大，可控制电流通过。

（6）壳体（外壳）

蓄电池壳体又称为蓄电池容器，其作用是盛装由正负极和隔膜组成的电极堆，并灌有电解液。蓄电池壳体一般由电池盖和电池壳组成。目前，锂离子蓄电池单体的壳体主要有方形结构和圆柱形结构两种。外壳常采用钢或铝材料，盖体组件具有防爆断电功能。

5.2.2 工作原理

锂离子电池的充放电过程，就是锂离子的嵌入和脱嵌过程。当对电池进行充电时，电池的正极上有锂离子生成（脱嵌），生成的锂离子经过电解液移动到负极。作为负极的碳为层状结构，它有很多微孔，到达负极的锂离子就进入（嵌入）碳层的微孔中，嵌入的锂离子越多，充电容量就越高。同理，当对电池进行放电时，嵌在负极碳层中的锂离子脱出（脱嵌），又移动至正极（嵌入）。嵌入正极的锂离子越多，放电容量就越高。

不难看出，在锂离子电池的充放电过程中，锂离子处于"正极→负极→正极"的往返运动状态中，因此锂离子电池就像一把摇椅，摇椅的两端为电池的两极，锂离子在充放电过程中就在摇椅的两端之间来回奔跑，这就是锂离子电池被形象地称为"摇椅电池"的原因。

由于锂离子电池的正极可用 $LiCoO_2$、$LiNiO_2$、$LiMn_2O_4$ 或 $LiFePO_4$ 等制成，负极也可用不同的碳材料制成，相应的电极反应也就有所不同，但都是锂离子的嵌入/脱嵌反应。以石墨负极和 $LiCoO_2$ 正极组成的锂离子电池可用符号表示为：

$$(-)C_6 \mid LiPF_6\text{-}EC+DEC \mid LiCoO_2(+)$$

以石墨为负极材料，几种典型的锂离子嵌入化合物作正极材料的锂离子电池的充放电反应见表 5-8。表中各电池体系的电化学反应过程可用图 5-2 表示。

表 5-8　几种锂离子电池的工作原理

电池体系	工作原理	
负极 C_6（石墨）	负极反应	$Li_xC_6 \rightleftharpoons 6C+xLi^++xe$
$C_6/LiCoO_2$	正极反应	$Li_{(1-x)}CoO_2+xLi^++xe \rightleftharpoons LiCoO_2$（$x=0.5$）
	电池反应	$Li_{(1-x)}CoO_2+Li_xC_6 \rightleftharpoons LiCoO_2+6C$
$C_6/LiNiO_2$	正极反应	$Li_{(1-x)}NiO_2+xLi^++xe \rightleftharpoons LiNiO_2$（$x=0.7$）
	电池反应	$Li_{(1-x)}NiO_2+Li_xC_6 \rightleftharpoons LiNiO_2+6C$
$C_6/LiMn_2O_4$	正极反应	$2MnO_2+xLi^++xe \rightleftharpoons Li_xMn_2O_4$（$\gamma\text{-}MnO_2$）
	电池反应	$2MnO_2+Li_xC_6 \rightleftharpoons Li_xMn_2O_4+6C$
$C_6/LiFePO_4$	正极反应	$Li_{1-x}FePO_4+xLi^++xe \rightleftharpoons LiFePO_4$
	电池反应	$Li_{1-x}FePO_4+Li_xC_6 \rightleftharpoons LiFePO_4+6C$

5.2.3　主要性能

（1）充电特性

典型锂离子电池的充电曲线如图 5-3 所示。从图中可以看出，锂离子电池采用恒流与恒压相结合的方法进行充电（先恒流后恒压）。当电池先以恒流充电时，电池电压逐渐上升，一旦电池电压达到 4.2V 时，即转为恒定 4.2V 电压继续充电。除选择 4.2V 恒压外，在恒定电压下，电池的充电电流先急速下降然后缓慢下降并稳定下来，当电流降至一定数值时，即可停止充电，并视为充电完成。选择上述充电方法是由锂离子电池本身固有特性决定的，这是因为锂离子电池不

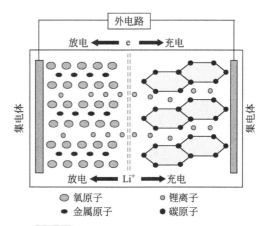

图 5-2　锂离子电池充放电过程示意图

具有水溶液电解质蓄电池中常有的过充电保护机制。一旦过充电，不仅在正极上由于脱嵌过多锂而发生结构不可逆变化，负极上可能形成金属锂的表面析出，而且可能发生电解质的分解等副反应。由此导致电池循环寿命的急速衰减，甚至由于反应激烈导致热失控，引起电池燃烧与爆裂等严重安全事故。由此可知，锂离子电池的充电特性和充电控制是必须予以特别了解与重视的问题。

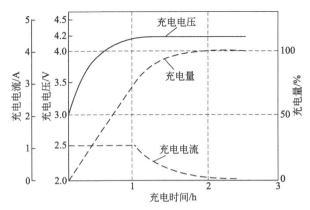

图 5-3 小型锂离子电池的典型充电特性曲线

（2）放电特性

锂离子电池典型放电曲线分别如图 5-4 和图 5-5 所示。其中图 5-4 显示出电池的典型倍率放电能力，图 5-5 显示出电池的放电特性与温度的关系。显然，锂离子电池常温下具有高放电倍率能力，以 2C 连续放电，仍可获得接近 95％的标称容量和高的放电电压平台（3.5～3.7V）；宽的工作温度区间（−20～60℃），经过特别设计和选择合适的电解质配方，还可延至−40℃环境下工作。

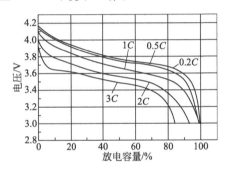

图 5-4 不同电流条件下的放电特性曲线

充电：4.2V（max），1C（max），2.5h

温度：25℃

放电：终止电压 3.0V

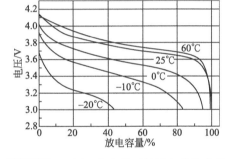

图 5-5 不同温度条件下的放电特性曲线

充电：4.2V（max），1C（max），2.5h

温度：20℃

放电：0.5C，终止电压 3.0V

（3）温度特性

锂离子电池可在−20～60℃内使用，但高于 45℃时其自放电比较严重，容量下降，同时也不宜快速充电。锂离子电池的温度特性曲线如图 5-5 所示。

（4）自放电特性

锂离子电池的自放电特性曲线如图 5-6 所示。由图 5-6 可见，20℃时，当电池放置 90d 后，容量保持率仍在 90％，即容量损失仅为 10％，说明锂离子电池的自放电速度比较小。但是温度过高会使其自放电速度加快。

（5）循环寿命特性

锂离子电池的循环寿命特性曲线如图 5-7 所示。由图可见，额定容量为 1400mA·h 的电池经过 500 次循环，其容量仍有 1200mA·h 以上。正常情况下，锂离子电池的循环寿命最高可达 1200 次。一般便携式电器要求循环寿命 300～500 次，电动汽车要求 500～1000 次，因此，锂离子电池在通信、交通（电动汽车）、新能源等领域得到广泛应用。

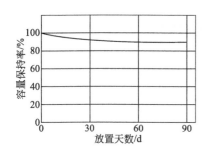

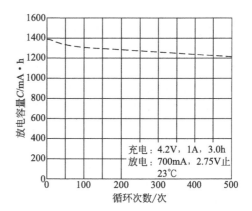

图 5-6 锂离子电池的自放电特性曲线
充电：4.2V（max），1C（max），
2.5h；温度：20℃
放电：200mA，终止电压 2.50V

图 5-7 锂离子电池的循环寿命特性曲线

5.2.4 使用与维护

正确的使用方法对于保证锂离子电池的寿命起着至关重要的作用。有很多因素影响锂离子电池的寿命，其中最重要的是电池化学材料、充放电深度、使用温度和电池容量终止值等。因此在使用过程中，要注意以下几点：

① 充电方法。锂离子电池的充电方式采用先恒流后恒压，即 4.20V 恒压，恒流电流一般为 0.1～1.0C。其充电方法为：开始阶段采用恒流方法，在充电后期当电池电压接近 4.2V 时，改用恒压方式充电，当电流逐渐减小到接近零时，充电终止。

② 放电方法。放电电流一般为 0.5C 以下，电池的放电平台在 3.60～3.80V。

③ 新电池充电方法。锂离子电池出厂时已充电到约 50% 的容量，新购的电池如果仍可有一部分电量可直接使用。电池第一次放电完毕后应充足电后再使用，这样连续三次，电池方可达到最佳使用状态。

④ 防止过放电。对锂离子电池来说，单体电池电压降到 2.5V 或 3V（与电极的材料有关）以下，即为过放电。如果长期不用，请以 40%～60% 的充电量储存。如果电池电量过低，可能因电池自放电导致其过放。储存期间要注意防潮，每 6 个月检测电压一次，并进行充电，保证电池电压在安全电压值（3V 以上）范围内。

⑤ 防止过充电。锂离子电池任何形式的过充都会导致电池性能受到严重破坏，甚至发生爆炸事故。

⑥ 锂离子电池必须使用专用充电器充电。

⑦ 使用环境条件。锂离子电池要远离高温（高于 60℃）和低温（-20℃）环境，如果在高温条件下使用电池，轻则缩短寿命，严重者可引发爆炸。不要接近火源，防止剧烈振动和撞击，不能随意拆卸电池，禁止用榔头敲打新、旧电池。

⑧ 电池的串联与并联。并联是为了提高电池容量，并联的电池必须采用相同的化学材料，而且是来自同一制造商的同批次同规格产品。串联时则更需要小心，因为常常需要电池容量匹配和电池平衡电路，最好直接向电池制造商购买已装配了恰当电路的多节电池组。

5.3　聚合物锂离子电池

聚合物锂离子电池是指在正极、负极与电解质中至少有一项使用了高分子材料的电池系统，目前开发的聚合物锂离子电池中，高分子材料主要是被应用于电解质。聚合物锂离子电池与液体电解质锂离子电池的正负极材料都是相同的，其工作原理与液态有机电解质锂离子电池基本相同。其主要区别在于电解质的不同，锂离子电池使用的是液体电解质，聚合物锂离子电池则以固体聚合物电解质来代替，这种聚合物电解质可分为纯聚合物电解质及胶体聚合物电解质，纯聚合物电解质室温电导率较低，胶体聚合物电解质利用固定在具有微孔结构的聚合物网络中的液体电解质实现离子传导，既具有固体聚合物的稳定性，又具有液态电解质的离子传导率，目前大部分采用胶体聚合物电解质。由于用固体电解质代替了液体电解质，可以把电池做成全塑结构，电池可以更薄，也更具有可塑性。此外，聚合物锂离子电池在工作电压、容量、充放寿命等方面都比锂离子电池有所提高。

5.3.1　主要特点

由于用固体电解质代替了液体电解质，与液态锂离子电池相比，聚合物锂离子电池具有以下特点：

① 设计灵活。聚合物锂离子电池的每个组件均为固态，可用铝塑包装替代金属外壳，制成薄膜电池，整个电池的厚度可做到 1mm 以下。由于正、负极与电解质隔膜可以复合为一体，易实现连续化生产，并且在包装上无松紧度问题。

② 安全性高。电解质为固态，不存在电解液泄漏问题；聚合物锂离子电池比液态锂离子电池安全性高，不存在燃烧、爆炸等安全问题，因此不需采取安全措施，降低了电池成本；聚合物电解质具有良好的柔韧性，可以缓解在充电过程中活性物质的体积变化。

③ 比能量高。聚合物电解质电池无须用刚性金属壳封装，可使用重量轻的铝塑包装，电池的能量密度比液体电解质锂离子电池更高，质量比能量可做到 $200W \cdot h/kg$ 以上。

④ 聚合物锂离子电池还可以采用高分子作正极材料，其质量比能量将会比目前的液态锂离子电池提高 50% 以上。

⑤ 在工作电压、容量、充放电循环寿命等方面都比锂离子电池有所提高。

5.3.2　基本结构

聚合物锂离子电池的正、负极与液态锂离子电池基本一样，只是原来的液态电解质改成含有锂盐的聚合物电解质。聚合物锂离子电池由正极集流体（铝箔或铝网）、正极膜（Li-CoO$_2$）、聚合物电解质膜、负极膜（石墨）、负极集流体（铜箔或铜网）紧压复合成型，外包封铝塑复合薄膜，并将其边缘热熔封合。从集流体上焊接出正极极耳及负极极耳，极耳连接保护线路后引出塑料外壳即为正、负极端子。由于电解质膜是固态，不存在漏液问题，在电池设计上自由度较大，可根据需要进行串并联或采用双极结构。

由于聚合物锂离子电池的结构不同于传统电池，它没有刚性的壳体，不需要价格昂贵的隔膜，而是由薄层软塑料层组合而成的，所以可采用工业化的塑料制膜技术，再将压合层剪切成需要的任意形状和尺寸，活化后用铝塑膜包装成产品。单片聚合物锂离子电池结构如图5-8所示，方形聚合物锂离子电池结构如图5-9所示。

聚合物电解质主要可分为两类：一是固体聚合物电解质（solid polymer electrolyte，SPE），由锂盐如 LiClO$_4$、LiBF$_4$、LiAsF$_6$、LiPF$_6$、LiCF$_3$SO$_3$、Li(CF$_3$SO$_2$)$_2$、LiN(CF$_3$SO$_2$)$_2$ 等溶于

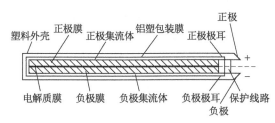

图 5-8 单片聚合物锂离子电池结构

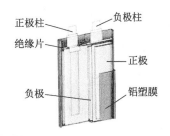

图 5-9 方形聚合物锂离子电池结构

高分子量聚酯（如 PEO、PPO 等）等固体溶剂中形成；二是凝胶聚合物电解质（gel polymer electrolyte，GPE），通常是将大量液体塑化剂和/或溶剂加到聚合物基质中，并与聚合物基质形成稳定的凝胶结构，从而得到凝胶电解质。

（1）固体聚合物电解质

在通常情况下，将电解质盐溶解在聚合物（如聚乙烯）中得到的分散系是没有离子导电性的，但将 $LiClO_4$ 等电解质盐溶解于聚氧乙烯（polyethylene oxide，PEO）或聚氧丙烯（polypropylene oxide，PPO）等聚合物中制得的固体聚合物电解质具有一定的离子导电能力。这是因为聚氧乙烯中的氧原子作为配位原子与锂离子形成网状配合物，锂离子可在氧原子形成的笼状网络中移动，因而具有离子导电性。

固体聚合物电解质可以看作无机离子溶于聚合物这种特殊的溶剂中。与一般溶剂相比，聚合物这种溶剂是干态的，不具有流动性，要使盐溶于聚合物中并形成均匀溶液，聚合物链与盐之间必须存在相互作用。若聚合物链含有电子施主如氧原子、硫原子或氮原子等，它们就能同盐中的阳离子相互作用形成晶态聚合物——无机盐络合物。

固体聚合物电解质的导电机制是：首先迁移离子（如 Li^+）与聚合物链上的极性基团如氧、氮等原子配位，然后在电场作用下，随着聚合物高弹区中分子链段的热运动，迁移离子与极性基团不断发生配位与解配位的过程，从而实现离子的迁移。

电池的固体聚合物电解质必须满足以下要求：具有在室温时接近或超过 10^{-4} S/cm 的电导率；在电解质体系中锂离子迁移数接近 1；电解质应与电极材料具有良好的化学相容性，不发生化学反应，并有一定的电化学稳定性；应有一定的机械强度，聚合物膜加工性能优良，以便使用大规模涂布工艺进行生产；高温稳定性好，不易燃烧；价格合理等。

固体聚合物电解质的制作方法较简单，即把聚合物与盐同时溶解在一种有机溶剂中，然后把所得的溶液涂成薄层，再通过加热或者减压的方式除去所有的有机溶剂即可。

（2）凝胶聚合物电解质

聚合物溶液、聚合物凝胶和聚合物固体三者之间随着温度、压力、pH 值等的变化可以互相转化。凝胶聚合物电解质可以通过向固体聚合物电解质中加入增塑剂来制得。

固体聚合物电解质的离子导电性低，但将多余的有机溶剂作为增塑剂添加到其中后，原来的固体聚合物电解质就变成了凝胶聚合物电解质，且后者的电导率比前者提高了两个数量级，如表 5-9 所示，接近液体电解质的电导率，因而可以用于电池。

表 5-9 各种电解质的电导率比较

电解质类型	硫酸溶液	有机电解液	固体电解质	凝胶聚合物电解质
电导率 γ/(S/cm)	$10^{-1} \sim 10^0$	10^{-2}	$10^{-8} \sim 10^{-5}$	$> 10^{-3}$

凝胶聚合物电解质由聚合物、增塑剂和锂盐等组成。其中聚合物起骨架支撑作用，主要包括聚丙烯腈、聚氧乙烯、聚氧丙烯、聚氯乙烯、聚偏氟乙烯等。增塑剂起成孔作用，主要

包括碳酸乙烯酯、碳酸丙烯酯、碳酸二甲酯、碳酸甲乙酯、碳酸二乙酯、γ-丁内酯、甲酸甲酯、乙酸甲酯、四氢呋喃、1,2-二甲氧乙烷等。电解质锂盐则起离子导电作用，主要包括$LiClO_4$、$LiBF_4$、$LiAsF_6$、$LiPF_6$、$LiCF_3SO_3$、$LiN(CF_3SO_2)_2$、$LiC_4F_9SO_3$等。

5.3.3 主要性能

聚合物锂离子电池的主要性能包括充放电特性、温度特性、循环寿命、自放电特性、安全特性等。

① 聚合物锂离子电池的充电特性曲线见图5-10，由图可知，聚合物锂离子电池的充电电压为(4.20 ± 0.05)V，充电电流为$1C$（mA），在25℃下充电时间为3.0h左右。

② 聚合物锂离子电池的放电特性曲线见图5-11，由图可知，当以$1C$（mA）充电电流充电到(4.20 ± 0.05)V，充电时间达3h后，用恒流放电到终止电压3.0V，其放电电压平稳。

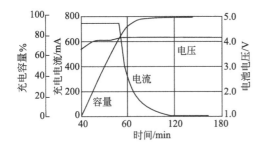

图 5-10 聚合物锂离子电池的充电特性曲线

充电：$1C$（mA），4.2V，25℃

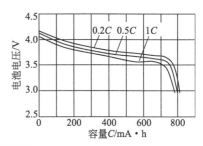

图 5-11 聚合物锂离子电池的放电特性曲线

充电：$1C$（mA），4.2V

放电：终止电压3V，温度25℃

③ 聚合物锂离子电池的温度特性曲线见图5-12，由图可知，电池的放电电压随温度的降低而降低。聚合物锂离子电池的使用温度范围宽，可在$-20\sim60$℃下正常工作。

④ 聚合物锂离子电池的循环寿命特性曲线见图5-13，由图可知，聚合物锂离子电池的循环寿命长，一般循环500次以上仍可保持电池初始容量的80%。

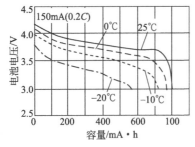

图 5-12 不同温度时聚合物锂离子电池的放电曲线

充电：$1C$（mA），4.2V，3h，25℃

放电：$0.2C$（mA），终止电压3V

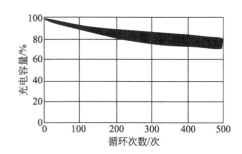

图 5-13 聚合物锂离子电池的循环寿命特性

充电：$1C$（mA），4.2V，3h

放电：$0.2C$（mA），终止电压3V，25℃

习题与思考题

1. 什么叫锂离子电池？它有哪些特点？

2. 锂离子电池的型号是如何规定的？举例说明。

3. 锂离子电池的正、负极材料应分别满足哪些基本要求？

4. 锂离子电池的电解液应满足哪些基本要求？为什么锂离子电池的电解液常采用混合有机溶剂？

5. 以电池 $C_6 \mid LiPF_6\text{-}EC+DEC \mid LiCoO_2$ 为例，写出充放电过程的电化学反应。

6. 锂离子电池的充电方法是什么？为什么锂离子电池的充电电压不能高于 4.2V？

7. 为什么锂离子电池存在安全问题？解决锂离子电池安全问题的措施有哪些？

8. 如何正确地使用锂离子电池？

9. 什么叫聚合物锂离子电池？有哪些种类？与液体锂离子电池相比，它有哪些特点？

10. 简述锂离子电池的主要性能。

第6章
燃料电池

6.1 燃料电池概述

燃料电池（fuel cell）是一种将持续供给的燃料和氧化剂的化学能直接转化成电能的电化学装置。燃料电池与原电池和蓄电池的不同之处在于，燃料电池的活性物质储存在电池之外，只要不断地供给燃料和氧化剂就能一直发电，因而容量是无限的；后两者的容量是有限的，活性物质一旦消耗完，电池寿命即告终止，或者必须充电后才能使用。此外，燃料电池是一个复杂的系统，由燃料和氧化剂供应系统、水管理系统、热管理系统以及控制系统等几个子系统组成；普通的原电池或蓄电池除电池本体外，不需要其他辅助装置。

6.1.1 发展历史

早在1839年，英国的格罗夫爵士（W. R. Grove）就报道了第一个燃料电池装置。他将两根镀有铂黑的铂丝分别置于两个试管中，再将试管浸在硫酸溶液中，并向试管中分别通入氢气和氧气，使气体和铂丝以及溶液相互接触，该装置获得了 $0.5 \sim 0.6V$ 的输出电压。该装置被他称为"气体电池"。

1889年，蒙德（L. Mond）和他的助手朗格尔（C. Langer）发明了一个"新型气体电池"，这是第一个实际的燃料电池原型，使用氢气和氧气可以在 $0.73V$ 时获得 $3.5A/cm^2$ 的电流密度。这种燃料电池的原型结构与现代的磷酸燃料电池（PAFC）非常相似。他们还尝试过使用价格便宜的煤气作为燃料电池的燃料，不过由于 CO 使铂催化剂中毒，他们很快就放弃了这一想法。CO 致使催化剂中毒的问题直到今天仍未得到很好的解决。他们在论文中首次引入了"燃料电池"这一称谓。

1894年，奥斯特瓦尔德（W. Ostwald，出生于拉脱维亚的德国籍物理化学家，1909年诺贝尔化学奖获得者）从热力学理论的角度证实，燃料的低温电化学氧化优于高温燃烧，电化学电池的能量转换效率高于热机。热机效率受卡诺（Carnot）循环限制，而燃料电池的效率不受卡诺循环限制。

几乎同时，西门子发现了机-电效应，使得内燃发电机组得到了广泛应用；燃料电池没有取得预期的效果，使得人们对燃料电池的研究兴趣下降。但是仍有一些有远见的科学家一直关注着燃料电池技术的发展。

1899年能斯特（Nernst，德国卓越的物理学家、物理化学家和化学史家）首度发现固态电解质的导电行为，鲍尔与普莱斯于 1937 年示范成功第一个陶瓷型燃料电池。

20 世纪初，人们期望将化石燃料的化学能直接转变为电能。一些杰出的物理化学家，如能斯特、哈伯（Harber）等，对直接碳-氧燃料电池做了许多研究，但他们的研究受到当时材料技术水平的限制。1920 年以后，由于在低温材料性能研究方面的成功，对气体扩散电极的研究重新开始。

1923 年，施密特（A. Schmid）提出了多孔气体扩散电极的概念。在此基础上，20 世纪50 年代英国人培根（F. Bacon）提出了双孔结构电极的概念，并对 Mond 和 Langer 的装置加以改进，包括用比较廉价的镍网代替白金电极，以及用不易腐蚀电极的碱性氢氧化钾电解质代替硫酸电解质，并因此诞生了第一只千瓦级的中温（200℃）碱性燃料电池（alkaline fuel cell，AFC），又称培根电池。1960 年，以氢氧为燃料的碱性燃料电池被美国宇航局（NASA）用于阿波罗（Apollo）计划中，成为登月飞船的主电源，为人类首次登上月球做出了贡献。由于燃料电池产生的排出物是纯水，所以也成为宇航员饮用水的维生系统。

1958 年，布劳尔斯（Broers）改进了熔融碳酸盐燃料电池（molten carbonate fuel cell，MCFC）系统，并取得了较长的预期寿命。

由于空间竞赛，燃料电池在 20 世纪 50、60 年代得到了广泛关注。能降低催化剂载量的多孔碳基材料降低了陆地上使用的氢-空气燃料电池的成本，使人们开始热衷于电动机动车的研制。1970 年，考尔迪什（K. Kordesch）装配了以氢-空气碱性燃料电池为动力的四座轿车，并实际运行了 3 年。但随着美国阿波罗登月计划的结束，燃料电池的研究开发经历了短时期的低潮。直到 70 年代初石油危机的出现，燃料电池的研究开发又出现了新的热潮。

20 世纪 70 年代中期，人们的研究目标从已在空间应用方面达到最高水平的碱性燃料电池，逐步转向磷酸燃料电池（phosphoric acid fuel cell，PAFC）的研究与开发，因为磷酸燃料电池更适合建设电站。与此同时，由于碳氢化合物是首选燃料，还必须开发重整技术。磷酸燃料电池的功率已达到兆瓦级，寿命也已达到实用要求。

由于在电能和热能方面的高效率，20 世纪 80 年代熔融碳酸盐燃料电池和 90 年代固体氧化物燃料电池（solid oxide fuel cell，SOFC）都得到了快速发展，但寿命仍然是高温燃料电池必须解决的难题。

1985 年，欧盟整合欧洲各个国家对燃料电池技术的开发与研究，其中以德国最为积极，除引进磷酸燃料电池试验机组外，并发展熔融碳酸盐燃料电池、固态氧化物燃料电池、质子交换膜燃料电池（proton exchange membrane fuel cell，PEMFC）等，尤其 BENZ 车厂将燃料电池应用在车辆的动力上，使得燃料电池技术的商业化更进一步。

20 世纪 90 年代在燃料电池技术上的最大突破是质子交换膜燃料电池的发展。质子交换膜燃料电池虽然早在 60 年代就已出现，但由于质子交换膜的技术难题未得到解决，使其在空间领域的应用让位于碱性燃料电池。随着新型质子交换膜和碳载铂催化剂的出现，使得质子交换膜燃料电池的研究得到了快速发展。

回顾历史，燃料电池技术的发展未能竞争过快速发展的热机发电技术，是因为燃料电池的发展依赖于材料科学的发展。随着能源危机的出现，人们已意识到发展燃料电池技术的重要性，而且材料技术的进步也给燃料电池的快速发展创造了条件。目前，燃料电池必须解决的问题是提高电池寿命、降低昂贵的膜及排热、排水等辅助系统的价格。

6.1.2 主要特点与分类

（1）燃料电池的主要特点

① 优点。

a. 高效。燃料电池按电化学原理等温地直接将化学能转化为电能。从理论上讲，其热电转化效率可达 85%～90%，实际上，电池在工作时受各种极化的限制，目前各类电池实际的能量转化效率均在 40%～60% 内。若实现热电联供，燃料的总利用率可高达 80% 以上。

b. 环境友好。富氢气体是通过矿物燃料来制取的，当燃料电池以富氢气体为燃料时，由于燃料电池具有高的能量转换效率，其二氧化碳的排放量比热机过程减少 40% 以上。由于燃料电池的燃料气在反应前必须脱除硫及其化合物，而且燃料电池是按电化学原理发电，不经过热机的燃烧过程，所以它几乎不排放氮氧化物和硫氧化物，减轻了对大气的污染。当燃料电池以纯氢为燃料时，其化学反应产物仅为水，从根本上消除了氮氧化物、硫氧化物及二氧化碳等的排放。

c. 可靠性高。与内燃发电机组等相比，燃料电池的转动部件很少，因而系统更加安全可靠。碱性燃料电池和磷酸燃料电池的运行均证明燃料电池的运行高度可靠，可作为各种应急电源和不间断电源使用。

d. 噪声低。电池本身按电化学原理工作，辅助系统的运动部件也很少。因此，其工作时噪声很低。实验表明，距离 40kW 磷酸燃料电池电站 4.6m 处的噪声水平是 60dB(A)，4.5MW 和 11MW 的大功率磷酸燃料电池电站的噪声水平已经达到不高于 55dB(A)。

e. 良好的操作性能。燃料电池具有其他技术无可比拟的优良操作性能，这也节省了运行费用。动态操作性能包括对负荷的响应性、发电参数的可调性、突发性停电时的快速响应能力、线电压分布及质量控制等。

② 存在的问题。尽管燃料电池具有如上诸多优点，人们对其成为未来主要能源利用形式持肯定态度，但就目前来看，燃料电池仍有很多不足之处，使其尚不能进入大规模的商业化应用。归纳起来主要包括以下几个方面：

a. 市场价格昂贵；

b. 高温时寿命及稳定性不理想；

c. 燃料电池技术不够普及；

d. 没有完善的燃料供应体系。

(2) 燃料电池的分类

燃料电池的分类方法很多，可按工作温度、燃料类型和电解质类型等分类。

① 按工作温度分：可分为低温型（＜200℃）、中温型（200～750℃）和高温型（＞750℃）三种。

② 按燃料类型分：可分为直接型、间接型和再生型三类，见表 6-1。

表 6-1　燃料电池按燃料类型分类

电池类型		举例
直接型	低温（＜200℃）	氢-氧、有机化合物-氧、氮化合物-氧、氢-卤素、金属-氧（卤素）等
	中温（200～750℃）	氢-氧、一氧化碳-氧、氨-氧等
	高温（＞750℃）	氢-氧、一氧化碳-氧等
间接型	重整燃料	天然气、石油、甲醇、乙醇、煤、氨等
	生物燃料	葡萄糖、碳水化合物、尿素等
再生型		热再生法、充电再生法、光化学再生法、放射化学再生法

③ 按电解质种类分：可分为碱性燃料电池（AFC）、磷酸燃料电池（PAFC）、熔融碳酸盐燃料电池（MCFC）、固体氧化物燃料电池（SOFC）以及质子交换膜燃料电池（PEMFC）等，这也是最常用的燃料电池分类方式。

6.1.3 基本组成与工作原理

（1）燃料电池的基本组成

燃料电池基本单元组成如图 6-1 所示，各种燃料电池的组成见表 6-2。燃料电池的构造可用下式表达：

$$(-)\text{燃料}\,|\,\text{电解质}\,|\,\text{氧化剂}(+)$$

要将燃料的化学能转变为电能，首先应使燃料和氧化剂离子化，以便进行电极反应。由于大部分燃料为气态有机化合物，不容易在阳极上发生氧化反应。为了提高电极反应速率，通常采取以下三种措施。

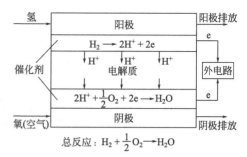

图 6-1 燃料电池基本单元组成

表 6-2 各种燃料电池的组成

电池类型	AFC	PAFC	MCFC	SOFC	PEMFC
电解质	碱性溶液（如KOH等）吸附在多孔石棉（隔膜）中或自由电解液	浓 H_3PO_4，吸附在由碳化硅和聚四氟乙烯制成的材料中（厚度 $0.1\sim0.3mm$）	$(K, Na, Li)_2CO_3$ 的共晶盐熔体，吸附在由铝酸锂制成的隔离片内（隔膜）	$ZrO_2\text{-}Y_2O_3$（氧化钇稳定的氧化锆）	全氟树脂磺酸盐，如Nafion膜、Dow膜等
导电离子	OH^-	H^+	CO_3^{2-}	O^{2-}	H^+
阳极	Pt 或朗尼镍	Pt 或合金-多孔	多孔镍电极	Ni/ZrO_2	碳载 Pt
阴极	Pt/Ag	炭电极，极板为 0.4mm 左右碳纤维材料 Pt/C	Ni/NiO，添加少量锂以提高其离子导电能力	$Sr/LaMnO_3$	碳载 Pt
连接材料	有	有	有	有，掺镁的 $LaCO_3$	无
燃料	纯氢气	重整气	净化煤气、天然气、重整气等	净化煤气天然气	纯氢气重整氢
氧化剂	纯氧	空气	空气	空气	空气

① 采用催化电极：利用电极的催化特性，即"电催化作用"，改变电极反应机理，从而提高电极反应速率。

② 改变电极结构：采用多孔型电极材料，以增加气体（燃料气和氧化剂等）、电解质和固体电极的三相接触界面。这种被称为气体扩散电极或三相多孔电极的电极结构是燃料电池的关键技术之一。

③ 提高电池的工作温度：从热力学角度考虑，温度升高，电池的理论电压和能量转化效率降低；从动力学角度考虑，温度升高，电极反应速率加快，有利于电池反应。

（2）工作原理

各种类型燃料电池的工作原理与电解质的种类有关，不同类型燃料电池中的电化学反应如图 6-2 所示。

6.1.4 燃料电池系统

燃料电池系统比较复杂，由多个单元组成，主要包括燃料预处理单元、燃料电池单元、直流/交流变换单元和热量管理单元等，其基本组成如图 6-3 所示。

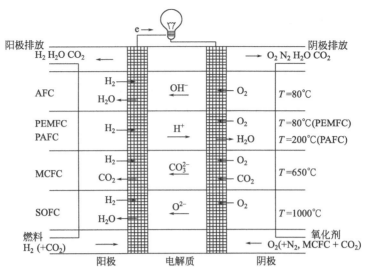

图 6-2　不同类型燃料电池中的电化学反应

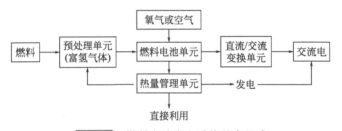

图 6-3　燃料电池发电系统基本组成

（1）燃料预处理单元

燃料电池所用的氧化剂为氧气或空气，燃料的品种繁多，在所有的燃料中，目前研究和应用最多的是纯氢气燃料。

对于纯氢气以外的其他燃料，在进入燃料电池前，必须经过重整或预处理，以满足不同燃料电池的要求。重整分为内重整和外重整，外重整是将燃料预处理为所需燃料后再输入电池体系；内重整则是将重整与燃料电池堆结合为一体，直接输入原始燃料，利用燃料电池的余热进行热处理，特别适用于高温燃料电池。

重整主要采用蒸气方式，重整气组成与温度的关系如图 6-4 所示。重整气经过进一步的处理，主要成分为氢气和一氧化碳，还含有少量的二氧化碳等。燃料预处理系统主要由燃料的特性决定，如天然气可用传统的水蒸气催化转化法处理，煤须气化处理，重油必须加氢气化等。

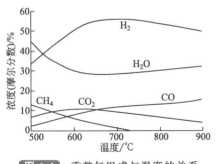

图 6-4　重整气组成与温度的关系

（2）燃料电池单元

燃料电池单元是燃料电池系统最核心的部分，通常由多个单体燃料电池组成电池堆。该单元除电池本体外，还包括燃料气的循环、氧化剂的循环、水/热管理、输出电流/电压的控制等辅助设备。

（3）直流/交流变换单元

燃料电池与其他各种常规电池一样，输出电压为直流。对于交流用电设备或者需要与电网并网的燃料电池电站，需要将直流电转换为交流电，这就需要直流/交流变换单元，或称为逆变单元。这一单元的作用除了将直流变为交流外，还可以过滤和调节输出的电流和电压，确保系统运行过程的安全、完善与高效。

（4）热量管理单元

该单元与余热综合利用密切相关。规模较小的燃料电池发电站，余热可以直接应用于燃料预处理中的蒸汽转化或厂房取暖等，大规模燃料电池发电厂可设计成热电联供系统。

6.2 燃料电池的性能

6.2.1 电动势

当燃料电池在理想的热力学平衡状态下工作，也就是说处于无过电位、无明显电流通过的可逆状态时，燃料电池的工作电压称为燃料电池的电动势。燃料电池的电动势可以通过热力学方法进行计算。燃料电池的反应是一个氧化还原反应，根据化学热力学，该反应的可逆电功为：

$$\Delta G = -nFE \tag{6-1}$$

式中，ΔG 为反应的吉布斯（Gibbs）自由能变化；n 为反应转移的电子数；F 为法拉第常数；E 为电池的电动势。

以氢氧燃料电池为例，其电池反应为：

$$H_2 + \frac{1}{2}O_2 \longrightarrow H_2O \tag{6-2}$$

如果气体遵循理想气体定律，对于上述氢气和氧气的复合反应：

$$\Delta G = \Delta G^{\ominus} + RT \ln \frac{a_{H_2O}}{p_{H_2} p_{O_2}^{1/2}} \tag{6-3}$$

其中

$$\Delta G^{\ominus} = -nFE^{\ominus} \tag{6-4}$$

因此，氢氧燃料电池的电动势可表示为：

$$E = E^{\ominus} - \frac{RT}{nF} \ln \frac{a_{H_2O}}{p_{H_2} p_{O_2}^{1/2}} \tag{6-5}$$

氢氧燃料电池因电解质不同，其电极反应也有所不同，但其电池反应都是相同的，所以它们的电动势表达式是一样的。以酸性溶液中的氢氧燃料电池为例，其电极反应为：

阳极 $$H_2 \longrightarrow 2H^+ + 2e \tag{6-6}$$

阴极 $$\frac{1}{2}O_2 + 2H^+ + 2e \longrightarrow H_2O \tag{6-7}$$

因此，氢氧燃料电池反应过程中转移的电子数为2。当反应在25℃、0.1MPa条件下进行时，如果反应生成的水为液态，则反应的 Gibbs 自由能变化为 $-237.2kJ$；如果反应生成的水为气态，则反应的 Gibbs 自由能变化为 $-228.6kJ$。由此可以计算出氢氧燃料电池的电动势分别为 1.229V 和 1.190V。

从式（6-5）可知，氢氧燃料电池的电动势 E 除了与产物水的活度 a 有关外，还与燃料电池的工作温度 T 和工作压力 p 有关，其变化关系可以用温度系数和压力系数表示。根据化学热力学可知，燃料电池电动势的温度系数为 $\Delta S/nF$，其中 ΔS 为燃料电池反应的熵变。化学反应的熵变主要由反应物与产物的气态物质的物质的量差值决定。显然，燃料电池电动势的温度系数有 3 种不同情况：电池反应后，总气体分子数减少时，反应的熵变小于零，电池的温度系数为负值；电池反应后，气体分子数不变时，反应的熵变为零，电池的温度系数为零；电池反应后，气体分子数增加时，反应的熵变大于零，电池的温度系数为正值。对于氢氧燃料电池而言，电池反应后气体分子数减少，因此电池的温度系数小于零，这意味着氢氧电池的电动势随着温度的增加而下降。

假设气体反应物和产物均服从理想气体定律，燃料电池的电动势与压力的关系可以用下式表示：

$$E_2 = E_1 - \frac{\Delta m RT}{nF} \ln \frac{p_2}{p_1} \tag{6-8}$$

式中，p_1 和 p_2 为两种不同的工作压力；E_1 和 E_2 为两种不同的工作压力下燃料电池的电动势；Δm 为燃料电池反应前后气体分子数的变化。对于氢氧燃料电池而言，Δm 为负值，所以一般来讲，随着电池工作压力的升高，氢氧燃料电池的电动势也随之提高。

6.2.2 理论效率

燃料电池工作时能获得的最大电功是可逆条件下的电功，即燃料电池保持电压为电动势 E，以无限小电流做功的理想值，其值等于燃料电池反应释放出的自由能，即燃料电池反应的吉布斯自由能减少值 $-\Delta G$，燃料电池反应能提供的热能 Q 为电化学反应的焓变减少值 $-\Delta H$。因此，燃料电池的热力学效率 ε_T 为：

$$\varepsilon_T = \frac{-\Delta G}{-\Delta H} \tag{6-9}$$

由热力学可得，在恒温条件下燃料电池反应的 ΔG 与 ΔH 的关系为：

$$\Delta G = \Delta H - T\Delta S \tag{6-10}$$

所以

$$\varepsilon_T = 1 - \frac{T\Delta S}{\Delta H} \tag{6-11}$$

燃料电池的热力学效率高于还是低于 100% 取决于反应过程的熵变。随着燃料电池反应的不同，ΔS 既可以是正值也可以是负值，如果熵变 ΔS 为负值，燃料电池的热力学效率小于 100%；如果熵变为零，燃料电池的热力学效率接近 100%；如果熵变为正值，则燃料电池的热力学效率甚至可以大于 100%。比如碳氧化为一氧化碳的反应，此时燃料电池不仅将燃料的燃烧热全部转化为电能，而且吸收环境的热来发电做功。需要注意的是虽然燃料电池的熵变可正可负，但是燃料电池反应的 ΔS 与 ΔH 相比数值很小，一般情况下 $|T\Delta S/\Delta H|$ 小于 20%，所以燃料电池的理论效率一般都在 80% 以上。

6.2.3 极化行为

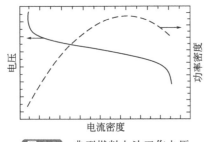

图 6-5 典型燃料电池工作电压与功率密度的变化曲线

燃料电池不可能工作在理想状态下，在实际工作中当燃料电池中通过电流 I 时，其工作电压 U 从电流等于零时的静态电势 E（不一定是燃料电池的电动势）降低为 U'，这时燃料电池发生了极化，燃料电池的典型极化曲线如图 6-5 所示。显然，随着燃料电池工作电流密度的提高，由于极化存在，其工作电压的降低越来越明显。

一般来讲，燃料电池发生极化主要是由于正负极的电化学极化和浓差极化以及电池内部欧姆极化的存在，所以燃料电池的极化关系可以表示为：

$$U = E_s - \eta_{活} - \eta_{浓} - IR \tag{6-12}$$

式中，$\eta_活$ 为电化学极化；$\eta_浓$ 为浓差极化；R 为电池的内部欧姆电阻。

电化学极化主要是由电极和电解质界面的电荷传递反应速率较低引起的。浓度极化是由电极反应区参加电化学反应的反应物或产物浓度发生变化导致的。欧姆极化则是由燃料电池内部的欧姆电阻产生的。假如电极的面积为 A，根据电极过程动力学，电化学极化和浓差极化可以分别表示为：

$$\eta_活 = -\frac{RT}{anF}\ln i^0 + \frac{RT}{nF}\ln\frac{I}{A} \tag{6-13}$$

$$\eta_浓 = -\frac{RT}{nF}\ln\left(1-\frac{I}{Ai_d}\right) \tag{6-14}$$

式中，a 为电化学反应的传递系数；i_d 为极限扩散电流密度；i^0 为交换电流密度。

将式（6-13）和式（6-14）代入式（6-12）中并对电流进行微分可得燃料电池的微分电阻公式：

$$\frac{dU}{dI} = \frac{RT}{anFI} - \frac{RT}{nF(Ai_d-I)} - R \tag{6-15}$$

从上式可以看出，当燃料电池的电流密度较低时，方程右侧第一项电化学极化数值比较大，燃料电池的电压变化主要由电化学极化决定，此时电池电压按电化学极化规律随着电流的增加迅速下降；当燃料电池的电流密度逐渐增加时，方程右侧第一项的作用会逐渐减小，燃料电池的电压变化主要由方程右侧的第三项欧姆极化决定，此时燃料电池的电压与电流密度呈近似线性变化；当燃料电池的工作电流密度很高，燃料电池的工作电流接近其极限扩散电流时，方程右侧第二项浓差极化明显变大，燃料电池的电压受物质传递控制，电压迅速下降。燃料电池的极化曲线决定其功率密度曲线一般呈抛物线状，即功率密度首先随电流密度的增加而升高，到达顶点后又随电流密度的增加而下降。控制工作条件，维持燃料电池在最大功率密度范围内工作是很重要的。

6.2.4 实际效率

虽然燃料电池具有非常高的热力学效率，某些条件下热力学效率甚至超过100%，但是在实际工作过程中，由于存在各种极化和副反应，实际效率要明显低于其热力学理论效率。燃料电池的实际能量转换效率 ε 可以用下式计算。

$$\varepsilon = \varepsilon_T \varepsilon_U \varepsilon_C \tag{6-16}$$

式中，ε_T 是燃料电池的热力学理论效率；ε_U 为燃料电池的电压效率；ε_C 为燃料电池的库仑效率。

氢氧燃料电池在实际工作时，如果工作温度为25℃，电池反应产物为液态水，燃料电池的实际效率约为50%，明显低于其热力学理论效率。

当燃料电池在一定电流密度下工作时，由于各种极化的存在，它将偏离热力学平衡状态，工作电压 U 将低于燃料电池的电动势 E，所以燃料电池的电压效率 ε_U 可以表示为：

$$\varepsilon_U = U/E \tag{6-17}$$

此外，当燃料电池工作时，作为燃料电池反应物的燃料很难全部得到利用，燃料电池的燃料利用率也被称为电流效率或库仑效率 ε_C：

$$\varepsilon_C = I/I_m \tag{6-18}$$

式中，I 为实际通过燃料电池的电流；I_m 为理论上反应物全部按燃料电池反应转变为产物时从燃料电池输出的最大电流。

6.2.5 其他性能

各种燃料电池的性能特点比较见表6-3。

表 6-3 各种燃料电池的主要性能

电池类型	AFC	PAFC	MCFC	SOFC	PEMFC
工作温度/℃	65～100	180～200	650 左右	500～1000	室温～80
单电池输出电压/V	0.80～0.95	0.65～0.75	0.76	0.68	0.70
启动时间	几分钟	2～4min	>10min		约 5s
转化效率/%	40～70	40～70	50～60	50～65	40～60
CO 的影响	有毒害作用	>0.5%，中毒	可作燃料		>10×10^{-6}，中毒
热能再利用	无	有限利用	可以利用，实现热电联供		无
比功率/(W/kg)	35～105	120～180	30～40	15～20	340～1500
寿命/h	10000	15000	7000	13000	100000
典型应用领域	航天 电动车	分布式电源 热电联供电厂	分布式电源 热电联供电厂	分布式电源 热电联供电厂 交通工具电源	分布式电站 交通工具电源 移动电源

6.3 碱性燃料电池

碱性燃料电池（alkaline fuel cell，AFC）是以 KOH 或 NaOH 等碱性溶液为电解质，以氢气为燃料，以纯氧气或者脱除微量二氧化碳的空气为氧化剂的燃料电池。KOH 或 NaOH 水溶液的质量分数一般为 30%～45%，最高可达 85%。

碱性燃料电池是研发最早并成功应用于空间技术领域的燃料电池。对碱性燃料电池的研发始于 20 世纪 30 年代早期，至 50 年代中期英国工程师培根研制成功 5kW 的碱性燃料电池系统，成为碱性燃料电池技术发展的里程碑。此后的 60～70 年代，由于载人航天飞行对高比功率、高比能量电源需求的推动，碱性燃料电池备受重视。60 年代初，碱性燃料电池成功应用于美国的阿波罗登月飞行计划，掀起了全球性燃料电池研究的第一个高潮。至今，碱性燃料电池的技术已经基本成熟。

与其他类型的燃料电池相比，如果采用纯氢和纯氧作为反应气体，碱性燃料电池具有最佳的性能。这是因为与氧气在酸性电解质中的还原反应相比，氧气在碱性电解质中还原具有更高的电化学活性，所以碱性燃料电池在低温（100℃）下就可以达到超过 60% 的能量转换效率，升高工作温度后，碱性燃料电池的能量转化效率可以超过 70%。此外，碱性燃料电池可以在较宽范围内选用催化剂，各种贵金属和非贵金属都可以作为催化剂。

与其他类型的燃料电池相比，AFC 具有如下优点：

① 在碱性电解液中，氢气的氧化反应和氧气的还原反应比在酸性电解液中更容易进行，所以不必采用铂作为电催化剂，可以采用非贵金属催化，通常阳极采用多孔镍作为电极材料和催化剂，阴极可用银作为催化剂，这样可以降低燃料电池的成本。

② 镍在碱性条件下是稳定的，可以用作电池的双极板材料，这样可以使电池成本更低；此外，AFC 的电解质成本低于其他任何一种燃料电池的电解质。所以，就电堆而言，AFC 的制作成本是所有燃料电池中最低的。

③ AFC 的工作电压较高，一般选定在 0.8～0.95V，电池的效率高达 60%～70%，如果不考虑热电联供，AFC 的电效率是几种燃料电池中最高的。

④ AFC 的工作温度和压力已降到接近周围环境值，温度一般为 50～80℃，其压力为 0.4～0.5MPa。

⑤ 由于工作温度较低，所以其启动速度快。

与其优点相比，AFC 的缺点也非常显著。电池中的碱性电解质容易受 CO_2 的毒化作用，与 CO_2 发生化学反应（$CO_2 + 2OH^- \longrightarrow CO_3^{2-} + H_2O$），生成的碳酸盐会堵塞电极的孔隙和电解质的通道，使电池的寿命受到影响。所以，电池的燃料和氧化剂必须经过净化处理，以除去其中的 CO_2，这使得电池不能直接采用空气作为氧化剂，也不能使用重整气体作为燃料，这极大地限制了 AFC 在地面上的应用。此外，电解质需要维持电池的水、热平衡问题，使系统变得复杂，降低其效率。因此，目前碱性燃料电池的应用一般被限定在一些不计成本投入、可以使用纯氢和纯氧的特殊应用领域，如空间探测等。

6.3.1 工作原理

AFC 的工作原理如图 6-2 所示。在阳极，氢气与碱电解液中的 OH^- 在电催化剂的作用下发生氧化反应，生成水，并将电子通过外电路传递到阴极：

$$H_2 + 2OH^- \longrightarrow 2H_2O + 2e \tag{6-19}$$

在阴极，氧气在电催化剂的作用下接受传递来的电子，发生还原反应生成 OH^-，OH^- 通过电解质溶液迁移到阳极：

$$\frac{1}{2}O_2 + H_2O + 2e \longrightarrow 2OH^- \tag{6-20}$$

所以碱性燃料电池的总反应为：

$$H_2 + \frac{1}{2}O_2 \longrightarrow H_2O \tag{6-21}$$

为了保证碱性燃料电池能够连续不断地工作，除了要不断向电池内部提供氢气和氧气外，还要连续地排除碱性燃料电池产生的水。碱性燃料电池的电极反应决定产物水出现在燃料电池的阳极侧，所以水主要从阳极排出，但是在浓度梯度的作用下，阳极一部分水也会扩散到阴极，因此产物水也会从阴极侧排出。

6.3.2 基本结构

AFC 单体电池主要由氢气气室、阳极和电解质、阴极及氧气气室组成。AFC 电堆是由一定大小的电极、一定的单电池层集在一起，用端板夹住或使全体黏合在一起。

（1）电极

① 电极结构。AFC 的电极主要有双层多孔和疏水型两种结构。双层多孔结构，即气体反应物一侧的多孔电极孔径较大（$> 30\mu m$），而电解液一侧孔径较小，这样可以通过控制气体的压力和利用电解液在细孔中的毛细作用力，使电解质溶液保持在隔膜区域内，这种结构对电池的操作压力要求较高。疏水型结构，即将催化剂与疏水剂（如聚四氟乙烯乳液，polytetrafluoroethylene，PTFE）按一定比例（PTFE 质量分数一般为 40% 左右）混合，然后经滚压、喷涂等方法制成的具有一定厚度的电极，这种电极结构中，因为存在疏水的聚四氟乙烯和亲水的催化剂，所以可以提供疏水的气体扩散通道和亲水的水分子与 OH^- 通过的通道。

② 对催化剂的要求。催化剂性能的好坏对于电池性能的优劣有着很重要的影响，催化剂的基本要求如下：

a. 具有良好的导电性或使用导电性良好的载体。

b. 具有电化学稳定性，在电催化反应过程中，催化剂不会因电化学反应而过早失活，并能抵抗碱性电解液的腐蚀。

c. 必要的催化活性和选择性。要能促进燃料电池主反应的顺利进行，同时也能抑制有害的副反应发生。

③ 阳极催化剂。AFC 的阳极催化剂主要采用贵金属催化剂，是因其具有优良的电催化活性，但其价格昂贵，所以为了提高 AFC 的竞争能力，需开发非贵金属的催化剂，比如镍基催化剂、多元合金催化剂、氢化物催化剂和基于纳米材料的催化剂等。目前非贵金属催化剂的活性和寿命均不如贵金属催化剂，而贵金属催化剂由于采用炭载体，使贵金属的用量大幅度降低，电池成本也因此降低了许多，所以非贵金属催化剂实际应用较少。

a. 贵金属催化剂。AFC 常用 Pt/C 和 Pt-Pd/C 二元催化剂作阳极催化剂，其中 Pd 对 H_2 有较强的吸附能力，Pt 对 H_2 的电化学氧化有高的催化活性。在 20 世纪 70 年代至 80 年代早期，人们采用高担载量的 Pt 和 Pd 作催化剂（如国际燃料电池公司采用的阳极材料为 $10mg/cm^2$ 的贵金属——80%Pt，20%Pd）以提升燃料电池的性能，现在的贵金属担载量已只有 $1/100 \sim 1/20$。

b. 合金或多金属催化剂（多元合金催化剂）。在研制地面使用的 AFC 时，一般不使用纯氢和纯氧作燃料和氧化剂，因此要考虑进一步提高催化剂的电催化活性、提高催化剂的抗毒化能力和降低贵金属催化剂的用量。一般用 Pt 基二元和三元复合催化剂来达到上述要求。研究过的 Pt 基复合催化剂有 Pt-Ag、Pt-Rh、Pt-Pd、Pt-Ni、Pt-Bi、Pt-La、Pt-Ru、Pt-Sn、Pt-Mo、$Pt-WO_3$、Ir-Pt-Au、Pt-Pd-Ni、Pt-Co-W、Pt-Co-Mo、Pt-Ni-W、Pt-Mn-W、Pt-Ru-Nb 以及 $Pt-Ru-WO_3$ 等二元或三元合金催化剂。

c. 镍基催化剂。AFC 的阳极可以采用 Ni 及其合金来代替贵金属作催化剂。镍基催化剂通常是在 Raney Ni 中添加其他金属形成的多元合金催化剂。这是因为在氧化 H_2 的反应过程中，如果单纯使用 Ni，其活性比 Pt 低了约 3 个数量级，改进的办法是加入其他金属（如 Co、Cu、Bi、Ti、Cr、Fe、Mo 和 Cu_2O 等）作助催化剂。

所谓 Raney Ni 就是先将 Ni 与 Al 按 1:1 的质量比配成合金，再用饱和 KOH 溶液将 Al 溶解后形成的多孔结构（Raney 金属通常是由一种活泼的金属如镍，与一种不活泼的金属如铝，混合得到类似合金的混合物，然后将这种混合物用强碱处理，把铝熔化掉，就可以得到一种表面积很大的多孔材料。这个过程不需要使用烧结镍粉，可以通过改变两种金属的量来控制孔径的大小）。为了保证电极的透液阻气性，应该将镍电极做成两层，使其在液体侧形成一个润湿的多孔结构，在气体侧有更多的微孔，即近气侧的孔径大于 30 μm，而近液侧的孔径小于 $16\mu m$，电极厚度约为 1.6mm，以利于吸收电解液。不过为了使气液界面处在合适的位置，需要严格地控制气体与电解质间的压力差。其压力差如果控制得合适，就可有效地将反应区稳定在粗孔层内。

d. 氢化物催化剂。AB_5 型稀土储氢合金材料，在室温下具有可逆析放氢的优良性能，其作为 MH-Ni 蓄电池的负极材料具有很多优点——优良的电化学性能、在碱性电解质溶液中力学性能和化学性能稳定、原料来源丰富、价格低廉等。碱性燃料电池中的阳极活性材料的工作温度和压力非常接近于环境条件，其使用的电解质是质量分数为 30%~40% 的 KOH 溶液。这些条件与 MH-Ni 蓄电池的负极材料的工作条件非常接近，而且由于 AB_5 型稀土储氢合金材料具有的优点，所以其可以作为 AFC 的阳极材料。

这种材料的初期活性很好，但很快活性就下降。通过改进电极制备工艺可以提高金属氢化物的性能，如将催化剂粉化成 5~30nm 的颗粒，然后将其与炭黑、PTFE 混合在一起，辗压制成双层气体扩散电极。该电极在 55℃ 的 30%KOH 溶液中性能稳定，实验表明，在 40~50mA/cm² 的电流密度下可稳定运行 1600h，其电池容量达 330mA·h/g。

e. 基于纳米材料的催化剂。基于纳米材料的催化剂是指用碳纳米珠或碳纳米管等纳米材料作为氢电极催化剂的载体。比如用负载碳纳米珠的多孔陶瓷作载体，并在载体上涂覆 Pt、Ni、Co、Fe 等多种氢电极催化剂，制得的电催化剂具备必需的强度和阻液透气的孔隙度。

④ 阴极催化剂。AFC 的阴极除了用贵金属 Pt、Pd 作催化剂外，多用 Ag 作催化剂。贵金属催化剂价格昂贵、资源有限，而且 O_2 在碱性电解质中的反应速率较快，可以不使用贵金属催化剂。因此，人们一直在寻找可以替代贵金属的阴极催化剂（如银基催化剂和氮化物催化剂），或采用基于纳米材料的催化剂来提高其催化性能。

对于阴极催化剂的研究比对阳极催化剂的研究多，其主要原因在于：a. 除了少数贵金属外，大多数金属及合金在 O_2 还原电位下是不稳定的；b. O_2 电极过程的交换电流密度比较低，室温下只有 10^{-10} A/cm^2（同样条件下，H_2 的交换电流密度达 $10^{-4} \sim 10^{-1}$ A/cm^2）；c. O_2 还原过程的中间产物存在强吸附。

a. 贵金属催化剂：AFC 的阴极催化剂主要是对 O_2 还原反应有很好催化活性的贵金属 Pt，或者是基于 Pt 的二元或三元合金催化剂，如 Pt-Au/C 和 Pt-Ag/C 等。

b. 银基催化剂：Ag 是 AFC 中研究得最多的非贵金属催化剂。在 KOH 溶液中，Ag 的催化活性较高，可使 O_2 迅速分解和还原，因此在碱性与低温条件下，可作为 Pt 的替代物。基于银的催化剂有：Ag/C、Ag-Mg/C、Ag-Ni-Bi-Hg/C、Ag-Ni-Bi-Ti/C 等。

c. 氮化物催化剂：近年来，金属氮化物的催化性能逐渐被人们发现。研究表明，由特定的制备工艺制得的氮化物的催化性能可与贵金属相媲美，被誉为"准铂催化剂"。另外，氮化物还具有一定的抗 CO 性，故氮化物（如 Co-N/C 复合催化剂）被认为有望代替铂作为碱性燃料电池的阴极催化剂。

（2）电解质

AFC 一般用 KOH 或 NaOH 作电解质，在电解质内部传输的导电离子为 OH^-。比较典型的电解质溶液是质量分数为 35%～50% 的 KOH 溶液，可以在较低温度下使用（<120℃）。当温度较高时（如 200℃），可使用较高质量分数的电解质溶液（85%）。NaOH 也可作为 AFC 的电解质，其优点是价格比 KOH 低。但是如果在反应气中有 CO_2 存在，会生成 Na_2CO_3，其溶解度较 K_2CO_3 低，易堵塞电池的气体通道。因此 KOH 是 AFC 最常用的电解质。

根据保持方法的不同，电解质可分为循环型（流动型、自由电解液型）和静止型（非流动型、担载型）。

① 循环型电解质。大多数 AFC 都是属于循环型电解质。采用循环型电解质有利于电解质的更换。因为在电池工作过程中，除了两个电极的主反应外，还存在如下的副反应：

$$2KOH + CO_2 \longrightarrow K_2CO_3 + H_2O \tag{6-22}$$

即电解质氢氧化钾和二氧化碳反应生成碳酸钾，这样随着反应的进行，氢氧化钾的浓度逐渐降低，也就是说溶液中 OH^- 逐渐被 CO_3^{2-} 取代，降低了电池的效率。

氢氧化钾溶液被循环泵打入电解池中，在电解池内部循环。来自高压钢瓶的氢气在封闭循环系统中进行循环，以带走在阳极反应过程中生成的水。被氢气带走的水蒸发，然后在冷却系统中进行冷却回收。如图 6-6 所示的系统采用的阴极氧化剂是空气而不是氧气，为了避免或减小空气中含有的 CO_2 对电池性能的影响，在空气进入燃料电池之前，必须使其先通过 CO_2 清除器和空气滤清器，以过滤空气中的二氧化碳和杂质。

电解质进行循环的优点如下：

a. 循环电解质系统可作为电池系统的冷却系统，减少了附加冷却系统的成本和其引起的系统的复杂性。

b. 电解质在循环过程中，可以不断地进行搅拌和混合，以解决阴极周围电解质浓度过高和阳极周围电解质浓度过低的问题。

c. 电解质在循环的同时可以带走在阳极产生的水，无须附加蒸发系统。

d. 反应时间增加时，电解质的浓度会产生变化，这时可以泵入新鲜溶液代替旧溶液。

但是，循环电解质也存在缺点：

a. 需要附加一些装置，比如泵。

b. 容易产生寄生电流。

c. 附加的管路增加了电池系统泄漏的可能性。

d. 每一个单体电池必须有各自独立的电解质循环，否则容易短路。

② 静止型电解质及其载体材料。如图 6-7 所示为静止型电解质系统。将 KOH 电解质稳定在基体材料中，基体材料现在多用石棉隔膜。石棉隔膜具有多孔矩阵结构，强度高，抗腐蚀性好。这种系统最好采用纯氧作为其阴极氧化剂，因为如果采用空气作为氧化剂，一旦产生碳酸盐使电解质毒化，这种电解质固定的电池系统更换电解质溶液非常困难。为了排出阳极产生的水，氢气要进行循环。在太空飞船中，阳极生成的水经过净化可以作为工作人员的饮用水、烹饪和湿润船舱等。但是，这必须有一个冷却系统。在阿波罗太空飞船的冷却系统中，采用乙二醇和水的混合物作为冷却剂。这种电池堆的每一个系统中都有一个独立的电解质，因而能解决循环电解质系统中存在的所谓"短路"的问题。但是，静态电解质碱性燃料电池面临着如何管理生成水、阳极水生成、阴极水蒸发的问题。

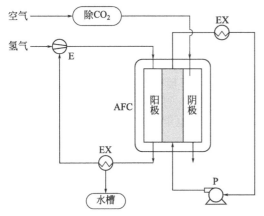

图 6-6 循环电解质燃料电池的基本结构

E—射流泵；EX—换热器；P—循环泵

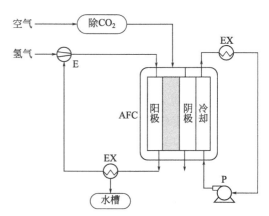

图 6-7 静止电解质燃料电池的基本结构

E—射流泵；EX—换热器；P—循环泵

碱性氢氧燃料电池主要采用石棉隔膜作为电解质载体材料。饱浸碱液的石棉膜的作用主要有两方面：一方面是起到分隔作用，使氧化剂（氧气）和还原剂（氢气）分隔开，避免二者串通起反应；另一方面是为 OH^- 的传递提供通道。石棉隔膜的制备常采用类似于传统造纸的方法。制备出的石棉膜为多孔结构，是电子绝缘体。石棉膜的主要成分是氧化镁和氧化硅，分子式为 $3MgO \cdot 2SiO_2 \cdot 2H_2O$。如果长期浸泡于 KOH 水溶液中，其中的酸性成分会与碱反应生成微溶性的硅酸盐（K_2SiO_3），使石棉膜有所损失。用造纸法，采用特纯一级石棉制备的石棉膜在 48%KOH 溶液中的腐蚀失重一般可以达到 10% 左右。为了减少石棉膜在浓碱中的腐蚀，一般可以在石棉纤维制膜前用浓碱进行预处理（一般把石棉材料放入温度为 150℃ 的 40%KOH 溶液中，进行几次反复浸泡之后，将残余石棉用来制造隔膜材料。这种方法可以使在浸泡过程中生成的 $Mg(OH)_2$ 分布在石棉的周围，保证纤维的形态和吸水能力），或者在浓碱中加入百分之几的硅酸钾（加入硅酸钾的量和碱液 KOH 的浓度相关，40% 的 KOH 溶液中可加入浓度为 4% 的 K_2SiO_3，而浓度为 60% 的 KOH 溶液，应加入 9% 的 K_2SiO_3，这样可以抑制石棉的侵蚀，但是加入的 K_2SiO_3 可能会对电池的性能造成影响）。另外一种延长隔膜寿命的方法就是采用其他材料来制备隔膜，如采用钛酸钾（K_2TiO_3）进行制备。钛酸钾是在高温下合成的，耐氧化，而且不溶于 KOH 溶液，采用钛酸钾制备的隔膜寿命延长，大约为采用传统方法制备的石棉膜的 5 倍。这些方法都可在一定程度上或完全抑制石棉膜的腐蚀，减少在电池工作中因石棉膜的损失而导致的电池性能下降。

这种采用隔膜固定电解质方式的碱性燃料电池，由于系统、结构简单，因此在太空飞行器方面应用得比较广泛。然而，对于陆地使用，由于存在 CO_2 污染电解质的问题，且重新更换电解质非常困难，意味着电池的重新制造。另外，这种电池使用的多孔隔膜——石棉对人体有害（具有致癌作用），在一些国家已经严禁使用。解决的方法就是寻找替代材料，比如已开发出钛酸钾微孔隔膜，并已应用在美国航天飞机的碱性燃料电池中。另外，已经有人研究聚苯硫醚（PPS）、聚四氟乙烯（PTFE）、聚砜（PSF）以及 Zirfon（85% ZrO_2 + 15% PSF，质量分数）等材料作为 AFC 的隔膜，发现 PPS、PTFE 和 Zirfon 等在碱性溶液中具有与石棉非常接近的特性，即允许液体穿透而有效阻止气体的通过，具有较好的抗腐蚀性和较小的电阻，其中 PPS 和 Zirfon 甚至还优于石棉，且对人体没有损害。所以 PTFE、PPS 和 Zirfon 等材料有望取代石棉作为 AFC 的隔膜材料。

（3）燃料和氧化剂

① 燃料。AFC 一般用纯氢作燃料，但 AFC 在地面使用，存在纯氢价格高、氢源的储氢量低等问题；用有机物热解制氢作燃料，由于其中会含 CO 而带来不少问题。在这种情况下，人们考虑了用液体燃料来代替氢，因为液体燃料的储存和运输比较方便、安全。研究过的液体燃料有肼、液氨、甲醇和烃类。

肼（也称为联氨），极易在阳极上发生分解：

$$N_2H_4 \longrightarrow N_2 + 2H_2 \tag{6-23}$$

由此可见，肼实际上是作为氢源使用的。但是，由于肼的分解反应和制得的氢中含较多的氮，因此，用肼作燃料的 AFC 性能也不太好。肼曾经在 20 世纪 50～60 年代盛行过，当时主要应用在英国、法国、德国、美国的防御计划中，作为军用电源使用。但是由于肼的剧毒性和高昂的价格，其应用到 20 世纪 70 年代就中止了。

另外，也有人对氨-空气燃料电池进行了研究。它的理想阳极反应为

$$4NH_3 + 3O_2 \longrightarrow 2N_2 + 6H_2O \tag{6-24}$$

按照这个反应，氨生成的有效氢比例较大，实际上由于氨反应产生的氮原子不容易互相结合形成氮气，反而会在电极上形成某种氮化物而导致电极催化剂中毒，发生如下的反应：

$$2NH_3 + 6OH^- \longrightarrow N_2 + 6H_2O + 6e \tag{6-25}$$

② 氧化剂。AFC 的氧化剂既可以是空气，也可以是氧气。氧气的成本较高，但电池性能好；空气虽然可以无偿获取，但在一定电压下，用空气作氧化剂的 AFC 输出电流密度要比用纯氧的低 50%。最大的问题是空气中含 CO_2 等杂质，虽然通过预处理除去了 CO_2，但是还有一些其他杂质存在，如 SO_2 等，这些杂质也会对电池带来不利影响。

6.3.3 CO_2 的毒化与吸收

当 AFC 采用空气作为氧化剂时，CO_2 随着氧气一起进入电极和电解质，形成碳酸盐，减少了作为载流子的 OH^- 的数量，影响了电解质的导电性，并容易在电极微孔中析出，阻塞并损坏多孔催化剂结构和电极。解决 CO_2 对 AFC 的毒化问题，是 AFC 能应用于地面相关领域的关键。目前已经有多种途径来解决 AFC 存在的 CO_2 毒化问题。

（1）化学吸收法

空气中的 CO_2 可通过钠钙的化学吸收加以消除。1kg 的钠钙可处理 $1000m^2$ 的空气，将其 CO_2 含量从 0.03% 降低到 0.001%，从而基本消除 CO_2 的毒化作用。这种方法工作原理简单，但需要不断更换吸收剂，建立一套添加和处理废气吸收剂的机制。

（2）分子筛吸收法

采用分子筛对 CO_2 进行吸附来消除空气中的 CO_2。CO_2 的吸附和解析是通过温度摆动、压力摆动和气体清洗实现的。例如，吸收了 CO_2 的分子筛在加热至 $250\sim350℃$ 时发生解析，再次冷却又可吸附 CO_2，即分子筛可以重复使用。这种方法由于水被优先吸附，使得吸附床比较大，或者需将空气干燥，这不仅增加了能耗和成本，而且降低了 AFC 的总效率。

（3）电化学法

在碳酸盐形成后，将 AFC 在短时间内运行在高电流条件下，使阳极附近的 OH^- 浓度下降，碳酸盐转化为 H_2CO_3，并分解释放出 CO_2，达到消除 CO_2 的目的。这种方法简单易行，无须增加任何辅助设备。

（4）液态氢

液态氢是一种在低温下（20K）有效的储氢方式，但效率只有 70%。利用液态氢消除 CO_2 的方法是：当液态氢吸热气化时，用换热器来实现对 CO_2 的冷凝，从而将 CO_2 的含量降低到 0.001% 以下。由于氢往往以压缩气体而非液态的形式储存，这种方法很少使用。

（5）电解液循环法

通过更新电解液，清除溶液中的碳酸盐，使其不会在电极上析出，减弱其对电极的破坏作用，并可向电解液中补充载流子 OH^-，有利于水和热的管理，使 AFC 可高效、长时间工作。但是这种方法也有缺点，就是附加了电解液循环装置，增加了系统的复杂性。

（6）改进电极制备方法

改进电极制备方法，例如将催化剂材料和 PTFE 粒子（粒径小于 $1\mu m$）在高速下进行混合，粒径较小的 PTFE 粒子会覆盖在催化剂的表面，增加其强度，同时阻碍了析出的碳酸盐对电极微孔的堵塞，减少了碳酸盐对电极的破坏。实验表明，即使在氧气中加入 5% 的 CO_2，这种新的制备方法也能起到耐 CO_2 毒化的作用。

6.4 磷酸燃料电池

由于 AFC 对 CO_2 十分敏感，使得其在地面的应用受到很大限制。为此在 20 世纪 70 年代，人们开始把目光转向与 CO_2 不发生作用的酸性电解质。常用的酸中，盐酸具有较强的挥发性，硝酸不稳定，硫酸虽然稳定但具有较强腐蚀性，且无合适的电极材料。于是化学和电化学稳定性好、高温下挥发性小、酸性和氧化性较弱的磷酸被选为酸性燃料电池的电解质。这种以磷酸作电解质的燃料电池，人们称其为磷酸燃料电池（PAFC）。

PAFC 的研究开发始于 20 世纪 60 年代的美国，20 世纪 70 年代中期，其研究的目标从已在空间应用方面达到最高水平的 AFC，逐步转向 PAFC 的研究与开发，并于 1977 年由美国通用公司首先建成兆瓦级 PAFC 发电站，使得 PAFC 成为最早商业化的燃料电池。20 世纪 80 年代，美国和日本分别投入了上亿美元的经费进行 PAFC 的研究与开发；近年来，韩国、意大利、印度等国家和地区也相继开展 PAFC 的研究。由美国国际燃料电池公司（IFC）与日本东芝公司联合组建的 ONSI 公司在 PAFC 技术上处于世界领先地位。

与其他燃料电池相比，PAFC 制作成本低，目前国际上大功率的实用燃料电池电站均是 PAFC。美国联合技术公司 UTC（前身为国际燃料电池公司 IFC）开发出的 200k W PC25 PAFC 电厂是第一个商业燃料电池电厂，在北美、南美、欧洲、亚洲和澳大利亚已经安装了 260 个这样的电厂，单座电厂运行时间已经超过 57000h。日本的 FCG-1 计划先后开发了

4.5MW 和 11MW PAFC 电站，后者是目前世界最大的燃料电池电站，电效率为 41.1％，热电总效率为 72.7％。但是，燃料电池电站的运行发电成本比电网价格要高很多，还很难取得商业运行优势。PAFC 是目前工业化进程最快、最接近实用的燃料电池，它具有如下优点：

① 耐燃料及空气中的 CO_2，无须对气体进行除 CO_2 的预处理，因此整个系统大大简化，燃料来源广，成本低；

② 电池的工作温度较温和，在 180～210℃之间，所以对电池材料要求不高；

③ 运行时产生的热可用于热电联供；

④ 启动时间较短、稳定性比较好，寿命较长；

⑤ 静音工作、环境友好。

但是，PAFC 也存在以下缺点：

① 发电效率低，仅 40％～45％；

② 由于采用酸性电解质，必须使用稳定性较好但价格昂贵的贵金属（如铂）作催化剂，使其成本提高；

③ 电解质为 100％的磷酸，具有较强的腐蚀作用，使得电池的寿命很难超过 40000h；

④ 必须对燃料进行除 CO 的净化处理，以防 CO 对贵金属催化剂产生毒化作用。

PAFC 作为一种中低温型（工作温度 180～210℃）燃料电池，由于其清洁、无噪声、可以热水形式回收大部分热量，所以在发电厂、现场发电等方面有着广泛的用途。

① 发电厂：PAFC 既可用作分散型发电厂（容量在 10～20MW 之间，安装在配电分站），也可用作中心电站型发电厂（装机容量在 100MW 以上，可作为中等规模热电厂）。PAFC 电厂比起一般发电厂具有如下优点：即使在发电负荷较低时，依然保持较高发电效率；由于采用模板结构，可现场安装，既简单省时，又便于电厂扩容。

② 现场发电：是指将 PAFC 直接安装在用户附近，可同时为用户提供热和电。现场发电被认为是 PAFC 的最佳应用方式，其优点是：可根据需要设置装机容量或调整发电负荷，不会影响装置的发电效率，即使是小容量 PAFC 装置也能达到相当于现代大型热电厂的效率；有效利用电和热，传输损失小。

6.4.1 工作原理

燃料气体或城市煤气添加水蒸气后送到重整器，把燃料转化成 H_2、CO 和水蒸气的混合物，CO 和水进一步在反应器中经催化转化成 H_2 和 CO_2。经过如此处理的燃料气体进入燃料堆的阳极（燃料极），同时将氧输送到燃料堆的阴极（空气极）进行化学反应，借助催化剂的作用产生电能和热能。

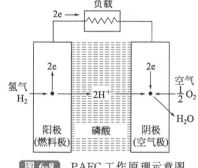

图 6-8 PAFC 工作原理示意图

PAFC 的反应过程如图 6-8 所示，首先氢气进入气室，到达阳极后在阳极催化剂的作用下，被氧化成 H^+；然后 H^+ 经过磷酸电解质到达阴极，同时氧气也经过气室到达阴极，并在阴极催化剂的作用下，与从阳极扩散而来的 H^+ 结合生成水。有关的电化学反应为：

阳极反应 $\qquad\qquad\qquad H_2 \longrightarrow 2H^+ + 2e$ $\qquad\qquad$ (6-26)

阴极反应 $\qquad\qquad \dfrac{1}{2}O_2 + 2H^+ + 2e \longrightarrow H_2O$ $\qquad\qquad$ (6-27)

总反应 $\qquad\qquad\quad \dfrac{1}{2}O_2 + H_2 \longrightarrow H_2O$ $\qquad\qquad$ (6-28)

6.4.2 基本结构

PAFC 单体电池主要由氢气气室、阳极、磷酸电解质隔膜、阴极和氧气气室等组成，其结构示意图如图 6-9 所示。

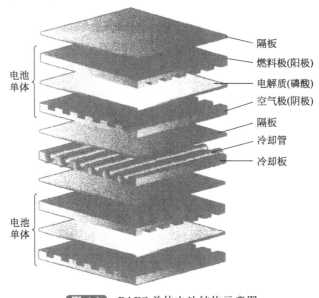

图 6-9 PAFC 单体电池结构示意图

（1）气室

气室是由双极板构成的，其主要作用是构成相邻两个单体电池的阳极和阴极气室，使燃料与氧化剂在阳极和阴极气室内均匀分布，以保证电流的均匀分布和避免局部过热，但要防止两极的气体相互串通。另外，要在阴极和阳极之间建立电子流通的通道。

（2）电极

在磷酸燃料电池的运行过程中，阳极和阴极都有气体参加反应，气体的溶解度较低，为了提高在低溶解度情况下电极反应的电流密度，一般都将电极制成多孔结构，以增加电极的比表面积，使气体先扩散进入电极的气孔，溶入电解质，再扩散到液-固界面进行电化学反应。这种多孔结构电极，称为气体扩散电极。

PAFC 使用的电极大都为疏水黏结型气体扩散电极。在结构上，可以分为三层：扩散层、整平层、催化层。扩散层多为在经过疏水处理的碳布或碳纸等多孔材料上涂覆聚四氟乙烯乳液而制成，其起到的主要作用是，为反应气体的扩散提供通道和收集电流，并为催化层提供支撑。为了使催化剂层和扩散层更好地结合，需在扩散层上制备一层整平层。该层一般是由活性炭和聚四氟乙烯乳液混合组成的，目的是为了使催化剂层能够平整地覆盖在扩散层上。催化剂层则是电极的核心，是发生电化学反应的场所，它对 H_2 的氧化和 O_2 的还原起催化作用。催化层一般由催化剂、聚四氟乙烯乳液以及 Nafion 溶液构成。聚四氟乙烯的量要适宜，量过多会使电阻增大，影响电池的性能。

到目前为止，PAFC 的催化剂仍然以贵金属 Pt 或其合金（Pt-M/C、Pt-Co/C 和 Pt-Ni-Co/C）为主，这是因为它们具有良好的电催化活性和能耐浓磷酸的腐蚀而具有长期的化学稳定性。早期的电极是用 PTFE 黏合铂黑构成的，铂载量高达 $9mg/cm^2$ 以上。目前则是采用 PTFE 黏合 Pt/C（或 Pt 合金/C）并涂布在透气性的支撑物上，不仅使铂的利用率提高，而且使铂的用量大幅度下降，阳极和阴极的铂载量已分别下降至 $0.10mg/cm^2$ 和 $0.50mg/$

cm²。其中 PTFE 的作用有两个：一是起疏水作用，防止电极被电解质淹没，二是起黏合作用，使电极结构保持整体性。透气性支撑物通常用碳纸，它不仅作为电催化剂层的支撑物，而且还是电流集流极，同时使气体通过。

除了使用贵金属作催化剂外，为了降低电池成本，也有人采用其他金属大环化合物催化剂来代替纯 Pt 或 Pt 合金催化剂。如以 Fe、Co 的卟啉等大环化合物作阴极催化剂，测试了它们的催化活性，并与 Pt/C 催化剂进行了对比。经研究发现，虽然这种催化剂的成本较低，但是它们的性能，特别是稳定性不好，在浓磷酸电解质条件下，只能在 100℃ 下工作，否则会出现活性下降的问题。

从 20 世纪 80 年代开始，研究者提出结合贵金属催化剂 Pt 与大环化合物的优点，制备 Pt 与过渡金属的复合催化剂。研究较多的为 Pt 与 Ni、V、Cr、Co、Zr、Ta 等的合金，并测试了它们作为 PAFC 阴极催化剂的电催化性能。该类催化剂能够提高氧还原反应的电催化活性，如 Pt-Ni 阴极催化剂的性能比 Pt 提高了 50%。

（3）磷酸电解质隔膜

磷酸作为燃料电池中的电解质是在 1961 年由埃尔默雷和塔尼尔发现的，并在 20 世纪 70 年代成为电厂发电燃料电池的首选电解质。磷酸作为电解质有很多优点：

① 由于磷酸的沸点较高，即使在 200℃ 下，挥发性也很低。

② 磷酸的热、化学和电化学稳定性好，使 PAFC 可在较高温度（180～210℃）下工作，高温工作条件有利于电池性能的提高。

在此温度下，燃料气体中含有的 CO 杂质不易使催化剂中毒，因此燃料气体中的 CO 质量分数可高达 0.5%。另外，PAFC 耐燃料气体及空气中 CO_2 的性能较好，不必采取措施将其除去。因此，PAFC 对燃料的要求比较低，可利用城市天然气、废甲醇热解气以及从工业废弃物中提取的低热量气体作为其燃料。

由于 PAFC 工作温度较高，其发电效率也较高，可达 40% 左右。而且，在运行时产生的热可热电联用，其总的能量利用效率高达 60%。

③ 在酸类当中，磷酸的腐蚀速度相对比较低。

④ 磷酸和催化剂铂的接触角较大，大于 90°，因此，可依靠虹吸力储存在由少量 PTFE 与 SiC 组成的隔膜的毛细孔中，这样，磷酸易于保持。

磷酸的质量分数是一个重要的参数，如磷酸质量分数太高，大于 100%，质子电导率较低；磷酸质量分数较低，小于 95%，磷酸的腐蚀性会急剧增加。因此，比较合适的磷酸质量分数为 98%～99%。为了确保磷酸质量分数维持在一定的范围，避免电池内生成的水渗透到磷酸中而导致磷酸质量分数下降，磷酸必须固定在多孔隔膜材料中，依靠毛细作用将磷酸吸附在其内。对隔膜的性能要求是：

① 孔隙率高，对磷酸具有较好的毛细作用，能够使磷酸较好地保持在其中。

② 不传导电子，即具有良好的绝缘性。

③ 要能防止阴极和阳极气体互相串通，即防止交叉渗透。

④ 具有较好的热传导性。

⑤ 在工作温度下具有较高的化学稳定性。

⑥ 具有合适的机械强度。

早期的隔膜主要使用经过特殊处理的石棉膜和玻璃纤维纸，但是，石棉和玻璃纤维中的碱性氧化物会和电解质浓磷酸发生反应，从而使电池的性能降低。经过多年的研究，现在的隔膜是由同时具有化学稳定性和电化学稳定性的 SiC 微粉和少量 PTFE 黏结组成的。这种载体可以采用 SiC 粉和 SiC 纤维并加入少量的 PTFE，用造纸法制备碳化硅隔膜。但由于碳化硅纤维难以制备、成本高，更适宜的方法是仅用 SiC 粉制备 SiC 隔膜。SiC 隔膜的功能是吸附磷酸，因此，它要有高的孔隙率，一般为 50%～60%。为了确保磷酸优先充满 SiC 隔膜，其平均孔径要小于电极的孔径，最大孔径应小于几个微米。

除了磷酸浓度外，影响电池性能的另一因素是磷酸在电池运行过程中的流失。其流失途径有两种：一是磷酸在高温下挥发而被反应气带走；二是被电池中的石墨双极板吸收。

虽然磷酸的蒸气压较低，但是在电池工作中难免有一些损失。当酸损失过多的时候，会引起阴极和阳极气体的交叉，使电池性能下降。这时，可对载体内加酸，或者在开始时就在载体内储存足够的酸。现在一般是采用在载体内储存酸和在电池运行过程中随时加酸这两种办法的结合，因为载体内储存的酸还是有限的。

因为 PAFC 使用的电解质是接近 100% 的磷酸，其固化温度在 42℃ 左右，当电池不运行时，电解质会产生固化，使电池体积增加。而且电池在有负载和无负载时，也会引起酸的体积变化。

另外，在磷酸凝固、重新熔化的过程中会产生应力。这都会损害电池的电解质隔膜，使电池性能降低。所以，PAFC 在运行和不运行时，都要使电池的温度保持在 45℃ 之上。

（4）双极板

双极板的功能是为气体的流通提供通道，分隔 H_2 和 O_2，防止两极的气体相互串通，以及在阴极和阳极之间建立电子流通的通道。在磷酸燃料电池中，对双极板的要求如下：

① 具有较好的导电性和低的电阻（<1mΩ）。

② 在磷酸燃料电池的工作条件（浓磷酸，200℃ 左右的高温，氧化气氛以及工作电压）下的化学稳定性。

③ 足够的机械强度。

④ 一定的孔隙率，可以使反应气体进行扩散，为阳极提供足够的燃料（H_2），为阴极提供足够的氧化剂（空气或 O_2）。

⑤ 有较低的气体渗透性（0.01cm²/s），避免燃料和氧化剂的混合。

PAFC 使用的双极板有平板型和沟槽型两种结构，由于 PAFC 采用的电解质是接近 100% 的磷酸，具有腐蚀性，而且工作温度较高，所以对于双极板的材料要求较高。初期使用的是镀金的金属双极板。在 20 世纪 60 年代后期有人研究发现采用石墨材料制作的双极板性能更好。石墨双极板的制作是将两种不同粒度的石墨粉和百分之几到百分之几十的酚醛树脂进行混合，再加入黏结剂，在一定的温度和压力下压模，再在高温下进行焙烧。这样得到的双极板的孔隙率在 60%～65%，孔径为 20～40μm。其厚度要求尽量薄一些，以便有良好的导热和导电性。这种双极板的电阻率与树脂含量有关，其电阻率随树脂含量增加而增大。采用这种方法制作的双极板在 PAFC 工作环境下长时间运行会发生降解。为了进一步提高双极板的抗腐蚀能力，延长电池使用寿命，可采用纯石墨双极板和复合双极板。复合双极板应用多层结构设计，即用一块较薄的、不透气的石墨板将两极的气体隔开，用另外两块带流场的石墨板提供气体流通通道。

6.4.3 PAFC 发电系统

PAFC 系统主要由电池堆、燃料处理系统、空气（氧化剂）处理系统、热管理系统和电气系统等组成，如图 6-10 所示。其中热管理系统由水冷和风冷组成，电气系统由逆变器、配电盘和设备控制系统等组成。

（1）电池堆

电池堆由多个单体电池堆叠而成，其结构示意图如图 6-11 所示。电池堆的作用是使来自燃料处理系统的富氢气体与来自空气处理系统的氧气进行电化学反应，生成水的同时产生直流电，并伴随有热量放出。产生的水一部分与未反应完全的燃料进入燃料处理系统的重整

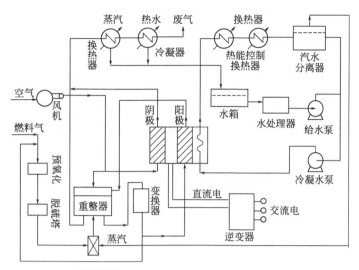

图 6-10 PAFC 系统组成及工艺流程图

器内，另一部分与空气一起进入热管理系统的冷凝热交换器，进行热量交换，最终作为补充冷却水。

（2）燃料处理系统

PAFC 所用的 H_2 可以从不同的燃料（如天然气、石油、液化气或煤气等）转化而来，即将其他燃料经脱硫、蒸气重整反应和 CO 变换三个过程转变成富氢气体。PAFC 对重整后的燃料气中的杂质允许范围是：$CO<1\%$，H_2S、COS、NH_3 分别小于 1×10^{-6}。

脱硫过程的工作条件是：温度为 $300\sim400℃$，压力为 $0\sim0.98MPa$，催化剂为 Ni-Mo 和 ZnO 等。在这个过程中，含—SH 的有机物先转化为 H_2S，然后 H_2S 与 ZnO 作用，生成 ZnS 固体。有关反应为：

$$R—SH+H_2\longrightarrow R—H+H_2S \qquad (6-29)$$
$$H_2S+ZnO\longrightarrow ZnS+H_2O \qquad (6-30)$$

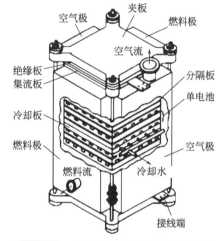

图 6-11 磷酸燃料电池堆结构示意图

蒸气重整过程的工作条件是：温度为 $750\sim850℃$，压力为 $0\sim0.98MPa$，水-碳比为 $2\sim4$，催化剂为 Ni。此过程将天然气转化为 H_2 和 CO。有关反应为：

$$CH_4+H_2O\longrightarrow 3H_2+CO \qquad (6-31)$$

CO 变换过程的工作条件是：温度为 $300℃$ 左右（低温段为 $180\sim280℃$，高温段为 $320\sim480℃$），压力为 $0\sim0.98MPa$，催化剂为 Fe-Cr 或 Cu-Zn。此过程使 CO 与水汽作用，生成 CO_2 和 H_2。有关反应为：

$$CO+H_2O\longrightarrow H_2+CO_2 \qquad (6-32)$$

燃料处理系统是将化石燃料（石油、天然气、沼气、城市煤气等）转变成无 S、低 CO 的富氢气体，并供给电池堆。该系统包括脱 S、重整制氢、脱 CO 等部分。在电池启动之前，天然气等燃料首先与来自空气系统的空气混合，进入重整器的加热器进行燃烧，对重整器进行预热。当重整器达到预定温度（$760℃$）时，经过预热的燃料进入脱硫器进行彻底脱 S，再与来自热管理系统的水蒸气混合后进入重整器。在重整器内的催化剂作用下，燃料被转化为 H_2、CO 与 CO_2，然后经热交换器冷却，进入转换器，其中大部分的 CO 与水蒸气发生反应，生成 H_2 与 CO_2（富氢气体）。富氢气体通过电池堆的燃料入口到达阳极后，约

80％的 H_2 通过电化学反应被消耗掉，剩余 20％未反应的气体返回重整器的加热器中被燃烧掉，为重整反应提供热量。

（3）空气（氧化剂）处理系统

PAFC 所用的氧化剂可以是 O_2 或空气，使用 O_2 的 PAFC 的性能优于使用空气的 PAFC，但其成本会相应增加。由于 PAFC 使用酸性电解质，所以使用空气作氧化剂时，不需要除去其中的 CO_2。

空气处理系统的作用是为电池堆的阴极、重整器的燃烧器和需风冷的部位提供空气。该系统将空气通过过滤器过滤后，由空气鼓风机将其鼓入电池系统内需要空气的装置。

（4）热管理系统

热管理系统由水冷和风冷两部分组成。其中水冷系统包括水处理和水循环两部分。水处理系统负责对冷凝热交换器回收的冷凝水和电池冷却水系统的排泄水进行去离子处理，向电池冷却水系统供应高纯度的水。燃料电池在反应过程中将产生水和热量，在水循环系统中用冷凝器、汽水分离器和水泵等对反应生成的水和热量进行处理，其中一部分水可以用于空气加湿。另外还需要装置一套冷却系统，以保证燃料电池的正常运作。风冷系统的作用是使 PAFC 外壳的内部由空气来控制热量，并防止可燃性混合气体的滞留。

（5）电气系统

电气系统由逆变器、配电系统和设备控制系统组成，其作用是将电池堆产生的直流电转变成交流电、给设备提供备用电源以及监控整个 PAFC 系统。

逆变器是将从燃料电池堆输出的直流电转换为交流电。此外，逆变器还具备以下功能：解决谐波控制；控制在 IDLE 模式（空闲模式）中的交流电压；控制在上网模式中的功率及电压；当外电受限时，保护功率输出及本身；与有效高压输电网自动连接/断开；给设备辅助负荷提供交流电。

配电系统由变压器、（交流）不间断电源及分配盘组成，其作用为分配所有设备（包括出电设备和冷却设备）启动或停机时所需要的来自逆变器或高压电网的补给电源、分配当热管理系统不运行时电池保温所需要的电源。

设备控制系统由能够控制燃料电池系统并具有操作控制画面的硬件与软件系统组成。它具有执行系统的启动与停止、连续操作、提供保护及进行故障诊断等功能，负责监测来自所有设备的输入信号和产生相应的输出信号，并对设备的每一个元件实施监控。

6.4.4 工作条件对电池性能的影响

PAFC 的运行受温度、压力、电催化剂以及燃料气中 CO、SO_2、H_2S 含量等因素的影响。在温度为 200℃、压力为 $3×10^5 Pa$、Pt 负载为 $0.75mg/cm^2$ 以及空气为氧化剂和氢气为燃料的条件下，其输出电压为 0.76V（在电流密度为 $200mA/cm^2$ 时），可运行近万小时，电压损耗速度约为 6mV/1000h。电池输出主要受阴极极化的影响，其极化损耗达 300mV 以上，其发电效率仅为 35％～41％，热电联供时总效率为 71％～85％。因此，只有开发和研制新型的阴极电催化剂材料，改变阴极氧电极反应动力学，才能提高 PAFC 的输出效率。

（1）工作温度的影响

PAFC 的工作温度为 180～210℃。一般来说，温度提高，电池的效率也会提高。但工作温度的选择还要考虑电解质磷酸的蒸气压、材料的耐蚀性能、电催化剂耐 CO 中毒的能力以及实际工作的要求等。从电极动力学角度来看，提高电池的工作温度，可以使反应气体的反应速率提高。当氢气中存在有毒杂质如 CO 和 H_2S 时，温度对电极性能的影响更大。当燃料气体为纯氢时，输出电压可提高 40mV 左右。然而，当燃料气体中含有 $5×10^{-4}％$ CO 时，输出电压可提高 80mV 左右。这主要因为随着温度升高，CO 在 Pt 上的吸附能力减弱，因此提高了催化剂对氢氧化的电催化性能，使得输出电压有了较大提高。同样，当燃料气体中含有 $0.02\%H_2S$ 时，输出电压可提高 $35mV$ 左右，与纯氢的燃料气体相似，这表明 H_2S 使 Pt 催化剂中毒的温度效应不大。这是由于 H_2S 能强烈吸附在 Pt 催化剂表面，并被氧化为单质硫，覆盖在 Pt 粒子表面，使 Pt 催化剂失去对氢氧化的电催化功能。由于固态硫的覆盖强度与温度关系不大，因此，H_2S 使 Pt 催化剂中毒的温度效应不大。当燃料气体是模拟煤气时，电池输出电压提高了近 $100mV$，这是由于模拟煤气里含有较多有毒气体。

虽然电池的工作温度提高有利于电池性能的改善，但是温度升高也会给电池带来一些负面的影响，比如温度升高会使电池材料的腐蚀加重、Pt 催化剂烧结、磷酸挥发和降解损失严重。所以，PAFC 的工作温度不宜过高，峰值温度为 $220℃$，电池连续工作时，温度不宜超过 $210℃$，否则会对电池的寿命和性能产生不利的影响。

（2）反应气压力的影响

在加压下工作，可以使反应速率加快，发电效率提高，但电池系统比较复杂。因此，一般对于大容量电池组选择加压工作，反应气的压力一般为 $0.7\sim0.8MPa$。对于小容量电池组，往往采用常压进行工作。

增加 PAFC 的工作压力，电池性能提高的主要原因为氧气和水的分压增加，降低了浓差极化，而且，其工作压力增加可以使阴极反应气体中水的分压提高，使磷酸电解质浓度降低，使离子的传导性能增强，降低 PAFC 的欧姆极化。

（3）燃料气中杂质的影响

典型的 PAFC 燃料气体中大约含 80% H_2、$20\%CO_2$ 以及少量的 CH_4、CO 与硫化物。

① CO 对电池性能的影响。CO 是在燃料重整过程中产生的，它能强烈吸附在 Pt 催化剂表面而使其中毒。经研究发现，有 CO 存在时，阳极氧化电流降为没有 CO 存在时的一半，即 CO 对 Pt 催化剂的毒化作用很强。然而，随着温度升高，CO 在 Pt 催化剂电极表面的吸附作用减弱，也就是说，CO 对 Pt 催化剂的毒化程度降低。

② 硫化物对电池性能的影响。硫化物来自燃料本身，燃料蒸气和煤气中的硫通常以 H_2S 的形式存在。H_2S 能强烈吸附在 Pt 催化剂表面，占据催化活性中心，并被氧化为单质硫而覆盖在 Pt 粒子表面，使 Pt 催化剂失去对氢氧化的电催化功能。在高电位下，吸附在 Pt 表面的硫会被氧化为 SO_2，其脱附后，Pt 催化剂又会恢复其催化活性。当燃料气体中同时含有 CO 时，H_2S 对电极的毒化作用会加强，通常将这种影响叫作协同效应。

③ 氮化物对电池性能的影响。来自燃料重整过程中的一些氮化物，如 NH_3、NO_x、HCN 等对电池的性能都有影响。氮气除了起到稀释剂的作用外，并没有太大的毒害作用。燃料气体或氧化剂中如果含有 NH_3，NH_3 会与电解质磷酸发生反应，生成 $NH_4H_2PO_4$，导致其氧还原性能下降，从而影响电池的性能。实验表明，$NH_4H_2PO_4$ 的允许浓度为 0.2%，即 NH_3 的最大允许浓度为 $1mg/m^3$。

④ 氧化剂气体组分的影响。氧化剂气体可为纯氧和空气中的氧。

氧气利用率的增加或反应气体入口浓度的降低，会使阴极极化增大，这主要是因为浓差极化、能斯特损失增加，从而会使电池的性能降低。PAFC 一般用纯氧或空气中的氧作氧化剂。很明显，氧的浓度会影响电池的性能。如以含氧 21% 的空气取代纯氧，在恒定电极电位条件下，极限电流密度会降低 2/3 左右。

6.5　熔融碳酸盐燃料电池

熔融碳酸盐燃料电池 MCFC（molten carbonate fuel cell）的概念最早出现于 20 世纪 40年代。50 年代，Broes 等演示了世界上第一台熔融碳酸盐燃料电池。60 年代，加压工作的熔融碳酸盐燃料电池开始运行，继磷酸燃料电池之后已基本进入商业化的前夜。近年来，熔融碳酸盐燃料电池在电极反应机理、电池材料、电池性能和制造技术等方面，均取得了巨大进展，规模不断扩大，现正处于由千瓦级向兆瓦级发展的阶段。

美国、日本与西欧等国是研制 MCFC 的主要国家，1996 年，美国 ERC 建成了内重整 2MW MCFC 电站。日本对 MCFC 的研究始于 1981 年的"月光计划"，1991 年之后转为重点，先后组装了外重整式 100kW～1MW 实验电站。欧洲进行 MCFC 研究的国家主要有荷兰、意大利、德国、丹麦和西班牙。荷兰于 1995 年对以煤制气与天然气为燃料的 2 个 250kW 系统进行试运转；意大利已安装一套单电池（面积 $1m^2$）自动化生产设备，年生产能力为 2～3MW；德国现在拥有世界上最大的 280kW 电池组体。

早期的 MCFC 主要采用氧化镁隔膜，由于氧化镁在熔盐中可微弱溶解，制备的隔膜易于破裂，现普遍采用偏铝酸锂隔膜，改善了离子电导率和抗碳酸熔盐腐蚀性能，但电池关键材料的腐蚀等问题依然存在，电池使用寿命与商业化要求尚有很大差距。但从 MCFC 的技术特点和发展趋势看，MCFC 是将来民用发电（分布式电站和中心电站）的理想选择之一。

熔融碳酸盐燃料电池的工作温度较高（873～923K），与其他的低温燃料电池相比，熔融碳酸盐燃料电池的成本和效率很有竞争力，其优点主要体现在以下五个方面：

第一，在熔融碳酸盐燃料电池的工作温度条件下，燃料（如天然气）的重整可在电池堆内部进行。如甲烷的重整反应可在阳极反应室进行，重整反应所需热量由电池反应提供。这一方面降低了系统成本，另一方面又提高了效率。

第二，熔融碳酸盐燃料电池的工作温度足够产生有价值的余热，又不至于有过高的自由能损失。电池排放的余热温度高达 673 K，可被用来压缩反应气体以提高电池性能，还可用于燃料的吸热重整反应，或用于锅炉供暖，使总的热效率达到 80％。

第三，几乎所有燃料重整都产生 CO，它可使低温燃料电池电极催化剂中毒；但因其工作温度较高，CO 可成为 MCFC 的燃料。因此 MCFC 可以使用如煤气等 CO 含量高的燃料气。

第四，工作温度高，电极反应活化能小，不论氢的氧化还是氧的还原，都不需要高效催化剂。与低温燃料电池需要贵金属催化剂、重整富氢燃料中的 CO 也需要去除相比，熔融碳酸盐燃料电池电催化剂以镍为主，不使用贵金属。

第五，电池反应中载流子不需要水作为介质，可以不用水冷却，而用空气冷却，尤其适用于缺水的边远地区，同时避免了低温电池复杂的水管理系统。

因为 MCFC 在高温条件下工作，致使 H_2 的反应活性很高。尽管提高反应温度使电池理论效率降低，但同时也降低了过电位损失，提高了实际效率。MCFC 的缺点是：

第一，电解质的腐蚀性以及高温对电池各种材料的长期耐腐性能有十分严格的要求，电池的寿命受到一定的限制。

第二，单电池边缘的高温湿密封技术难度大，尤其是在阳极区，这里会遭受严重的腐蚀。另外，还有熔融碳酸盐的一些固有问题，如冷却导致的破裂等。

第三，电池系统中需要有 CO_2 的循环，将阳极析出的 CO_2 重新输送到阴极，这增加了系统结构上的复杂性。

因此，尽管熔融碳酸盐燃料电池在反应动力学上有明显的优势，但其高温运行带来的熔盐腐蚀和密封等问题，阻碍了它的快速发展。与低温燃料电池相比，MCFC 的缺点是启动时间较长，不适合作备用电源。

6.5.1 工作原理

MCFC 采用碱金属（Li、Na、K）的碳酸盐作为电解质，电池工作温度为 873～923K。

在此温度下电解质呈熔融状态，载流子为碳酸根离子。典型的电解质组成（摩尔分数）为 62%（Li_2CO_3）+38%（K_2CO_3）。MCFC 的工作原理如图 6-12 所示。

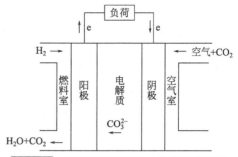

图 6-12 熔融碳酸盐燃料电池的工作原理

构成 MCFC 的关键材料与部件为阳极、阴极、隔膜和集流板或双极板等。MCFC 的燃料气是 H_2（也可以为 CO 等），氧化剂是 O_2。当电池工作时，阳极上的 H_2 与从阴极区通过电解质迁移过来的 CO_3^{2-} 反应，生成 CO_2 和 H_2O，同时将电子输送到外电路。阴极上 O_2 和 CO_2 与从外电路输送过来的电子结合，生成 CO_3^{2-}。MCFC 的电化学反应式如下：

阳极反应
$$H_2 + CO_3^{2-} \longrightarrow H_2O + CO_{2(阳)} + 2e \tag{6-33}$$

阴极反应
$$\frac{1}{2}O_2 + CO_2 + 2e \longrightarrow CO_3^{2-} \tag{6-34}$$

电池反应
$$H_2 + \frac{1}{2}O_2 + CO_{2(阴)} \longrightarrow H_2O + CO_{2(阳)} \tag{6-35}$$

由电极反应可知，熔融碳酸盐燃料电池的导电离子为 CO_3^{2-}，不论阴、阳极的反应历程如何，MCFC 的发电过程实质上就是在熔融介质中氢的阳极氧化和氧的阴极还原的过程，其净效应是生成水。从上述化学反应式可以看出，与其他类型燃料电池的区别是：在阴极 CO_2 为反应物，在阳极 CO_2 为产物，即 CO_2 从阴极向阳极转移，从而在电池工作中构成了一个循环。为确保电池稳定连续地工作，必须使在阳极产生的 CO_2 返回阴极。通常采用的办法是将阳极室排出的尾气经燃烧消除其中的 H_2 和 CO 后进行分离除水，然后再将 CO_2 送回阴极。

6.5.2 基本结构

如图 6-13 所示为熔融碳酸盐燃料电池单体的结构图，上图为真实气体分布图，下图为结构示意图。它由隔板、波状板、集流板、电极（阳极和阴极）和充有碳酸盐电解质的隔膜组成。熔融电解质必须保持在多孔惰性基体中，它既具有离子导电的功能，又有隔离燃料气和氧化剂的功能，在 4kPa 或更高的压力差下，气体不会穿透。为确保电解质在隔膜、阴极和阳极间的良好匹配，电极与隔膜必须具有适宜的孔匹配率。

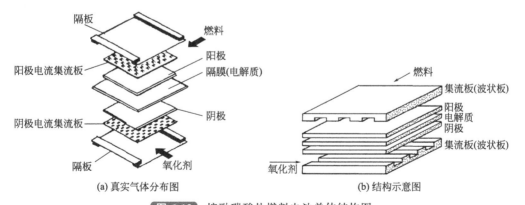

(a) 真实气体分布图   (b) 结构示意图

图 6-13 熔融碳酸盐燃料电池单体结构图

单体电池工作时输出电压为 0.6～0.8V，电流密度为 150～200mA/cm^2。为获得高电压，将多个单电池串联，构成电堆。相邻单电池间由金属隔板隔开，隔板起使上下单电池串联和充当气体流路的作用。MCFC 均按压滤机方式进行组装，在隔膜两侧分置阴极和阳极，再置双极板，周而复始进行，最终由单电池堆积成电池堆。在电池组与气体管道的连接处要注意安全密封，需要加入由偏铝酸锂和氧化锆制成的密封垫。当电池在高压下工作时，电池堆应安放在圆形或方形的压力容器中，使密封件两侧的压力差减至最小。两个单电池间的隔离板，既是电极集流体，又是单电池间的连接体。它把一个电池的燃料气与邻近电池的空气隔开。因此，它必须是优良的电子导体且不透气，在电池工作温度下及熔融碳酸盐存在时，以及在燃料气和氧化剂的环境中具有十分稳定的化学性能。此外，阴阳极集流体不仅要起到传递电子的作用，还要具有适当的结构，为空气和燃料气流提供通道。

(1) 隔膜材料

① 隔膜材料的性能。电解质隔膜是 MCFC 的重要组成部件之一，其中电解质被固定在隔膜载体内，它的使用也是 MCFC 的特征之一。电解质隔膜应至少具备四种功能。一是隔离阴极与阳极的电子绝缘体。二是碳酸盐电解质的载体，碳酸根离子迁移的通道。三是浸满熔盐后可防止气体的渗透。因此隔膜既是离子导体，又是阴、阳极隔板。它必须既具备强度高、耐高温熔盐腐蚀、浸入熔盐电解质后能够阻挡气体通过的性能，又具有良好的离子导电性能。四是它的可塑性可用于电池的气体密封，防止气体外泄，即所谓"湿封"。当电池的外壳为金属时，湿封是唯一的气体密封方法。

隔膜是陶瓷颗粒混合物，以形成毛细网络来容纳电解质。隔膜为电解质提供结构，但不参加电学或电化学过程。电解质的物理性质在很大程度上受隔膜控制。隔膜颗粒的尺寸、形状及分布决定孔隙率和孔隙分布，进而决定电解质的欧姆电阻等性质。隔膜一般是粗、细颗粒及纤维的混合物。其中，细颗粒提供高的孔隙率，粗粒材料用于提高抗压强度和热循环能力。早期曾采用过 MgO 作为 MCFC 的隔膜材料，但 MgO 在高温下的熔融碳酸盐中会有微量的溶解，使隔膜的强度变差。目前，几乎所有的 MCFC 使用的细颗粒材料都是偏铝酸锂，它具有很强的抗碳酸熔融盐腐蚀能力。

偏铝酸锂（$LiAlO_2$）有 α、β 和 γ 三种晶形，分别属于六方、单斜和四方晶系。其外形分别为棒状、针状和片状。其中 $\gamma\text{-}LiAlO_2$ 和 $\alpha\text{-}LiAlO_2$ 都可用作 MCFC 的隔膜材料，早期 $\gamma\text{-}LiAlO_2$ 用得多一些。但是在 MCFC 的工作温度下以及熔融碳酸盐存在的情况下，$\alpha\text{-}LiAlO_2$ 和 $\beta\text{-}LiAlO_2$ 都要不可逆地转变为 $\gamma\text{-}LiAlO_2$，同时伴随着颗粒形态的变化和表面积的降低，因此现在 $\alpha\text{-}LiAlO_2$ 用得更多一些。

隔膜的孔隙率越大，浸入的碳酸盐电解质就越多，隔膜的电阻率也就越小。考虑到一方面应能承受较大的穿透气压；另一方面还应尽量降低电阻率，隔膜应具有小的孔半径和大的孔隙率，因此孔半径和孔隙率也经常作为衡量隔膜性能的重要指标。一般情况下，熔融碳酸盐燃料电池隔膜的厚度为 $0.3 \sim 0.6mm$，孔隙率为 $60\% \sim 70\%$，平均孔径为 $0.25 \sim 0.8\mu m$。

② 隔膜材料的制备。目前，国内外已发展了多种偏铝酸锂隔膜的制备方法，如热压法、电沉积法、真空铸法、冷热法和带铸法等。其中带铸法制备的偏铝酸锂隔膜性能与重复性好，而且适宜大批量生产。制备时将 $LiAlO_2$ 与有机溶剂、悬浮剂、黏合剂和增塑剂等按配方形成泥釉，浇铸在一固定带上或连续运行的带上，待溶剂干后，从带上剥下 $LiAlO_2$ 薄层，将薄层中残留的溶剂、黏合剂等在低于电解质熔点的温度（约 763K）下烧掉，即得基底。电解质可在电池装配前通过浸渍进入基底的孔隙中，也可在泥釉中先加入，后者获得的基底孔隙率更大。

(2) 电解质

MCFC 以 $62\%\ Li_2CO_3 + 38\%\ K_2CO_3$（摩尔分数）的混合物为标准电解质。这是一个低共熔混合物，熔点为 761K，$Li_2CO_3\text{-}K_2CO_3$ 体系还有一个低共熔混合物，即 $43\%\ Li_2CO_3\text{-}57\%\ K_2CO_3$，其熔点为 773K。20 世纪 70 年代前，大多选用 $Li_2CO_3\text{-}Na_2CO_3$ 二元

混合物或 Li/Na/K（43∶31∶26，摩尔比）低共熔混合物作为电解质。因为 Li/Na 体系的蒸气压和热膨胀系数均略低于 Li/K 体系，近几年又重新得到重视。在确定电解质组成时须考虑的因素很多。其中，电解质影响电池性能的主要因素有电导率、气体溶解度、扩散能力、表面张力及对电催化的作用等。影响电池长期工作寿命的因素有电解质的蒸气压和腐蚀性对基底及电极稳定性的影响、电解质与基底的热膨胀匹配以及由离子迁移速度不同导致的电池堆两端电解质组成的变化等。另外，还须考虑其在实际应用中的价格。

（3）电极材料

MCFC 在阴极和阳极上分别进行氧还原反应和氢氧化反应，由于反应温度高达 650℃，电解质碳酸根也参加反应，这就要求电极材料要有很高的耐腐蚀性能和较高的电导率。阴极上氧化剂和阳极上燃料气均为混合气，尤其是阴极的空气和 CO_2 混合气在电极反应中浓差极化较大，因此电化学反应需要合适的气/固/液三相界面。因此，阴、阳电极必须采用特殊结构的三相多孔气体扩散电极，以利于气相传质、液相传质和电子传递过程的顺利进行。此外，还要确保电解液在隔膜与阴极、阳极间良好的分配，增大电化学反应面积，减小电池的电阻极化与浓差极化。

① 阳极材料。MCFC 的阳极催化剂最早用银和铂，为了降低成本，后来改用了导电性与电催化性能良好的镍。但镍被发现在 MCFC 的工作温度下与电池组装力的作用下会发生烧结和蠕变现象，因而 MCFC 采用了 Ni-Cr、Ni-Al 或 Cu-Ni-Al 合金等作阳极的电催化剂。为改善合金的性能，特别是蠕变性能，常在合金中加入 Co、Cr、W 金属。

阳极用带铸法制备，将一定粒度分布的电催化剂粉料（如碳基镍粉）、用高温反应制备的偏钴酸锂（$LiCoO_2$）、粉料或用高温还原法制备的镍-铬（Ni-Cr，Cr 质量分数为 8%）合金粉料与一定比例的黏合剂、增塑剂和分散剂混合，并用正丁醇和乙醇的混合物作溶剂，配成浆料，用带铸法制备。

在电池运行过程中，熔融电解质会发生一定的流失。熔融电解质发生流失的方式主要有阴极溶解、阳极腐蚀、集流板腐蚀、熔融电解质蒸发损失以及由于电池共用管道电解导致的电池内部电解质迁移造成的电解质流失。在固定填充电解质的条件下，当熔融电解质流失太多时，隔膜中的大孔就无法充满电解质，这时会发生燃料气与氧化剂的互窜渗透现象，导致 MCFC 性能下降。因此，必须减少电池运行过程中的熔融电解质的流失，并研究向 MCFC 内补加熔融电解质的方法。为减少电解质的流失，在电池设计上都增加了补益结构，如在电极或极板上加工制出一部分沟槽，采取在沟槽中储存电解质的方法进行补益，使熔盐流失的影响降低到最低程度。

② 阴极材料。由于 MCFC 在高温下运行，这就要求阴极材料：a. 应是电子良导体，内电阻小；b. 具有优良的电催化活性；c. 易为熔融电解质润湿；d. 结构稳定，难溶解；e. 抗腐蚀性能强；f. 孔结构和孔径分布适宜，有利于传质。一般要求孔隙率为 70%～80%，平均孔径为 7～15μm。

目前 MCFC 阴极一般采用多孔 NiO，它是将多孔金属镍在电池升温过程中原位氧化，并且部分被原位锂化，形成的非化学计量化合物 $Li_x Ni_{1-x}O$，具有电导率高、电催化活性高和制造方便的优点。因此 NiO 被视为标准的 MCFC 阴极材料。

当前 NiO 阴极面临的主要问题是，在电池运行过程中它可溶解于熔盐电解质中。产生的 Ni^{2+} 扩散进入电池的电解质板，并被电解质板阳极一侧渗透过来的 H_2 还原成金属 Ni 而沉积在电解质板中，这些 Ni 微粒相互连接成为 Ni 桥，最终可导致电池阴极和阳极的短路。解决这个问题主要有改善电解质的组成、NiO（Li）掺杂改性、研发新型电池结构和新型阴极材料等途径。

在 MCFC 研究中采用的碳酸盐电解质主要有 $(Li/K)_2CO_3$ 和 $(Li/Na)_2CO_3$ 两种。O_2

在 Li/K 体系中的溶解性较高，阴极极化较弱，电池表现出较高的性能，因此该体系被普遍采用。然而 Li/K 体系中 NiO 的溶解性较高，电池性能下降较快。相对而言，Li/Na 体系碱性较强，NiO 的溶解性较低，有利于提高电池的稳定性。此外，在 Li/K 或 Li/Na 体系中加入碱土金属组分也能够降低 Ni 的溶解性，提高电池寿命。

为了利用 NiO 优异的电化学性能，美国 ERC 公司开发了一种新的电池结构，即在电池中置入一层阻挡膜，以抑制 NiO 的溶解及电池短路。阻挡膜的成分为 Fe、Mn、Co、Ba 和 Sr 等，其中氧化物的锂化复合物，效果较好的有 $LiFeO_2$ 和 $LiFe_3O_8$ 等化合物。阻挡膜的平均孔径为 $0.3 \sim 0.4 \mu m$。阻挡膜位于阴极和隔膜之间或隔膜中。在这种电池中，溶解的 NiO 优先在阻挡膜上沉积，避免了电池短路。此类电池运转 1000h 之后，在阻挡膜和阳极之间未检测到镍的沉积，与未加阻挡膜的情况相比有显著区别。

根据 NiO 易溶于酸性介质的特点，在阴极制备过程中加入 MgO、CaO、SrO 和 BaO 等碱土元素氧化物，制成碱性较强的掺杂型 NiO 多孔阴极，碱土元素的引入能够有效降低熔盐中 Ni 的溶解性，因而有利于提高阴极的稳定性。其中，添加 $x=5\%$（x 表示摩尔分数）的 MgO 具有最佳效果。La、Al、Ce、Co 等元素的掺杂也能够显著提高 NiO 阴极的性能和化学稳定性。

美国的 Thomas 等开发了一种二维结构的 MCFC 阴极制备技术，构成主孔道的骨架为导电性良好但微溶于熔融电解质的金属氧化物（如 NiO、ZnO、CoO 和 CuO 等），其表面上覆盖一薄层超细晶粒。该晶粒为导电性较差但在熔融电解质中不溶的 Li_2MnO_3 或 $LiFeO_2$ 等化合物。不溶晶粒抑制了骨架组分的溶解，又不致于显著降低阴极的导电性，这种结构在克服溶解问题方面很有开发的价值。

$LiCoO_2$ 近年来成为新阴极材料探索的重点，人们投入了很大的精力研究其溶解性。与 NiO 相比，$LiCoO_2$ 的溶解度显著降低，$LiCoO_2$ 阴极在加压体系中具有很大的优势。据估计，$LiCoO_2$ 阴极在气体压力为 1atm（1atm＝101325Pa）和 7atm 的工作环境中，其寿命分别为 150000h 和 90000h。显然，MCFC 欲大规模商品化，用 $LiCoO_2$ 材料作为阴极是较好的选择。但是需要解决的另一个问题是如何提高 $LiCoO_2$ 的导电性能。

6.5.3　MCFC 发电系统

单独的燃料电池本体还不能工作，必须有一套包括燃料预处理系统、电能转换系统（包括电性能控制系统及安全装置）、热量管理与回收系统等的辅助系统。靠这些辅助系统，燃料电池本体才能得到所需的燃料和氧化剂，并不断排出燃料电池反应生成的水和热，安全持续地供电。

MCFC 的排气温度高，有很大的余热利用价值，它可与燃气轮机组成混合发电系统。混合发电系统的使用可大大提高燃料利用率和电厂综合效率，大大降低 NO_x 和 CO 等污染物的排放。如图 6-14 所示为由 MCFC 电堆、燃气轮机（GT）、催化燃烧室和高温换热器等组成的混合发电系统。

该混合发电系统的工作过程是：燃料流从电池阳极进入，在电池中没有完全反应，剩余燃料随着电池阳极排气进入催化燃烧室中催化燃烧，以提高气体温度；燃烧室的排气经换热器 a 换热进入燃料电池阴极；在燃气轮机部分，空气经过压气机，在换热器 c 中预热后进入换热器 a，与进入燃料电池阴极的气体进行热交换，经过加热的高温高压气体进入透平做功发电，透平的排气进入催化燃烧室进行循环利用。

（1）利用天然气的发电系统

MCFC 需要的阳极燃料气体是 H_2，它可由重整天然气中的 CH_4 生成，其反应在重整器中进行。重整器出口的温度为 600℃左右，符合 MCFC 的工作温度，可直接输送到阳极。阴

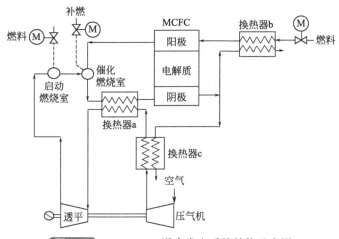

图 6-14 MCFC-GT 混合发电系统结构示意图

极需要的 O_2 通过空气压缩机供给；所需的另一个反应物 CO_2 可利用发电时阳极产生的 CO_2。由于阳极排出气体除了 CO_2 外，还含有未反应的可燃成分和 H_2O，所以在送到阴极之前还必须先除水和燃烧残留的可燃物。首先，将阳极排出的气体冷却，将水分滤去后再输送到重整器的燃烧器中（过多的 H_2O 将影响发热量），该燃烧器将供给天然气重整所必需的热量；然后，将从重整器的燃烧器排出来的气体与来自压缩机的空气相混合后供给阴极。

（2）利用煤炭的发电系统

煤炭须经煤气化装置生成 MCFC 可用的燃料 CO 及 H_2，并在进入 MCFC 前除去其中含有的杂质（微量的杂质就会造成对 MCFC 的恶劣影响），这种供给 MCFC 的精制煤气，其压力通常高于 MCFC 的工作压力，在进入 MCFC 前供气先经膨胀式涡轮机回收其动力。涡轮机出口气体，与部分来自燃料极（阳极）的高温气体（约 700℃）相混合，调整为对电池的适宜温度（约 600℃）。该阳极气体的再循环是将排出的燃料气体中含有的未反应的燃料成分返回入口加以再利用，借以达到提高燃料利用率的目的。向阴极供给的 O_2 是通过空气压缩机输出的空气，CO_2 是将未燃的 H_2 及 CO 经过催化燃烧器变换成 H_2O 和 CO_2 后供给的，将 O_2 和 CO_2 混合后再提供给阴极。

6.5.4 工作条件对电池性能的影响

MCFC 的性能除了取决于电池堆的大小、传热率、电压水平、负载和成本等相关的因素外，还取决于压力、温度、气体组成和利用率等。典型 MCFC 的运行范围是 $100 \sim 200 \mathrm{mA/cm^2}$，单电池电压为 $750 \sim 900 \mathrm{mV}$。

（1）压力的影响

MCFC 的可逆电动势依赖于压力的变化。提高 MCFC 的工作压力，导致反应物分压提高，气体溶解度增大，传质速率增加，因而电池电动势增大。当然提高压力也有利于一些副反应的发生，如碳沉积［见式（6-36）］、甲烷化［见式（6-37）］等。

$$2CO \longrightarrow CO_2 + C \tag{6-36}$$

$$CO + 3H_2 \longrightarrow CH_4 + H_2O \tag{6-37}$$

式（6-36）中的碳沉积反应可能堵塞阳极气体通路。式（6-37）中的甲烷化反应每形成 1 个甲烷分子，将消耗 3 个 H_2 分子。为了提高电池的性能，应避免这些副反应的发生。在燃料中加入 H_2O 和 CO_2 可调节平衡气体组成，限制式（6-37）中的甲烷化反应，增加水蒸气分压可避免式（6-36）中的碳沉积反应。

（2）温度的影响

大多数碳酸盐在低于520℃时为不熔融状态。在575～650℃之间，电池性能随温度增加而提高。高于650℃，性能提高有限，而且电解质因挥发而损失，腐蚀性也增强了。由此可知，将MCFC的工作温度取为650℃可以得到最佳性能和最高电堆寿命。

（3）反应气体利用率对电池性能的影响

MCFC电压随反应气体（氧化剂气体和燃料气体）的组成变化而变化。当反应物气体消耗时，电池电压将下降，这些影响与反应物气体的分压有关。

对MCFC而言，提高氧化剂或燃料的利用率，均会导致电池性能下降，但反应气利用率过低将增加电池系统的内耗，综合两方面因素，一般氧化剂的利用率控制在50%左右，燃料的利用率控制在75%～85%之间。

（4）燃料中杂质的影响

煤气将是MCFC的主要原料，煤及其衍生燃料含有相当数量的杂质。实践证明，燃料中的硫化物即使每立方米只有几毫克，对MCFC也是有害的。影响电池性能的硫化物主要是H_2S，H_2S在镍催化剂表面发生化学吸附，可堵塞电化学反应活性中心；堵塞水气转移反应活性中心，阻碍水气转移反应；燃烧后变成SO_2，会与电解质中的碳酸根反应。为了保证MCFC长期可靠运行（40000h），燃料气体中的硫含量（以H_2S计）应低于$0.01mg/m^3$，如果定期除硫，硫化物含量可放宽到$1mg/m^3$。

卤化物也会严重腐蚀阴极室材料，对MCFC的影响是破坏性的。少量的含氮化合物，如NH_3、HCN等对MCFC基本没有影响。阳极气体燃烧产生NO_x将在阴极与电解质反应生成硝酸盐。固体颗粒物对MCFC的影响主要是堵塞气体通路或覆盖阳极表面。燃料气体中粒径大于$3\mu m$的固体颗粒含量一般应低于$100mg/m^3$。燃料中的AsH_3含量低于$3mg/m^3$时，对MCFC的性能基本没有影响，但含量达到$27mg/m^3$时，影响显著。微量金属，如Pb、Cd、Hg和Sn，其影响主要是在电极表面的沉积或与电解质反应。

（5）电流密度和运行时间的影响

为了降低成本，MCFC电堆应当在较高的电流密度下工作。但欧姆极化、电化学极化和浓差极化都随电流密度增大而增加，导致MCFC的电压下降。在当前应用电流密度范围内，电压下降主要是由于线性欧姆损失。为此应当采取措施减小欧姆阻抗，如提高集流板和电极的导电性、减小电解质板厚度等。

在20000h内，腐蚀造成的阻抗增加是极化电压增加的主要原因；在20000h后，电解质板孔隙结构变化引起阻抗增加，导致电池性能下降。MCFC电堆寿命下降往往是由于电解质损失、NiO溶解或Ni沉积引起短路造成的，电池堆的耐久性是MCFC发电系统商业化进程中的一个关键因素。

6.6 固体氧化物燃料电池

19世纪末Nernst发现了固态氧离子导体。1935年Schottky发表论文指出，Nernst发现的这种物质可被用来作燃料电池的固体电解质。Barer和Preis在1937年首次演示了以固态氧离子导体作为电解质的燃料电池，从此固体氧化物燃料电池SOFC（solid oxide fuel cell）开始了它的发展历程。在经历了碱性燃料电池（AFC）、磷酸燃料电池（PAFC）、熔融碳酸盐燃料电池（MCFC）后，SOFC终于在20世纪80年代迅速发展起来了。在各类燃料电池中，SOFC具有独特的优点，在大、中、小型发电站和移动式、便携式电源以及军事、航空航天等领域有着广阔的应用前景。其优点主要表现在以下几个方面：

① 固体氧化物燃料电池的燃料范围广泛，不仅可以用H_2、CO等作燃料，而且可以直

接用天然气、煤气化气和其他碳氢化合物（如甲醇、乙醇，甚至汽油、柴油等高碳链的液体燃料等）作燃料。

② 由于固体氧化物燃料电池使用中高温下成为氧离子导体的陶瓷（氧化锆系等）为电解质，因此不会出现电解质的蒸发和析出，避免了像熔融碳酸盐燃料电池那样（MCFC）使用液态电解质会带来腐蚀和电解质流失等问题。

③ 固体氧化物燃料电池的能量综合利用效率高，是目前以碳氢化合物为燃料的燃料电池中发电效率较高的一种，其一次发电效率高达 65％以上；若余热加以利用与燃气轮机联合循环，总的发电效率可达 85％以上。

④ 由于在中高温的条件下工作，固体氧化物燃料电池的电极反应过程相当迅速，并且可以承受较高浓度的硫化物和 CO 的毒害，因此对电极的要求大大降低，也无须采用贵金属电极，因而降低了成本。

⑤ 抗毒性好，以干氢、湿氢、一氧化碳（CO）或其混合物为燃料时都能很好地工作，而且高的工作温度在一定程度上降低了催化剂中毒的可能性，对燃料的纯度要求不高，使 SOFC 在使用诸如柴油甚至煤油等高碳链烃操作方面极具吸引力，以天然气为燃料的电厂则完全可以免去脱硫系统。

此外，固体氧化物燃料电池使用具有电催化作用的阳极可以在发电的同时生产化学品，如制成燃料电池反应器等。更重要的是，因为具有效率高、功率密度大、结构简单、寿命长等优点，固体氧化物燃料电池可用于替代大型火电厂。只有机组的规模足够大火力发电才能获得令人满意的效率，但装有巨型机组的发电厂又受各种条件的限制不能直接贴近用户，因此只好集中发电，由电网输送给用户。但是机组大了，其发电的灵活性又不能适应用户需要，电网随用户的用电负荷变化有时呈现为高峰，有时则呈现为低谷。传统的火力发电站的燃烧能量有近 70％要消耗在锅炉和汽轮发电机这些庞大的设备上，燃烧时还会排放大量的有害物质。使用固体氧化物燃料电池发电，是将燃料的化学能直接转换为电能，不需要进行燃烧，没有转动部件，理论上能量转换率为 100％，装置无论大小实际发电效率可达 40％～60％，可以实现直接进入用户，实现热电联产联用，没有输电输热损失，综合能源效率可达 85％。又由于固体氧化物燃料为全固态结构，体积小，所以非常适合模块化设计，容量可大可小，非常灵活。因此，固体氧化物燃料电池被称为是继水力、火力、核能之后第四代发电装置。

6.6.1 工作原理

固体氧化物燃料电池是一种把燃料（如氢气和甲烷）和氧化剂（如氧气）中的化学能直接转变为电能的全固体组件能量转换装置。与常规电池不同，它的燃料和氧化剂储存在电池的外部，当工作（输出电流并做功）时，需要不间断地向电池内输入燃料和氧化剂，并同时排出反应产物。SOFC 单体电池是由阴极（氧化剂电极）、电解质和阳极（燃料电极）组成的三合一结构。单体电池通过连接板串联形成电池堆，电池堆可以单独或经串、并联向外供电。阴极、电解质、阳极、连接板和密封材料是 SOFC 电池堆的主要组成部分。其工作原理如图 6-15 所示。燃料电池在运行过程中，在阳极和阴极分别送入还原、氧化气体后，氧气（空气）在多孔的阴极上发生还原反应，生成氧负离子（O^{2-}）：

$$\text{阴极反应} \qquad\qquad O_2(g)+4e \longrightarrow 2O^{2-} \qquad\qquad (6\text{-}38)$$

对于氧离子导电的电解质，在电极两侧氧浓度差驱动力的作用下，通过电解质中的氧离子（O^{2-}）的跃迁，迁移到阳极上与阳极燃料 H_2 反应，生成 H_2O 和 CO_2。

阳极反应：

$$\text{燃料为 } H_2 \text{ 时} \qquad\qquad H_2+O^{2-} \longrightarrow H_2O+2e \qquad\qquad (6\text{-}39)$$

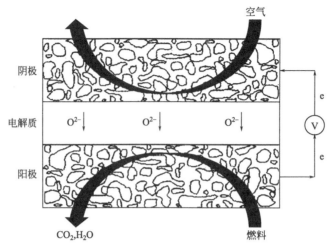

图 6-15 固体氧化物燃料电池工作原理示意图

燃料为 CO 时

$$CO + O^{2-} \longrightarrow CO_2 + 2e \tag{6-40}$$

SOFC 除了氧离子（O^{2-}）导电的电解质外，还有质子型（H^+）导电的电解质，根据电解质导电离子的不同，可以将 SOFC 分为氧离子（O^{2-}）导电和质子（H^+）导电两类，它们可以分别看作氧浓差电池和氢浓差电池。二者的主要区别是生成水的位置不一样，氧离子导电燃料电池在燃料一侧生成水，而质子导电燃料电池在氧化剂一侧生成水。此外，质子（H^+）导电燃料电池只能用氢气作为燃料，而氧离子导电燃料电池还可以用其他气体（如碳氢化合物等）作为燃料。目前，对 SOFC 的电解质来讲，广泛发展的仍是氧离子（O^{2-}）导电的电解质燃料电池，对于质子（H^+）型燃料电池的研究还局限于基础材料、电导机理等方面的实验室研究，通常所说的 SOFC 电解质，指的是氧离子（O^{2-}）导电的电解质。

当以重整气体（H_2 和 CO 混合物）为燃料时，上述工作过程的电化学反应如下：

电池反应：

$$H_2 + \frac{1}{2}O_2 \longrightarrow H_2O \tag{6-41}$$

$$CO + \frac{1}{2}O_2 \longrightarrow CO_2 \tag{6-42}$$

6.6.2 基本结构

（1）电解质材料

固体电解质是固体氧化物燃料电池最核心的部分。固体电解质的电导率、稳定性、热膨胀系数、致密化温度等性能不但直接影响电池的工作温度及转换效率，还决定了所需要的与之相匹配的电极材料及其制备技术的选择。电解质的主要作用是在电极之间传导离子，一种好的电解质材料必须具有以下的特征：

① 高的离子电导率和低的电子电导率。在氧化和还原双重气氛中，电解质都要有足够高的离子电导率和低得可以忽略的电子电导率，并且在较长的时间内稳定。

② 良好的致密性。为防止氧气和燃料气的相互渗漏，发生直接燃烧反应，电解质应该致密，从室温到操作温度下，都不允许燃料气和氧气渗漏。

③ 良好的稳定性。在氧化和还原气氛中，从室温到工作温度的范围内，电解质必须化学稳定、晶形稳定和外形尺寸稳定。

④ 匹配的热膨胀性。即相同或相近的热膨胀收缩行为，从室温到操作和制作温度范围

内，电解质都应与相邻的阴极和阳极的热膨胀系数相匹配，以避免开裂、变形和脱落。

⑤ 化学相容性。在操作温度和制作温度下，电解质都应该与其他组元化学相容而不至于发生化学反应。

⑥ 足够的机械强度和韧性、较高的抗热振性能、易加工性以及较低的成本等。

随着固体氧化物燃料电池研究的不断深入，先后出现了许多类型的固体电解质材料，其中主要有氧化锆基（ZrO_2）电解质、氧化铈基（CeO_2）电解质、氧化铋基（Bi_2O_3）电解质、镓酸镧基（$LaGaO_3$）电解质和质子传导电解质等。

① 氧化锆基（ZrO_2）电解质。氧化锆（ZrO_2）是一种用途广泛的氧化物陶瓷，它具有优良的化学稳定性，可以抵抗各种熔体的侵蚀，与此同时还具有高温导电性和高的氧离子电导性。常温下纯 ZrO_2 属单斜晶系 M（monoclinic）结构，1100℃时不可逆地转变为四方晶系 T（tetragonal）结构，在 2370℃下进一步转变为立方 C（cubic）萤石结构，单斜和四方之间的相变引起很大的体积变化，易导致基体的开裂。因此纯 ZrO_2 难以制成坚实致密的陶瓷。

纯 ZrO_2 离子电导率很低，在 ZrO_2 中掺入一定量二价（$M'O$）或三价（$M_2'O_3$）金属氧化物后，可以形成稳定的立方萤石结构 ZrO_2，避免了相变的发生。另外，纯 ZrO_2 室温下是单斜相。通过在 ZrO_2 基体中掺杂一些二价（$M'O$）或三价（$M_2'O_3$）金属氧化物，二价 M' 离子或三价 M' 离子取代了部分 Zr^{4+}，同时为保持电中性平衡，产生一定量氧空位，形成了室温下稳定的立方萤石结构 ZrO_2。掺杂后，ZrO_2 中产生了较多的氧空位，在材料中形成缺陷，氧离子通过这些空位来实现离子导电。

具有萤石结构的氧化物是研究得最多的固体电解质材料，在这些材料中，研究得最多和最成熟的，也是应用得最成功和最多的是钇稳定氧化锆 YSZ（yttria stabilized zirconia）。目前进入商业化的 SOFC 几乎都以它作为电解质。虽然它的氧离子电导率也不是很大，但它具有几乎没有电子电导率、在高温的氧化和还原条件下有很好的长期化学和物理稳定性、易于烧制成薄膜或其他不同形状以满足不同的电池设计要求、好的机械强度和相对较低的价格等不可多得的优越之处。YSZ 电解质的主要缺点是氧离子电导率偏低，以它为电解质的 SOFC 通常需要在较高温度（1173～1273K）下操作。在这样高的温度下操作会导致燃料电池其他组件材料性能的下降以及在电池烧制上的困难。

在 SOFC 制作和工作环境中 YSZ 表现出的高稳定性和与其他组元间良好的相容性是其应用的基础，YSZ 是目前研究和使用最多的电解质材料。在 ZrO_2-Y_2O_3 系统中，随着 Y_2O_3 掺杂浓度的增加，氧空位也在增加，这有利于提高电导率，但是每个氧空位的离子电导率随掺杂浓度的增加而呈现下降的变化趋势，即随掺杂浓度增加，氧空位活性受到限制。上述两方面的综合作用使掺杂 Y_2O_3 的摩尔分数为 8%～9% 时表现出最大电导率。

在 YSZ 中加入 Al_2O_3 会影响其基体材料烧结性能、电性能、力学性能和微观结构。Al_2O_3 的掺杂量对 YSZ 的断裂强度和断裂韧度影响很大，少量地掺杂（Al_2O_3 摩尔分数 < 0.6%）能有效地提高 YSZ 的致密性，并能轻微地提高电导率，但过量地掺杂 Al_2O_3，其性能反而降低。在 YSZ 中 Al_2O_3 主要作用于晶界处，改善了晶界条件，使得 YSZ 中原来明显的晶界变得模糊。这一方面有助于烧结，提高了基体的致密度和强度；另一方面，也降低了晶界电阻，在晶粒内阻基本不变或略有下降时，实现了 3%（质量分数）Al_2O_3-YSZ 复合体系电导率的提高，表现出比纯 YSZ 更好的电性能。

为了提高 YSZ 电解质的氧离子电导率，有人提出用镱（ytterbia）或钪（scandia）替代钇作为掺杂剂，得到钪稳定氧化锆（SSZ）和镱稳定氧化锆（YBSZ）。在 YSZ 系统中，当 YSZ 中氧化钇的含量为它在氧化锆中的溶解度的最低值时，它有最高的氧离子电导率。在 SSZ 系统中，它的最大氧离子电导率不仅仅出现在其溶解度为最低值时，而且在较高溶解度时（摩尔分数12%）也显示出很高的氧离子电导率。在锆基氧离子导体中 SSZ 的离子电导率是最大的。原因可能是钪离子的离子半径与钇离子不同，更接近于锆离子的半径，因此钪离子替代晶格中的锆离子后引起的晶格畸变不严重，不会对氧离子空穴的移动产生明显的影响。虽然 SSZ 有比 YSZ 高得多的氧化物离子电导率，但在 SOFC 中并不常用，主要原因是其长期稳定性仍不如 YSZ 好。

② 氧化铈基（CeO_2）电解质。纯氧化铈（CeO_2）从室温至熔点都是立方萤石结构。在温度和氧压力变化时，可形成具有氧缺位型结构的 $CeO_{2-\delta}$。CeO_2 中 Ce^{2+} 半径很大，可与很多物质形成固溶体，掺入二价或三价氧化物后，在高温下表现出高的氧离子电导率和低的电导活化能，使其可用作 SOFC 电解质材料，特别适合直接用甲烷气的 SOFC。CeO_2 有成为 SOFC 的电解质材料的许多优点：

a. 纯的 CeO_2 本身就具有稳定的萤石结构，不像 ZrO_2 需要加稳定剂；

b. CeO_2 的工作温度为 500～700℃，远远低于 YSZ 的工作温度；

c. CeO_2 有比 YSZ 更高的离子电导率和较低的电导活化能。

因为纯 CeO_2 的导电是混合型导电，材料总电导率较低，且氧离子电导率低于电子电导率。而作为 SOFC 的电解质要求其具有尽可能高的离子电导率和尽可能小的电子电导率。为了满足这一要求，人们常常在纯 CeO_2 中掺杂其他低价金属氧化物。CeO_2 中的掺杂物有很多种，主要是稀土和碱土金属。对于碱土金属氧化物掺杂的 CeO_2 材料，CaO 和 SrO 掺杂的 CeO_2 电导率提高得比较多，MgO 和 BaO 掺杂则无明显变化。在稀土氧化物掺杂的 CeO_2 材料中，钆和钐掺杂的氧化铈材料的离子电导率最高，被确认为很好的电解质材料。与稳定的氧化锆相比，掺杂 CeO_2 中 Ce^{4+} 向 Ce^{3+} 的转变表现出对低氧分压的依赖性。CeO_2 陶瓷在较低氧分压或还原性气氛下，部分 Ce^{4+} 被还原成 Ce^{3+} 而产生部分电子电导，形成离子电导和电子电导的混合导体。由于电子电导的存在，会在电池内部形成短路，损失了电池的部分电动势，限制了它在 SOFC 中的应用。因此若要选用 CeO_2 作为 SOFC 的电解质材料，必须设法减小还原性气氛下材料产生的电子电导，但又不能减小离子电导。解决这个问题的办法如下。

a. 在保持萤石型结构范围内添加三价或二价金属氧化物，金属氧化物和 CeO_2 形成置换式固溶体，增加了氧空位浓度，限制 CeO_2 在还原气氛中被还原，从而抑制电子电导的产生。

b. 通过使用薄膜技术，制得纳米结构的陶瓷薄膜 CeO_2 材料。这是因为纳米结构材料中的高浓度缺陷为离子通过纳米尺寸相界的传导和扩散提供了活性空位，增大了其离子电导率，大量晶界和晶相的存在还抑制了电子电导的产生。与块状电解质相比，CeO_2 基薄膜电解质有许多的优点，例如：热化学稳定性很高（特别是在还原性气氛中有很高的稳定性），氧离子电导率高（并且没有明显的电子电导出现），薄膜电解质构成的 SOFC 可获得更高的功率密度，还可以降低工作温度。

c. 采用在 CeO_2 固溶体外包裹一层稳定的离子导电薄膜例如 YSZ（$2\mu m$ 厚）的方法也可限制其被还原。氧化铈和 YSZ 可形成有限固溶体，其固溶量随温度下降而减少。用 Sm 掺杂 CeO_2 与 YSZ 形成复合电解质，在保持 YSZ 高开路电压情况下，实现了 U-I 曲线的缓慢衰减。

在氧化铈基电解质中，被研究得最多也最有希望商业化的是氧化钆掺杂的氧化铈。掺杂的氧化铈在中温区有比氧化锆基电解质高的离子电导率，但随温的提高，其电子电导率也随之增加，使电池的开路电压下降。从这一角度考虑，电池的操作温度应不高于 873K，在 773K 左右为好。在这样低的温度下，电极反应动力过程会受到很大影响，导致电池性能大幅度下降。因此，为使氧化铈基电解质能实际使用，一是要开发在 773K 时有很高电极性能的电极材料与其相匹配；二是应通过掺杂组分和组成、微结构和接口组成结构的优化来大幅度降低电解质的电子电导率以便使它能在较高温度下工作。

③ 氧化铋基（Bi_2O_3）电解质。萤石结构的 $\delta\text{-}Bi_2O_3$ 含有 25% 的氧离子空位，因此具有很高的离子电导率。其原因首先是由于 Bi^{3+} 具有易于极化的孤对电子，其次是因为 Bi 原子和 O 原子之间的键能较低，因此提高了晶格中氧空位的迁移率。高离子电导率相 $\delta\text{-}Bi_2O_3$ 仅存在于很窄的温度范围（730～825℃）内。纯铋氧化物在冷却到低于 973K 时，其结构由立方的 δ 相转变为单斜的 α 相，相变产生的体积变化，会导致材料的断裂和严重的性能老化。为应用 Bi_2O_3 必须将高温的 δ 相稳定到低温区。大量的研究表明，具有高离子电导率的 $\delta\text{-}Bi_2O_3$ 可以通过掺杂二价（如 Ca、Sr）、三价（如 Y、La）、四价（如 Te）、五价（如 Nb）或六价（如 W、Mo）金属的氧化物稳定到低温区域。但是，这些掺杂铋氧化物显示出低的氧离子电导率，而且在低于 873 K 时会发生氧次晶格的有序-畸变的转化，这会导致电导率的进一步下降。在能稳定 Bi_2O_3 的萤石结构的潜在掺杂剂中，镧系掺杂剂镝（Dy）和钨（W）有很高的极化能力，因此 Dy 和 W 掺杂的 Bi_2O_3 畸变阴离子晶格有最大的稳定性。在能稳定立方相的掺杂剂浓度范围内，只有在最低 W 或 Dy 掺杂浓度时才有最高的电导率。

Bi_2O_3 电解质材料具有以下优点。

a. 立方 Bi_2O_3 在中温区具有很高的离子电导率，在相同温度下，其离子电导率比 ZrO_2 电解质高 2 个数量级。

b. 与 ZrO_2 电解质相比，Bi_2O_3 与电极之间的界面电阻更小，氧的吸附和扩散直接发生在电解质表面，而不是像 ZrO_2 电解质那样发生在电极表面。其结果是不仅界面电阻很低，而且对电极材料的依赖性减弱。

c. Bi_2O_3 基电解质材料的晶界效应不影响整体电导率，这是其最突出的优点。

但是 Bi_2O_3 基电解质材料之所以未被普遍应用于 SOFC，主要是因为其存在以下两个致命的缺点。

a. Bi_2O_3 基电解质材料在低氧分压下极易被还原。虽然报道的临界氧分压值不尽相同，但在 SOFC 燃料侧，氧分压值肯定低于临界值，会导致 Bi_2O_3 的还原。

b. 掺杂稳定的 Bi_2O_3 基电解质材料退火后，会有立方-菱方相变出现，在低于 700℃ 时呈热力学不稳定状态，且菱方相导电性能很差。因此，对工作温度低于 700℃，且运行时间超过几百小时的 SOFC 来说，虽然 Bi_2O_3 基电解质材料离子导电性很好，但实用价值不大。

④ 钙钛矿基（$LaGaO_3$）电解质。钙钛矿型结构（ABO_3）氧化物材料是近些年来人们发现的电导率较高的一种电解质材料，在钙钛矿结构 ABO_3 型氧化物中，综合性能最好的当属镓酸镧基（$LaGaO_3$）钙钛矿型复合氧化物，这是因为 $LaGaO_3$ 在较大的氧分压范围内具有良好的离子导电性，电子电导可以忽略不计。理想的钙钛矿型氧化物为简单立方结构，其通式为 ABO_3。钙钛矿型结构氧化物虽然具有稳定的晶体结构，但这种结构的氧化物在高氧分压条件下会产生电子空穴导电，使离子迁移数降低，对电池的输出特性不利，所以这种材料的性能还有待于进一步提高。

镓酸镧基电解质的电导率高于氧化锆基和氧化铈基电解质的电导率，仅低于氧化铋基电解质的电导率。由于氧化铋基电解质和氧化铈基电解质在低氧分压时为 n 型半导体，会显示出电子电导率的存在，氧离子电导率不够稳定。相反，Sr 和 Mg 离子掺杂镓酸镧基电解质不仅显示出高的氧离子电导率，具有相当高的热稳定性，其电导率还在较宽的氧分压范围内不受氧分压的影响。但当氧分压在 10^{-5}～1atm（1atm＝101.325kPa）内，电导率随氧分压稍有增加，这说明在高氧分压下晶体结构中出现空穴电导。为抑制这类空穴电导，可掺加少量镧系金属离子，掺加镧系金属离子的在氧分压为 10^{-21}～1atm 和温度为 1000～1300 K 时显示出几乎是纯的氧离子电导率。

LaGaO$_3$ 基材料是最有希望的中温 SOFC 电解质材料之一，除了在 SOFC 工作条件下的长期稳定性有待进一步研究外，它还存在以下几个缺点。

a. 在高温下与传统阳极材料的相容性较差，LaGaO$_3$ 基材料容易与电极材料 Ni 发生反应，这会降低电池输出功率，为解决这个问题，可以用不与 Ni 反应的氧化铈在电解质和电极间作缓冲层。

b. 因组成相对复杂，使用传统的气相沉积方法或与阳极共烧结法制备薄膜困难。

c. LaGaO$_3$ 型氧化物受限于 Ga 资源的有限性，因此成本问题也可能会制约这种材料的广泛应用。

⑤ 六方磷灰石基 [M$_{10}$(TO$_4$)$_6$O$_2$] 电解质。与氧空位传导的立方形萤石和钙钛矿等氧化物不同，1995 年 Nakayama 发现了以间隙氧传导为主的新型氧离子导体材料，这就是具有六方结构的氧基磷灰石，其最引人注目的特性是在相对较低的温度下（低于 600℃）具有比钇稳定氧化锆（YSZ）还要高的电导率，并且在很宽的氧分压范围内其氧离子迁移数仍接近 1。氧基磷灰石的导电具有下列特征。

a. 离子导电性。与电子、空穴和质子相比，氧离子是主要电荷载体。

b. 一维导电性。氧基磷灰石在 c 轴方向特有的孔道结构决定了其一维导电性，显示了各向异性导电性质，平行于 c 轴方向的电导率要比垂直于 c 轴方向的电导率大一个数量级。

c. 自由氧导电。在化学计量以及氧离子空位型氧基磷灰石中，自由氧 O（4）是主要的电荷载体，少量的 O（4）空位有利于氧离子的迁移。

d. 间隙氧导电。在过量氧和阳离子空位氧基磷灰石中，间隙氧 O（5）是主要的电荷载体，少量的空位有利于间隙氧 O（5）的迁移。

氧基磷灰石离子导体中研究最多的是 La-Si 磷灰石，具有较高的电导率。另外，钒、锗以及硅中分别掺杂锗和铝的氧基磷灰石也有报道。但氧基磷灰石的稳定性还有待提高，并且在高于 600℃时其电导率也不比钇稳定氧化锆（YSZ）高，因此这类电解质距实际应用还有一定的差距。

⑥ 钙铁石结构（A$_2$B$_2$O$_5$）电解质。钙铁石（A$_2$B$_2$O$_5$）结构是 ABO$_3$（钙钛矿）结构最重要的变体之一。这种结构具有钙钛矿结构的一些基本特征，同时由于氧空位的程度很大，所以结构上的变化也较大。钙铁石结构是钙钛矿结构有规则地失去 1/6 的氧原子链形成的。基于钙铁石（A$_2$B$_2$O$_5$）氧化物的这种结构特点可以预期其具有较高的氧离子电导率，近几年关于钙铁石结构氧化物在电解质材料领域应用的研究逐渐增多。

1990 年 Goodenough 等报道了钙铁石结构的氧离子导体 Ba$_2$In$_2$O$_5$。结果表明，当测试氧分压大于 10^{-3} atm 时 Ba$_2$In$_2$O$_5$ 为 p 型电子导体；氧分压小于 10^{-3} atm 时离子电导率开始占主导地位。在氧分压为 10^{-6} atm、温度小于 900℃时材料电导率的 Arrhenius 曲线呈线性关系。在 900℃附近离子电导率突跃到 10^{-1} S/cm，电导率的突跃是由于在高温下氧空位的有序状态和无序状态的转换。为了消除在 850～900℃内氧空位的有序状态与无序状态的转换及在更低温度下形成的稳定无序状态，用 Ce^{4+} 部分取代 Ba$_2$In$_2$O$_5$ 中的 In 原子。当取代 12.5% 时，不连续的电导率数据消失了，但活化能的变化仍然存在，在低于转换温度时，Ba$_2$In$_2$O$_5$ 的电导率比 Ce^{4+} 部分取代的 Ba$_2$In$_2$O$_5$ 低。在转换温度以上（大于 850℃），电导率较高。

另外一种钙铁石结构的氧离子导体是 Ca$_2$Cr$_2$O$_5$，其晶体结构与 Ca$_2$Fe$_2$O$_5$ 相同，但电导率不是很高（900℃为 10^{-3} S/cm），该材料主要为氧离子导电。氧分压在 10^{-2} atm 以下时，电导率增大，表现为 n 型电子导体。此材料在 1000℃以下氧空位没有表现出任何的有序状态和无序状态的转换迹象，在 1000℃以上不稳定。

⑦ 质子传导电解质。用钙钛矿型质子导体材料作为电解质制成的 SOFC 具有氧离子导

体电解质材料不具备的一些独特的优点和性能，已日益成为固体电解质研究的热点之一。质子导体是指通过质子传递来传导电流的导体，质子传递包括质子（H^+）及带有质子的分子或离子如 OH^-、H_2O、H_3O^+、NH_4^+、HS^- 等的传输。质子导体按使用温度可分为中低温质子导体和高温质子导体两大类。中低温质子导体主要为一些固态酸和 β-氧化铝，高温质子导体（HTPC，high temperature proton conductor）的研究主要集中在钙钛矿型化合物。高温质子导体同样可以作为 SOFC 的电解质材料，但还处在研究阶段。对高温质子导体有以下几个要求。

a. 有晶格氧缺陷，一种是利用低价元素掺杂，另一种是利用结构的缺陷。

b. 在适当的水蒸气气压条件下能吸收水。

c. 能够产生较快的质子迁移，电导率应在 0.01～0.1S/cm 内。

能满足上述要求的钙钛矿型复合氧化物主要有两类：一类是简单的钙钛矿型结构，与钙钛矿型的氧离子导体一样，通式仍为 ABO_3；另一类是掺杂型钙钛矿型结构，化学通式可以表示为 $A_2(BC)O_6$ 或者 $A_2(BC_2)O_9$。质子导体氧化物作为 SOFC 的电解质有它自己的特点，主要表现在电解质的使用温度较低，以氢气为燃料时，电池的燃料电极侧没有水生成。

1981 年具有高质子电导率的 $SrCeO_3$ 基钙钛矿氧化物问世，除掺杂其他阳离子形成 $SrCe_{1-x}M_xO_{3-\delta}$（M＝Sc、Y、Yb 等）固溶体外，$SrCeO_3$ 和 $BaCeO_3$ 这些最早研究的质子导体本身的电导率并不高。如果没有 H_2 或者 H_2O 这些氢源，这些固溶体仅仅是 p 型半导体。在氢气气氛中 $SrCe_{1-x}Yb_xO_{3-\delta}$（$x＝0.05$）在 800℃时的电导率达到 0.01S/cm，并且电子电导率要比质子电导率低两个数量级。有所谓的质子规则：一般情况下，低温时质子占优势，高温时氧空穴占优势。

（2）电极材料

① 阳极材料。在燃料电池运行的过程中，阳极不仅要为燃料气的电化学氧化提供反应场所，也要对燃料气的氧化反应起催化作用，同时还要起转移反应产生的电子和气体的作用。从阳极的功能和结构考虑，阳极材料必须具备下列特点。

a. 在还原气氛中和工作温度范围内，有足够的电子电导率，使反应产生的电子顺利传到外回路产生电流。同时具有一定的离子电导率，以实现电极的立体化。

b. 在燃料气体流动的环境中，从室温至 SOFC 工作温度范围内，必须保持性能稳定、化学稳定、外形尺寸和微结构稳定，无破坏性相变。

c. 由于 SOFC 在中高温下操作，其阳极材料必须与电池的电解质等相邻材料的热膨胀系数相匹配，以避免开裂、变形和脱落；而且化学上相容，不发生化学反应。

d. 阳极材料必须具有足够高的孔隙率以减小浓差极化电阻、良好的界面状态以减小电极和电解质的接触电阻，以利于燃料向阳极表面反应活性位的扩散，并把产生的水蒸气和其他副产物从电解质与阳极的界面处释放出来。

e. 对阳极的电化学反应有良好的催化活性。对于直接烃固体氧化物燃料电池而言，其阳极还必须具有催化烃类燃料的重整或直接氧化反应的能力，且能有效避免积炭的产生。

f. 在阳极支撑 SOFC 中，还要求其有一定的机械强度和韧性、易加工性和低成本性。

早期人们曾采用焦炭作阳极，而后又开始研究使用金属阳极材料，如贵金属和过渡金属铁、钴、镍等。因为纯金属阳极不能传导 O^{2-}，燃料的电化学反应只能在阳极和电解质的界面处发生；金属阳极同电解质的热膨胀匹配性不好，多次加热冷却循环后，容易在界面处产生裂痕导致电极剥落；金属阳极在高温下易烧结、气化，不仅会降低阳极的催化活性，而且由于孔隙率降低，会影响燃料气体向三相界面扩散，增加电池的阻抗。这些都会严重影响电池的工作性能。因此，纯金属阳极都不宜为 SOFC 技术采用。

a. 金属陶瓷复合阳极材料。金属陶瓷复合阳极材料是通过将具有催化活性的金属分散在电解质材料中得到的,这样既保持了金属阳极的高电子电导率和催化活性,同时又增加了材料的离子电导率,还改善了阳极与电解质热膨胀系数的不匹配性问题。金属粒子除提供阳极中电子流的通道外,还对燃料的电化学氧化反应起催化作用。复合材料中的陶瓷相主要是起结构方面的作用,保持金属颗粒的分散性和长期运行时阳极的多孔结构,还可以防止在SOFC系统运行过程中由Ni粒子团聚而导致的阳极活性降低。又由于电解质是离子导电相,可以传导O^{2-},从而使反应区域由电解质与阳极的界面扩展到阳极中所有的电解质、阳极和气体的三相界面,增大了电化学活性区的有效面积。如果电解质、电极和气体三相中的任意一相出现问题,反应均不能进行,即如果O^{2-}或气相燃料不能到达发生反应的位置,或电子不能从发生反应的位置迁出,那么这一位置的反应就不能持续进行。

金属Ni因其便宜的价格及较高的稳定性,常与YSZ混合制成多孔的Ni/YSZ陶瓷,虽然Ni/YSZ金属陶瓷阳极材料存在一些缺点,但就目前的研究来说,因其具有可靠的热力学稳定性和较好的电化学性能,它还是被认为是以YSZ为电解质、氢气为燃料的SOFC阳极材料的首选。Ni/YSZ的电导率很大程度上取决于Ni的含量,这主要是因为Ni/YSZ中存在电子导电相Ni和离子导电相YSZ两种导电机制。Ni/YSZ的电导大小及性质由混合物中二者的比例决定。当Ni的含量低于30%(体积分数)时,离子电导占主导地位;当Ni的含量高于30%时,电子电导占主导地位,电导率增加3个数量级以上,但此时电导率随温度增加而下降。电池的欧姆电阻和极化电阻与阳极中Ni的含量也密切相关。Ni含量越大,欧姆电阻越小,极化电阻随Ni的体积分数变化有一最小值,往往为50%左右。Ni/YSZ金属陶瓷阳极的热膨胀系数随组成不同而发生变化。随着Ni含量的增加,Ni/YSZ阳极的热膨胀系数增大。当Ni的含量过大时,Ni/YSZ金属陶瓷的热膨胀系数将比YSZ电解质高。综合考虑阳极材料的各方面性能,Ni的含量一般取35%,这样既保持阳极层的电子电导率,又可降低其与其他电池元件的热膨胀系数失配率。除了组成外,Ni/YSZ的粒径比会直接影响阳极的极化和电导率。对于Ni含量和孔隙率都固定的阳极来说,粒径比越大,电导率就越高。粗的YSZ颗粒在烧结和还原NiO时,更容易收缩,此时产生的应力会造成微裂纹和电池性能快速衰减。另外,从电催化活性角度考虑,使用粗的YSZ颗粒会减小燃料发生氧化反应的三相界面,增加极化电阻。因此,一种新的微观结构被提出,即原始粉料由粗YSZ、细YSZ和NiO颗粒构成。这种新型阳极与传统阳极相比,其优越性主要体现在电池的长期性能上。阳极性能衰减的主要原因是长期高温运行时Ni粒的粗化或烧结造成三相界面和电导率减小。Ni/YSZ除了成本低、稳定性好以外,对氢气的氧化还有很强的催化活性。但是当用甲烷等碳氢气体作为燃料时,Ni/YSZ阳极容易在镍的表面发生积炭,从而导致电池性能衰减。又由于天然气中的一些杂质特别是硫会与Ni反应,使Ni发生硫中毒失去催化作用,因此Ni/YSZ不适合用来催化碳氢气体的氧化反应,也不适合作为以碳氢气体为燃料的SOFC的阳极材料。通过水蒸气重整,CH_4和H_2O会在高温下生成富氢气体,氢再在阳极发生电化学氧化,可以在一定程度上缓解碳氢气体带来的危害,但是由于甲烷的水蒸气重整是一个强吸热反应,进行内部重整时,会在电池内部造成较大的温度梯度,严重时会使电池部件发生断裂,内部重整还会引发高温时阳极材料的分层。目前人们正在积极寻找可以直接催化甲烷等碳氢气体的新型阳极材料。

Cu是一种惰性金属,可以在很高的氧分压下稳定存在,并且没有足够的催化活性,减弱了甲烷生成炭的反应,显著减少了阳极积炭。因此Cu基金属陶瓷材料得到了进一步的研究。Cu_2O和CuO的熔点比较低,用Cu_2O和CuO制备Cu/YSZ陶瓷阳极时,烧结温度不能过高,但若采用比较低的烧结温度,又会导致阳极层与电解质层的不紧密结合。在Cu/YSZ中掺入另一种氧化物CeO_2,形成$Cu/CeO_2/YSZ$阳极,可以得到更加稳定的电池性能。因为 Cu 的硫化物不稳定，Cu 基阳极对含硫的燃料气体有比传统的 Ni 基阳极更高的耐受度，而且 Cu 基阳极材料中 Cu 不充当催化剂的角色，少许的硫化也不影响电池的性能。对于含 CeO_2 的 Cu 基阳极，Ce_2O_2S 的生成可能会影响电池性能。但这种阳极只要在 973K 下稍微暴露在水蒸气中进行处理就可以恢复。另外，还可以通过改变电池工作的环境避免 Ce_2O_2S 的生成。总体说来，$Cu/CeO_2/YSZ$ 作为 SOFC 阳极材料有工业化应用的前景。

b. 混合导体氧化物。混合导体氧化物就是离子电子混合导体的氧化物。混合导体氧化物也可以用来催化干燥的甲烷等碳氢气体的电化学氧化反应，氧化物没有足够的活性促使碳沉积，也不会发生硫中毒，这些都显示出其作为 SOFC 阳极材料的优势。

CeO_2 被证实对干燥甲烷的氧化有很好的催化活性，掺杂和不掺杂的 CeO_2 基材料在低氧分压下都能够表现出混合导体的性能。CeO_2 在许多反应中，包括碳氢化合物的氧化和部分氧化，均可以作为催化剂，同时 CeO_2 还具有阻止碳沉积和催化碳的燃烧反应的能力。因此它被研究用作以合成气、甲醇、甲烷为燃料的 SOFC 阳极材料或复合阳极材料的组成部分。通过均匀分散恒量的贵金属催化剂，如 Ru、Nb 等，掺杂 CeO_2 基阳极的性能特别是低温性能将会有很大的提高。虽然 CeO_2 基氧化物阳极对甲烷的直接催化有很好的作用，但是用其组装的电池的性能却不是很理想，这主要是因为 CeO_2 基氧化物的电子电导太小。尽管如此，由于 CeO_2 能够抗碳沉积，在 SOFC 的工作环境下的结构和性能稳定，还是认为经过掺杂改性的 CeO_2 有潜力作为甲烷催化的阳极材料。

钙钛矿结构的氧化物因其能在很宽的氧分压和温度的范围内保持结构和性质稳定而受到电化学工作者的极大关注。掺杂的钙钛矿结构的氧化物均可表现出混合导体的性能，同时对燃料的氧化具有一定的催化作用。在这类材料中，$LaCrO_3$ 基和 $SrTiO_3$ 基材料表现出了相对优越的特性，但它们目前存在的主要问题是电导率较低、催化活性还不够理想。人们正在试图通过不同种类物质在不同位置的掺杂来改变其各项性能。

钨青铜型氧化物的通式为 $A_2BM_5O_{15}$（M＝Nb、Ta、Mo、W；A 和 B＝Ba、Na 等），它们是很有潜力的阳极材料。但这些材料或由于氧还原速率低，或由于氧离子电导率小，或由于在高温还原气氛中的稳定性差，目前整体的综合性能还有待提高。

烧绿石型氧化物（$A_2B_2O_7$）可视为萤石型结构的衍生氧化物。作为 SOFC 阳极材料进行研究的这类化合物的组成主要为 $Gd_2Ti_2O_7$，用 Ca^{2+}、Gd^{2+} 可产生氧空位，提高了氧离子电导率，但这种材料只有在高温条件下某一氧分压范围内才能稳定存在。

② 阴极材料。阴极为氧化剂的电化学还原提供场所，阴极材料必须满足以下要求：

a. 足够高的电导率。在电池工作的温度范围内，必须具有足够高的电子电导以降低运行过程中阴极的欧姆极化；此外阴极还必须具有一定的离子电导，以利于氧还原产物（氧离子）向电解质隔膜的传递。

b. 化学稳定、晶形稳定、外形尺寸稳定。在氧化气氛下，从室温到 SOFC 的工作温度范围内，阴极材料必须性能稳定。

c. 与电池其他材料具有好的热匹配性。在燃料电池工作温度下，阴极不能与邻近的组元发生反应，以避免形成第二相，或引起热膨胀系数变化，使电解质电子电导率增加。与其他组元热膨胀系数相匹配，以免出现开裂、变形和脱落现象。

d. 相容性。必须在 SOFC 制备与操作温度下与电解质材料、连接材料或双极板材料与密封材料化学上相容，即在不同的材料间不能发生元素的相互扩散与化学反应。

e. 多孔性。必须具有足够的孔隙率，以确保反应活性位上氧气的供应。阴极的孔隙率越高，对降低在电极上的扩散影响越有利，但必须考虑电极的强度，过高的孔隙率会造成电极强度与尺寸稳定性的严重下降。

f. 催化活性。在 SOFC 操作温度下，对氧电化学还原反应具有足够高的催化活性，以降低阴极上电化学活化极化过电位，提高电池的输出性能。

　　g. SOFC 的阴极材料还必须满足强度高、易加工、成本低的要求。

　　用作阴极材料的有贵金属（如金、银、铂等）、掺杂 In_2O_3、ZnO 和 SnO_2 等，但这些材料或价格昂贵，或热稳定性差。所以到 20 世纪 70 年代后期，被开发出来的钙钛矿结构氧化物取代。这些钙钛矿结构氧化物材料种类繁多，电子电导率的差异也比较大。其中 $LaCoO_3$、$LaFeO_3$、$LaMnO_3$、$LaCrO_3$ 掺入碱土金属氧化物后（碱土金属离子取代 La），显示出极高的电子导电率，目前研究最多的阴极材料是 $LaMnO_3$。

　　a. 锰酸镧及其掺杂阴极材料。钙钛矿结构锰酸镧（$LaMnO_3$），是一种通过氧离子空位导电的 p 型半导体。高温条件下，视环境氧分压的不同，锰酸镧可以表现出氧过剩。在实际应用过程中，应降低氧过剩量的大幅度变化，以免引起材料尺寸的变化。除氧含量变化以外，锰酸镧还可以出现 La 的过剩和不足现象，由于 La 过剩时会生成第二相 La_2O_3，La_2O_3 很容易与水化合生成 La（OH）$_3$ 引起材料的烧结，导致 $LaMnO_3$ 结构蜕变。由于 $LaMnO_3$ 是靠氧离子空位导电，当用 Ca^{2+}、Sr^{2+}、Cr^{2+}、Ba^{2+} 等低价阳离子代替 La^{3+} 时，便会形成更多氧离子空位，从而提高了 $LaMnO_3$ 的电导率，同时，高掺杂量的 $LaMnO_3$ 在氧化气氛下结构更加稳定。目前应用最多的掺杂物是 Sr^{2+} 掺杂的 $La_{1-x}Sr_xMnO_3$，此外，对 La 位的掺杂也可改变 $LaMnO_3$ 的热膨胀系数，通过调整材料的掺杂比例，获得具有合适的热膨胀系数的材料。综合考虑材料电导率与热膨胀系数两个因素，x 一般取 0.1～0.3。由于掺杂的 $LaMnO_3$ 具备高电子电导率、高电化学活性及良好的化学稳定性，并且与 YSZ 固体电解质的热膨胀系数相近，在高温下与 YSZ 化学兼容性比较好等，故掺杂的 $LaMnO_3$ 有重要的研究意义。掺杂的 $LaMnO_3$ 在较高的温度下会发生 Mn 的溶解，在制备 $La_{1-x}Sr_xMnO_3$/YSZ 复合膜时，两者还会发生化学反应形成 $La_2Zr_2O_7$ 相，导致电池性能下降。因此，$La_{1-x}Sr_xMnO_3$ 作为 SOFC 的阴极材料还需要很好的研究。

　　b. 钴酸镧及其掺杂阴极材料。与锰酸镧（$LaMnO_3$）结构相似的钴酸镧（$LaCoO_3$）也可以作 SOFC 的阴极材料。在相同的条件下，$LaCoO_3$ 的离子电导率和电子电导率都比较大，其混合电导率比 $LaMnO_3$ 大 5～10 倍。但 $LaCoO_3$ 在 SOFC 阴极氧化环境中的稳定性不如 $LaMnO_3$，同时 $LaCoO_3$ 的热膨胀系数也比 $LaMnO_3$ 大。为了解决其存在的问题，人们研究用 Fe 等过渡金属掺杂取代 Co，得到的阴极材料作为一种具有较高的电子、氧离子传导能力的混合导体，其氧离子的电导率明显提高，但这种材料的力学性能较差，有待于进一步提高。

　　c. 类钙钛矿结构阴极材料。K_2NiF_4 结构的类钙钛矿型（A_2BO_4）氧化物可以看作由钙钛矿结构的 ABO_3 层和岩盐结构的 AO 层沿 c 轴方向交叠而成的复合物，这类材料研究较多的是 $A_{2-x}Sr_xBO_4$ 系列化合物，其中 A 多为 La 等稀土元素，B 为 Ni、Co、Fe 和 Cu 等，同传统的钙钛矿型氧化物电极材料相比较，类钙钛矿结构的 A_2BO_4 型复合氧化物在电导率、热膨胀系数、高温化学稳定性及氧扩散系数与表面交换系数等方面表现出令人满意的结果，并且与传统的固体电解质 YSZ 有很好的热匹配性，这对阴极材料来讲是极为有利的。虽然这些材料在某些性能方面符合 SOFC 阴极材料的要求，但整体的综合性能还较差，仍处于研究发展阶段。

　　d. 氧气在阴极的还原机理。氧分子总是先吸附到固体的表面上，经过催化或电催化形成部分还原的离子或原子态的活性物质（也称为电活性物质）。在部分还原步骤之前、之间或之后，这些电活性物质必须通过表面、界面或者电极材料的内部到达电解质，形成电解质的氧负离子（O^{2-}）。阴极的氧还原大致有以下三条反应途径：

　　（a）氧分子吸附在阴极表面分解成氧原子，然后接受由电解质传来的电子形成氧离子。由于电解质材料的电子电导率很低，电子不易通过电解质与吸附在电解质表面的氧原子发生反应，所以，这种反应途径的贡献很低。

（b）氧气分子扩散到阴极表面发生吸附，然后吸附的氧分子分解成氧原子，氧原子通过电极表面扩散到电极-电解质-空气三相界面，氧原子接受电子还原成氧负离子，然后氧负离子扩散到电解质中。

（c）氧分子在气相中扩散到阴极表面发生吸附，吸附的氧分子解离成氧原子，在阴极表面接受电子形成氧离子，先经表面扩散至三相界面或是电极、电解质界面再扩散到电解质，这个反应途径可以认为是三相界面的延伸，将反应的区域由电极-电解质-空气的三相界面向电极/电解质界面的内部延伸。这个途径的贡献主要取决于阴极材料的氧离子电导率。

（3）连接材料

连接体在 SOFC 中的基本功能主要分为两大方面：一方面在相邻的两个电池的电极之间起导电和导热的作用；另一方面又起到分隔相邻两个单电池的阴极中的空气（氧气）和阳极中的燃料气体（氢气）的作用。连接材料应满足以下要求。

① 近乎 100% 的电子导电。对于连接体而言，在氧化和还原的气氛中、SOFC 的高温工作环境中都必须维持很高的电子导电性，以降低欧姆损失。

② 热膨胀系数应当与电解质和电极材料相匹配。从室温到工作温度范围内，连接体的热膨胀系数应与构成 SOFC 的电解质和电极材料的热膨胀系数接近，这样可以最大限度地降低热循环产生的热应力。氧分压发生变化时，热膨胀系数要保持不变。

③ 稳定性。在氧化和还原的环境中，从室温至工作温度范围内，必须保持性能稳定、化学稳定、外形尺寸和微结构稳定，无破坏性相变，不能与阴极、阳极材料发生相互的扩散反应，能够承受燃料气中存在的杂质的污染。

④ 相容性。在 SOFC 的工作温度和制作温度下，连接体必须与阳极材料、阴极材料以及密封材料化学上相容，即在不同的材料间不能发生元素的相互扩散与化学反应。

⑤ 气密性。从室温至工作温度范围内，氧气、氢气渗透能力低。

⑥ 机械强度特性。连接体材料在 SOFC 的工作温度下，必须具有足够的高温强度和耐蠕变能力。

⑦ 经济性。从经济角度来看，连接体自身的价格和制造成本应该低一些，加工容易才能适合商业化的生产。

目前对于工作在 800℃ 以上环境的 SOFC 连接体材料，主要用 $LaCrO_3$ 系列的陶瓷或 Cr 系列合金（如 $Cr-5Fe-1Y_2O_3$ 合金等），对于中温或低温 SOFC 的连接体材料，通常用铁素体不锈钢（Fe-Cr 合金）或镍基合金来代替上述两种材料。

① 陶瓷连接体。在众多的 SOFC 陶瓷连接体研究材料中，具有钙钛矿结构的 $LaCrO_3$ 备受关注。这是因为 $LaCrO_3$ 不仅在阴极和阳极环境中都具有良好的导电性，其热膨胀系数和 SOFC 的其他构件的热膨胀系数相吻合，而且具有一定程度的稳定性。但 $LaCrO_3$ 也有不少弱点，一是在空气中不易烧结，难加工；二是易挥发，导致其导电性能显著下降。为此，通常在 $LaCrO_3$ 中添加 Ca 或者 Sr 等碱土金属，$LaCrO_3$ 中添加碱土金属后，不仅在空气中烧结变为可能，而且在氧化氛围中由于生成 +4 价的 Cr 离子而使导电能力得到了提高。遗憾的是，$LaCrO_3$ 中添加碱土金属后，在还原氛围中由于其内部会出现大量的氧空位，导致材料的体积发生较大的变化，添加 Ca 时尤为严重。添加 Sr 时，体积畸变现象稍微弱些，如果再添加微量的 Ti 或者 Zr，体积畸变现象则能得到更好的改善。因此，在高温平板型 SOFC 中，主要使用含 Sr 的 $LaCrO_3$ 连接材料。

② 合金连接体。合金连接体比起陶瓷连接体材料在加工性、生产成本、导电性和导热性方面具有明显的优势，但合金连接体材料在 SOFC 氧化氛围中易生成氧化物，致使接触

电阻急剧增大。由于 Cr 基合金在高温下能形成稳定的 Cr_2O_3，因此它一直被当作 SOFC 的连接体候选材料来开发，其中 Cr-5Fe-Y_2O_3 合金是 Cr 基合金开发的典型代表。又由于其热膨胀系数与 SOFC 的组成构件的热膨胀系数相类似，高温下的机械稳定性也好，故 Cr 基合金开发研究主要朝着增加 Cr_2O_3 黏附性和降低膜生长速度的方向进行。为此，在大部分的 Cr 基合金里以氧化物分散剂的形式添加 Y、La、Ce 和 Zr 元素。适合作 SOFC 连接体材料的 Fe-Cr 合金中的 Cr 的含量在 $17\%\sim26\%$ 内。另外，如果在 Fe-Cr 合金中添加 Y、La、Ce、Zr 和 Ti 等微量元素，可以有效控制合金表面 Cr_2O_3 的生长机制。随着平板型 SOFC 关联技术的迅速发展，用合金材料来替代陶瓷连接体材料的可能性在逐步提高。

（4）密封材料

密封材料在单电池与连接板之间形成密封层，分隔燃料气体和空气（或氧气）。由于 SOFC 在较高的温度下工作，电池堆在工作时密封胶接触氧化性和还原性气体，并且密封材料与电池堆的其他部件相结合，因此密封材料不仅要具有与电池的其他部件相配合的热膨胀性能，还要有良好的热稳定性和化学稳定性。密封材料必须满足以下要求。

① 密封材料必须是电子和离子绝缘相。

② 必须与连接的材料有相近的热膨胀系数。

③ 在氧化和还原双重气氛中，从室温到工作温度范围内，密封材料必须化学性质稳定。

④ 密封材料应该形成气密垫层，不能有燃料和氧气的渗漏。

⑤ 从室温到工作温度范围内，密封材料与其他材料应具有良好的黏结性能。

⑥ 易加工、成本低。

硬密封是指密封材料与 SOFC 组件进行硬连接、封接后密封材料不能产生塑性变形的密封方式，是国内外广泛采用的 SOFC 封接方法。

玻璃及玻璃陶瓷是板式 SOFC 普遍采用的密封材料，受到广泛的重视。商业硅酸盐玻璃已经成功地被应用于 SOFC。硼酸盐玻璃、磷酸盐玻璃等也有用作密封材料的报道，但也都存在诸如稳定性较差等缺点。与通常的玻璃密封胶相比，云母压缩密封不采用黏结剂与电池相连接的方式，对所有电池组件的热膨胀性能方面的要求就会降低甚至消除。但云母作为密封材料的其他性能如长期稳定性等还需要进一步研究。

从 SOFC 密封材料的发展历史及研究现状来看，必须在以下几方面取得突破，才有可能保证 SOFC 长期稳定运行。

① 探索 SOFC 电池堆结构新型设计，减小需要密封的面积，探索密封的新型结构。

② 开发新材料。当前用于密封的玻璃（陶瓷）、金属、层状云母等都存在各自不足，因此研究界不断探索可用于 SOFC 密封的新材料体系，寻找性能更好的层状无机化合物，将玻璃（陶瓷）、金属、金属氧化物进行复合形成复合密封材料。

③ 关注化学相容性及高温热稳定性。

④ 密封玻璃的定量设计。玻璃及玻璃陶瓷廉价易得，仍将是 SOFC 密封的主要材料。由于密封玻璃须满足化学相容性、热膨胀系数、黏度、热稳定性等多个目标，因而密封玻璃组成一般较为复杂，加之玻璃组成对上述性质的影响往往呈现相反的趋势，因此，必须发展密封玻璃的定量设计方法，才有可能获得最佳组成。

6.6.3 SOFC 电池组

单体燃料电池只能产生 1V 左右电压，功率有限，为了使其具有实际应用可能，需要大大提高 SOFC 的功率。可以应用的方式是将若干个单电池以各种方式（串联、并联、串并联混合）组装成电池组。目前 SOFC 组的结构主要为管式、平板式和整体式三种，其中平板式结构因功率密度高和制作成本低而成为 SOFC 的发展趋势。

（1）管式

管式结构SOFC是最早发展，也是目前较为成熟的一种形式。单电池由一端封闭、一端开口的管子构成，如图6-16所示。最内层是多孔支撑管，由里向外依次是阴极、电解质和阳极薄膜。氧气（或空气）从管芯输入，燃料气通过管子外壁供给。

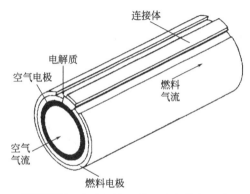

图 6-16 管式结构固体氧化物燃料电池

单电池通过阴、阳极间的连接形成电池堆，如图6-17所示。阳极与连接体相接形成串联，阳极与阳极相接形成并联结构。在操作时，氧化剂（空气或氧气）通过位于电池管内的陶瓷喷射管引入电池封闭端附近的喷射口，燃料由电池管外部封闭端流向电池管开口端，在燃料流过电极表面被电化学氧化的同时产生电力。经过电化学反应的氧化剂从电池管的开口端流出，与已有部分消耗的燃料气在后燃烧器中混合并燃烧。一般情况下，在电化学反应中燃料的利用率为50%～90%。没有利用的燃料一部分可再循环到燃料流中，其余的被燃烧以预热新鲜空气和燃料气。从燃料电池出来的废气的温度与操作条件有关，一般在873～1173K。管状结构SOFC是目前较成熟的一种形式，其自由度大，不易开裂；采用多孔陶瓷作为支撑体，结构坚固；材料的膨胀系数要求相对较低；单电池间的连接体处在还原气氛，可以使用廉价的金属材料作为电流收集体；电池组装相对简单，易组装成大功率的电池堆；当某个单电池损坏时，只需切断该单电池氧化气体的送气通道，不会影响电池堆的工作；不用高温密封，容易连接。但是，电流要流经管状阴极和阳极内壁，路径长，由于材料电导率低，内阻欧姆损失大，电流密度低；支撑管质量和体积大，能量密度低；支撑管厚，气体扩散通过此管变成速率控制步骤；必须采用电化学气相沉积（electrochemical vapor deposition，EVD）工艺制备电解质和电极层，电化学气相沉积技术限制了材料中的掺杂元素的类型；制造工艺复杂，生产成本高。

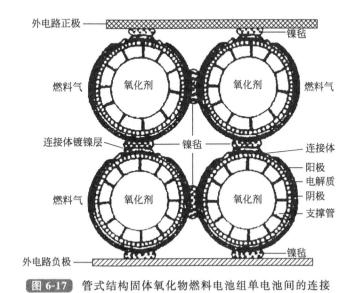

图 6-17 管式结构固体氧化物燃料电池组单电池间的连接

（2）平板式

平板式结构SOFC近几年才引起了人们的关注，这种几何形状的简单设计使其制作工艺大为简化。平板式结构的SOFC电池组件几乎都是薄的平板，其结构组成如图6-18所示，阳极、电解质、阴极薄膜组成单体电池，两边带槽的连接体连接相邻阴极和阳极，并在两侧提供气体通道，同时隔开两种气体。

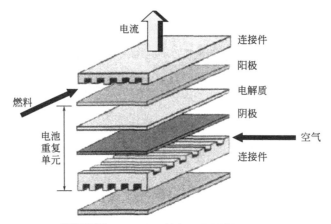

图 6-18 平板式固体氧化物燃料电池组

电池通常采用陶瓷加工技术如带铸、涂浆烧结、筛网印刷、等离子喷洒等烧制。平板式结构 SOFC 电池堆中，电池串联，电流依次流过各薄层，电流流程短，内阻欧姆损失小，电池能量密度高；结构灵活，气体流通方式多；组元分开制备，制造工艺简单，造价低，所有的电池组件都可以分别制备，电池质量容易控制；电解质薄膜化，可以降低工作温度（700～800℃），从而可采用金属连接体。

目前的难点是实现气体密封，采用陶瓷-玻璃压缩封闭，容易造成层间裂纹；连接处电阻高，损失大。SOFC 对双极连接板材料有很高的要求，须具有同电解质材料相近的热膨胀系数、良好的抗高温氧化性能和导电性能等；抗热循环性能差；电池组间的连接也比较困难，有可能产生很大的欧姆电阻或者出现电池断裂。

（3）整体式

整体式 SOFC，又称单室 SOFC（single chamber-solid oxide fuel cell，SC-SOFC），是一种全新结构的燃料电池。即其阴阳极同时暴露在同一气室中，利用其阳极、阴极对燃料、氧化气催化活性的不同，在阳极、阴极上产生不同的电极电位，从而形成电池的电动势。

与传统的 SOFC 相比，单室 SOFC 具有如下优点：①由于阴阳极采用相同的气氛，所以电池系统不需要采用密封剂。传统 SOFC 中密封剂跟燃料电池组件的热膨胀系数不匹配的问题就不复存在，这使得单室 SOFC 能够快速启动。②由于采用单室结构，电池反应器只需一路气源，从而使电池构型相对简单。③电池的阴阳极可在电解质的同一面上，电解质也可是多孔的，从而使电池的制备工艺简化。④可利用单室燃料电池反应的特点，在产生电能的同时还可生产增值化工产品（如合成气）。⑤燃料电池堆的构型可大大简化，避免使用双极板。⑥由于采用燃料-氧混合气，电极表面的积炭行为无论在热力学上还是动力学上都将显著降低。基于以上优点，单室 SOFC 具有很高的研究价值和广泛的应用前景。

单室 SOFC 主要由阳极、阴极、电解质三部分组成。电池性能的好坏一定程度上取决于这三个组成部分每一环节的有机的设计调配与结合是否合理。单室 SOFC 的结构，按阴阳极相对于电解质的位置来分，分为 A 型（双面型）和 B 型（单面型）。即 A 型为阴阳极在电解质两侧，B 型则为同侧。按支撑体类型来分，分为阳极支撑型和电解质支撑型两类。由于阳极支撑型能够获得较好的性能，且电解质趋于薄膜化，所以研究中大多使用阳极支撑型。还有一种不常见的结构，称为 C 型，其特点为电解质是多孔结构，单电池之间串联构成电池组。如图 6-19 所示为单室 SOFC 燃结构示意图。

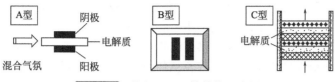

图 6-19 单室 SOFC 燃结构示意图

单室 SOFC 是利用其阳极、阴极对燃料、氧化气催化活性的不同而产生电势差进行工作的。这就要求阳极材料对燃料具有较高的电氧化催化活性、电导率高、具有抗积炭能力，阴极材料对氧具有较高的还原活性、对燃料不敏感、电导率高、具有抗积炭能力。所以对于单室燃料电池，燃料气（一般为碳氢化合物或氢气）和空气（氧气）可在同一气室中。

当通入燃料-空气混合气时，氧在阴极一侧被电催化还原成 O^{2-} 与电子空穴，O^{2-} 经电解质层扩散到阳极；同时混合气在阳极表面催化剂的作用下被部分氧化生成合成气，进而在电极催化剂的作用下与阴极扩散过来的 O^{2-} 进行电化学反应生成 H_2O、CO_2 和电子，电子从外电路向阴极传输，并在阴极表面与电子空穴结合形成回路。目前关于单室 SOFC 的研究尚处于起步阶段，由于单气室反应复杂，涉及电化学催化、完全氧化、部分氧化及燃料气的重整反应，且经常伴随着副反应的发生，所以还需要进行系统研究。

6.6.4　SOFC 发电系统

（1）简单 SOFC 发电系统

简单 SOFC 发电系统包括燃料处理单元、燃料电池发电单元以及能量回收单元等。如图 6-20 所示是一个以天然气为燃料、常压运行的 SOFC 发电系统，其工作过程为：空气经压缩机压缩，克服系统阻力后进入预热器（换热器）预热，然后进入电池的阴极；同时，天然气经压缩机压缩，克服系统阻力后进入混合器，与蒸汽发生器中产生的过热蒸汽混合，混合后的燃料气体进入加热器（换热器）提升温度后通入电池阳极。阴阳极气体在电池内发生电化学反应，发出电能的同时，电化学反应产生的热量将未反应完全的阴阳极气体加热。阳极未反应完全的气体和阴极剩余氧化剂通入燃烧器进行燃烧，燃烧产生的高温气体除了用来预热燃料和空气之外，也提供蒸汽发生器所需的热量。经过蒸汽发生器的燃烧产物，其热能仍有利用价值，可以通过余热回收装置提供热水或用来供暖而进一步加以利用。

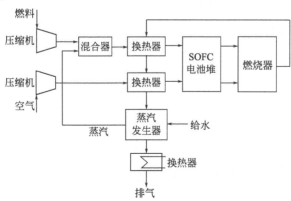

图 6-20 简单 SOFC 发电系统示意图

（2）SOFC-燃气轮机联合发电系统

如图 6-21 所示为 SOFC-燃气轮机联合发电系统的示意图，其工作过程为：燃料和空气经过压缩机和换热器升压升温进入 SOFC 发生电化学反应。反应后的阴阳极排气通入燃烧器进行燃烧，生成高温高压的燃气。与简单 SOFC 发电系统不同的是，此时燃气首先进入燃气轮机做功，所做的功一部分用来提供压缩机所需的电功，剩余部分用于发电，与燃料电池所发的电能共同构成系统发电量。燃气轮机的排气除了加热燃料、空气、水，使其达到一定的温度外，还可以产生热水或蒸汽外供，进一步利用余热，提高整个系统的能量利用率，最后排入大气。

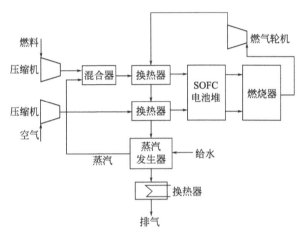

图 6-21 SOFC-燃气轮机联合发电系统示意图

（3）SOFC-燃气轮机-蒸汽轮机联合发电系统

如图 6-22 所示为 SOFC-燃气轮机-蒸汽轮机联合发电系统的示意图，其工作过程与 SOFC-燃气轮机联合发电系统的工作过程基本相同，只是用锅炉代替了蒸汽发生器，并由锅炉在为 SOFC 的燃料提供蒸汽的同时，也为蒸汽轮机提供工作所需的蒸汽。整个系统的电能输出为 SOFC、燃气轮机和蒸汽轮机三者发电量的总和。

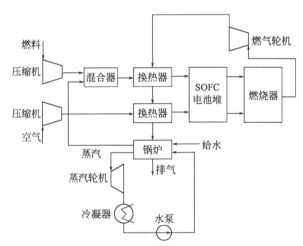

图 6-22 SOFC-燃气轮机-蒸汽轮机联合发电系统示意图

6.7 质子交换膜燃料电池

20世纪60年代，美国将质子交换膜燃料电池（PEMFC）用于双子星座号飞船，该电池当时采用的是聚苯乙烯磺酸膜，在电池工作过程中该膜发生了降解。膜的降解不但导致电池寿命的缩短，而且还污染了电池的生成水，使宇航员无法饮用。其后，尽管通用电器公司曾采用杜邦公司的全氟磺酸膜，延长了电池寿命，解决了电池生成水被污染的问题，并用小电池在生物试验卫星上进行了搭载实验。但在美国航天飞机用电源的竞争中未能中标，让位于石棉膜型碱性氢氧燃料电池（AFC），造成PEMFC的研究长时间处于低谷。

1983年，加拿大国防部资助了巴拉德动力公司进行PEMFC的研究。在加拿大、美国等国科学家的共同努力下，PEMFC取得了突破性进展。首先，采用薄的（$50 \sim 150 \mu m$）高电导率的Nafion和Dow全氟磺酸膜，使PEMFC性能提高数倍。接着又采用铂/炭催化剂代替纯铂黑，在电极催化层中加入全氟磺酸树脂，实现了电极的立体化，并将阴极、阳极与膜热压到一起，组成电极-膜-电极"三合一"组件，称为膜电极（membrane electrode assemblies，MEA）。这种工艺减小了膜与电极的接触电阻，并在电极内建立起质子通道，扩展了电极反应的三相界面，增加了铂的利用率。不但大幅度提高了电池性能，而且使电极的铂载量降至低于$0.5 mg/cm^2$，电池输出功率密度高达$2 W/cm^2$，电池组的质量比功率和体积比功率分别达到$700 W/kg$和$1000 W/L$。

PEMFC除具有燃料电池的一般特点（如能量转化效率高、环境友好）之外，同时还具有可在室温快速启功、无电解液流失、水易排出、寿命长、比功率与比能量高等诸多突出特点。因此，它适合用作分散式电站和可移动动力源，是电动（汽）车和不依靠空气推进潜艇的理想电源，也是利用氯碱厂副产物氢气发电的最佳电源，在未来以氢作为主要能量载体的氢能时代，将是最佳的家庭动力源。

6.7.1 工作原理

PEMFC的工作原理如图6-23所示。由图可见，PEMFC中的电极反应类似于其他酸性电解质燃料电池。即

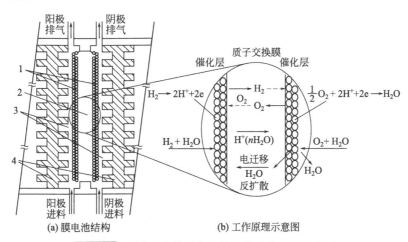

图 6-23 PEMFC的膜电池结构及工作原理示意图
1—催化层；2—质子交换膜；3—扩散层；4—双极板

阳极反应	$H_2 \longrightarrow 2H^+ + 2e$	(6-43)
阴极反应	$\dfrac{1}{2}O_2 + 2H^+ + 2e \longrightarrow H_2O$	(6-44)

其工作过程为：经加湿的燃料和氧化剂气体分别通过双极板上的导气通道到达阳极和阴极，并扩散至质子交换膜表面。在膜的阳极一侧，燃料气（氢气）在催化剂的作用下，离解为氢离子（质子）和电子，质子形成水合质子并从一个磺酸基转移到另一个磺酸基，最终到达阴极而实现质子导电，阳极产生电子累积而形成带负电的端子（负极）。与此同时，阴极的氧与催化剂激发产生的电子发生反应，变成氧离子，使得阴极变成带正电的端子（正极），两极之间产生一个电压。电子通过外电路从阳极到达阴极并与氢离子和氧离子结合形成水，同时产生电能。生成的水不稀释电解质，通过电极随反应尾气排出。

（1）阳极过程

氢电极的阳极氧化过程简单且可逆性较高，可以通过不同途径实现，一般认为氢在 Pt 上的氧化过程可能分为三步，即

$$H_2 + M \longrightarrow MH_2 \tag{6-45}$$

$$MH_2 + M \longrightarrow 2MH \tag{6-46}$$

$$MH + H_2O \longrightarrow M + H_3O^+ + e \tag{6-47}$$

（2）阴极过程

与氢电极相比，氧电极不仅可逆性较低，而且电极过程机理也比较复杂，并与电极材料和反应条件密切相关。另外，氧电极涉及的电位范围比较高，如在酸性溶液中发生 4 电子还原反应的标准电极电位为 1.23V，在此电位下，除铂、钯和某些氧化物催化剂外，大多数金属不稳定。

（3）水的传递过程

在 PEMFC 中，水的传递形式多且复杂，包括：①加湿气体中的水随气体进入电极；②质子在电解质膜中移动并将水分子从阳极区拖到阴极区；③质子在阴极区形成水分子并在阴极区富集；④阴极区的水通过质子交换膜向阳极区进行反扩散；⑤水从电极中排出。

6.7.2 基本结构

构成 PEMFC 的关键材料与部件为电催化剂（阴极与阳极）、质子交换膜和双极板。PEMFC 的单电池为"三合一"结构，又称为膜电极（MEA）。其核心部分是由质子交换膜和其两侧各一片多孔气体扩散电极组成的阳、阴极和电解质的复合体，如图 6-24 所示。膜电极主要由五部分组成，即阳极扩散层、阳极催化剂层、质子交换膜、阴极催化剂层和阴极扩散层，如图 6-23 所示。另外，在膜电极的两边分别对应有阳极和阴极集流板，又称为双极板。双极板带有气体流动通道和水（冷却或加热水）通道。

扩散层起集流体、除水和支持（增强）催化层的作用。碳布或碳纸是比较理想的扩散层材料，通常采用碳纸。为了提高憎水碳纸的平整度、防止催化剂进入扩散层而降低铂的利用率以及有利于在扩散层上制备催化层，需要在扩散层和催化剂层之间增加一层整平层。

因为 PEMFC 电解质是全氟磺酸型固体聚合物，所以用与质子交换膜组成相同的溶液（如 Nafion 溶液）对催化剂进行浸渍处理，在催化剂表面附着一层 Nafion 液，然后通过热压使催化剂与质子交换膜有机地结合为一体，有利于改善电极的性能。

MEA 是 PEMFC 的核心组件，将若干个单电池串联组合即可组成燃料电池组（堆），如图 6-24 和图 6-25 所示。

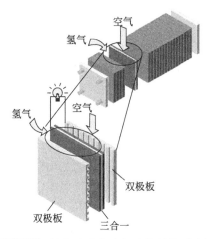

图 6-24 单电池及电池组内部结构示意图   **图 6-25** 质子交换膜燃料电池组

（1）电催化剂

PEMFC 通常采用氢气和氧气作为反应气体。氢气的氧化和氧气的还原速度比较慢，为了加快其电化学反应速率，扩散电极上都含有一定量的电催化剂。电催化剂分为负极催化剂和正极催化剂两类。

PEMFC 的催化剂类型取决于所用的燃料类型。当用纯氢作阳极反应气体时，可用铂作阳极催化剂。如果将碳氢燃料重整为燃料电池提供富氢气体时，其中含有的少量 CO 对催化剂有毒化作用，因此一方面要求阳极催化剂必须能容忍 CO，另一方面必须将 CO 的浓度至少降低至 10^{-5}（体积分数）以下的水平。到目前为止，Pt 仍然是最广泛采用的电催化剂，它对两个电极都有催化活性。但是，由于 Pt 系催化剂价格昂贵、利用率低，因此开发阳极抗 CO 中毒和阴极降低活化过电位的 Pt 系催化剂，以及寻求可替代 Pt 的低价催化剂、制备新型的催化剂载体成为目前研究的主要方向。

① 碳载铂催化剂。迄今为止，PEMFC 的电极反应催化剂仍以贵金属 Pt 为主。早期的电极是直接将 Pt 黑与起防水和黏结作用的 Teflon 微粒混合后热压到质子交换膜上而制得的。催化剂 Pt 的载量高达 10mg/cm^2。后来，为了增加 Pt 的表面积和降低电池成本，一般都采用 Pt/C 作催化剂。但由于 PEMFC 的电极反应仅在催化剂/反应气体/质子交换膜的三相界面上进行，即膜电极中只有那些位于质子交换膜界面上的 Pt 微粒才有可能成为电极反应的活性中心，所以膜电极的 Pt 利用率非常低，直至 20 世纪 80 年代中期 PEMFC 膜电极上 Pt 载量仍高达 4mg/cm^2。

为了提高碳载铂催化剂的利用率，采用将碳载铂催化剂用 Nafion 溶液进行浸渍处理，然后热压到质子交换膜上的方法，增大了膜电极的三相反应区，使铂的利用率大大提高，铂载量从 4mg/cm^2 降至 0.4mg/cm^2。当电流密度为 2A/cm^2 时，其输出电压仍高达 0.5V，电池运行 2200h，性能没有明显的降低。另外，在碳粉中加入 20% 的铂，在保持铂载量为 0.4mg/cm^2 的条件下，在电极表面再喷涂约 0.05mg/cm^2 的铂，电池性能可得到明显改善。

尽管如此，PEMFC 对铂的利用率也仅在 20% 左右，Pt 利用率不高的原因主要有如下两点：一是制备的铂颗粒太大，当 Pt 颗粒直径为 $12\mu\text{m}$ 时其表面原子仅 10%，利用率最高也只能到 10%，并且在电池工作过程中，铂颗粒还会增大，使其比表面积下降，造成催化效率的进一步降低；二是在 PEMFC 的膜电极中，反应物气体不易到达铂的表面，这取决于膜的结构及其成型工艺。

② 碳载铂合金催化剂。为了提高 PEMFC 中电催化剂的活性、减少铂的用量、降低成

本以及抗 CO 的毒化，近年来对新型催化剂的研究工作日益增多，采用铂合金代替铂是提高碳载铂催化剂利用率的有效途径之一。合金催化剂有担载型和非担载型两种，在不损失催化活性的情况下，用廉价金属部分取代金属 Pt，有利于降低燃料电池催化剂的成本。尽管合金催化剂比纯 Pt 的颗粒尺寸大，会导致 Pt 表面积减小，但是合金催化剂的比活性比纯 Pt 要高得多。

阴极合金催化剂的研究任务主要是寻找可以降低氧还原过程过电位的电催化剂。Pt 与 Ti、Cr、Mn、Fe、Co、Ni 等金属形成的合金能提高催化剂对氧以直接 4 电子途径还原的催化活性，增强催化剂的稳定性。

阳极合金催化剂主要是铂与过渡金属（钒、钴、镍、铜、锰等）的二元或三元合金（金属间化合物）。如 Pt-Ru、Pt-Sn、Pt-Mo、$Pt-WO_3$ 等合金催化剂都能容忍 CO，其中 Pt-Ru 是目前研究最为成熟、应用最为广泛的抗 CO 催化剂，它通过 Pt 和 Ru 的协同作用，降低 CO 的氧化电位，提高电池在存在 CO 时的性能。目前商品化的 Pt-Ru 合金催化剂原子数比约为 1∶1，阳极催化剂 Pt 载量比较高，约为 $1mg/cm^2$。

（2）质子交换膜

① 基本要求。质子交换膜（PEM）是一种选择透过性膜，而普通电池的隔膜是多孔性结构薄膜。PEM 是 PEMFC 的关键部件，其功能有：一是隔膜材料，起到隔离燃料和氧化剂的作用；二是电解质，通过质子交换而实现离子导电；三是电催化剂的基底，通过热压使电催化剂与 PEM 结合为一体。用于 PEMFC 的质子交换膜必须满足下述条件：

a. 具有高的 H^+ 传导能力，一般电导率要达到 0.1S/cm 数量级；

b. 膜的水合/脱水可逆性好，不易膨胀，同时水分子在膜中的电渗作用小，在膜表面方向上有足够大的扩散速度，以避免电池局部缺液；

c. 在 PEMFC 运行条件（即温度、氧化与还原气氛和工作电位）下，膜结构与树脂组成保持不变，即具有良好的化学与电化学稳定性；

d. 不论膜处于干态或湿态（饱吸水）均应具有低的反应气体（如氢气、氧气）的渗透系数，以避免氢气和氧气在电极表面发生反应，造成局部过热，影响电池的性能，甚至发生爆炸，同时可保证电池具有高的法拉第（库仑）效率；

e. 在膜树脂分解温度之前的某一温度（如达到或接近玻璃化温度），膜表面具有一定黏弹性，以利于在制备膜电极"三合一"组件时电催化剂层与膜的结合，减小接触电阻；

f. 不论在干态或湿态，膜均应具有一定的机械强度，适用于膜电极"三合一"组件的制备和电池组的组装，可满足大规模生产的要求。

② 主要种类。目前广泛研究的膜材料中，属于有机材料的聚合物质子交换膜占绝对多数。聚合物质子交换膜是一种固体电解质，具有输送离子（质子）、隔离和支撑电极的作用。其结构通常包括疏水性的主链和亲水性侧基（链），其中主链具有为膜提供机械强度等作用，亲水性基团多为磺酸基，有时也有羧酸基或磷酸基。

聚合物质子交换膜按主链的不同可分为含氟质子交换膜和非氟质子交换膜。所谓非氟是指主链所连元素不含有氟元素，无机材料质子交换膜也可归类为非氟质子交换膜。质子交换膜的种类如表 6-4 所示。

③ 基本结构。PEMFC 的交换膜曾采用过酚醛树脂磺酸型膜、聚苯乙烯磺酸型膜、聚三氟（α，β，β'）苯乙烯磺酸型膜和全氟磺酸型膜等，其中全氟磺酸型膜最适合用作 PEMFC 的电解质。全氟磺酸型膜有以下几种类型：

a. 美国杜邦公司的 Nafion 系列膜，如 Nafion117（NF-117）、Nafion115（NF-115）、Nafion112（NF-112）、Nafion1135（NF-1135）和 Nafion105 等；

种类			代表产品
含氟质子交换膜	全氟质子交换膜	全氟磺酸膜	DuPont 公司的 Nafion® 膜
		全氟羧酸膜	日本旭硝子公司的 Flemion
	部分含氟质子交换膜		Ballad 公司的 BAM3G
非氟质子交换膜	磺化碳氢质子交换膜		逐渐实现商品化
	离子交联的质子交换聚合物网络型膜		
	有机/无机复合质子交换膜		
	无机质子交换膜		

表 6-4   质子交换膜的种类

b. 美国 Dow 化学公司的 XUS-B204 膜；

c. 日本 Asahi 公司的 Aciplex 和 Flemion 系列膜等；

d. 日本氯工程公司的 C 膜；

e. 加拿大巴拉德公司德 BAM 膜等。

Nafion 和 Dow 膜材料的分子结构如图 6-26 所示。

实际上，质子交换膜的微观结构非常复杂，随着膜的母体组成和加工工艺的不同而变化，在描述质子交换膜结构及传质关系的各种理论中，离子簇网络模型比较成熟，其微观结构如图 6-27 所示。

网络结构模型的要点是：离子交换膜主要由高分子母体（即疏水的碳氟主链区）、离子簇和离子簇间形成的网络结构构成，离子簇之间的距离一般为 5nm 左右，每一个 $-SO_3^-$ 被 20 个水分子包围着。离子簇之间形成的网络结构是膜内离子和分子迁移的唯一通道。由于离子簇的周壁带有负电荷固定离子（$-SO_3^-$ 等），各离子簇之间的通道短而窄，因而对于带负电荷且水合半径较大的 OH^- 的迁移阻力远远大于 H^+，这就是离子交换膜具有选择透过性的根本原因。因此，网络通道的长短和宽窄、离子簇内离子的多少与状态，都对 PEMFC 离子交换膜的性能有明显的影响。

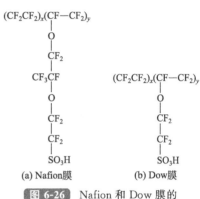

图 6-26   Nafion 和 Dow 膜的分子结构示意图

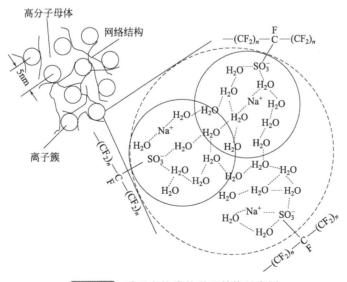

图 6-27   质子交换膜的微观结构示意图

质子交换膜为固体聚合物电解质，在电池工作时，通过在质子交换膜中的质子交换（质子迁移）而实现导电，所以质子交换膜的工作原理与其他酸性电解质燃料电池相似。

④ 主要性能。

a. 厚度和单位面积质量。不同型号的 Nafion 膜的厚度和单位面积质量见表 6-5。由于减小质子交换膜的厚度可以提高电导率，所以，为了降低膜电阻、提高 PEMFC 的工作电压和能量密度，可采用薄的质子交换膜，如从 $175\mu m$ 减为 $100\mu m$ 或 $50\mu m$。但其厚度过薄时可能引起氢气的渗漏，从而导致电池电压的下降，甚至会影响到膜的拉伸强度，造成膜的破坏，导致电池失效。

表 6-5　不同型号 Nafion 膜的厚度和单位面积质量

膜型号	NF-112	NF-1135	NF-115	NF-117
标准厚度/μm	51	89	127	183
单位面积质量/(g/m^2)	100	190	250	360

b. 拉伸强度。影响质子交换膜拉伸强度的因素有：ⓐ膜的厚度。在一定厚度范围内，膜的强度与其厚度成正比，但是当厚度大于 $100\mu m$ 时，膜的强度变化不大。ⓑ膜的使用环境。Nafion 膜的工作温度为 $50\sim80℃$，而且处于水饱和状态，湿膜的强度远低于干膜。ⓒ膜的交联度。不同方向的交联程度不同，不同方向上膜的强度也不同。

NF-1135、NF-115 和 NF-117 的强度相近，都比 NF-112 大。采用 NF-1135 较为理想，不仅可以满足强度的要求，同时由于厚度较小，膜的电导率较高。

c. 含水率。每 100g 干膜的含水量称为膜的含水率，可用百分数来表示。因为膜中水的含量是聚合物内部渗透压平衡的结果，因而聚合物的交联度及交换容量对膜的含水率有影响。含水率不仅影响质子传导，而且也影响氧在膜中的溶解扩散。含水率高，则质子扩散和渗透率也随之增大，膜电阻随之下降，但同时膜的强度会有一定程度的下降。

d. 溶胀度。膜的溶胀度是指膜在给定溶液中浸泡后，膜的面积或体积变化的百分率。NF-117 膜浸泡前后的有关数据如表 6-6 所示。

表 6-6　NF-117 膜浸泡前后的数据

膜的处理方式	膜的技术参数			
	厚度/μm	长度/cm	体积/cm^3	体积溶胀度/%
干膜	183	12.4	2.92	0
25℃浸泡	200	13.15	3.46	18.4
100℃浸泡	215	13.30	3.80	30

e. 当量质量和交换容量。质子交换膜的导电能力与质子交换能力大小有关。质子交换能力用离子交换容量（ion exchange capacity，IEC）来表示。对于全氟磺酸型离子交换树脂，IEC 值越大，表示共聚树脂中所含全氟乙烯基醚链节越多，在其他条件相同时，膜的电阻越低，电池性能越好。

对于一定的质子交换膜，膜内的酸浓度是固定不变的，它与加湿水和反应生成水的多少无关，这一点与其他普通酸性电池有所不同。质子交换膜的酸浓度通常以当量质量（equivalent weight，EW）来表示，即 1mol 离子交换基团（—SO_3H）对应的干树脂的质量。EW 与 IEC 成倒数关系。

f. 导电性能。膜的导电性能可用电阻率（$\Omega \cdot cm$）、面电阻（Ω/cm^2）或电导率（$\Omega^{-1} \cdot$

cm^{-1}）来表示。膜的成分、结构和其他物理参数对其导电性能有着明显的影响，其规律是随膜的当量质量 EW 值降低，含水率升高，膜的电导率也随之增大。

g. 选择透过性。膜对于某种离子的选择透过性能可用选择透过性（P）来表示：

$$P = (t_{i,m} - t_i)/(1 - t_i) \tag{6-48}$$

式中，$t_{i,m}$ 和 t_i 分别表示 i 离子在膜内外的迁移数。

很显然，$t_{i,m} = t_i$ 时，$P = 0$，即离子膜没有选择透过性；当 $t_{i,m} = 1$ 时，$P = 1$，即离子交换膜具有理想的选择透过性。通常，$0 < P < 1$。

由上分析可知，质子交换膜的性能将对 PEMFC 的性能有很大影响。图 6-28 表示采用不同质子交换膜的 PEMFC 的性能。

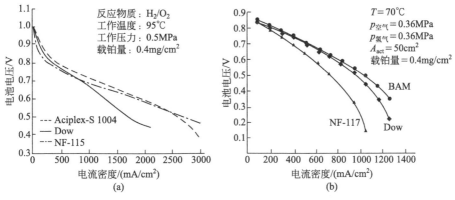

图 6-28 采用不同膜时 PEMFC 性能比较

（3）扩散层

① 扩散层及其作用。气体扩散层通常由基底层和微孔层组成。其中基底层主要采用碳布或碳纸，其厚度为 $100 \sim 300\mu m$；微孔层是为了改善基底层的孔隙结构而在其表面制作的一层碳粉层，厚度为 $10 \sim 100\mu m$。微孔层的主要作用是降低催化层和基底层之间的接触电阻，使气体和水发生再分配，以改善电池的液相和气相传质，防止电极催化层被"水淹"，同时防止催化层在制备过程中渗漏到基底层。扩散层的主要作用是：

a. 支撑催化层：扩散层与催化层一起构成电极，其中扩散层起支撑作用。

b. 为反应气体扩散到催化层以及产物水的流出提供扩散通道：经聚四氟乙烯处理的憎水性孔道充当气体扩散通道；未经憎水处理的亲水性孔道则充当产物水的传递通道。

c. 传输电流：具有良好导电性的作为扩散层基底的碳纸或碳布以及作为微孔层的碳粉完成电子传导的任务。

② 扩散层材料。理想的扩散层应具有良好的排水性、透气性和导电性，其基本要求如下：

a. 微孔均匀且孔隙率高，具有很好的透气性；

b. 电阻率低，具有良好的电子传导能力；

c. 为了支撑催化层和便于电极的制作，应具有一定的机械强度；

d. 表面平整且结构紧密，使其与催化层的接触电阻小；

e. 好的化学稳定性和热稳定性；

f. 具有较好的防水性，以防孔隙被水阻塞而引起透气性能下降；

g. 成本低、对环境无污染。

目前用作扩散层的材料主要有碳布、碳纸、无纺布和炭黑纸等。其中碳布具有好的抗压和抗弯曲性能，但其稳定性较差；碳纸具有优异的导电性、化学稳定性和热稳定性，但其脆性较大；无纺布具有一定的机械强度、高的柔性和尺寸稳定性。

③ 扩散层的制备。为了在扩散层内形成憎水的反应气体扩散通道和亲水的液态水流通通道，须对碳布或碳纸进行憎水处理。方法是：将碳布或碳纸浸入 PTFE 乳液中，使其载上 50% 左右的 PTFE，然后在 340℃ 左右进行热处理，使 PTFE 乳液中的表面活性剂分解，同时使 PTFE 均匀分散。经过憎水处理的碳布或碳纸的表面往往凹凸不平，还须在其表面涂覆一层碳粉进行整平处理，这样就形成了以碳布或碳纸为基层、碳粉为微孔层的电极扩散层。

④ 影响扩散层性能的因素。影响扩散层性能的因素很多，如扩散层厚度、扩散层制备工艺、各组分的含量等。

厚度是影响扩散层性能的一个重要参数。在低电流密度的情况下，扩散层厚度对电池性能影响甚微，但在高电流密度下运行时，扩散层太厚和太薄的电池性能都不理想，且 PTFE 的质量分数在 20% 时电池性能达到最佳。扩散层太厚，气体扩散路径长，增加了传质阻力，传质极化严重；扩散层太薄，可能会发生催化剂渗漏到催化层的情况，缩小了三相反应区，影响电极性能。另外，太薄的扩散层在电池组装力的作用下容易发生孔结构的破坏。

不同的制备过程以及材料的组成对 PEMFC 性能也有影响。如碳纸和微孔层中的氟化异丙烯（FEP）含量对电池的性能影响显著。FEP 含量过高，气体扩散层的微孔太小，气体传输阻力变大；FEP 含量过低，生成水排出困难。其质量分数分别为 10% 和 20% 时性能最好。

（4）双极板

起支撑、集流、分隔氧化剂与还原剂并引导氧化剂和还原剂在电池内电极表面流动、热交换以及排出反应产物的作用的导电隔板通称为双极板。双极板必须满足下述功能要求：

① 实现单池之间的电的联结，因此，它必须由导电良好的材料构成；

② 将燃料（如氢气）和氧化剂（如氧气）通过由双极板、密封件等构成的共用孔道，经各个单电池的进气管导入各个单电池，并由流场均匀分配到电极各处；

③ 因为双极板两侧的流场分别是氧化剂与燃料通道，因此双极板必须是无孔的，由几种材料构成的复合双极板，至少其中之一是无孔的，实现氧化剂与燃料的分隔；

④ 构成双极板的材料必须在 PEMFC 运行条件下（一定的电极电位、氧化剂、还原剂等）抗腐蚀，以达到电池组的寿命要求；

⑤ 因为 PEMFC 电池组效率一般在 50% 左右，所以双极板材料必须是热的良导体，以利于电池组废热的排出；

⑥ 为了降低电池组的成本，制备双极板的材料必须易于加工（如加工流场），最优的材料是适合用批量生产工艺加工的材料。

PEMFC 双极板的类型按材料分类，目前主要有石墨双极板、金属双极板和复合双极板三种。

① 石墨双极板。

a. 无孔石墨板：由碳粉或石墨粉与可石墨化的树脂制备而成。无孔石墨板在燃料电池环境中具有非常好的化学稳定性，且电导率高，阻气性能好。但石墨材质较脆，给采用机械方法加工流场带来较大困难，而且价格十分昂贵。加拿大 Ballard 公司开发的 Mark 500（500kW）、Mark 513（10kW）和 Mark 700（25～30kW）电池组均采用无孔纯石墨双极板。

b. 注塑石墨板：由石墨粉或碳粉与树脂（酚醛树脂、环氧树脂等）、导电胶黏剂相混合（有的还在混合物中加入金属粉末、细金属网以增加其导电性，或加入碳纤维、陶瓷纤维以增加其强度），经注塑、浆注等方法成型，然后进行石墨化。该方法可直接加工形成流场，避免了因机加工方法导致的成本高、加工周期长等缺点。但注塑石墨板仍存在如下缺点：石墨化过程仍然使其价格居高不下；树脂在石墨化过程中会发生收缩导致石墨板发生形变；石墨化是一个需要严格控温的过程，控温不当会导致形变更加严重，因此流场的尺寸稳定性和板表面的精度将受到很大影响。

② 金属双极板。金属双极板是将薄金属板经冲压而形成各种构形的一种双极板。由于金属双极板特别适合批量生产，因此世界各大公司与研究所均在开发采用金属板作双极板的PEMFC。但是金属双极板在 PEMFC 工作条件（氧化、还原气氛，一定的电位与弱酸性电解质）下的稳定性（即抗腐蚀性）较差。

金属双极板在 PEMFC 工作条件下腐蚀的问题，可以通过对金属板进行表面改性来解决，即在薄金属板（如不锈钢板）表面制备一层导电、防腐、与碳材料接触电阻小的保护膜。对金属板的表面改性有下述几种方法：

a. 电镀或化学镀贵金属（如金、铂）或其氧化物、具有良好导电性能的金属（如银、铅、锡等）；

b. 磁控溅射贵金属（如铂、银）和导电化合物（如 TiN 等）；

c. 采用丝网印刷和焙烧，即用类似于氯碱工业 RuO_x/Ti 阳极制备的方法，制备导电复合氧化物涂层。

③ 复合双极板。复合双极板综合了纯石墨板和金属双极板的优点，具有耐腐蚀、体积小、质量轻、强度高等特点。复合双极板可分为金属基复合双极板和碳基复合材料双极板两种。

a. 金属基复合双极板：是用金属作为分隔板，边框采用塑料、聚砜、碳酸酯等（减轻了电池组的质量），边框与金属板之间采用导电胶粘接，以注塑与焙烧法制备的有孔薄碳板、石墨板或石墨油毡作为流场板的复合双极板。这种极板不仅可以提高电池组的体积比功率和质量比功率，而且充分结合了石墨板和金属板的优点。其结构如图 6-29 所示。

b. 碳基复合材料双极板：是由聚合物和导电碳材料混合经模压、注塑等方法制作成型的双极板。为了改善极板的导电性能和材料强度，可在材料中添加一些纤维。不进行石墨化是其与注塑石墨板的主要区别。目前用碳基复合材料双极板制成的 PEMFC 的电压比纯石墨极板低几十毫伏，接近于用不锈钢作双极板的 PEMFC 的性能。

（5）流场

流场的功能是引导反应气流动方向，确保反应气均匀分配到电极各处，经电极扩散层到达催化层参与电化学反应。已开发出点状、网状、平行沟槽、蛇形、多孔体、螺旋、交指型和复合型等多种形式的流场。

目前，PEMFC 广泛采用的流场以平行沟槽流场（如图 6-30 所示）和蛇形流场（如图 6-31 所示）为主。对于平行沟槽流场可通过改变沟与脊的宽度比和平行沟槽的长度来改变流经流场沟槽反应气的线速度，将液态水排出电池；对蛇形流场可通过改变沟与脊的宽度比、通道的多少和蛇形沟槽总长度来调整反应气在流场中流动的线速度，确保将液态水排出电池。

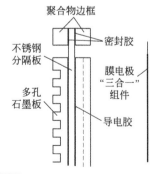

图 6-29　金属基复合双极板结构示意图

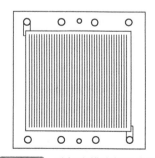

图 6-30　平行沟槽流场示意图

各种流场的脊部分靠电池组装力与电极扩散层紧密接触，沟槽部分为电池反应气流的通道，一般将沟槽部分面积与脊部分面积之比称为流场的开孔率。开孔率过高，不但会降低反应气流经流场的线速度，而且会减小与电极扩散层的接触面积，增大其接触电阻；开孔率过低，将导致脊部分反应气扩散路径过长，增加了传质阻力，导致浓差极化增大。一般而言，各种流场的开孔率控制在 $40\% \sim 50\%$ 之间。对蛇形与平行沟槽流场沟槽的宽度与脊的宽度之比控制在 $1:(1.2 \sim 2.0)$ 之间。通常沟槽的宽度为 1mm 左右，因此脊的宽度应在 $1 \sim 2mm$ 之间。沟槽的深度应由沟槽总长度和允许的反应气流经流场的总压降决定，一般应控制在 $0.5 \sim 1.0mm$ 之间。

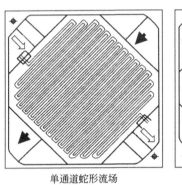

单通道蛇形流场　　　　　　　多通道蛇形流场

图 6-31 蛇形流场示意图

6.7.3　水与热的管理

（1）水的生成

　　在 PEMFC 工作时，随着输出电流密度的增加，电池的内阻增加，电池的输出电压急剧下降。其原因并不是因为膜的阻抗随电流密度增大而增大，而是由于电池内失去水平衡，没有满足膜的润湿条件。PEMFC 的典型极化曲线如图 6-32 所示。

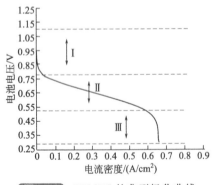

图 6-32　PEMFC 的典型极化曲线

　　由图 6-32 可以看出曲线主要分为三个区域，Ⅰ区电池电压的下降主要由活化电阻引起，活化电阻随催化剂类型以及催化剂与电解质接触表面大小的不同而不同，降低这部分电阻可提高整个电池的工作性能；Ⅱ区电池电压的下降是由欧姆阻抗引起的，这部分电阻是燃料电池电极、膜和集流体内进行电子、质子传导时而产生的接触电阻，降低欧姆阻抗可以减小整个极化曲线的斜率，也就是说可在较高的能量密度条件下获得较高的功率密度；Ⅲ区电池电压的急剧下降则与反应气体的量有关，这部分极化也称为浓差极化，是由于在反应界面上反应气体供应不足造成的，这种现象在 PEMFC 的阴极反应区尤为严重。Ⅰ区和Ⅱ区的电压下降均与 PEMFC 内部的水平衡有关。要同时提高能量转换效率和输出功率密度，或同时满足高输出电流密度和输出电压（低电压损失），必须保持体系中水的平衡。因此，保持 PEMFC 中的水平衡往往是提高电池性能和寿命的一项关键技术。

　　PEMFC 中的水包括气态水和液态水两种，其来源包括由电化学反应生成的水（在阴极）和由加湿的反应气体带入的水。水过多或过少，对于 PEMFC 的性能都会带来负面的影响，这主要表现在以下几个方面：

① 由于液态水的凝聚，导致传质过程受阻，因为它使 O_2 通过气体扩散层的速度降低，甚至会淹没电催化剂的活性点；

② 液态水的存在导致气体在电极内和系统内各单元之间分布不均匀，这将使电池性能下降，并造成系统内各个单元电池的电压不等；

③ 反应气体被水蒸气稀释，从而造成反应界面上反应气体的不足；

④ 如果质子交换膜失水过多，其电导率将会下降，导致电池欧姆压降增大；

⑤ 质子交换膜中的含水量对电催化活性也有影响，当膜失水后，催化层界面的活性也会下降较多。

（2）水的迁移

在 PEMFC 中，水的迁移有两种方式：

① 在电渗力的作用下被水化的质子携带，由电池阳极向阴极运动。PEMFC 在工作过程中，在阳极形成的 H^+ 将越过膜来到阴极，由于质子都处于水合状态，当质子进行迁移时，在电渗力的作用下必然将部分水带至阴极，越过膜的质子数愈多（电流密度愈大），每个质子携带的水分子也愈多（电渗系数愈大），则随同质子从阳极迁移至阴极的水也愈多。水的状态不同，电渗系数也不同，当水以气态形式存在时，电渗系数为 $1.0H_2O/H^+$，以液态形式存在时，电渗系数为 $2.5H_2O/H^+$。

② 水在浓度梯度下的扩散。由于电渗作用，膜的阳极侧水将减少，同时由于阴极区有电极反应生成的水，造成水在膜两侧形成浓度差，从而产生水由阴极向阳极的反扩散，其扩散的速度正比于浓度梯度。

电渗作用和扩散作用分别使水向相反的方向运动，如果两者的速率相等，则膜中的水仍处于平衡状态。然而在实际的工作状态下，随着放电电流的增加，反向扩散水量愈来愈低于正向电渗迁移的水量，形成所谓的水净迁移，即总结果是水从膜的阳极侧迁移至阴极侧，导致膜的阳极侧脱水，为了建立新的水平衡，必须设法补充水，并且使阳极侧补充的水量等于净的水迁移量。

（3）水平衡的影响因素

凡是影响电渗、扩散、水补充等的因素都会影响水的平衡。

① 电流密度。由于电池的反应产物是水，随着电流密度的增加，阴极上产生的水量增大。电流密度与水净迁移量的关系如图 6-33 所示。由图可以看出，水净迁移量随电流密度的增加而减小。在较小的电流密度下，PFMFC 具有较大的水净迁移量；当电流密度较大时，水净迁移量随之下降，与此同时，阴极生成产物的水量却是增加的，这势必造成电池在较小电流密度工作时产生缺水，而在较大电流密度工作时又形成水的过剩。

② 工作温度。工作温度对 PEMFC 中水平衡的影响主要体现在对水在空气中的饱和蒸气压以及水在质子交换膜中的蒸气压的影响。随着电池工作温度的上升，电池温度迅速上升至 80~90℃，其电压变化趋于平缓，如图 6-34 所示。这是由于低温时电池存在明显的活化极化，而且欧姆阻抗也较大，升高温度会降低欧姆阻抗，同时减小极化，因而改善了电池性能。然而，在不同工作温度下，这种改善作用受到质子交换膜中水的蒸气压的限制，当温度过高时，会使膜脱水，引起膜性能变差，造成电池性能的下降。

水平衡的影响因素还包括质子交换膜的湿化程度以及电池操作条件等。

（4）实现水管理的途径

实现水管理可以从以下几个方面考虑：①MEA 和电池结构的优化设计；②对 PEMFC 的运行参数，如反应气体的湿度、温度、电流密度进行综合调控；③选择合适的质子交换膜和碳布（纸）。目前，普遍采用的方法主要有三种：电池结构（包括 MEA）内部优化法、排水法和反应气体加湿法。

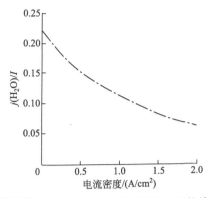

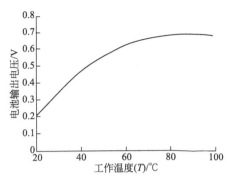

图 6-33 电流密度与水净迁移量之间的关系
$j(H_2O)$—水流量，$mol/(cm^2 \cdot s)$；
$j(H_2O)/I$—水净迁移量

图 6-34 工作温度对电池输出电压的影响

① 电池结构内部优化法。

a. 改变导流板的结构。由于 PEMFC 工作过程中要产生一部分水，因而实现有效水管理的一个目标就是利用并控制这部分水。通过改变导流板的结构，可以利用反应生成水来防止膜失水，采用一个多孔的碳极替代传统的刻有导流槽的极板，碳极要保证足够高的孔隙度，以便反应气体能顺利到达催化层，同时也起到热交换的作用。反应气体可在室温下直接提供给电池，这种结构的缺点是电池的启动性能较差，但是可通过预先向多孔碳极中注入部分水来改善电池的启动性能。

b. "封闭式"流道设计。"封闭式"流道是一种新型的气体流道设计，能改善水在 PEMFC 中的平衡。对于传统流道设计，反应气体靠扩散到达催化层，而改进设计后，反应气体靠强制对流到达催化层，这可明显改善反应气体的利用率。同时，采用新型的流道设计，当气体在流道中流动时，强制气流产生的剪切力还可带走大部分扩散层中滞留的水，降低电极被水淹没的可能性，从而达到改善电池性能的目的。

c. 膜中分散超细铂微粒。研究表明，当采用较薄的质子交换膜（如 Nafion112）为电解质时，膜两侧会发生轻微的氢和氧的渗漏，因此可通过改变膜结构的方法来改善膜内的含水量。这种方法的基本原理是将超细铂微粒（$1\sim2\mu m$）高度分散于 Nafion 膜中，使膜两侧微量渗漏的氢和氧在这些铂微粒表面经催化反应生成水，从而使膜内保持一定的含水量，避免了由外部增湿带来的麻烦。图 6-35 为两种方法的工作原理示意图，试验结果证明，这种新的内部湿化方法具有良好的效果。

② 排水法。PEMFC 的排水法有两种：一种是液态排水；另一种是气态排水。

a. 液态排水。主要是通过提高电池阴极的防水性，使阴极一侧的水以液态形式经阴极液体通道直接排放，但不阻塞阴极气体通道。由于采用液态排水时会或多或少损失一部分阴极区的反应面积，同时增大阴极极化。考虑到 PEMFC 的极化主要集中在阴极，因此采用直接阴极液态排水并不是最佳选择。

b. 气态排水。是指通过改进电池的结构，使电池内部由阴极至阳极形成一定的水浓度梯度，这样阴极产生的水可反扩散回阳极，并随阳极尾气以气态形式排放。由于这种方法是通过阳极排水，因而对阴极极化影响较小，电池性能也较高。这种排水方法的关键是增大膜两侧水的浓度差，提高水的反应扩散速度，同时不影响质子膜的含水率。为了使水以气态形式从阳极排出，必须确保反扩散的水能被燃料气吸收，可以采用三种措施实现： i . 使进口燃料气保持一定的湿度和足够的流动量，这样可保持相对湿度为一常数； ii . 在阴极表面产生热梯度，提高水的蒸气压；ⅲ.通过增加燃料气的流动速率，减小阳极蒸气沿通道长度方向上的压力，从而增加阳极气流中水的含量。研究表明，采用第三种方法是最佳选择。

采用阳极排水时，排气中水含量和电池电压与燃料气流速的关系如图 6-36 所示。由图可以看出，随着燃料气流动速率的增加，从阴极排出的水量减少，从阳极排出的水量却增加。当阳极和阴极排气中的含水量相近时，电池电压出现最大值。

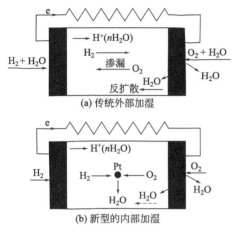

图 6-35 两种湿化方法的原理示意图

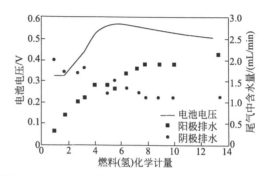

图 6-36 排气中水含量和电池电压与燃料气流速的关系

③ 反应气体加湿法。为防止质子交换膜失水而导致 PEMFC 性能下降，在排放阴极生成水的同时，还需要对进入电池的燃料气和氧化剂气体进行适当的加湿处理。常用的四种湿化方案如图 6-37 所示，分别为增温湿化、蒸汽注射湿化、循环湿化和直接液态水注射湿化。图中仅显示了对阳极燃料气的湿化，当采用空气为氧化剂时，阴极气流也必须湿化，这主要有两方面的原因：一方面空气中的氧分压较低；另一方面当使用空气时，为了获得相同数量的氧需要较大的气体流速，这种高速的干燥气体，使阴极气室保持很低的水分压，增大了水的净迁移量，从而使膜在阳极侧的脱水更为严重。

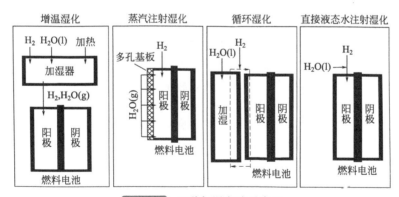

图 6-37 四种加湿方法示意图

（5）热管理

PEMFC 的热管理，即是指对电池工作温度的控制。PEMFC 的理想工作温度为 80～100℃。为了维持电池的工作温度，一方面对进入电池内部的反应气体进行预热，该过程往往与加湿过程同步进行；另一方面，考虑到燃料电池的实际工作效率，PEMFC 产生的能量中仍有 40%～50%是以热能的形式散出的，因此当电池正常工作时仍须采取适当的措施对电池进行冷却。应当指出的是，PEMFC 的热管理与其水管理在很大程度上是相互影响的。

质子交换膜中的含水量对热非常敏感，由于气体的热容小，热量传递稍有变化，电池温度就会发生较大变化，如果不及时排出，很容易造成电池局部温度升高，使膜脱水，从而引起电池性能下降。另外，水管理必须考虑热传递，热传递是控制电池稳定工作的一个关键环节，热的控制比水的控制更难。

PEMFC 的冷却方式分为空冷和水冷两种。在小电流密度下，采用空冷可以获得比较理想的效果；在大功率密度条件下工作时，必须采用水冷。

6.7.4 电池性能

PEMFC 的性能特性主要与自身的电化学反应机理、膜电极材料与微结构、流场板构造以及工作温度、压力、湿度、流量、反应气体类型等诸多因素有关。

（1）电性能

燃料电池电性能一般用极化曲线来评价，它描述了电池电压与电流密度的对应关系。燃料电池的功率密度（W/cm^2）是电压与电流密度的乘积。质子交换膜燃料电池（PEMFC）单元的最大功率密度一般在输出电压为 0.5V 左右时出现，然而因为电能转换效率直接与电池的输出电压成正比，所以为了达到较高的电能转换效率，工作电压往往选择在 0.6～0.8V 这段放电区间，而且在这段放电区间运行还有利于减少燃料电池发电系统的操作费用。目前单电池的性能为：在电压为 0.6V 时可达到 $1.7A/cm^2$ 的放电电流密度；电堆（10 节电池单元）的性能为：在电池单元电压为 0.6V 时可达到 $1.25A/cm^2$ 的放电电流密度。分别对应于 $1.0W/cm^2$ 和 $0.75W/cm^2$ 的功率密度。

（2）温度特性

PEMFC 的温度特性由其质子交换膜决定。由于目前多数 PEMFC 均采用 Nafion 系列膜作电解质，这种电解质在温度超过 80℃时，其热稳定性和质子传导性能将会严重下降，因而 PEMFC 的最佳工作温度为 80℃左右。Dow 化学公司开发的新型离子膜允许 PEMFC 的工作温度提高 10～20℃。燃料电池的工作温度对其性能有十分显著的影响，如图 6-38 所示。电解质采用 Dow 公司的质子交换膜，工作压力为 0.5MPa，Pt 用量为 $0.45mg/cm^2$，工作温度分别为 50℃和 95℃。从图中可看出，随着温度的升高，电压-电流密度曲线图上线性区的斜率（绝对值）是降低的。这意味着电池内阻的减小，这种减小主要归结于电极欧姆电阻的下降。结果表明，随着温度的升高，在相同电流密度条件下，燃料电池的工作电压随之增大，也就是说燃料电池的功率增大。另外，随着温度的升高，可以加快反应气体向催化剂层的扩散，加速质子从阳极向阴极的运动以及生成物水的排出，这些都会对电池性能的提高起到积极的作用。值得注意的是，操作温度不仅影响催化剂活性、抗 CO 中毒能力而且还直接影响到质子交换膜的含水量，所以电池的性能特性与温度之间存在复杂的关系，不能简单地认为电池性能单纯地随温度一致性地变化。

（3）压力特性

依据电化学热力学与动力学，提高反应气体压力能改善电池性能。为了获得较高的功率密度，PEMFC 需在更高的压力下工作，然而反应气体压力的提高，不但增加了电堆密封难度，而且还会增加额外的压缩功耗。因此，在 PEMFC 实际操作中，反应气体工作压力一般均控制在几个大气压之内，同时，阴、阳两极的气压要保持相等或阴极气压略高于阳极气压（经验压差在 0.05MPa 以内）。

目前，PEMFC 的工作压力范围为常压到 0.8MPa（8atm）。另外，对于不同的应用环境来说，PEMFC 的氧化剂类型也不同，例如在陆地上应用的 PEMFC，氧化剂可以是空气；

对非陆地应用场合，如空中或水下，PEMFC 就必须使用纯氧作氧化剂。图 6-39 显示了工作压力和氧化剂类型对 PEMFC 性能的影响。试验时电池工作温度为 50℃，采用 Dow 膜作电解质，Pt 含量为 $0.45mg/cm^2$，反应气分别采用 H_2/O_2 和 $H_2/$空气，其压力分别为 0.1MPa（1atm）和 0.5MPa（5atm）。从图中可看到，随着反应压力的下降，在相同的电流密度下，电池电压是下降的，意味着电池功率密度的下降。另外，采用 H_2/O_2 为反应气时，电池工作电压也明显高于 $H_2/$空气系统，而且在低电流密度时出现 U-I 线性区的偏离，这种偏离主要是由于存在"氮障碍层效应"和空气中氧分压较低，以上因素都会明显降低 PEMFC 的使用性能。

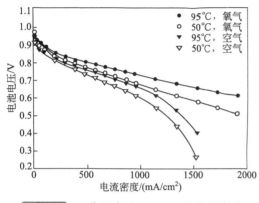

图 6-38 工作温度对 PEMFC 性能的影响

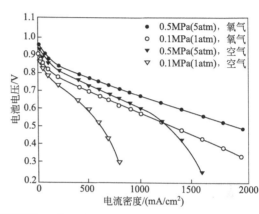

图 6-39 工作压力和氧化剂类型对 PEMFC 性能的影响

（4）CO 的影响

目前，因氢气的供应基础设施尚未健全，以天然气、甲醇等碳氢化合物重整制氢的燃料选择方案正在应用到 PEMFC 发电系统上。重整气中含有一定量（通常为 1%左右）的 CO，它极易吸附在 Pt 催化剂活性中心位置，导致其中毒，这是造成重整气/空气型 PEMFC 电压下降的重要原因。因此在使用重整气前，一定要清除 CO 并检测其含量。一般情况下，氢气中的 CO 含量应控制在 10^{-5} 以下。同时，人们也正在开发抗 CO 中毒的新型催化剂，已证实 Pt/Ru 二元合金催化剂在抗 CO 中毒方面具有一定的效果。

质子交换膜燃料电池的输出电压特性与 CO 浓度的影响关系如图 6-40 所示。从图中可看出，当工作温度为 80℃，电流密度为 $500mA/cm^2$，使用含氧 80%、二氧化碳 20%、一氧化碳 10^{-5} 的混合气时，其输出电压比用纯氢时下降大约 30mV。随着 CO 浓度的增加，电池的输出电压下降的幅度增大。这是由于 CO 在催化剂表面发生了化学吸附，减小了催化剂有效反应面积。

从图中还可以看出，导致阳极催化剂性能下降而产生的电池电压降低并不仅仅由 CO 引起，同时还受到燃料气体中 CO_2 的影响。含有 CO_2 与不含 CO_2 的情况相比较，电池电压大约下降了 20mV。可以推断，这是因为 CO_2 发生逆反应生成了 CO［如式（6-49）所示］，从而导致阳极催化剂因 CO 而中毒所引起。

$$CO_2 + H_2 \longrightarrow CO + H_2O \tag{6-49}$$

目前能较好解决 CO 中毒的方法是向阳极供应一定量的空气。如图 6-41 所示，在重整燃料气中含有 10^{-4} 的 CO 的情况下，当电流密度为 $0.1A/cm^2$ 时，质子交换膜燃料电池的电压几乎为 0，但通过 CO 选择氧化或在阳极加入 4%的空气后，电池性能几乎达到纯氢燃料质子交换膜燃料电池的极化特性。

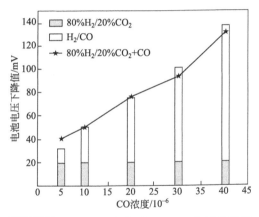

图 6-40　一氧化碳浓度对 PEMFC 电压的影响

25m² 单电池；阳极催化剂：Pt/Ru；80℃，500mA/cm²

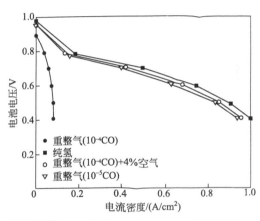

图 6-41　CO 选择氧化对 PEMFC 性能的影响

（5）寿命

通常在恒流放电的情况下，记录电池电压随时间的变化关系来描述电池的稳定性。它是评价电池寿命的一项重要指标。例如使用纯氢进行试验，工作时间为 9000h 时电池电压下降速度为 4mV/1000h。电压下降可能是由于电催化剂老化、质子交换膜的老化、腐蚀与污染等。表 6-7 显示了长时间工作后 PEMFC 电压下降的主要原因。

表 6-7　PEMFC 性能衰减的原因

性能衰减原因	EW 值增大	Pt 粒径增大	其他因素	总下降量
性能衰减/(mV/1000h)	1.0	1.7	1.3	4.0
下降率/%	32.5	42.5	25	100

然而在实际使用中，PEMFC 电堆往往可能会由于组装、操作不当等原因，还未达到使用寿命之前就失效。主要有以下原因：

① 反应气体在 PEMFC 的活性面上分布不均匀，形成无反应气体的"死区"并发生电解水反应（$H_2O \longrightarrow H_2 + \frac{1}{2}O_2$）。一旦发生这种现象就会造成氢气与氧气的混合，在电催化剂的作用下可能产生燃烧、爆炸的危险。因此，为了避免"死区"产生，应采用流场均匀分布的双极板组装 PEMFC 电堆，在操作中保持适合的反应气体流速，并要防止供气系统与电池排气系统产生故障。

② PEMFC 的质子交换膜损坏，造成氢气与氧气混合，在电催化剂的作用下必将产生爆炸，导致电堆损坏。因此，在制备膜电极与装配电堆的过程中要防止造成膜电极损伤，并改善电堆电流与分布的均匀性，防止热点击穿。而且在操作中还要防止反应气体气压与流量的大幅度波动。

6.7.5　电池系统

PEMFC 实际上是一个复杂的系统，除 PEMFC 本体外，还包括以下几个部分：①燃料及循环单元；②氧化剂及循环单元；③水与热的管理单元；④各类泵阀的控制单元。

（1）燃料及其循环单元

PEMFC 的燃料可选用纯氢或碳氢化合物，如果电池以纯氢为燃料，则系统结构相对简单，仅由氢源、稳压阀和循环回路组成。其中，氢源可采用压缩氢、液氢或金属氢化物储氢等；稳压阀起控制燃料气压力的作用；循环回路用以循环利用过量的燃料气，燃料气的过量一方面保证电化学反应的充分进行，另一方面也可以部分起到保持水平衡的作用，通常是采用一个循环泵或喷射泵将这部分氢送回电池燃料气的入口处，在这种情况下，可认为由氢源系统提供的氢 100％ 被用来发电。

如果质子交换膜燃料电池以碳氢化合物为燃料，则该系统结构要复杂得多，其中至少包括一个燃料处理器，用来将燃料或燃料与水的混合物转换成富氢气体，富氢气体中包括大部分氢、二氧化碳、水和微量的一氧化碳。另外，随燃料处理器的不同，转换器中可能还有氮气。实际上，在任何 PEMFC 系统中，转换器中的惰性气体和其他气体都将不同程度地影响电池的性能。由于 PEMFC 的工作温度通常在 $100℃$ 以下，在典型的 PEMFC 系统中，CO 很容易吸附在铂催化剂上，引起催化剂中毒，导致电池性能下降。因而，必须将转换气中的 CO 浓度控制在 10^{-4} 以下，这可通过一个转换器或一个选择氧化器来实现，通过这些措施，可保证燃料气中的 CO 含量低于 10^{-5}。

（2）氧化剂及其循环单元

质子交换膜燃料电池的氧化剂可以是纯氧或空气，若以纯氧作氧化剂，其系统组成和控制与纯氢作燃料气相类似。然而，从实用化和商业化的角度考虑，PEMFC 均采用空气作氧化剂。根据不同的应用需要，空气可以是常压的，也可以是压缩的。如果采用常压空气作氧化剂，可简化系统的结构，考虑到电池性能随氧压力的增大而升高，因而在获得同等电池性能的前提下，采用常压空气作氧化剂的 PEMFC 系统必定具有较大的尺寸和更高的制造成本。采用常压空气带来的另外一个问题是增加了电池系统水/热管理的难度，这个缺点对小型低功率电池系统的影响并不明显，但对大型商用 PEMFC 发电系统来说，其负面影响是不可忽视的。因此，在多数 PEMFC 的应用中采用压缩空气作氧化剂，相应地增加了氧化剂及其循环系统的复杂性。通常，这样一个系统包含一个由 PEMFC 驱动的压缩机和一个可从排放气中回收部分能量的超级压缩器。一般来说，采用何种形式的氧化剂，取决于特定应用场合下的系统效率、质量及制造成本之间的平衡。

（3）水/热管理单元

通常，氧化剂的流量是 PEMFC 发生反应所需化学计量流量的 2 倍。由于 PEMFC 的最佳工作温度为 $70～90℃$，反应产物均以液态形式存在，易于收集，因而相对其他类型的燃料电池而言，PEMFC 的水管理系统相对简单。另外，系统中反应产物水也可由阳极排出。

在大多数 PEMFC 系统中，反应产物水被用于系统的冷却和部分用来加湿燃料气和氧化剂，产物水首先通过燃料电池堆的反应区冷却电堆本身，在冷却的过程中水蒸气被加热至燃料电池的工作温度，被加热的水再与反应气体接触，起到增湿的效果。除了在增湿的过程中部分热量被反应气体带走外，还需要一个进一步的热交换过程，将水中多余的热量带走，防止 PEMFC 系统热量逐步积累，造成电池温度上升、性能下降。这种热交换过程通常采用一个水/空气热交换器来完成，当然在一些特殊的 PEMFC 系统中，这部分过多的热量也可用于空调加热和饮用水加热。

（4）控制系统

PEMFC 系统是一个由众多子系统组成的复杂系统，系统中的每一部分既相互独立，又相互联系，任一部分工作失常都将直接影响电池性能。为了保证整个系统可靠运行，需要多种功能不同的阀件、传感器和水、热、气调节控制装置等，由这些控制装置及其相应的管路组成的控制系统在很大程度上决定了 PEMFC 系统的实用性，如作为笔记本电脑电源的小型 PEMFC，在燃料电池本体已实现微型化的前提下，控制系统也必须实现微型化。

针对 PEMFC 的不同应用场合和要求，必须选择或设计特定的阀。对于控制系统中涉及的控制部件应满足燃料电池系统的特殊要求，保证它们的安全性以及与燃料电池系统的配套性。

另外，PEMFC 产生的电能为直流电，其输出电压受内阻的影响，并随负荷的变化而改变。因此，为了满足大多数负载对交流供电和电压稳定度的要求，在燃料电池系统的输出端，必须配置功率变换单元。当负载需要交流供电时，采用 DC/AC 变换器；当负载要求直流供电时，则需要用 DC/DC 变换器实现燃料电池组输出电能的升压与稳压。

6.7.6 应用前景

燃料电池以其能量转换效率高、对环境污染小、可靠性和维护性好等诸多优点，被誉为继水力、火力和核能之后的第四代发电装置，PEMFC 更以其独特的优势，成为适应性最广的燃料电池类型。总的来说，PEMFC 的应用范围包括以下几个方面：固定式电源（分散型电站）、移动式电源和动力电源。

（1）固定式电源（分散型电站）

PEMFC 应用于大规模中心发电厂，与传统的发电技术相比，尽管在效率和环境保护方面存在一定的优势，但考虑到制造成本以及燃料方面受到的限制，PEMFC 不宜作为中心发电厂的发电装置。而 PEMFC 用于小规模发电就具有优势，因为它非常灵活，可做成任意规模，因此 PEMFC 作为分散型电站，其应用前景相当可观。

PEMFC 分散型电站可以与电网供电系统共用，主要用于调峰；也可作为分散型主供电源，独立供电，适合用作海岛、山区、边远地区或新开发地区电站。

与集中供电方式相比，分散供电方式有较多的优点：

① 可省去电网线路及配电调度控制系统；

② 有利于热电联供（由于 PEMFC 电站无噪声，可就近安装，PEMFC 发电产生的热可以进入供热系统），可使燃料总利用率高达 80% 以上；

③ 受战争和自然灾害等的影响比较小；

④ 通过天然气、煤气重整制氢，可利用现有天然气、煤气供气系统等基础设施为 PEMFC 提供燃料，通过生物制氢、太阳能电解制氢方法则可形成循环利用系统（这种循环系统特别适用于广大的农村和边远地区），使系统建设成本和运行成本大大降低。

由上可见，PEMFC 电站的经济性和环保性均比较好，所以，随着燃料电池技术的推广应用，发展 PEMFC 分散型电站将是一大趋势。

（2）动力电源

可用作助动车、摩托车、（电动）汽车、火车、船舶等交通工具动力源，以满足环保对车辆船舶排放的要求。

PEMFC 的工作温度低，启动速度较快，功率密度较高（体积较小），因此，很适合用作新一代交通工具动力源。由于汽车是造成能源消耗和环境污染的主要原因，因此，世界各大汽车集团竞相投入巨资，研究开发电动汽车和代用燃料汽车，其中 PEMFC 电动车被业内公认为是电动车的未来发展方向。PEMFC 可以实现零排放或低排放，其输出功率密度比目前的汽油发动机输出功率密度高得多，可达 1.6kW/L。

用作电动自行车、助动车和摩托车动力源的 PEMFC 系统，其功率范围分别是 300~500W、500W~2kW、2~10kW。游览车、城市工程车、小轿车等轻型车辆用的 PEMFC 动力系统的功率一般为 10~60kW。公交车的功率则需要 100~175kW。

PEMFC 用作潜艇动力源时，与斯特林发动机及闭式循环柴油机相比，具有效率高、噪声低和红外辐射低等一系列优点，对提高潜艇隐蔽性、灵活性和作战能力具有重要意义。德美国、加拿大、澳大利亚等国海军都已经装备了以 PEMFC 为动力的潜艇，这种潜艇可下连续潜行一个月之久。

（3）移动式电源

用作便携电源、小型移动电源、车载电源、备用电源、不间断电源等，适用于军事、通信、计算机、地质、微波站、气象观测站、金融市场、医院及娱乐场所等领域，以满足野外供电、应急供电以及高可靠性、高稳定性供电的需要。

PEMFC 电源的功率最小只有几瓦，如手机电池。据报道，PEMFC 手机电池的连续待机时间可达 1000h，一次填充燃料的通话时间可达 100h（摩托罗拉）。适用于笔记本电脑等便携电子设备的 PEMFC 电源的功率范围大致在数十瓦至数百瓦（东芝）。军用背负式通讯电源的功率大约为数百瓦级。卫星通信车用的车载 PEMFC 电源的功率一般为数千瓦级。

PEMFC 系统虽具有高效、环境友好等优点，但其推广应用仍受以下因素影响：

① 价格局限。由于质子交换膜尚未产业化，成本较高，再加上使用铂作催化剂，因此其价格虽然已有所降低，但与汽油、柴油发动机相比（约 50 \$/kW）还有较大差距。

② 燃料的限制。目前 PEMFC 主要以纯氢气为燃料。由于现有的燃料供给设施的限制，氢燃料的补给是制约 PEMFC 推广的瓶颈。鉴于此，各国纷纷研制、开发碳氢液体燃料的 PEMFC，并在甲醇、汽油等燃料重整 PEMFC 的研究方面已取得可喜成果，如能在关键技术上突破，则可利用现有的燃料配给设施补给燃料。

由以上分析可见，PEMFC 系统是一种高效率、低噪声的新型发电设备，它不仅需要性能优良、运行可靠的质子交换膜燃料电池组（堆），同时需要燃料储存、氧化剂（空气）供给、温度调节以及系统控制等功能单元的科学合理配置。PEMFC 发电系统在技术上已基本成熟，其推广应用的障碍主要是价格问题。但只要回顾一下电子计算机从电子管到晶体管、从小规模集成电路到中大规模集成电路最后到超大规模集成电路的几代发展史，不难得出推断：PEMFC 电源最终将与计算机一样进入各行各业，千家万户。

习题与思考题

1. 什么是燃料电池？简述其工作原理。

2. 按所用电解质来分类的话，常见燃料电池有哪几种？它们各自的特点是什么？

3. 燃料电池系统由哪几个单元构成？各单元的作用是什么？

4. 写出燃料电池的电动势的表达式。气体压力和浓度对燃料电池电动势有什么影响？

5. 燃料电池的效率受哪些因素的影响？

6. 对于碱性燃料电池的催化剂有哪些要求？

7. 碱性燃料电池中阴极催化剂中毒是导致电池性能下降的一个主要原因，是什么原因造成阴极催化剂中毒呢？

8. 对碱性燃料电池的电解质有哪些要求？

9. 磷酸燃料电池气体扩散电极的制备可以采用哪些方法？

10. 为什么采用磷酸作为电解质（采用磷酸作为电解质的优点）？

11. 电解质磷酸的流失被认为是影响电池性能的一个重要因素，磷酸的流失通过哪几种途径进行？

12. 磷酸燃料电池性能缓慢下降的原因有哪些？怎样进行改进？

13. 熔融碳酸盐燃料电池有什么优点和不足？

14. 说明 MCFC 的工作原理，并给出电极反应和电池总反应。

15. 熔融碳酸盐燃料电池主要有哪些阳极材料？

16. 论述操作条件对熔融碳酸盐燃料电池性能的影响。

17. 固体氧化物燃料电池有什么优点和不足？

18. 说明 SOFC 的工作原理，并给出电极反应和电池总反应。

19. SOFC 的电解质材料需要满足什么条件？

20. SOFC 主要有哪些类电解质材料？各类电解质材料有什么特点？

21. SOFC 的阳极材料需要满足什么条件？主要有哪些阳极材料？

22. SOFC 的阴极材料需要满足什么条件？主要有哪些阴极材料？

23. SOFC 的连接材料需要满足什么条件？主要有哪些连接材料？

24. SOFC 的密封材料需要满足什么条件？主要有哪些密封材料？

25. SOFC 的结构主要有哪几种？各有什么特点？

26. PEMFC 的电催化剂采用碳载铂或碳铂合金，试问这种电催化剂的优点是什么？在膜电极中还采取了何种措施来提高它的利用率？

27. 目前 PEMFC 采用的是什么样的质子交换膜？有关质子交换膜的网络结构模型的要点是什么？质子交换膜的导电性能与哪些因素有关？

28. 什么叫双极板？PEMFC 的双极板必须满足哪些功能要求？目前有哪些种类？

29. PEMFC 中的水是如何生成和迁移的？如何实现 PEMFC 的水管理？

30. 为什么要对质子交换膜燃料电池进行热管理？热管理有哪几种方式？目前普遍采用的热管理技术是什么？

31. 据你所知，PEMFC 的应用前景有哪些？

32. 质子交换膜燃料电池还没有商品化的原因是什么？

第7章
一次电池

一次电池是指放电后不能通过充电方法获得再放电能力的化学电池，又称原电池。1800年意大利的伏打（Volta）发明的伏打电堆是最早的原电池，1868年法国的 Georages Le-clanche 发明了锌锰电池，20世纪70年代初出现了电压高、比能量大的锂电池。锂电池主要用作小功率便携式通信设备或小型通信测量仪表的电源，其发展方向是高比能量、储存性能好、成本低和环境友好。一次电池具有性能可靠、电压稳定、无电磁干扰、体积小和重量轻等特点。按电极材料的不同可分为锌-二氧化锰、锌-氧化汞、锌-氧化银、锌-空气、锂-二氧化锰和锂-亚硫酰氯原电池等。常见一次电池的主要类型及性能如表 7-1 所示。

表 7-1 一次电池的主要类型及性能

电池类型		正极	负极	电解质	$E^{\ominus}/V$	$W'/(W \cdot h/kg)$
锌系列电池	勒克朗谢电池	MnO_2	Zn	$NH_4Cl/ZnCl_2$	1.5	10～50
	碱性锌-锰电池	MnO_2	Zn	KOH	1.5	30～100
	锌-汞电池	HgO	Zn	KOH	1.3	30～100
	锌-空气电池	空气	Zn	KOH	1.646	100～250
	锌-银电池	AgO/Ag_2O	Zn	KOH	1.72	60～160
锂电池		MnO_2	Li	$PC/DME+LiClO_4$	3.5	400
		SO_2	Li	$AN+SO_2+LiBr$	2.9	400
		$SOCl_2$	Li	$LiAlClSOCl_2$	3.6	460
水激活电池		AgCl	Mg	NaCl，海水	1.7	100～150
		PbO_2	Mg	NaCl	2.4	
		Cu_2Cl_2	Mg	NaCl	1.6	50～80
		$PbCl_2$	Mg	NaCl	1.2	50～80
热激活电池		$CaCrO_4$	Ca	LiCl/KCl	0.8	
		V_2O_5	Mg	LiCl/KCl	0.8	
		$PbSO_4$	Ca	LiCl/KCl		
固体电解质电池		Ag	RbI_3	$RbAg_4I_5$	0.66	5.0

7.1 锌锰电池

锌锰电池又称勒克朗谢电池以及锌-二氧化锰电池，它是以金属锌为负极、二氧化锰为正极，并与适宜的隔膜和电解质溶液组成的一种原电池。

1860 年，法国的 George Leclanche 发明了世界上至今仍广泛使用的锌锰电池的前身。它的负极是锌和汞的合金棒，正极是以一个多孔的杯子盛装着碾碎的二氧化锰和碳的混合物，在此混合物中插有一根炭棒作为电流收集器；负极棒和正极杯都被浸在作为电解液的氯化铵溶液中，此系统被称为"湿电池"。George Leclanche 制造的电池虽然简陋但却便宜，所以一直到 1880 年才被改进的"干电池"取代。负极被改进成锌罐（即电池的外壳），电解液变为糊状而非液体，这就是现在大家熟悉的锌锰电池。

1868 年，George Leclanche 又发明了采用 NH_4Cl 水溶液作为电解质的锌-二氧化锰电池，它成为使用广泛的锌锰电池的雏形（又称勒克朗谢电池），这种电池于 1888 年商品化。

自 George Leclanche 发明锌锰电池至今已有 100 多年的历史，在这 100 多年中，随着应用领域的扩展和科学技术的发展，锌锰电池的制造技术和性能得以不断改进和完善，特别是近年来，锌锰电池的性能达到了更高的水平。锌锰电池在经过了锌锰湿电池、普通干电池（第一代）和碱性锌锰电池（第二代）三个阶段后，逐步向着无汞电池和可充碱性电池（第三代）的方向发展。

碱性锌锰电池分为一次碱性锌锰电池和可充电碱性锌锰电池。这种电池可根据需要制成圆柱形或钮扣形。早在 20 世纪 70 年代，美国和日本的碱性锌锰电池产量已占锌锰电池总量的 80%左右，目前几乎全部为碱性锌锰电池，而且实现了无汞化，产量保持在总产量的 85%以上，欧洲也已超过 50%。90 年代初，碱性锌锰电池无汞化技术的突破和可充电的实现，使该产品的竞争力进一步加强，在美国和日本等国家，可充碱性锌锰电池于 1994 年正式投入批量生产。

锌锰电池虽然是较早发明出来的电池，但至今仍是一次电池中使用最广，产量最大的一种电池。锌锰电池之所以在化学电源中占有如此重要的地位，是因其具有如下优点：①使用方便；②原材料来源丰富，价格低廉；③可以以中等电流密度放电；④储存寿命较长等。当然，锌锰电池也存在不足之处，如不能大电流放电和储存时的自放电率高等。

锌锰电池适合小电流间歇式放电，主要用于如收音机、录音机、照相机、手电筒、测量仪表及电动玩具等小型电子仪器仪表等领域；在军事上主要用于各种背负式通信机。目前，随着各种新型高能锂电池的开发与应用，部分锌锰电池的应用领域已逐渐被其占据，但在低电压（1.5V）的电子产品方面，锌锰电池仍然有着其他电池无法取代的地位。

7.1.1 工作原理

锌锰电池采用二氧化锰作正极、锌作负极、氯化铵和氯化锌的水溶液或氢氧化钾作电解质溶液、淀粉浆糊作隔离层。锌锰电池的电解质溶液通常制成凝胶状，或被吸收在其他载体上而呈不流动状态，所以又称"干电池"。锌锰电池常按用电器具的要求制成圆柱形或方（矩）形等，方形电池是由几个锌锰单体电池串联叠合而成的，又被称为叠层式电池。

锌锰电池根据其组成、外形和性能的不同，可分为不同的种类。按电解质性质的不同可分为：中性或微酸性电池（电解质为 $NH_4Cl + ZnCl_2$，铵型以 NH_4Cl 为主、锌型以 $ZnCl_2$ 为主）、碱性电池（电解质为 KOH）。按使用隔离层的不同可分为糊式电池和纸板电池。中性或微酸性电池按其外形的不同可分为：筒式、叠层式和薄形（纸）等。碱性电池按其外形的不同可分为：筒式、扣式和扁平式等。在各种形状的锌锰电池中，筒式电池是应用最广的一类。筒式电池可分为如下 4 类。

（1）传统的勒克朗谢电池

传统的勒克朗谢电池采用天然的 MnO_2（MnO_2 质量分数为 70%～75%）作正极活性物质、锌筒作负极，电解液是加有氯化锌的氯化铵溶液，隔膜是淀粉浆糊隔离层。这类电池又称为"糊式锌锰电池"，也称干电池，其性能较差。电池表达式为：

$$（-）Zn \mid NH_4Cl, ZnCl_2 \mid MnO_2, C（+）$$

电池的工作原理为：

负极　　　　　　　$Zn + 2NH_4Cl - 2e \longrightarrow Zn(NH_3)_2Cl_2\downarrow + 2H^+$ 　　　　　（7-1）

正极　　　　　　　$2MnO_2 + 2H^+ + 2e \longrightarrow 2MnOOH$ 　　　　　　　　　（7-2）

电池反应　　　$Zn + 2MnO_2 + 2NH_4Cl \longrightarrow Zn(NH_3)_2Cl_2\downarrow + 2MnOOH$ 　　（7-3）

从 1960 年开始，这类电池的正极材料采用电解二氧化锰（MnO_2 质量分数为 91%～93%），使电池的放电性能大幅提高。如：放电时间是原来的 1.5～2.0 倍（见表 7-2）；R20 型电池的比能量达 $0.12W \cdot h/cm^3$。所以，采用电解 MnO_2 的电池被称为"高性能电池"。

表 7-2　三种二氧化锰电池放电性能的比较

MnO_2 种类	新电池 5Ω 连续放电/min	新电池 5Ω 间歇放电/min			存放六个月后 5Ω 间歇放电/min		
		终止电压/V					
		1.1	0.9	0.75	1.1	0.9	0.75
天然 MnO_2	650	720	1007	1207	620	910	1100
电解 MnO_2	1480	930	1230	1312	600	1050	1286
活化锰粉	1272	720	1100	1307	600	1050	1286

（2）纸板电池

纸板式锌锰电池采用电解二氧化锰作正极活性物质、浆层纸衬隔离层作隔膜，电解液改为氯化锌为主体加少量氯化铵（质量分数 4%～6%）的水溶液。这种高氯化锌纸板电池是 1970 年开始生产的，其放电性能和防漏性能有较大改进和提高。与糊式锌锰电池相比，其放电时间大约提高了一倍；可以大电流放电，R20 型电池的比能量达 $0.15W \cdot h/cm^3$。

电池的表达式为：

$$（-）Zn \mid ZnCl_2 \mid MnO_2, C（+）$$

由于这种电池的电解液被改进为以氯化锌为主体，所以其工作原理与以氯化铵为主体的糊式锌锰电池有所不同，其工作原理为：

负极　　　　　　　　$4Zn - 8e \longrightarrow 4Zn^{2+}$ 　　　　　　　　　　　　　　　（7-4）

　　　　$4Zn^{2+} + H_2O + 8OH^- + ZnCl_2 \longrightarrow ZnCl_2 \cdot 4ZnO \cdot 5H_2O$ 　　　（7-5）

正极　　　　　$8MnO_2 + 8H_2O + 8e \longrightarrow 8MnOOH + 8OH^-$ 　　　　　　（7-6）

电池反应　$8MnO_2 + 4Zn + ZnCl_2 + 9H_2O \longrightarrow 8MnOOH + ZnCl_2 \cdot 4ZnO \cdot 5H_2O$ 　（7-7）

（3）碱性锌锰电池

碱性锌锰电池是 1882 年由德国学者 G. Leuchs 发表的专利。商品化的碱性锌锰电池是 20 世纪中期在中性锌锰电池基础上发展起来的，它是中性锌锰电池的改进型。碱性锌锰电池与上述两类电池不同的是负极是汞齐化锌粉，电解液是 KOH 溶液；电池反应机理和电池结构也不相同。碱性锌锰电池的性能优于前两类电池，放电时间是糊式电池的 5～7 倍，如

R20 型电池的比能量 $0.21W \cdot h/cm^3$。

碱性锌锰电池的表达式为：

$$(-)Zn \mid KOH \mid MnO_2, C(+)$$

电池的工作原理为：

负极 $\qquad Zn + 2OH^- - 2e \longrightarrow ZnO + H_2O \qquad$ (7-8)

正极 $\qquad 2MnO_2 + 2H_2O + 2e \longrightarrow 2MnOOH + 2OH^- \qquad$ (7-9)

电池反应 $\qquad Zn + 2MnO_2 + H_2O \longrightarrow 2MnOOH + ZnO \qquad$ (7-10)

碱性锌锰电池还可制作成二次电池。

（4）无汞锌锰电池

在锌锰电池中添加缓蚀剂汞可以阻止氢在锌电极上的析出，减少锌负极腐蚀。锌锰电池分为普通锌锰干电池与碱性锌锰电池，这两种电池中防腐所需的汞量有所不同，后者远多于前者。在普通干电池中，锌筒既是负极活性物质，也是电池的容器，对其进行汞齐化不仅提高了氢气析出超电位，减小了自放电，而且能使锌筒内部的腐蚀均匀，防止因点蚀穿孔而引起电池的漏液。在碱性锌锰电池中，其外壳是钢筒，负极活性物质是锌粉，由于锌粉比锌片的比表面要大得多，所以要达到缓蚀的效果，用汞量比普通干电池要高出很多倍，含汞量达到锌粉的 6%～10%。

但是，汞对人类和环境有害，世界各国已逐步禁止在电池中加汞，并研究开发各种替代汞的缓蚀方法。1992 年，日本、美国、西欧等已实现了锌锰电池的无汞化；我国从 2005 年起实现了锌锰电池无汞化（电池中汞含量按质量分数不能超过 0.0001%）。

锌锰电池实现无汞的主要途径有两种。一是采用无汞锌合金，即在高纯度的锌中添加铅、镉、铟、镓、铋、铝等制成的合金，其作用是提高氢的超电位，以减少锌的腐蚀和气体的释放。二是添加代汞缓蚀剂，包括无机代汞缓蚀剂和有机代汞缓蚀剂，前者主要是具有高析氢超电位的金属（如铅、镉、铟、铋、锑等）氧化物或氢氧化物，后者主要是阳离子型表面活性剂、非离子型表面活性剂、含氟表面活性剂及芳香杂环化合物等。

7.1.2 基本构造

锌锰电池经历了糊式锌锰电池、纸板式电池、碱性锌锰电池以及无汞锌锰电池四个发展阶段。锌锰电池的种类不同，其结构也有所差异。

（1）糊式电池

糊式电池是锌锰电池的第一代产品。普通糊式锌锰电池的结构如图 7-1 所示，叠层糊式锌锰电池的结构如图 7-2 所示。其主要组成部分为：

① 锌筒：是电池的负极，并兼作电池的外壳。由于金属锌导电良好、无须加集流器来导出电流，在锌筒内壁与浆糊状溶液界面处发生氧化反应。

② 浆糊层：是电池的电解液，向电解质（NH_4Cl、$ZnCl_2$）中加入一定量的糊状剂如淀粉胶体，使电解液成为浆糊状而不能流动，但离子可以在其中迁移，以保证糊式锌锰电池可以在任意方向上使用。

③ 电芯：电芯就是电池的正极，由二氧化锰、炭棒、乙炔黑、电解质和其他添加剂等组成。电芯主要由 MnO_2 构成，正极反应在 MnO_2 和溶液的界面处发生。由于 MnO_2 为半导体，其导电性能不够好，为此加入石墨粉或乙炔黑以增强电芯的导电性能，同时用炭棒作为集流器导出电流。为了不使化学反应仅限于电芯与浆糊层界面处，在电芯内部也希望发生电化学反应，扩大反应的面积，所以在电芯内也加入了电解质，同时还可起到减小电池极化内阻的作用。

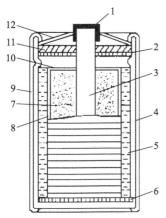

图 7-1　普通糊式锌锰电池结构

1—铜帽；2—垫圈；3—炭棒；4—锌筒；
5—电解质＋淀粉；6—垫片；7—正极碳包；
8—绵纸；9—硬纸板；10—空气室；
11—封口剂；12—胶纸盖

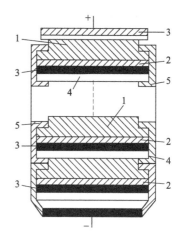

图 7-2　叠层糊式锌锰电池结构

1—炭棒；2—浆纸层；3—锌片；
4—导电膜；5—塑料袋

（2）纸板式电池

纸板式电池是第二代锌锰电池，它主要是用复合浆料涂覆在基纸上来代替浆糊层，电解质则多采用氧化锌型。其结构与糊式电池基本相似，如图 7-3 所示为氯化锌型锌锰电池的结构。它具有如下的特点和优点：

① 极间距减小：由糊式电池的 2.5～3.0mm 极间距减小到 0.15～0.20mm。

② 电池极间距小：由于纸板式电池极间距减小，留出更大的空间给电芯，使 MnO_2 用量增加了 35％，容量增加近 40％。所以在同样的空间内，大大提高了电池的容量，同时增大了电极的有效面积 15％以上。与糊式电池相比，纸板式电池的放电时间大约提高了一倍；比功率由 80W/dm³ 增加到 150 W/dm³；可以大电流放电。

③ 电解液：纸板式电池浆层纸所含电解液量比糊式电池少，为了保证电极反应所需要的电解液量，需

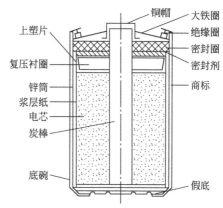

图 7-3　氯化锌型电池的结构

要提高电芯中的含液量。乙炔黑具有良好的吸液性和导电性，通常通过增加乙炔黑来增加电芯的含液量。

（3）碱性电池

① 圆筒形。圆筒形碱性锌锰电池使用氢氧化钾和（或）氢氧化钠的水溶液作电解液，采用了与普通锌锰电池相反的结构（如图 7-4 所示）：负极在内，为膏状胶体，用铜钉作集流体（负极集流体可以是铜片、铜弹簧或镀铜和镀锡的铁钉，以利于表面生成汞齐）；正极在外，活性物质和导电材料压成环状（锰环），与电池外壳连接；正负极间用专用隔膜隔开。为了能与普通锌锰电池互换使用，同时避免使用时正负极弄错，电池在设计制造时，将上述碱性锌锰电池的半成品倒置过来，使钢筒底朝上，开口朝下，再在钢筒底上放一个凸形盖（假盖），正极便位于上方；在负极引出体上焊接一个金属片（假底），以达到碱性锌锰电池

的正、负极性和形状与普通锌锰电池一致的目的。

② 卷绕式。卷绕式电池是以金属网作载体，把正、负极分别压制成薄带状，再与隔膜叠合在一起卷成螺旋状（电容式）结构的电池，如图7-5所示。这种电池结构的特点是正、负极作用面积大，极化内阻小，从而在低温、大电流放电时可获得更高的容量。

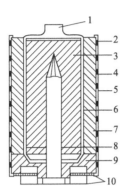

图 7-4 圆筒形碱性锌锰电池结构

1—金属顶帽；2—塑料套筒；3—锌膏；
4—钢壳；5—金属外壳；6—隔离层；
7—二氧化锰；8—锌极集流柱；
9—塑料底；10—金属底盖绝缘垫圈

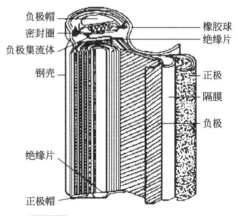

图 7-5 卷绕式碱性锌锰电池结构

③ 方形。方形单体电池正、负极采用极群式结构，正、负极分别压制成方型薄片，极片中间夹有金属集流网。

碱性锌锰电池由于电解质和电池结构的改变，电池的放电性能大大改善，容量比普通锌锰电池提高了数倍，特别适用于大电流和连续放电的场合。目前该产品已是民用电池的主导产品之一，也是最具发展前途的民用电池，由于碱性锌锰电池具有优异的性价比，它将逐步淘汰普通锌锰电池，成为民用电池的升级换代产品。

7.1.3 型号规格

国际电工委员会（IEC）对干电池的型号和规格做出了规定。表7-3列出了一些常见中性锌锰电池的型号和规格。过去曾把用于加热灯丝的电池称甲电（A电），把用作极板电源的电池称乙电（B电）。

表 7-3 一些常见中性锌锰电池的型号与规格

IEC	中国	日本	美国	电池尺寸		质量/g	额定电压/V
				直径/mm	高度/mm		
R40	一号甲		NO6	64	166	1000	1.5
R20	一号	UM-1	D	34.2	61.5	160	1.5
R14	二号	UM-2	C	26.2	50	45	1.5
R10	四号		(BR)	20	37	20	1.5
R6	五号	UM-3	AΛ	14.5	50.5	15	1.5
R03	七号	UM-4	AAA	10.5	44.5	8	1.5

IEC	中国	日本	美国	电池尺寸		质量/g	额定电压/V
				直径/mm	高度/mm		
30R20	一号乙		B				45
3F12	扁电池		3B				4.5
6F22				$(H)48.5\times(L)26.5\times$ $(W)17.5$			9.0
6F100-2	叠层式乙电池						9.0
60F40	叠层式乙电池						90

单体电池的型号是在英文大写字母的后面加上以阿拉伯数字表示的序号。大写字母 R 表示圆筒形电池，F 表示扁形（叠层式）电池，S 表示方形或矩形电池。

例如，R20 表示圆筒形锌锰电池，后面的 20 是序号，从电池标准中可以查出其规格、尺寸，如表 7-3 给出的，其电压为 1.5V，其直径为 34.2mm，高度为 61.5mm。R20 电池也被称为 D 型电池或 1 号电池。

两个以上的单体电池组合成电池组的表示方法如下：当电池串联时，在单体电池型号之前加上单体电池串联数。如 30R20 表示由 30 只 R20 电池串联的组合电池，其额定电压为 $1.50\times30=45$（V）。当电池并联时，在单体电池型号之后加一并联的电池数。如 R03-4，表示 4 个 R03 电池并联。6F100-2 表示由两组用六只 F100 型单体电池串联的电池组，再并联起来的组合电池，其额定电压为 $6\times1.50=9$（V）。

除了中性锌锰电池之外，其他系列的锌锰电池还应在 R、F、S 之前加一个字母表示该电池化学体系。如碱性锌锰圆筒形 R6 电池，则应表示为 LR6，其中 R 之前的 L 表示碱性锌锰电池。如 LR6 表示 AA 型碱性锌锰圆筒形电池。

此外，为了表示电池的性能特征，常在序号之后加上 C、P、S 等字母，其中 C 表示高容量，P 表示高功率，S 表示普通型。如 R20C 表示圆筒形铵型纸板锌锰电池，属于高容量电池。又如 R6P 表示圆筒形锌型纸板锌锰电池，属于高功率电池。再如 R20S 表示圆筒形糊式锌锰电池，属于普通型，但通常将 S 省略不写。

7.1.4 主要性能

锌锰电池的性能主要包括电动势、开路电压、工作电压、电池内阻、电池容量及其影响因素、放电容量和比能量、储存性能等。碱性锌锰电池和普通锌锰电池的主要性能比较见表7-4，圆柱形碱性锌锰电池的主要特性见表 7-5。

表 7-4 碱性锌锰电池与普通锌锰电池主要性能的比较

电池类型	电动势/V	开路电压/V	理论质量比能量/(W·h/kg)	实际质量比能量/(W·h/kg)	实际体积比能量/(W·h/dm³)	容量①/A·h	放电时间/min
碱性锌锰	1.52	1.55	274.0	77	215	6.93	1200
普通锌锰	1.623	1.58	251.3	66	120	0.89	154

① R20 电池，初始电流 0.5A，连续放电至 0.8V。

表 7-5　圆柱形碱性锌锰电池主要特性

型号	额定容量/A·h	体积/dm³	质量/g	体积比能量/(W·h/dm³)	质量比能量/(W·h/kg)
LR20	10	0.053	125	283	120
LR14	50	0.026	65	288	115
LR6	1.9	0.007	23	407	124
LR03	0.9	0.004	13	337	104
LR1	0.7	0.003	9.5	350	110

（1）电动势

锌锰电池的电动势与电解质和电极材料的性质有关。如：在 9mol/L KOH 溶液中，以 β-MnO_2 为正极的锌锰电池的电动势为 1.47V；以 γ-MnO_2 为正极的锌锰电池的电动势为 1.59V。采用不同电解质的普通锌锰电池和碱性锌锰电池的电动势也不相同，如表 7-4 所示。

（2）开路电压

在锌锰电池开路的情况下，无论正极还是负极都达不到热力学的平衡状态，测得的只是它们的稳定电势。因此，开路时测得的两极的电极电势之差是电池的开路电压，即

$$U_{\text{开}} = \varphi_{MnO_2}^{\text{稳}} - \varphi_{Zn}^{\text{稳}}$$

上式中，$\varphi_{MnO_2}^{\text{稳}}$、$\varphi_{Zn}^{\text{稳}}$ 分别为二氧化锰电极和锌电极在此条件下的稳定电位。它们分别与电极材料的纯度、本身的活性及电解液的组成有关。

对二氧化锰电极，其性能因品种不同差异很大。譬如，在 $ZnCl_2$-NH_4Cl 介质中，人造二氧化锰的电位比天然二氧化锰约正 250mV。另外，正极也可以看作一个多电极体系，除铁、铜等杂质与二氧化锰组成微电池外，还由于碳能吸附氧而形成 $C(O_2)$-MnO_2 微电池。由此可见，MnO_2 电极的稳定电位是波动的，一般为 $0.7 \sim 1.0$V。

锌电极因为有较大的交换电流密度和较高的氢过电位，易于建立稳定电位，一般稳定在 -0.8V。因此，它对电池的开路电压的变化影响较小。锌锰电池的开路电压一般为 $1.5 \sim 1.8$V。通常普通锌锰电池的开路电压要高于碱性锌锰电池的开路电压，如普通锌锰电池的开路电压在 1.7V 左右，碱性锌锰电池的开路电压约为 1.52V。

（3）工作电压

工作电压（即闭路电压）是指电池接通负载时测得的端电压，又称负载电压或放电电压。电池工作时，因为有电流通过电极，所以正、负极都产生极化。放电电流密度越大，则工作电压偏离开路电压越大，电压降越大。另外，电流越大，欧姆极化也增加，使其总压降会更大。图 7-6 给出了锌锰电池典型的连续放电曲线与放电电流的关系。

从图可以看出，锌锰电池在大电流密度下连续放电时，随着放电的进行，正、负极极化越大，越无法达到一个稳定的状态。所以锌锰电池一般不宜作大电流连续放电。

当电池以间歇方式进行放电时，电压可以得到恢复。即电池放电时，工作电压下降，休息一段时间后，工作电压又有所回升，如图 7-7 所示。电池休息时，电压恢复的原因主要是正极表面的水锰石有充分时间向固相深处扩散；歧化反应（disproportionation reaction，在反应过程中，若氧化作用和还原作用发生在同一分子内部处于同一氧化态的元素上，使该元素的原子或离子一部分被氧化，另一部分被还原，这种自身的氧化还原反应称为歧化反应。歧化反应一般需要酸性或碱性的反应环境才可进行）也可充分进行，使二氧化锰电极恢复到接近放电前的状态；另外，电解液中的成分（无论是电极表面还是溶液深处）有充分的时间

通过液相扩散使其浓度趋向一致，浓差极化接近消除。即正、负极的极化由于休息而大大减小，故电压能得到恢复。显然，间歇放电性能优于连续放电性能，因此锌锰电池适用于小电流间歇放电。普通锌锰电池的工作电压约为 1.5V，碱性锌锰电池的工作电压约为 1.25V。

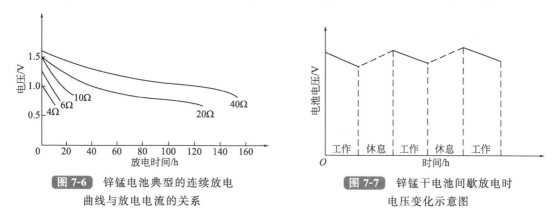

图 7-6　锌锰电池典型的连续放电
曲线与放电电流的关系

图 7-7　锌锰干电池间歇放电时
电压变化示意图

（4）电池内阻

电池的欧姆内阻是指电流通过电池时，电池各部件（电极、隔膜、电解液等）对电流的阻力。锌锰电池的内阻比较大，这与它使用的材料、电池的结构等因素有关。一个中等尺寸的铅酸蓄电池的欧姆内阻大约为 $10^{-3}\Omega$，而一个新的 R20 电池内阻达 $0.2\sim0.5\Omega$。电池尺寸越小（R14、R6 电池），其内阻越大。电池的结构不同，欧姆内阻也不同，如 R6 电池的内阻大于 R20 电池的内阻，糊式电池的内阻大于纸板电池的内阻。

锌锰电池的欧姆内阻除包括电芯、电糊层、炭棒、锌电极等几个主要部分的电阻外，还包括放电产物的电阻、各部分之间的接触电阻等。由于电池的欧姆内阻在其放电过程中是不断变化的，所以，随着放电深度的增大，电池的内阻也不断增大。此外，放电温度下降，也会使得电池的欧姆内阻增大。

在放电过程中，炭棒、锌电极和碳包本身的欧姆电阻变化不太大，主要是碳包与电糊界面、锌极与电糊界面接触电阻增大而引起电池欧姆内阻增大。因为在放电过程中，有 $Zn(NH_4)Cl_2$、$Zn(OH)Cl$、$ZnOMn_2O_3$ 等反应生成的难溶物在界面上析出，造成欧姆内阻比新电池增加几倍。碳包、电糊、锌极三者之间接触良好是降低电池内阻的重要措施。另外，保证电池密封、防止电解液干枯和盐类结晶，也可避免电池内阻的增大。

电池的内阻是电池的一个重要的性能指标，它直接影响电池的容量及功率，由于锌锰电池的内阻较大，所以它不适用于大电流放电。

（5）电池容量及其影响因素

电池的实际容量主要与两方面因素有关：一是活性物质的填充量；二是活性物质的利用率。很明显，活性物质的量越多，电池放出的容量就越高；活性物质的利用率越高，容量也越高。因此，提高电池的容量通常从这几方面着手。以碱锰电池为例，21 世纪初碱锰电池的容量大幅度提高就是这两方面措施共同作用的结果。

在正极方面，将镀镍钢壳的厚度从 0.3mm 降低到 0.25mm，则 LR6 型碱锰电池正极环的体积可从 3.2 cm² 增加到 3.3 cm³，使正极活性物质填充量增加 3％，目前其厚度还有进一步降低的趋势。使用比表面积更大、粒度更小的膨胀石墨，一方面可减少石墨用量，增加 MnO_2 的填充量；另一方面，石墨、MnO_2 接触性能的改善也提高了正极利用率。

在负极方面，通过提高锌膏中锌的比例、改变凝胶剂的配比、增加锌膏注入量、使用添加剂等措施，负极活性物质的填充量和利用率也可获得提高。

对锌锰电池来说，影响容量的因素很多。包括原材料、放电制度、电池生产工艺等。一般情况下锌锰电池采用恒阻方式进行放电测试，放电容量为恒阻放电曲线的积分。

（6）储存性能

储存性能是锌锰电池的一个重要指标，产品从厂商制造完毕到用户使用总是需要一段时间，因此要求电池具有一定的储存性能。为此国家对锌锰电池储存性能有明确规定，如对R20电池要求储存半年容量下降不大于 10％，一年不大于 20％。

电池储存时造成容量下降的原因主要是电池存在自放电，且主要来自于负极。除自放电外，影响储存性能的因素还有电池中的电解液干枯、电池出现的气胀、出水冒浆、铜帽生锈等。

电池气胀是指电池在使用和储存期间发生的封口的封口剂被顶开、电池底部鼓起等现象。它可造成电池不能使用，有时甚至会损坏用电器具。产生气胀的原因在于电池内部产生很多气体，这些气体主要有氢气、二氧化碳和氨气等。

出水冒浆是指电池在储存和使用期间，特别是大电流放电或电池短路时发生的电解液外溢的现象。它不仅使电池失去供电能力，而且使用电器具遭到腐蚀和损坏。出水冒浆主要是电池反应引起的电池内部的离子浓度的变化、pH 值变化等造成的水分移动和淀粉的水解，以及电池内部产生的压力、封口不严等因素共同作用的结果。

铜帽生锈是指铜帽发生腐蚀，由于腐蚀产物是碱式碳酸铜，为绿色，故又叫绿铜帽。它不仅引起电池接触不良，还易造成用电器具引线短路，腐蚀用电器具。产生绿铜帽的根本原因是铜帽与电解液直接接触而形成微电池。要消除绿铜帽现象，则必须使电解液、电芯粉不与铜帽接触。

总之，从电化学观点讲，电池在储存中的自放电是不可避免的。需要保证原材料的质量，严格工艺纪律，以减缓其自放电速度，使电池容量保持率达到技术标准。

7.1.5 使用维护

（1）注意事项

合理和正确的使用方法，不仅能使电池的性能充分发挥，而且可以避免因不当使用而造成的危险。一次电池在使用时，应注意以下事项：

① 注意极性：在安装时应仔细观察电池极性，否则会导致电池漏液或损坏。

② 避免短路：电池短路会使电池容量急剧下降。

③ 避免混用：不要将新旧电池或不同型号的电池混用，否则旧电池或容量小的电池会因先放完电而被其他电池反充，反充有引起电池爆炸的危险。另外，不合理混用使新电池的容量不能充分利用。

④ 及时更换：当电池的电压降至终止电压时，应及时更换新电池，否则过放有使电池漏液甚至发生爆炸的危险。

⑤ 机外搁置：如果仪器长期不使用，必须取出电池以免因电池失效漏液造成仪器损坏。

⑥ 干燥存放：暂时不用的电池应存放在阴凉、干燥的地方。

⑦ 避免高温：电池应避免接近高温，高温环境一方面会加重电池的自放电，另一方面会使电池发生气胀甚至爆炸。特别值得注意的是不能焚烧电池，否则有爆炸危险。

⑧ 不能充电：一次电池是不能接受充电电流的，对其进行充电有发生爆炸的危险。

⑨ 经常检查：备用电池在储存期间要经常检查，特别是在夏季高温、高湿天气时，应检查电池是否漏液。

（2）选购方法

① 选购电池前要仔细阅读用电仪器仪表说明书，弄清所需电池型号、种类和尺寸。

② 外观检查：电池表面应平整光洁，镀层明亮；外壳上字迹清晰，型号标注规范，有生产日期和保质期。如果电池表面有白斑、白霜、锈蚀痕迹和胀气迹象，则不能使用。

③ 测量电压：用高内阻万用表测量开路电压，应在正常电压范围内。如果没有测量电压的条件，则可检查电池的生产日期和保质期。

（3）废电池的处置

电池用完后不要乱扔，更不能当玩具给小孩玩。汞电池和碱性锌锰电池均或多或少地含有汞，汞对环境污染严重。所以，废旧的电池最好交给能回收处理废电池的机构。

7.2 锌氧化银（原）电池

锌氧化银（原）电池主要由三种组分构成：粉末状金属锌负极、由氧化银压制成型的正极和溶有锌酸盐的氢氧化钾或氢氧化钠水溶液电解质。活性组分装配在负极帽和正极壳体内，它们之间有一隔膜，并用塑料垫圈密封。

锌氧化银（原）电池主要用于电子、航空、航天、舰艇、轻工等领域，它是目前所有电池体系中体积比能量（体积能量密度）最高的电池，做成小而薄的扣式电池使用十分理想。这种扣式锌银原电池早已为人们所熟悉，广泛应用于石英手表、电子玩具、助听器等小型、微型用电器具中。

与碱性锌锰电池相比，它具有较高的比能量（能量密度），并且放电电压平稳、使用温度范围广、自放电小和储存寿命长。

7.2.1 工作原理

电池的表达式为：

$$(-)Zn/KOH/Ag_2O(+)$$

一般比较认可的负极反应是：

$$Zn+2OH^- \longrightarrow Zn(OH)_2+2e \tag{7-11}$$

$$Zn+4OH^- \longrightarrow ZnO_2^{2-}+2H_2O+2e \tag{7-12}$$

正极可以制备成三种价态：一价（Ag_2O）、二价（AgO）和三价（Ag_2O_3）。商业上得到广泛应用的是一价氧化银。其反应式是：

$$Ag_2O+H_2O+2e \longrightarrow 2Ag+2OH^- \tag{7-13}$$

电池反应：

$$Zn+Ag_2O \longrightarrow ZnO+2Ag \tag{7-14}$$

锌二价氧化银电池的电化学总反应分两步进行，如下所示：

过程一 $$Zn+2AgO \longrightarrow ZnO+Ag_2O \tag{7-15}$$

过程二 $$Zn+Ag_2O \longrightarrow ZnO+2Ag \tag{7-16}$$

理论上一价氧化银电池的质量比容量为 $231mA \cdot h/g$，体积比容量为 $1640mA \cdot h/L$，但由于其导电性差，电池制作时必须加入石墨以降低内阻，而石墨的添加使正极填充密度和氧化银含量均降低，正极实际容量是没有那么高的。

7.2.2 基本结构

典型扣式锌氧化银电池的剖面图如图 7-8 所示。

扣式锌氧化银电池通常设计为负极限制型，正极容量一般比负极容量多出 5%～10%。如果电池是正极限制型，锌-镍或锌-铁电对可能在负极上形成，正极上就可能产生氢气。

锌氧化银电池的正极材料通常由一价氧化银（Ag_2O）和 1%～5% 的石墨混合组成，石

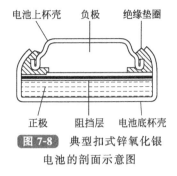

电池上杯壳　负极　绝缘垫圈

正极　阻挡层　电池底杯壳

图 7-8 典型扣式锌氧化银
电池的剖面示意图

墨用来提高导电性。

负极是一种高表面积、汞齐化的凝胶状金属锌粉，它置于顶盖的有效体积内，该顶盖用作电池负极的外部端子。顶盖是由三层金属组成的片材冲压成型的，其外表面是镍覆于钢上形成的保护层，其与锌直接接触的内表面是高纯铜或锡。正极片直接压到正极壳体内，该壳体是由镀镍钢带制得的，也作为电池正极的端子。为了将正、负极隔开，采用一片玻璃纸或接枝聚乙烯膜隔膜。氢氧化钾或氢氧化钠的水溶液为电解质。

用一个密封绝缘垫圈使电池实现密封，防止电解质泄漏，并实现盖与壳体间的绝缘。采用密封剂（聚酰胺或沥青）涂覆在绝缘垫圈上的方法，能防止电解质从密封表面泄漏。

7.2.3 工作特性

如图 7-9 所示为 11.6mm×3.0mm 尺寸的一价锌氧化银扣式电池以恒电阻放电时的典型放电曲线，这是一组异常平稳的电压曲线，其他尺寸电池的电压特性与此十分类似。电池的工作寿命极大地依赖于电池尺寸和使用的负载电流大小。

7.2.4 型号尺寸

一价锌氧化银扣式电池的型号、尺寸及其特性列于表 7-6 中。

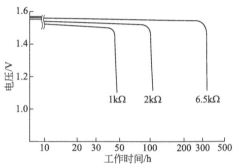

图 7-9 扣式锌氧化银电池在 20℃下的典型放电曲线（尺寸为 11.6mm×3.0mm）

表 7-6 一价锌氧化银扣式电池的型号、尺寸及其特性

型号	标称电压/V	标称容量/mA·h	放电性能		终止电压/V	最大外形尺寸 Φ×B/mm	保证存储期/月	型号对照	
			连续放电/h	负载电阻/kΩ				中国香港	美国
SR63W		13	565（52）	68（7.5）		5.8×2.15		G0	379
SR60W		19	730（70）	68（6.5）		6.8×2.15		G1	364
SR66W		25	700（90）	47（6.5）		6.8×2.6		G4	377
SR58W		25	700（90）	47（6.5）`		7.9×2.1		G11	361
SR59W		30	620（110）	33（6.5）		7.9×2.6		G2	296
SR41W	1.55	38	540（45）	22（2.0）	1.2	7.9×3.6	24	G3	392
SR69W		35	730（160）	33（7.5）		9.5×2.1		G6	371
SR57W		45	550（50）	22（2.0）		9.5×2.7		G7	399
SR44W		180	780（49）	6.8（0.51）		11.6×5.4		G13	357
SR54		72	565（52）	15（2.0）		5.8×2.15		G0	379
SR43		110	730（70）	68（7.5）		6.8×2.15		G1	364
SR44		165	700（90）	68（7.5）		6.8×2.6		G4	377

7.3　锂（原）电池

锂电池是以金属锂或含锂物质为负极的化学电源的总称。它是近50年来获得发展的新型高比能量电池体系。

以锂、钠等活泼金属作电池负极的设想最早由美国加州大学的一位研究生于1958年提出，20世纪60年代中期，国内外专家开始从事这方面的研究工作，并发表有关论文。最早研究锂电池的计划由美国国防部门提出并予以推进，其首要目的是发展航天和军事领域需求的高比能量蓄电池，但由于锂电极的循环寿命差和安全性问题难以解决，首先获得技术突破与应用的是锂原电池。1971年，日本松下电器公司的福田雅太郎发明了锂氟化碳电池，并使其获得应用。从此，锂原电池技术得到发展，逐渐从实验室走向生产、从原型样品走向实用化和商品化产品。随后，相继出现了锂碘电池（1972年）、锂铬酸银电池（1973年）、锂二氧化硫电池（1974年）、锂亚硫酰氯电池（1974年）、锂氧化铜电池（1975年）、锂二氧化锰电池（1976年）和锂硫化铁电池等。

锂是碱金属的一种，化学性质异常活泼，其中，锂与水反应释放出氢气，生成氢氧化锂，如下式所示

$$2Li+2H_2O \longrightarrow 2LiOH+H_2$$

可能是由于LiOH产物的溶解度较低，在某些条件下能附着在锂表面，上述反应不如钠与水的反应那样剧烈。然而，该反应产生的热可以点燃反应生成的氢气，并可以使锂也燃烧起来。因此，锂的操作必须在干燥气氛中进行，并且在电池中一般必须采用非水电解质（锂水电池是一个例外）。

目前，采用锂作为负极的原电池都采用非水电解质，包括无机溶剂和无机盐构成的电解质、有机溶剂与无机盐构成的电解质（通常称为有机电解质溶液）以及固体电解质。

20世纪70年代初期，锂电池首先有针对性地用于军事用途。但是对它们的实际应用仅限于具有适当结构设计和配方，同时相应的安全问题也得到进一步解决的电池。当今采用不同化学配方、具有不同容量和外形设计的锂原电池和电池组，其容量范围从5mA·h至20000A·h；外形尺寸范围从用作存储器和便携式设备电源的小型扣式和圆柱形电池，到用作导弹发射井备用和应急电源的大型方形电池。

锂为负极的原电池的诸多性能都超越传统电池，其主要优点如下。

① 电压高。锌锰电池为1.5V，镉镍为1.2V；而采用适当正极活性物质的锂电池电压高达3.9V，显然，由于单体电池电压较高，通常可使电池组中的单体电池数量减少1/2。

② 比能量高。锂电池的输出比能量（超过200W·h/kg和400W·h/L）是传统的锌负极电池的3~5倍或更多。

③ 工作温度范围宽广。多数锂电池能在-40~70℃条件下工作，有些甚至可在150℃下工作，另有一些可在更低的温度（-80℃）下工作。

④ 比功率高。一些特殊设计的锂电池能在大电流和高功率放电条件下输出能量。

⑤ 平稳的放电性能。大多数锂电池都显示出平坦的放电曲线（在放电过程的大部分时间内电压和电阻基本保持不变）。

⑥ 储存寿命长。锂电池有长的储存寿命，即使在高温下也能长期储存。在室温下储存寿命达到10年的数据已经获得，在70℃下储存1年的结果也已经获得。从可靠性分析出发，可以预计其储存寿命能达到20年。这可能与锂表面形成的钝化膜阻止锂腐蚀

有关。

锂原电池一般都选择非水溶剂的电解质体系，其中有代表性的有机溶剂有乙腈和碳酸丙烯酯等；无机溶剂有亚硫酰氯和硫酰氯等。为了使电解质具有要求的导电性，必须添加溶解于溶剂的溶质。此外，锂原电池中也有一类直接采用固体锂离子导体作电解质的体系。锂电池采用的正极活性物质具有多样性，其中最普遍采用的是二氧化锰、亚硫酰氯、二氧化硫和一氟化碳等。

根据电解质（或溶剂）的类型和采用的正极活性物质，锂原电池可以分为以下几种基本类型。

① 可溶正极电池。这类电池采用液体或气体正极材料，例如二氧化硫或亚硫酰氯，它们可以溶解电解质盐，既是正极活性物质，又是电解质的溶剂。

② 固体正极电池。这类锂负极原电池不是采用可溶气体或液体物质，而是采用固体物质作为正极（如二氧化锰、氟化碳、硫化铁正极等）。由于正极活性物质是固体，电池内部一般无压力形成，从而显示出无须实施气密性密封的优点，但它不具备可溶正极电池的高放电率性能。

③ 固体电解质电池。这类电池公认有极其长的储存寿命，储存时间可超过 20 年，但只能以微安级的极低放电率放电。这些电池可应用于存储器备用电源、心脏起搏器以及要求小电流、长寿命的类似电子器具。典型产品如锂碘电池。

如图 7-10 所示绘出了上述三种尺寸或容量大小的锂电池在不同放电电流水平下的性能特征，并且也表示出了每一类电池使用的锂的近似质量。在当前保持军用与民用优势的锂原电池主要是锂二氧化锰电池、锂亚硫酰氯和锂二氧化硫电池。

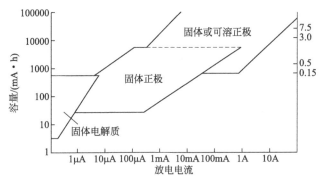

图 7-10 锂原电池的分类与其基本特性比较

7.3.1 锂二氧化锰电池

锂二氧化锰电池是一种典型的有机电解质锂电池，该电池由日本三洋电机公司于 1975 年研制成功，随即被推向市场，其内部电极结构可设计并制作成碳包式、卷绕式、叠层式，电池外形可设计并制作成硬币形、圆柱形和方形，以满足不同尺寸和电流用电器的使用要求。容量从几十毫安时到上百安时甚至上千安时不等，可满足多种用途的应用要求。如日本汤浅公司的矩形电池的容量高达 1000A·h。与其他锂电池相比，其材料和制造成本相对要低，且安全性很好。所以，它也是当今世界应用最广泛的商品锂电池。

（1）工作原理

锂二氧化锰电池采用金属锂为负极、经过专门热处理的电解二氧化锰为正极以及由高氯酸锂（或三氟甲基磺酸锂）溶解于碳酸丙烯酯/乙二醇二甲醚等混合溶剂组成的电解质。其放电机理与一般电池的氧化还原机理有所不同，正极反应是一种典型的嵌入式反应。

电池的化学反应式如下：

$$(-)Li \mid LiClO_4, PC(碳酸丙烯酯)+DME(乙二醇二甲醚) \mid MnO_2(+)$$

负极　　　　　　　　　$xLi \longrightarrow xLi^+ + xe$

正极　　　　　　　　　$Mn^{IV}O_2 + xLi^+ + xe \longrightarrow Li_xMn^{III}O_2$

总反应　　　　　　　　$xLi + Mn^{IV}O_2 \longrightarrow Li_xMn^{III}O_2$

如上述反应式所示，电池放电时锂负极发生氧化反应，形成锂离子并溶解于电解质溶液，迁移至二氧化锰正极，最终嵌入二氧化锰晶格中，并促使二氧化锰中的锰从四价还原至三价。

（2）基本结构

① 负极：根据不同电池型号选择相应厚度和宽度的锂带，并将其裁成符合要求的长度，再将极耳冷焊在已裁好的锂带上。负极制备必须在相对湿度小于 2% 的环境中进行。

② 正极：Li-MnO$_2$ 电池的正极可采用压成式和涂膏式制备方法制作。压成式正极是将 MnO$_2$ 粉和乙炔炭黑粉混合，加入适量水，加热和冷却后，再加入一定量的 PTFE 乳液（黏合剂）混合均匀，烘干和过筛后，在钢模内加压成型，并套上支撑环，即得压成式正极。压成式正极主要用于扣式电池。涂膏式正极是将 MnO$_2$ 粉、碳粉、黏合剂调成膏状，涂在集流体骨架上，进行热处理形成薄式电极，涂膏式正极主要用于矩形电池。

MnO$_2$ 的晶型对正极放电性能影响很大，如图 7-11 所示。由图可以看出 γ 与 β 晶型的混合晶型 MnO$_2$ 的放电性能最好。

③ 电解液：Li-MnO$_2$ 电池的电解液是将 LiClO$_4$（高氯酸锂）溶解于 PC（碳酸丙烯酯）和 DME（乙二醇二甲醚）的混合有机溶剂制成的。为保证电解液的性能，必须对 LiClO$_4$、PC 和 DME 进行脱水和提纯处理。

④ 电池的装配：锂电池装配都是在干燥箱或干燥室内进行的。扣式电池装配是将锂负极放在负极盖内，用冲头使锂片与集流网密合，再在上面放上隔膜片。将正极片放在电解液内浸泡少许时间，取出放在隔膜上，扣上电池壳，封口。

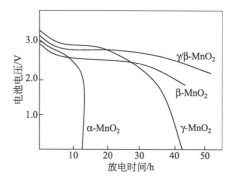

图 7-11　MnO$_2$ 的晶型对正极放电性能的影响

Li-MnO$_2$ 电池有扣式、圆筒式和方形三种，外形结构如图 7-12 示。扣式电池是小容量电池，圆筒式和方形电池可制成大容量电池。

（3）性能

① 放电性能。Li-MnO$_2$ 电池开路电压约为 3.5V，工作电压 2.9V，约为锌锰电池的两倍，终止电压 2.0V。Li-MnO$_2$ 电池典型的恒流放电曲线如图 7-13 所示。由图可见，放电电流密度对电池的放电性能影响很大。当电流密度分别为 0.6A/cm^2、1.0 A/cm^2、3.0 A/cm^2 和 5.0 A/cm^2 时，MnO$_2$ 正极的利用率分别为 65%、87%、60% 和 20%，其中以 1.0 A/cm^2 恒流放电时的性能最好。Li-MnO$_2$ 电池的比能量可达 300W·h/kg 及 500W·h/L 以上，为铅酸蓄电池的 5～7 倍。

② 工作温度。Li-MnO$_2$ 电池的工作温度范围比较宽，为 -20～60℃。在 -20℃ 条件下，电池能放出额定容量的 40%，表现出良好的低温性能。圆筒形 Li-MnO$_2$ 电池和扣式 Li-MnO$_2$ 电池的规格和性能如表 7-7 和表 7-8 所示。

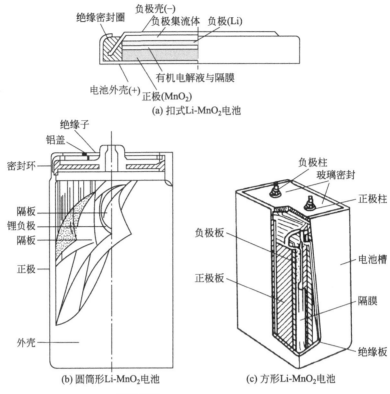

（a）扣式Li-MnO$_2$电池

（b）圆筒形Li-MnO$_2$电池　　（c）方形Li-MnO$_2$电池

图 7-12 Li-MnO$_2$ 电池的结构

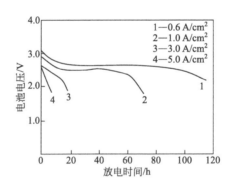

图 7-13 Li-MnO$_2$ 电池典型的恒流放电曲线

表 7-7 圆筒形 Li-MnO$_2$ 电池的规格和性能

型号		标称容量/mA·h	电压/V	工作电流(max)/mA		放电电流/mA	终止电压/V	尺寸(max)/mm		参考质量/g
GB	IEC			连续放电	脉冲放电			直径	高	
CR11108	CR-1/3N	160	3	50	80	2	2	11.6	10.8	3
CR14250	CR1/2AA	600	3	250	500	10	2	14.5	25.0	9
CR14335	CR2/3AA	800	3	250	500	10	2	14.5	33.2	13
CR14505	AA	1200	3	1000	2500	10	2	14.5	50.5	17

型号		标称容量 /mA·h	电压 /V	工作电流 (max)/mA		放电电流/mA	终止电压/V	尺寸 (max)/mm		参考质量/g
GB	IEC			连续放电	脉冲放电			直径	高	
CR2	CR2	750	3	1000	2500	10	2	14.6	27.0	11
CR17250		700	3	500	1000	10	2	17.0	25.0	12
CR17335	CR123A	1300	3	1500	3000	20	2	17.0	33.5	17
CR17450		2200	3	1000	1500	10	2	17.0	45.0	25
CR20590		2000	3	500	1000	10	2	20.2	59.0	42
CR25187		900	3	200	400	5	2	25.0	18.7	22
CR26500	C	4500	3	500	1000	25	2	26.2	50.0	55
2CR5	2CR5	1300	6	1500	3000	20	4	$34L \times 17W \times 35H$		35
CR-P2	CR-P2	1300	6	1500	3000	20	4	$34.8 \times 19.5 \times 35.8$		38
CR34615	D	8000	3	500	2000	10	2	34.2	61.5	110

表 7-8 扣式 Li-MnO_2 电池的规格和性能

型号	标称容量 /mA·h	电压 /V	工作电流 (max)/mA		放电电流/mA	终止电压/V	尺寸 (max)/mm		参考质量/g	工作温度/℃
			连续放电	脉冲放电			直径	高		
CR1130	70	3	1.5	4	0.10	2.0	11.6	3.0	1.1	$-30 \sim 60$
CR1220	35	3	2	5	0.05	2.0	12.5	2.0	0.8	$-30 \sim 60$
CR1616	55	3	3	8	0.10	2.0	16.0	1.6	1.2	$-30 \sim 60$
CR1620	70	3	3	8	0.10	2.0	16.0	2.0	1.5	$-30 \sim 60$
CR2016	75	3	5	17	0.10	2.0	20.0	1.6	1.9	$-30 \sim 60$
CR2025	150	3	5	20	0.20	2.0	20.0	2.5	2.5	$-30 \sim 60$
CR2032	220	3	5	20	0.20	2.0	20.0	3.2	3.0	$-30 \sim 60$
CR2430	270	3	6	21	0.40	2.0	24.5	3.0	4.0	$-30 \sim 60$
CR2450	550	3	3	15	0.20	2.0	24.5	5.0	5.3	$-30 \sim 60$

Li-MnO_2 电池的应用范围很广,中、小容量的 Li-MnO_2 电池广泛用作袖珍型电子计算机、电子打火机、照相机、助听器、小型通信机的电源,大容量的 Li-MnO_2 电池是军事及航空领域的理想电源。

③ 储存性能。Li-MnO_2 电池的自放电小,年自放电率≤2%,所以储存性能好,在常温下的储存寿命可超过 10 年,储存期是普通锌锰电池的 5 倍。此外,这种电池在储存和放电过程中没有气体析出,具有很好的安全性。

7.3.2 锂二氧化硫电池

锂二氧化硫电池也属于有机电解质锂电池,但它与锂二氧化锰电池有不同的地方,即在电池的电解质溶液中溶解有二氧化硫,二氧化硫既是电解质溶液的组成部分,也是电池的正极活性物质。虽然二氧化硫溶解于有机溶剂中呈液态形式,但在一定温度下显示出维持气/

液相间平衡的蒸气压力。一般电池在室温下内部仍保持一定压力，且随温度的升高而升高，故这类电池一般都设计为圆柱形全密封结构。这类电池的壳、盖通常采用镀镍冷轧钢或不锈钢材料，并在底部、侧壁或顶盖设有安全装置，当电池内部压力达到一定值时，安全装置动作，电池泄放电池内部多余的气体，以防止电池发生爆炸。自1971年发表第一个锂二氧化硫电池专利以来，该电池技术发展较快，是有机电解质锂电池中综合性能最好的电池，也是小型军事装备中应用最广泛的锂电池。

（1）工作原理

锂二氧化硫电池以金属锂为负极、二氧化硫为正极活性物质、多孔炭电极为正极载体，由二氧化硫、电解质盐溴化锂、溶剂乙腈等混合成电解质溶液。

电池的化学反应式如下：

$$(-)Li \mid LiBr,PC(碳酸丙烯酯)+AN(乙腈) \mid SO_2,C(+)$$

负极反应 $\qquad\qquad\qquad Li-e \longrightarrow Li^+$ （7-17）

正极反应 $\qquad\qquad\qquad 2SO_2+2e \longrightarrow S_2O_4^{2-}$ （7-18）

电池反应 $\qquad\qquad 2Li+2SO_2 \longrightarrow Li_2S_2O_4(连二亚硫酸锂)$ （7-19）

当二氧化硫与金属锂接触时，金属锂表面生成连二亚硫酸锂膜，这层膜可以阻止二氧化硫与金属锂继续反应，却能让锂离子自由通过，这层膜一般称为钝化膜，是使电池保持长储存寿命特性的关键。但在储存过程中，该钝化膜会生长增厚，使锂电池出现电压滞后现象。电池放电过程中的产物连二亚硫酸锂不溶于电解质溶液，在多孔炭电极的孔隙中沉淀，反应末期，炭电极钝化放电终止，电池失效。

（2）基本结构

① 负极：是将0.38mm的锂片滚压在铜网上。

② 正极：为多孔碳正极，是吸收活性物质SO_2的载体。

③ 电解液：溶剂为PC（碳酸丙烯酯）和AN（乙腈）的混合物，正极活性物质SO_2加入其中，三者的混合比为3:10:23。首先按比例将PC和AN混合，再加入电解质溴化锂LiBr和SO_2，电解液的浓度为1.8mol/L。PC、AN和LiBr都必须先除去水分和杂质。

将多孔碳正极、锂负极片、多孔聚丙烯隔膜（0.025mm）或聚丙烯毡卷绕成电芯，插入镀镍的钢电池壳内，再将混合均匀的电解液注入电池中，用亚弧焊将电池封口，即可制成圆筒形 Li-SO$_2$ 电池。圆筒形 Li-SO$_2$ 电池的基本结构如图7-14所示。

（3）主要性能

① 具有较高的比能量、比功率和电压精度。Li-SO$_2$ 电池的比能量达330W·h/kg和520W·h/L，比普通锌电池高2~4倍。Li-SO$_2$ 电池的开路电压为2.95V，终止电压为2.0V，放电电压高且放电曲线平坦，如图7-15和图7-16所示。Li-SO$_2$ 电池的比功率高，可以进行大电流放电。在从高至2h率到低输出连续放电长达1~2年的范围内都具有有效的放电性能，甚至在极端的放电负荷下，仍具有良好的电压调节性能。

② Li-SO$_2$ 电池工作温度范围宽，低温性能好。电池在−50~70℃内工作时，其放电曲线平坦。普通一次电池组在低于−18℃时均不能工作，Li-SO$_2$ 电池组在−14℃时仍能输出其室温容量的50%左右，显示了

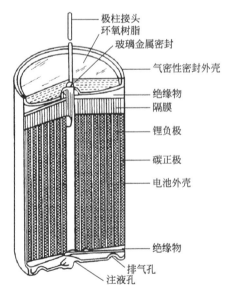

图 7-14 圆筒形 Li-SO$_2$ 电池的基本结构

极柱接头
环氧树脂
玻璃金属密封
气密性密封外壳
绝缘物
隔膜
锂负极
碳正极
电池外壳
绝缘物
排气孔
注液孔

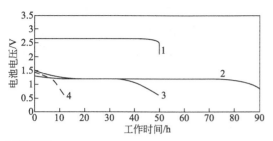

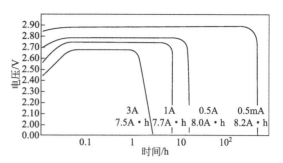

图 7-15 Li-SO₂ 电池与其他电池的放电性能比较
1—Li-SO₂ 电池；2—锌汞电池；
3—碱性锌锰电池；4—锌锰电池

图 7-16 Li-SO₂ 电池的放电特性（25℃）

良好的低温放电特性。这主要是因为 Li-SO₂ 电池的有机电解质溶液电导较高，且随温度的变化电导下降不大。

③ Li-SO₂ 电池比其他的锂有机电解质电池的内阻小。Li-SO₂ 电池的内阻约为 0.1Ω，因此，电池具有良好的大电流放电性能，特别是在低温下，该系列电池在小于 $3\sim4\text{mA/cm}^2$ 电流密度下工作，仍能获得最大的比能量。

④ Li-SO₂ 电池储存寿命长，室温条件下可储存 10 年以上。大多数一次电池在搁置时，由于阳极腐蚀、电池副反应或水分散失使得电池容量大大下降。一般来说，这些一次电池在搁置时温度不能超过 50℃，如果长期搁置还须致冷。而 Li-SO₂ 电池可以在 21℃ 下储存 5 年，其容量只下降 $5\%\sim10\%$，而且随着储存期的延长，容量下降率大大降低。Li-SO₂ 电池储存性能优异一方面是由于 Li-SO₂ 电池是密闭结构，另一方面是由于在储存期间锂电极表面上生成了一层薄膜而使其得到了保护，使其自放电率很小。如图 7-17 所示为储存 14 年的锂二氧化硫电池组（BA5590）与新电池组放电曲线的比较。

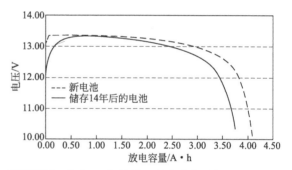

图 7-17 储存 14 年的锂二氧化硫电池组（BA5590）与新电池组放电曲线的比较

⑤ 存在电压滞后现象。主要是由于自放电产物 $Li_2S_2O_4$ 在负极表面形成保护膜，虽然阻止了自放电的继续进行，但造成了放电时的电压滞后现象。低温放电或大电流放电时，电压滞后更为明显。滞后时间一般只有几秒钟。

⑥ Li-SO₂ 电池安全性能比较差，且 SO₂ 对人和环境有危害和污染。Li-SO₂ 电池如果使用不当会发生爆炸或 SO₂ 气体泄漏。爆炸原因是由于短路、较高负荷放电或外部加热使电池温度升高，反应加速，从而产生更多的热量，使电池温度达到锂的熔点（180℃）；高温下溶剂挥发，反应产生的气体形成较高压力；电池内存在不挥发的有机溶剂；正极放电产物有硫，正极活性物质中的碳粉在高温下会燃烧；当缺乏 SO₂ 时，锂和乙腈、锂和硫都会发生反应放出大量的热；隔膜中的无机和有机材料会分解。

防止 Li-SO₂ 电池发生爆炸的措施研究得很多：有的采用透气片，当电池达到一定温度（100℃）或一定压力（如 3430kPa）时透气片破裂，使气体逸出，电池不致爆炸。但逸出的 SO₂ 气体具有强腐蚀性，而且有毒，这种措施不是很理想；采用锂阳极限制（锂与 SO₂ 的化学计量约为 1∶1），保证了在电池的整个寿命过程中都有 SO₂ 存在，从而使锂不与电池的其他成分起化学反应。因为缺乏 SO_2 时，多余的锂与乙腈发生反应放出大量热，引起 $Li_2S_2O_4$ 分解，此外，锂也与硫发生反应放出大量热，造成电池爆炸；选用稳定的溶剂和减少反应性的添加剂也是防止爆炸的一种措施，已发现乙腈/碳酸丙烯酯（AN/PC＝90：10）或乙腈/醋酸酐（体积比为 90：10）有较好地防止电池在高放电率使用条件下发生爆炸的效果。

圆柱形 $Li-SO_2$ 电池的规格和性能见表 7-9 所示。

表 7-9　圆柱形 Li-SO₂ 电池的规格和性能

型号		标称容量 /mA·h	电压 /V	工作电流 (max)/mA		标准放电电流/mA	截止电压/V	尺寸 (max)/mm		参考质量/g
GB	IEC			连续放电	脉冲放电			直径	高	
WR14505	AA	1100	2.9	100	500	3	2	14.5	50.5	20
WR20590	?	2000	2.9	500	1000	10	2	20.0	59.0	35
WR26500	C	3500	2.9	1000	2000	30	2	26.2	50.0	50
WR34615	D	8000	2.9	2000	5000	50	2	34.2	61.5	90
WR38500	大 D	9000	2.9	2000	5000	80	2	38.5	50.0	100
WR41270	DD	18000	2.9	2000	5000	80	2	34.2	127.0	170
WR41400	?	25000	2.9	2000	5000	50	2	41.5	140.0	280

7.3.3　锂亚硫酰氯电池

锂亚硫酰氯（$Li-SOCl_2$）电池是实际应用电池系列中工作电压最高（3.6V）和实际输出比能量最高的一种电池（比能量可达 600W·h/kg 和 1100W·h/L）。如此高的比能量值一半都是由大容量电池（如 500A·h 以上）以低放电率（如 1 个月放电率）或小容量电池（如 D 型电池）以极低放电率（如半年放电率）放电时获得的。

$Li-SOCl_2$ 电池可以制成各种各样的尺寸和结构，容量范围从低至 400mA·h 的圆柱形碳包式和卷绕式电极结构电池，到高达 10000A·h 的方形电池以及许多可满足特殊要求的特殊尺寸和结构的电池。亚硫酰氯体系原本存在安全与电压滞后两大问题，其中安全问题特别容易在高放电率下和过放电时发生；电压滞后现象则出现于电池经高温储存继续在低温放电的场合。

低放电率商品化电池已成功使用很多年，主要用作存储器的备用电源和用于其他要求长工作寿命的用途。中型圆柱形电池和大型方形电池可作为应急备用电源。

（1）工作原理

$Li-SOCl_2$ 电池由锂负极、碳（正极作为反应载体）和一种非水的液体 $SOCl_2$/$LiAlCl_4$ 电解质组成。与二氧化硫一样，亚硫酰氯既是电解质组成部分，又是正极活性物质。在正极载体或电解质中有时也包括催化剂或其他一些物质，用以提高电极和电池的性能。该电池可以表示为：

$$(-)Li \mid LiAlCl_4 \text{-} SOCl_2 \mid SOCl_2 (+)$$

电池反应为：
$$4Li + 2SOCl_2 \longrightarrow 4LiCl + S + SO_2 \tag{7-20}$$

其中，硫和二氧化硫溶解在过量的亚硫酰氯电解质中，但产生的二氧化硫会形成一定程度的内压。可是，氯化锂是不溶的，当它形成时，便会沉积在多孔炭黑正极载体内。在某些电池结构中和某些放电条件下，这种正极载体被不导电的沉积盐堵塞是引起电池工作或容量受限制的因素。硫作为放电产物也会出现一个问题，因为硫可能与锂反应，这一反应可导致热失控。

在储存期间，锂负极一与电解质接触，就与亚硫酰氯电解质反应生成 LiCl，锂负极即受到在其上面形成的 LiCl 膜的保护。

$$8Li + 4SOCl_2 \longrightarrow 6LiCl + S_2Cl_2 + Li_2S_2O_4 \tag{7-21}$$

或

$$8Li + 3SOCl_2 \longrightarrow 6LiCl + S_2 + Li_2SO_3 \tag{7-22}$$

如同 Li-SO$_2$ 电池一样，这一钝化膜有益于电池的储存寿命，但在放电开始时会引起电压滞后，在高温下长期储存后的电池，在低温下放电，其电压滞后现象尤其明显。

所用电解质低的冰点（—110℃以下）及高的沸点（78.8℃）使电池能够在一个宽广的温度范围内工作。随着温度的下降，电解质的电导率只有轻微减小。Li-SOCl$_2$ 电池的某些组分是有毒和易燃的，因此应避免剖解电池或将排气阀已打开的电池与电池组暴露在空气中。

（2）基本结构

普通 Li-SOCl$_2$ 电池主要采用圆柱形碳包式结构，圆柱卷绕式电池结构和大容量方形电池结构以及其他特殊结构设计多用于军事用途。

如图 7-18 所示为圆柱形碳包式 Li-SOCl$_2$ 电池的结构特征。负极由锂箔制成，紧贴在不锈钢或镀镍钢外壳的内壁上；隔膜由非编织玻璃丝布制成；正极由聚四氟乙烯粘接的炭黑组成，呈圆柱状，有极高的空隙率，并占据了电池的大部分体积。电池为气密性密封，正极柱采用玻璃-金属密封绝缘子。这些低放电率电池有较高的安全度，一般可不设计安全阀。

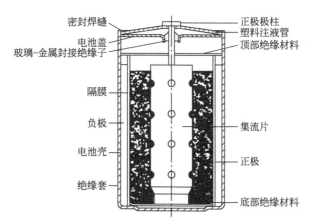

图 7-18 圆柱形碳包式 Li-SOCl$_2$ 电池剖面图

如图 7-19 所示为圆柱形卷绕式 Li-SOCl$_2$ 电池的结构特征，其使用的正、负极与隔膜材料与碳包电池基本相同，电极制成带状后的卷绕方式与卷绕式 Li-SO$_2$ 电池一样；电池壳体是由不锈钢制成的；正极极柱使用了耐腐蚀的玻璃金属绝缘子；电池盖用激光焊接以保证气密封性。安全装置，如泄漏孔、熔断丝或者正温度系数（PTC）装置等都安装在电池内部以保护在有内部高气压和外短路时电池结构的安全。

（3）主要性能

Li-SOCl$_2$ 电池的开路电压为 3.65V；典型的工作电压范围为 3.3～3.6V（工作终止电压为 3V）。图 7-20（a）和图 7-20（b）分别给出了 D 型和 AA 型碳包式 Li-SOCl$_2$ 电池的典型放电曲线。在较低至中等放电率下放电，电池显示出非常平坦的放电曲线和优良的性能。

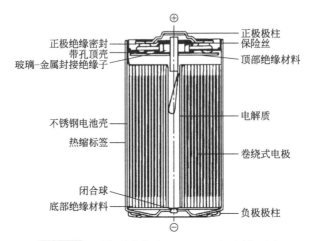

图 7-19　圆柱形卷绕式 Li-SOCl₂ 电池剖面图

正极绝缘密封
带孔顶盖
玻璃-金属封接绝缘子
不锈钢电池壳
热缩标签
闭合球
底部绝缘材料
正极极柱
保险丝
顶部绝缘材料
电解质
卷绕式电极
负极极柱

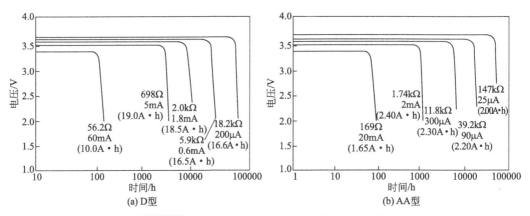

图 7-20　25℃时 Li-SOCl₂ 电池的典型放电曲线

如图 7-21 所示给出了在 −30~72℃内的电池容量与电流的关系曲线。Li-SOCl₂ 电池不仅能在宽广的温度范围内工作，而且既显示出良好的低温性能（−30℃下，1mA 级放电容量高于常温容量；10mA 级放电容量接近常温容量的 70%；80mA 下仍可达同等电流下常温容量的 40%左右），又显示出优异的高温性能（72℃下，1mA 级放电容量可达同等电流下常温容量的 70%左右；10mA 级放电容量为常温容量 60%左右；80mA 下可达同等电流下常温容量的 80%左右）。数据表明，该电池还可在更高的温度下很好地工作，如图 7-22 所示。在 145℃下，电池以高放电率放电时，可放出其大部分的容量；以低放电率放电（放电 20d）可放出超过 70%的容量。由此可以将 Li-SOCl₂ 电池制作成特殊电池组，在石油探测等温度不超过 150℃但受到高冲击和振动的情况下使用。

锂表面形成的一层 LiCl 保护膜是 Li-SOCl₂ 电池储存寿命长的根本原因。电池其他组分的稳定性也是储存寿命长的重要因素，例如，电池外壳和盖子通过锂得到正极保护，而且碳、不锈钢集流网以及玻璃材料隔膜在电解质中都是惰性的。如图 7-23 所示表示电池在 20℃下储存 3 年后的容量损失，每年 1%~2%；在 70℃下储存，每年大约损失 30%的容量，但容量损失率随着储存时间的增加而减小。同时，推荐电池最好以立式姿势储存，侧放或颠倒储存会增大其容量损失。

采用卷绕式电极结构设计的电池可以在中等至高放电率下工作，可满足军用和某些民用场合的高电流输出和低温下工作的要求。如图 7-24 所示给出了卷绕式 D 型电池的典型放电

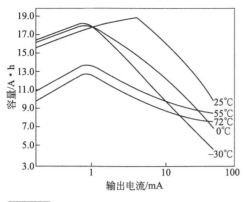

图 7-21 在不同温度下，D 型碳包式高容量 Li-SOCl$_2$ 电池的放电特性

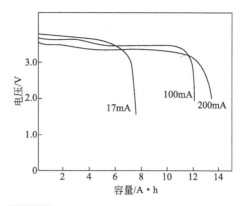

图 7-22 在 145℃ 下，D 型 Li-SOCl$_2$ 电池放电容量与输出电压的关系曲线

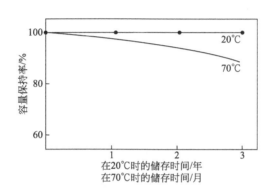

图 7-23 圆柱形碳包式 Li-SOCl$_2$ 电池的容量保持率

曲线，同样显示出 Li-SOCl$_2$ 电池体系特有的平坦电压特征。同时与碳包式结构电池相比（参见图 7-20），显然卷绕式结构电池在中等电流和低温下的性能都更好一些，如图 7-24 所示。图中还特别附上了一个小插图，它给出了初始加负载时的电压响应曲线，由于负极采用了一种特殊的涂层技术，使电池的闭路电压能在 10s 内恢复到正常值。

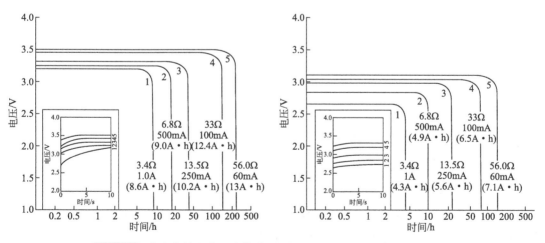

图 7-24 在中等放电率下卷绕式 D 型 Li-SOCl$_2$ 电池的典型放电特性

表 7-10 列出了圆柱形碳包式 Li-SOCl₂ 电池的型号、尺寸及特性。可以看出包括特种电池和电池组外形（如在印制电路板上安装）在内，碳包式 Li-SOCl₂ 电池都是按美国国家标准学会（American National Standards Institute，ANSI）标准尺寸制造的。它们与传统锌系列电池虽然在尺寸上能互换，但由于锂电池电压较高，从电气特性出发，二者不能互换。

表 7-10　圆柱形碳包式 Li-SOCl₂ 电池性能

项目		$\frac{1}{2}$AA	$\frac{2}{3}$AA	AA	C	$\frac{1}{6}$D	D
在 C/1000 放电率下的额定容量/A·h		1.2	1.65	2.40	8.5	1.7	19.0
尺寸（最大）	直径/mm	14.5	14.5	14.5	26.2	32.9	32.9
	高度/mm	25.2	33.5	50.5	50	10.0	61.5
	体积/cm³	4.16	5.53	8.34	27.0	8.50	52.3
质量/g		9.2	11.8	17.6	50.5	21.5	92.5
连续放电时的最大电流/mA		50	75	100	230	—	230
质量比能量/(W·h/kg)		456	490	475	590	275	720
体积比能量/(W·h/L)		1010	1045	1010	1100	700	1270

这些电池是专门为低、中放电率放电设计的，不得高于 C/100 率放电。它们具有高比能量，例如，D 型电池以 3.5V 的电压可释放出 19A·h 的容量，与此相比，传统锌碱性二氧化锰电池以 1.5V 的电压只能释放出 15A·h 的容量。

碳包式 Li-SOCl₂ 电池具有高电压（3.6V）、高比能量（300～700W·h/kg）、长储存寿命（10 年）和安全的优点。已广泛用作 CMOS 存储器、水与电等计量仪表和诸如高速公路过境自动电子交费系统、程序逻辑控制器及无线安全报警系统等的无线电频率识别器的电源。

表 7-11 列出了卷绕式 Li-SOCl₂ 电池的型号、尺寸及特性。由表可以看出，卷绕式 Li-SOCl₂ 电池也是按 ANSI 标准尺寸制造的。

表 7-11　卷绕式 Li-SOCl₂ 电池的型号、尺寸和特性

项目		1/3c	C	D
在 20℃时的额定容量/A·h		1.15	5.5	13.0
尺寸（最大）	直径/mm	26.2	26.0	33.1
	高度/mm	18.9	49.9	61.4
	体积/cm³	10.2	26.5	52.8
质量/g		24	51	100
连续使用时的最大电流/mA		400	800	1800
比能量	质量比能量/(W·h/kg)	168	377	455
	体积比能量/(W·h/L)	395	726	860
推荐工作温度范围/℃		−60～+85		

中、高放电率的卷绕式圆柱形电池和方形大容量 Li-SOCl₂ 电池主要应用在军事领域，同时也在民用领域的一些特殊应用场合得到应用。

Li-SOCl₂ 系列也可以制成以中、高放电率放电的扁圆形或盘形电池。这些电池为气密性密封，并兼顾了许多性能特点，以便安全应用于各种特殊情况，例如，在设计范围内的短路、反极和过热。电池设计如图 7-25 所示，电池由单个或多个盘形锂负极、隔膜和碳正极封装在不锈钢外壳内而组成，外壳包括一个陶瓷密封的负极引线，将正、负极端子隔离。典型产品的规格与主要性能在表 7-12 中列出，最大单体电池容量可达 8000A·h。

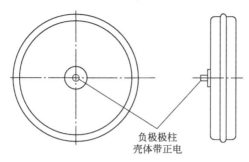

负极极柱
壳体带正电

图 7-25 扁圆形 Li-SOCl₂ 电池

表 7-12 扁圆形 Li-SOCl₂ 电池的主要性能

容量/A·h	直径/mm	高度/mm	质量/g	最大连续放电电流/A	质量比能量/(W·h/kg)	体积比能量/(W·h/L)
500	432	127	7270	7	240	915
1400	432	35	1600	16	350	930
2000	432	51	17700	25	385	910
8000	432	187	56800	40	475	990

该电池具有高比能量、平稳的放电曲线和在 -40~70℃ 内工作的能力。在 20℃、45℃ 和 70℃ 下分别储存 5 年、6 个月和 1 个月后，电池可保持其容量的 90%，主要以多单体电池的电池组应用于海军装备，如长距离水雷侦测系统等。

与此同时，方形大容量 Li-SOCl₂ 电池产品也得到开发与应用，它们主要是为独立于商业供电的军用备用电源以及为军用装备充电等而专门研制的，如图 7-26 所示。锂负极和聚四氟乙烯粘接的炭电极被制造成方形平板，该平板电极用板栅结构支撑，并用非编织玻璃丝布隔膜隔开，最后被装进气密性密封的不锈钢壳体中。极柱通过玻璃金属封接引到电池外面或者使用单极柱并将其与带正电的壳体绝缘分开。通过注液孔把电解质注入电池中。

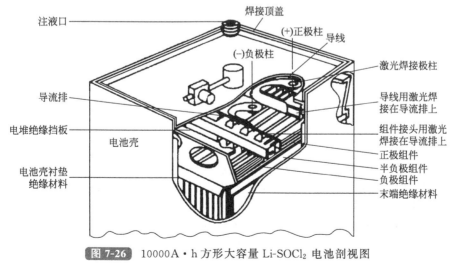

注液口
焊接顶盖
(+)正极柱
导线
(-)负极柱
激光焊接极柱
导流排
导线用激光焊接在导流排上
电堆绝缘挡板
组件接头用激光焊接在导流排上
电池壳
正极组件
半负极组件
电池壳衬垫绝缘材料
负极组件
末端绝缘材料

图 7-26 10000A·h 方形大容量 Li-SOCl₂ 电池剖视图

如表 7-13 所示，方形大容量 Li-SOCl₂ 电池在相当低的放电率（200h 放电率）下连续放电，具有非常高的体积比能量，并具备叠加大负载放电的能力。

表 7-13 方形大容量 Li-SOCl₂ 电池的主要特性

容量/A·h	高度/mm	长度/mm	宽广度/mm	质量/kg	质量比能量/(W·h/kg)	体积比能量/(W·h/L)
2000	448	316	53	15	460	910
10000	448	316	255	71	480	950
16500	387	387	387	113	495	970

7.3.4 锂碘电池

Li-I₂ 电池于 1969 年研制成功，1972 年制成实用电池并在意大利首次作为心脏起搏器电源应用于临床。目前世界发达国家每年植入人体的起搏器有 50 万台左右，其中 90％以上由锂碘电池供电。Li-I₂ 电池用作心脏起搏器电源，移入人体后可工作达 10 年之久。由于这种电池的正负极及电解质全部为固体，因此又称为固体电解质电池。它以安全可靠而著称，经过几十年的发展，现在广泛应用于心脏起搏器以及微安级放电的用电器具，如数字式手表的电源、固态存储器等。

（1）工作原理

Li-I₂ 电池以金属锂片为负极，正极活性物质是碘的复合物——聚二乙烯吡啶碘，它是由聚二乙烯吡啶（P₂VP）经聚合形成相对分子质量为 15000 的聚二乙烯吡啶与碘的复合物，由于碘的蒸气压高、电阻大，经复合可降低电阻率至 1/1000。

Li-I₂ 电池的电解质为固态的 LiI，这种 LiI 通过正负极直接接触装入电池内，发生下列反应，在正负极之间生成 LiI 的固态薄膜。

$$2Li^+ + I_2 \longrightarrow 2LiI \tag{7-23}$$

Li-I₂ 电池的电化学表达式为：

$$(-)Li \mid LiI \mid P_2VP \cdot nI_2(+)$$

负极反应 $2Li \longrightarrow 2Li^+ + 2e \tag{7-24}$

正极反应 $P_2VP \cdot nI_2 + 2e + 2Li^+ \longrightarrow P_2VP(n-1)I_2 + 2LiI \tag{7-25}$

电池反应 $2Li + P_2VP \cdot nI_2 \longrightarrow P_2VP(n-1)I_2 + 2LiI \tag{7-26}$

当电池制成后，由于正负极接触生成了 LiI，LiI 一旦生成就对正负极起隔离作用。随着反应式（7-23）的进行膜的厚度增加，固态 LiI 是一种纯离子导体，其电导率室温时为 10^{-5} S/m。LiI 对电子是绝缘的，它靠锂离子空穴运动来传递电荷，锂离子空穴向负极运动，相对于锂离子向正极运动，电池放电产物在靠正极一侧的界面产生。

（2）基本结构

Li-I₂ 电池的结构视用途不同而异，医疗用 Li-I₂ 电池有各种不同的外形和尺寸，其外形由矩形到半圆形或混合形，有"负包正"式和"正包负"式两种结构。非医疗用 Li-I₂ 电池一般为纽扣形和圆筒形。

所谓"负包正"即负极包封正极，指负极包封于正极之外，壳体为负极或中性，这种结构的可靠性高，但在比能量上有一定损失。反之，"正包负"即正极包封负极，指正极包封于负极之外，壳体为正。

图 7-27 为正极包封负极式的 Li-I₂ 电池结构图。电池的外壳采用不锈钢，并作正极集流体；电极中部装有锂负极。在正极活性物质加入之前，使盖头与外壳焊接在一起，完成总装

后，再将加热的正极活性物质通过小的灌注口加到电池壳中，然后将灌注口焊接密封。负极集流体通过玻璃-金属密封的接线柱引出来，外壳作电池的正极。

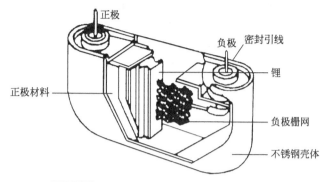

图 7-27 正极包封负极式的 Li-I_2 电池结构

负极包封正极的结构正好与此相反，外壳作电池的负极。还有一种设计叫中性设计，正极在外，负极在内，正极与钢壳之间用绝缘的塑料包封。采用中性外壳设计是为了防止外壳的腐蚀，同时减少正极中碘蒸气经过接线柱封口处渗漏。但是，试验表明，正极外壳的腐蚀发生在电池装配后的头几个月，而且只限制在 $50\mu m$ 层内，甚至在 $60℃$ 时的干燥环境下储存，外壳被碘蒸气腐蚀不是问题。

（3）主要性能

Li-I_2 电池的开路电压接近 $2.8V$。由于 Li-I_2 电池在放电时生成固态的 LiI，它又是电池的隔膜，其离子电导率比较低，加上正极的聚二乙烯吡啶碘导电率也比较低，所以放电时电压逐渐下降。典型 Li-I_2 电池的放电曲线如图 7-28 所示。放电时电池内阻的增加与放电电阻和放电时间的关系如图 7-29 所示。

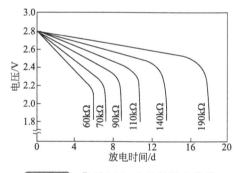

图 7-28 典型 Li-I_2 电池的放电曲线

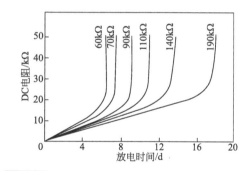

图 7-29 典型 Li-I_2 电池放电过程中的内阻变化

在 Li-I_2 电池中，电解质 LiI 的电导率为 10^{-7}S/cm 数量级，正极活性物质电导率为 10^{-4}S/cm 数量级，在放电未到终期前，控制电池性能的是电解质电阻。虽然电解质的电导率很低，但由于 LiI 并非是致密的一层，而是分散在多孔正极活性物质内部，可看作碘化锂与不含游离碘的聚二乙烯基吡啶-碘络合物构成的二相粒子体系，其界面效应致使 LiI 的电导大大增加。这是固体电解质电池的普遍规律，也是这种电池能付诸实用的关键所在。用于心脏起博器的 Li-I_2 电池，工作温度为 $37℃$；非医疗用 Li-I_2 电池的工作温度范围为 $-20\sim50℃$，温度越低，电池放电性能越差，其最佳工作温度范围为室温到 $40℃$。

（4）特点

Li-I_2 电池具有如下特点：①具有高的体积比能量，其实际体积比能量可达 $500\sim800$W

• h/L，质量比能量也较高，实际为 $100\sim300W\cdot h/kg$；②具有较高的可靠性和安全性：因为电池是纯固态，反应无气态和液态产物，无气、液泄漏问题；③力学性能好：能经受一定的振动、冲击和旋转，一旦 LiI 层受到破坏，电池本身具有自愈性，可以自动修复；④自放电小：由于 LiI 层随着自放电的缓慢进行会逐渐变厚，致使正极活性物质中的碘蒸气很难扩散到负极，自放电反应困难，所以 $Li-I_2$ 电池的自放电主要发生在电池制成后的开始 $1\sim2$ 年，以后自放电几乎接近停止；⑤电池储存寿命长：一般都可达到 10 年以上。

7.3.5 锂氧化铜电池

Li-CuO 电池，国际上首先由法国 SAFT 公司（法国通用电气公司的子公司）研制成功并得到推广应用。其电压与锌锰电池相同（1.5V），可以作为锌锰电池的互换产品。

（1）工作原理

Li-CuO 电池的负极是锂，电解液溶液是 $LiClO_4$ 的二氧戊环（DOL）溶液，正极为氧化铜。因此 Li-CuO 电池的组成可表示为：

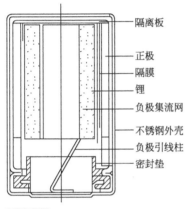

$$(-)Li\mid LiClO_4,DOL\mid CuO(+)$$

电池反应　　$2Li+CuO \longrightarrow Li_2O+Cu$　　　　　(7-27)

如果 Li-CuO 电池以低倍率放电，则放电过程分阶段进行，即发生 $CuO\rightarrow Cu_2O\rightarrow Cu$ 的反应，电压也相应出现两个放电坪阶。

（2）基本结构

Li-CuO 电池目前可做成扣式和圆柱形两种，其结构与其他锂电池相似。如图 7-30 所示为 1/2AA 型 Li-CuO 电池的结构图。外壳为镀镍钢，外壳与上盖之间用聚丙烯塑圈隔离，外壳与正极接触，上盖与金属锂接触。隔膜一般选用非编制的聚丙烯膜，电解质溶液为 $LiClO_4$ 的二氧戊环溶液。通用的 Li-CuO 电池规格如表 7-14 所示。

隔离板
正极
隔膜
锂
负极集流网
不锈钢外壳
负极引线柱
密封垫

图 7-30　1/2AA 型 Li-CuO 圆柱形电池结构图

表 7-14　Li-CuO 电池的规格

国际电工委员会（IEC）型号		1/4R6	R3	R6
美国国家标准学会（ANSI）型号		1/4AA	1/2AA	AA
额定电压/V		1.5	1.5	1.5
尺寸	直径/mm	14.1	14.1	14.1
	高度/mm	12.0	24.5	49.5
	体积/cm³	1.90	3.90	7.80
质量/g		4.5	7.3	17.4
额定容量/A·h		0.445	1.8	3.4
质量比能量/(W·h/kg)		140	345	275
体积比能量/(W·h/L)		330	645	610
欧姆内阻/Ω		100	37	15

（3）主要性能

① 工作电压。Li-CuO 电池开路电压为 2.25V，工作电压在 $1.2\sim1.5V$ 之间。如果做成通用尺寸，Li-CuO 电池有可能与传统的锌锰电池彼此互换。

② 放电特性。AA 型 Li-CuO 圆柱形电池在 20℃下的典型放电曲线如图 7-31 所示。由图可见，Li-CuO 电池在起始放电阶段往往有一个高波，其波峰高达 1.7～1.8V。这个高波电压在有些电子线路中是有害的，如液晶显示的万用表，往往会造成测量不准。因此，在与锌锰电池互换时，应考虑高波电压的影响。

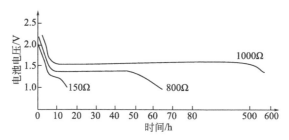

图 7-31 AA 型 Li-CuO 圆柱形电池 20℃下的典型放电曲线

③ 比容量。Li-CuO 电池是锂电池中体积比容量比较高的一种。以 D 型电池为例，其额定容量高达 20A·h，比 Li-SOCl$_2$ 电池的 10A·h 容量大一倍。相同规格的 Li-CuO 电池与碱性 Zn-MnO$_2$ 电池在不同温度下的容量特性比较如图 7-32 所示。由图可见，Li-CuO 电池在低倍率放电情况下，其容量性能远远好于碱性 Zn-MnO$_2$ 电池。

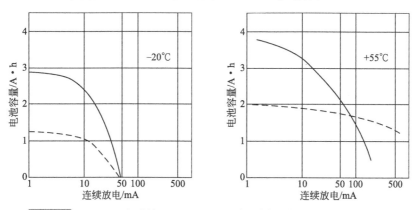

图 7-32 Li-CuO 和碱性 Zn-MnO$_2$ 电池在不同温度下的容量特性曲线
—— Li-CuO 电池；---- Zn-MnO$_2$ 电池

④ 温度特性。Li-CuO 电池的温度使用范围十分宽广，特别是其高温性能优于其他电池，在环境温度大于 100℃时还能有效地工作。

图 7-33 表示 AA 型 Li-CuO 电池在不同温度下的放电曲线。图 7-34 表示 AA 型电池在 130℃（500Ω）和 150℃下（100Ω）的放电曲线。图 7-35 和图 7-36 分别为 AA 型 Li-CuO 电池的容量和放电电流与温度的关系。由图 7-35 可见，用 40mA 放电，100℃时放出的容量几乎与 20℃、60℃时放出的容量相同。当放电电流大于 40 mA 时，100℃时放出的容量远比 60℃和 20℃时高。图 7-36 表明 Li-CuO 电池在低温条件下，随放电电流增大，其容量下降很快。

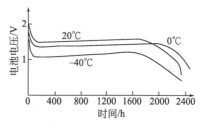

图 7-33 不同温度下 AA 型 Li-CuO 圆柱形电池的放电曲线
（放电电流：1.5mA）

由于 Li-CuO 电池具有很好的高温工作特性，所以被大量用于需要在高温条件下工作的电器。如石油地下开采中进行各种参数的测量；用作智能化温度表和气体表的电源，特别是在智能化温度表中，由于 Li-CuO 电池使

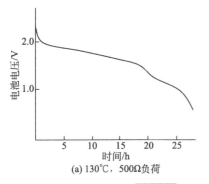
(a) 130℃，500Ω负荷

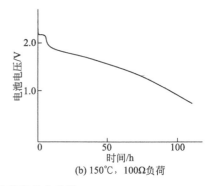
(b) 150℃，100Ω负荷

图 7-34 AA 型 Li-CuO 电池的高温放电曲线

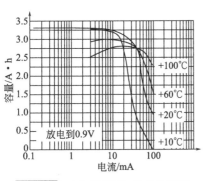

图 7-35 AA 型 Li-CuO 电池容量
与温度的关系

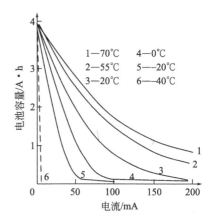

图 7-36 AA 型 Li-CuO 圆柱形电池的容量
与放电电流及温度的关系

用温度范围宽，在温度变化较大时，电池性能比较稳定；它也可用作记忆支撑电源、水雷和地雷的电源等。

⑤ 储存性能：Li-CuO 电池有极好的储存性能。最长的室温储存数据高达 10 年，也未见明显的容量损失。如图 7-37 所示为 AA 型电池室温贮存 10 年前后的放电曲线比较。

7.3.6 使用维护

一般来说，锂（原）电池的安全性与可靠性都非常高，这是因为它们多数只是单个电池使用，一般不会出现诸如过放电等滥用情况；与此同时，即使发生外部短路，也因内部的合理设计不会有任何危险发生。

但是锂电池是一种高能电池，特别是大功率型和大容量型电池以及电池组，潜在能量比常用电池大得多。这是因为锂电池的电压都较高，尤其是卷式大面

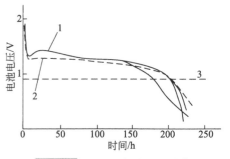

图 7-37 AA 型电池室温贮存
10 年前后的放电曲线
1—贮存前新电池容量，容量约为 3.25A·h；
2—贮存 10 年后，容量约为 3.11A·h；
3—终止电压

积电池，其活性很高，当其短路时，可产生极大电流，使温度急剧升高。此外，在电池中，大多采用一些高能易燃材料，如金属锂、碳粉、有机电解质、塑料隔膜等，它们都容易着火燃烧。所以，在制造、储存、运输和使用过程中，一定要遵守有关的安全规定，否则就有可能出现问题，小则使用电设备损坏，大则还会危及人身安全。

锂电池的选用应注意下列注意事项：①选择适当的锂电池体系，注意特定的化学性质和电池成分对电池工作的安全性影响；同时，电池中锂的量越少，意味能量越小，电池也就越安全。②选择恰当的组合电池设计，其中电池尺寸、容量应尽可能小，单体数量尽可能少，同时必须安置具有防止外部短路与过放电等的保护装置等。

锂电池在使用时应注意下列事项：①要阅读电池使用说明书，搞清电池组的极性、允许的放电电流、放电时间和放电终止电压。因为过放电会使电池组中某个容量较小的串联电池出现反极，此时，正极上镀的金属锂形成易燃、易爆物质。②多数事故发生在部分放电或完全放电的电池，所以，电池组用完后应及时从设备中取出，妥善处理，切勿再用。③锂电池应有明确的、有别于其他系列电池的标志，标准型号锂电池不能与其他系列电池换用。④不管是新电池或旧电池都不应穿刺、压碎、煅烧、摔损、拆开、改装、短路或充电等。

近年来已出现了处理锂电池和其他电池的设备，并可回收其中有用的材料。但是，在没有大规模处理技术时，必须将废旧锂电池深埋或投入深水中，周围标上标记。锂电池生产厂商要注意生产过程中可能出现危害的环节，严格管理，在车间内要设有消防器材。例如，锂着火时应该用氯化锂和氯化钾的混合粉覆盖，而不应该用二氯化碳、卤化物或水来灭火。锂电池应存放在阴凉、通风和干燥处，每个电池组应包上塑料口袋，内放干燥剂。储存的锂电池还应远离高温、水源和可燃物。库房内储存电池的数量要尽可能少。

习题与思考题

1. 锌锰电池有哪些种类？其组成与结构有何不同？

2. 碱性锌锰电池中的汞起什么作用？为什么要用无汞碱性锌-锰电池取代有汞电池？

3. 我国的锌锰电池型号与 IEC 的型号规定是一种什么样的对应关系？

4. 碱性锌锰电池和普通锌-锰电池的性能有何不同？

5. 简述锌氧化银（原）电池的工作原理与基本结构。

6. 什么叫锂电池？常用的锂电池有哪几种？

7. 写出锂二氧化锰电池、锂二氧化硫电池、锂亚硫酰氯电池、锂碘电池和锂氧化铜电池的电化学表达式。说出它们各自具有哪种突出的优点？

8. 简述锂二氧化锰电池的基本结构与主要性能。

9. 简述锂亚硫酰氯电池的基本构造与主要性能。

10. 正确使用一次电池的方法是什么？

第8章
其他化学电源

目前常用化学电源除了前面已经详细讲述的铅酸蓄电池、碱性蓄电池（镉镍蓄电池、氢化物镍蓄电池、锌银蓄电池）、锂离子电池、一次电池（锌锰电池、锌氧化银原电池、锂原电池）外，燃料电池是一个发展趋势。另外，金属空气电池、电化学电容器和氧化还原液流电池也逐渐得到应用，本章对其做简要概述。

8.1 金属空气电池

金属空气电池也有人称其为金属空气燃料电池或金属燃料电池。这是一种用金属燃料代替氢而形成的新型燃料电池，即将锌、铝、镁、铁、钙、锂等金属像燃料氢一样提供到电池的阳极，它们与阴极的氧一起构成一个连续的电化学发电装置。由于金属空气电池具有低成本、无毒、无污染、放电电压平稳、比能量和比功率高等优点，其阳极材料不仅资源丰富，还能再生利用，电池结构也比氢燃料电池简单，因此具有很好的发展与应用前景。

金属空气电池以活泼固体金属（如铝、锌、镁、锂等）为负极，以碱性溶液或中性盐溶液为电解液，以空气电极为正极。根据负极金属的不同，金属空气电池分为铝、锌、镁和锂等金属空气电池。金属空气电池的结构如图 8-1 所示。

金属空气电池中正极活性物质来自空气中的氧，只要空气电极工作正常，电池容量仅取决于金属的量，因而其容量可达到很大。金属阳极通常要根据具体的金属性质进行金属成分或形态的加工处理，以满足电池的使用性能要求。空气扩散电极包括活性层、扩散层、集流网。气体穿过扩散层在活性层的三相区被还原，电子通过集流网导出。扩散层是由炭黑和聚四氟乙烯（PTFE）组成的透气疏水膜，可防止电解液渗漏。活性层由活性炭黑、聚四氟乙烯乳液和催化剂构成，催化剂具有还原氧气的性能，对于再充电式金属空气电池，催化剂还须具有氧化氧离子的性能。

金属空气电池的还原剂为活泼金属 M（如 Zn、Al、Mg 等），放电时 M 被氧化成相应的金属离子 M^{n+}。由于 Zn、Al、Mg 等金属无法在酸性介质中稳定，因此金属空气电池的电解质通常为碱性或中性介质，电极反应的通式为：

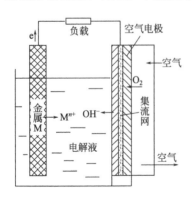

图 8-1 金属空气电池结构示意图

$$M + nOH^- \longrightarrow M(OH)_n + ne \tag{8-1}$$

或

$$M + (m+n)OH^- \longrightarrow M(OH)_{m+n} + (m+n)e \tag{8-2}$$

金属空气电池的氧化剂为空气中的 O_2，放电时 O_2 被还原成 OH^-：

$$O_2 + 2H_2O + 4e \longrightarrow 4OH^- \tag{8-3}$$

所以金属空气电池的总反应为：

$$4M + nO_2 + 2nH_2O \longrightarrow 4M(OH)_n \tag{8-4}$$

表 8-1 列举了可以用于金属空气电池的金属及其电化学性质。

表 8-1 金属空气电池的特性

金属阳极	电化学当量/(A·h/g)	理论电压[①]/V	理论比能量/(kW·h/kg)	实际电压/V
Zn	0.82	1.6	1.3	1.0~1.2
Al	2.98	2.7	8.1	1.1~1.4
Mg	2.20	3.1	6.8	1.2~1.4
Li	3.86	3.4	13.0	2.4
Ca	1.34	3.4	4.6	2.0
Fe	0.96	1.3	1.2	1.0

① 相对于氧电极的电池电压。

由表 8-1 中的数据可见，多数金属在电解质溶液中是不稳定的，易发生腐蚀或氧化。阳极金属的腐蚀反应为：

$$2M + 2nH_2O \longrightarrow 2M(OH)_n + nH_2 \tag{8-5}$$

腐蚀反应即电池的自放电反应，使得阳极的库仑效率下降，电池容量损失。

金属空气电池的主要特点是：

① 比能量高：由于空气电极所用活性物质是空气中的氧，即活性物质在电池外部，因此空气电池的理论比能量比一般金属氧化物电极大得多。金属空气电池的理论比能量一般均在 $1000W \cdot h/kg$ 以上，实际比能量在 $100W \cdot h/kg$ 以上。

② 价格便宜：金属锌、铝资源丰富，空气中的氧气可无偿使用，如果能开发出不使用或少使用贵金属的催化剂作阴极材料，则金属空气电池具有价格竞争优势。

③ 性能稳定：特别是锌空气电池采用粉状多孔锌电极和碱性电解液后，可在很高的电流密度下工作，如果采用纯氧代替空气，放电性能还可大幅度提高。

④ 机械充电式电池可实现快速充电。

但金属空气电池也存在如下缺点：

① 电池难以密封，易造成电解液干涸及上涨，影响电池容量和寿命；

② 如果采用碱性电解液容易发生碳酸盐化，增加电池内阻，影响电池的放电；

③ 湿储存性能差，因为电池中的空气扩散到负极会加快负极的自放电；

④ 机械再充式电池的负极更换和回收困难；

⑤ 电池的可充电性难以实现。

8.1.1 锌空气电池

金属空气电池的发展历史实际上就是空气电极的历史。早在 19 世纪初，空气电极就有报道，但直到 1878 年，采用镀铂炭电极代替勒克朗谢电池中的正极 MnO_2，才真正制成第一个空气电池。其结构与外形与锌锰干电池相似，但其容量高出一倍以上。由于使用微酸性电解质（NH_4Cl），炭电极的电流密度只能达到 $0.3mA/cm^2$，所以在发展上受到限制。

1932 年，Heise 和 Schumacher 制成了碱性锌空气电池。他们以汞齐化锌为负极，经石蜡防水处理的多孔炭作正极，20％的 NaOH 水溶液作电解质，使放电电流有大幅提高，电流密度可达 $7\sim10mA/cm^2$。这种锌空气电池具有较高的能量密度，但其输出功率较低，主要用作铁路信号灯和航标灯的电源。

到了 20 世纪 40 年代，由于锌银电池的研制成功，人们发现在碱性溶液中，粉末状锌电极具有优良的大电流放电性能，为锌空气电池的进一步发展提供了基础。

20 世纪 60 年代，由于燃料电池研究的发展，出现了高性能的碱性空气电极。这种用聚四氟乙烯（PTFE）作粘接剂的薄型气体扩散电极，具有良好的气-固-液三相结构，厚度在 $0.12\sim0.5mm$ 之间，电流密度高达 $100mA/cm^2$，从而使高功率锌空气电池得以实现。后来又加上一层由聚四氟乙烯制成的防水透气膜，制成具有固定反应层的气体扩散电极，使电极能在常压下工作。

1977 年，小型高性能的扣式锌空气电池成功进行商业化生产，并广泛用作助听器、计算器、电子手表及其他小功率电器的电源。

20 世纪 80 年代迄今，大型锌空气电池成为发展的主流。近年来，随着气体扩散电极理论的进一步完善以及催化剂制备和气体电极制作工艺的发展，碱性空气电极的性能有了进一步提高，电流密度可达 $500mA/cm^2$；与此同时，对金属空气电池气体管理的研究（如水、CO_2 等）提高了金属空气电池的环境适应能力，为大功率金属空气电池的产品化开发提供了技术保障，各种类型的金属空气电池正逐步走向商品化。

（1）特点与用途

① 基本特点。锌空气电池具有如下优点：

a. 质量比能量高；

b. 原材料容易获得、价廉，使用时无特殊困难和危险；

c. 工作电压平稳，可与锌银电池的电压性能媲美；

d. 在较大的负载区间和温度范围内能提供较好的性能；

e. 对环境无污染。

但采用多孔锌电极，需要汞齐化，汞不仅危害人体健康而且污染环境，需要用非汞缓蚀剂取代。

② 主要用途。锌空气电池在便携式通信机、雷达装置以及江河上的航标灯上得到了广泛应用，与此同时，还可用作铁路信号、通信、导航、理化仪器和野战医疗手术照明电源。小型高性能扣式电池于 20 世纪 70 年代商品化，成功地应用于助听器、电子手表、计算器、存储器以及其他小功率电器。以锌阳极、纯氧和 KOH 电解液组成的密闭式电池组可应用于"海洋气象卫星"（即海洋气象资源测定浮标）和宇宙飞船。

（2）种类与结构

锌空气电池的典型结构如图 8-2 所示。电池的中间有一片多孔的锌阳极，两边各有一片薄的阴极板（空气电极）。空气电极是获得高比能量的关键，它们是用疏水性材料、导电网和催化剂制成的，其中催化剂的作用就是促进空气中的氧还原，使疏水性材料能允许空气进入电池，但阻止电解液的渗出，因此它也能作电池容器的外壁。电解液为氢氧化钾水溶液。阳极用多孔的隔膜材料包裹着，再塞进由阴极构成的电池容器中，当加满电解液后，就构成一个锌空气单元电池。

锌空气电池可按不同的标准进行如下分类。

① 按电解液的性质来分：可分为微酸性电池和碱性电池。

② 按电解液的处理方法来分：可分为静止式电池和循环式电池。

③ 按电池的形状来分：可分为矩形、扣式、圆柱形电池。

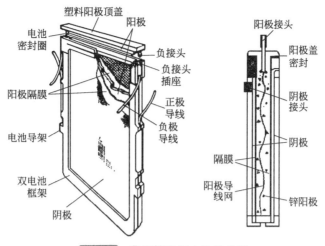

图 8-2 典型锌空气电池结构图

④ 按空气的供应形式来分：可分为内氧式电池和外氧式电池。内氧式是指电池的负极板在正极气体电极两侧或周围，电池有完整的外壳，如图 8-3 所示；外氧式是指电池的负极板在正极气体电极中间，气体电极兼作电池壳的部分外壁，如图 8-4 所示。

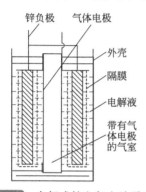

图 8-3 内氧式锌空气电池示意图

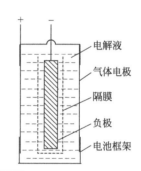

图 8-4 外氧式锌空气电池示意图

⑤ 按负极的充电形式来分：可分为一次电池、机械充电式电池、外部再充式电池和电化学再充式电池。锌空气一次电池是指放完电后即被废弃的电池；机械充电式锌空气电池是指更换负极（更换下的负极废弃）、保留正极继续使用的电池；外部再充式锌空气电池是将放完电的负极更换出来后在电池外另行充电，充足电后再装入继续使用的电池；电化学再充式锌空气电池是指利用第三电极或双功能的气体电极充电的电池，如图 8-5 所示。

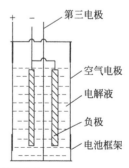

图 8-5 带第三电极的锌空气电池示意图

（3）工作原理

锌空气电池的表达式为：

$$(-)Zn \mid KOH \mid O_2(空气)(+)$$

负极反应 $\qquad Zn + 2OH^- \longrightarrow ZnO + H_2O + 2e \qquad$ (8-6)

正极反应 $\qquad \dfrac{1}{2}O_2 + H_2O + 2e \longrightarrow 2OH^- \qquad$ (8-7)

总电应
$$Zn + \frac{1}{2}O_2 \longrightarrow ZnO \tag{8-8}$$

电池电动势

$$E^{\ominus} = \varphi^{\ominus}_{O_2/OH^-} - \varphi^{\ominus}_{ZnO/Zn} + \frac{0.059}{2}\lg p_{O_2}^{1/2} = 1.646 + \frac{0.059}{2}\lg p_{O_2}^{1/2} \tag{8-9}$$

式中，$\varphi^{\ominus}_{O_2/OH^-}$ 为氧电极的标准电极电位，其值为 0.401V；$\varphi^{\ominus}_{ZnO/Zn}$ 为锌电极的标准电极电位，其值为 $-1.245V$。由上式可见，电动势与氧的分压有关。在常压下，空气中氧气分压约为大气压力的 20%。

所以
$$E^{\ominus} = 1.646 + \frac{0.059}{2}\lg p_{O_2}^{1/2} = 1.636(V)$$

锌空气电池的电动势是很难达到理论值的，主要原因是氧电极很难达到热力学平衡。一般测得的电池开路电压在 1.4~1.5V 之间。

（4）主要性能

锌空气电池的一般特性如表 8-2 所示。锌空气电池的理论比能量为 1341W·h/kg（不计氧量），实际比能量为理论值的 1/4~1/3。与现有的其他水溶液电解质相比，其质量比能量是最高的。

表 8-2 锌空气电池的一般特性

开路电压/V	工作电压/V	使用温度/℃	每月自放电率/%	比能量/(W·h/kg)
1.45	0.9~1.30	−20~40	0.2~1.0	150~350

① 放电性能。由于空气电极的极化在电池放电过程中基本保持不变，所以，锌空气电池的放电电压比较平稳。如图 8-6 所示为不同放电电流下，20A·h 锌空气电池的放电曲线。图 8-7 为这种电池在放电电流为 1A 时，不同温度下的放电曲线。从图 8-7 可看出，锌空气电池的低温性能不太好，尽管如此，其低温性能在常用电池中仍是较好的。尤其是在较大电流密度下工作时，电池内部的温升可以使电池的性能得到很大改善。

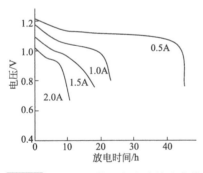 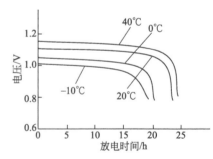

图 8-6 20A·h 锌空气电池放电曲线 　　**图 8-7** 20A·h 锌空气电池在不同温度下的放电曲线

② 储存性能。由于锌空气电池本身的特点，使其储存寿命成为一个突出问题。引起锌空气电池在湿储存期间容量下降的原因有：

a. 锌在碱性溶液中的自放电：

负极反应
$$Zn + 2OH^- \longrightarrow ZnO + H_2O + 2e \tag{8-10}$$

正极反应
$$2H_2O + 2e \longrightarrow H_2 + 2OH^- \tag{8-11}$$

总反应为
$$Zn + H_2O \longrightarrow ZnO + H_2 \tag{8-12}$$

b. 通过透气膜溶解入电解液的氧气扩散到锌板表面，加速锌的腐蚀：

负极反应 $Zn + 2OH^- \longrightarrow ZnO + H_2O + 2e$ (8-13)

正极反应 $\frac{1}{2}O_2 + H_2O + 2e \longrightarrow 2OH^-$ (8-14)

总反应为 $Zn + \frac{1}{2}O_2 \longrightarrow ZnO$ (8-15)

③ 寿命特性。

(a) 湿度的影响。水蒸气在电池与环境之间的转移，是影响使用寿命的重要因素。当气候干燥时，空气相对湿度较低，而电池中的水蒸气较多，当空气中水分低于 60% 时，将引起水分的损失，水分过分减少会增大电解液的浓度，造成维持正常放电的电解液不足，最后使电池失效；当气候潮湿时，空气相对含水量较高，当湿度大于 60% 时，电池中水分增加，使电解液浓度降低，导电能力减小，同时水分增多又可能使空气电极的催化层被淹没，降低电化学活性，使电池失效。所以，对于工作条件特殊的电池，在设计时应考虑水分转移的补偿问题。

(b) 碳酸盐化的影响。由于空气中含有 0.04% 的 CO_2，当其与电池中的碱液接触时，将按下式生成 $KHCO_3$ 和 K_2CO_3，使碱液碳酸盐化。

$$CO_2 + KOH \longrightarrow KHCO_3 \qquad (8-16)$$
$$CO_2 + 2KOH \longrightarrow K_2CO_3 + H_2O \qquad (8-17)$$

被碳酸盐化的碱液液面，水蒸气的分压增大，水的蒸发加快，当环境温度较低时，碳酸盐可能在多孔催化层之间结晶出来，破坏电极结构，使电极寿命缩短。

(c) 空气电极的溢流。随着电池工作时间的延长而带来的另一个影响电池寿命的问题是空气电极的溢流，即通氧孔逐渐被电解液充满，阻碍了氧的输送。引起空气电极溢流的原因有：ⓐ材料的憎水性因与碱性电解液接触而变坏，使电极能被电解液更好地润湿；ⓑ在材料还没有失去憎水性时，电极的溢流可能使憎水孔经过水的蒸发与凝聚过程被逐渐填满；ⓒ放电时因电渗透作用使电极的溢流更加严重，即放电时电极的溢流比电池储存时快；ⓓ锌电极下沉与锌枝晶生长（详见锌银电池部分）。

(5) 二次锌空气电池

二次锌空气电池按电解液工作方式分为电解液循环式锌空气电池和电解液固定式锌空气电池。

① 电解液循环式锌空气电池。电解液循环式锌空气电池是由美国通用动力公司研制成功的。这种电池放电时，负极上的锌溶解于电解液，用泵使过剩的空气和电解液一起循环，用空气分离器除去空气后，将分离出的 ZnO 贮藏在电池外面的贮藏器中；充电时，溶解在电解液中的 Zn，再次在负极极板上析出，贮藏在电池外面贮藏器中的 ZnO 也再次溶解于电解液，用泵送回电池中，又同样在负极上析出 Zn。空气电极是多孔性的镍板，放电时用压缩机送入压缩空气，过剩的空气进入电解液中变成气泡，和电解液一同循环，由空气分离器除去。这种电池结构可以在进行电解液循环的同时，顺利地进行充放电。该电池的优点是价格低廉，同时质量比能量非常高，可达 180W·h/kg。但是，在电池外须装附属装置，电池维护保养比较麻烦。

② 电解液固定式锌空气电池。电解液固定式锌空气电池是由美国 Leesonr 公司研制成功的。该电池结构的特点是：a. 采用多孔性锌负极，负极因被多孔性隔板包围而不会因放电而流失；b. 电解液不循环，而是固定在多孔性隔板和多孔性锌负极之中；c. 采用由无机物质或有机物质制造的经过改进的隔板，可减缓锌枝晶向正极生长的速度。这种电池具有功率高、价格低、使用方便等优点，但对于如何防止充电产生的枝晶造成短路，以提高其使用寿命仍是个难点。

实现可充电锌空气电池的关键是高效率、长寿命的双功能氧气扩散电极的研制，以及在循环期间不会出现明显形变和形成任何枝晶的锌电极的开发。双功能气体扩散电极必须能有效地进行氧的氧化还原，所以其关键是选取最佳的双功能电催化剂。研究发现金属氧化物如 $La_{0.6}Ca_{0.4}CoO_3$、MnO_2 和 MnO_x、非贵金属大环化合物以及 $LaNiO_3$ 等可替代 Pt 作为气体扩散电极的电催化剂。颗粒状和膏状的锌在一定程度上都能解决锌电极的形变问题，提高锌电极的性能。

（6）机械充电式锌空气电池

机械充电式锌空气电池是由美国的利森尔公司和 U. S. Army 研制成功的，它不是严格意义上的二次电池。所谓机械充电是指在放完电后，取出已经使用过的锌负极，换上新的锌负极来代替充电。换取锌负极虽然比较麻烦，但是解决了锌负极难以充电的困难，即解决树枝状锌结晶生长等难题。这种电池具有不需要充电操作、充电时间、充电设备、充电电力等的优点，但是更换锌负极的操作非专业人员难以进行。

（7）锌连续供给式锌空气电池（金属燃料电池）

锌连续供给式锌空气电池是由日本索尼公司研制成功的。该电池具有以下特点：①采用只有导电体构成的负极；②采用微粒状的金属锌作相当于负极活性物质的燃料，这种微粒状的金属锌被分散在电解液中，并能够连续供给电池内的负极；③在放电过程中因使用而陈旧的电解液，用另外的附属装置进行电解再生。这种电池存在的问题主要是电解液使用到一定程度后需更换，电池必须配有附属装置，给维修工作带来麻烦。

（8）使用维护

锌空气电池与其他系列电池有所不同，所以使用维护应按其特点进行。对于一次锌空气电池或者机械再充电式锌空气电池，使用维护比较简单，通常要求注意以下几点：

① 在储存期间不要拆开封装，储存在阴凉、干燥处；

② 使用时才拆开封装，对机械充电用的备用锌电极暂不拆封装，到充电时用多少启封多少；

③ 方形锌空气电池按要求注入定量的专用电解液，浸泡一定时间即可使用，扣式电池使用时将电池上的胶带剥离，露出空气孔，放置数分钟后即可使用；

④ 电池应在空气流通的环境中使用；

⑤ 不能对一次锌空电池进行充电，使用时严防短路，注意正负极柱，不要接错；

⑥ 对兼作外壳的气体电极要妥善保护，不要用尖硬物去碰、压。

（9）发展前景

锌空气电池的性能是非常吸引人的。从其发展历史可见，它是随着化学工业及航天技术的发展才逐渐开发出来的。锌空气电池不仅在通信机、航标灯、海洋浮标等设备上被应用，而且从 20 世纪 70 年代末开始进入了日常生活领域，如应用在助听器、石英电子表、计算器等小型电子仪器上。但是，锌空气电池存在如下难题：

① 空气电极的不可逆性，使得电池充电成了较复杂的课题。

② 存在锌电极在高倍率放电时的钝化、充电时产生锌枝晶、在碱性电解液中锌反应物的有限溶解性、锌电极被空气中的氧直接氧化等问题。

③ 需防止电解液中水分的蒸发或电解液的吸潮。由于空气电极暴露于空气中，必然会发生电解液水分的蒸发和电解液吸潮问题，这些情况将改变电解液的性能，从而使电池性能下降。

④ 控制电解液的碳酸盐化。在空气中的氧进入电池的同时，空气中的二氧化碳也进入电池，溶于电解液中生成碳酸盐，导致电解液的导电性能下降，电池内阻增大。此外，碳酸盐在正极上析出使正极的性能下降，不仅影响电池的放电性能，而且使其寿命缩短。

⑤ 在高倍率应用时产生的大量热量的散发问题。

上述难题限制了锌空气电池的应用。但随着燃料电池的快速发展，锌空气电池研制方面取得了下列几方面的进展：a. 价格便宜的气体电极结构和催化剂被发现；b. 采用附加的第三电极进行充电，从而保护空气电极的性能不因充电而衰减；c. 采用电解液的"体内外"循环，使电解液得以"体外"处理，既解决了锌电极存在的问题，又可以使高倍率放电产生的热量经电解液带出，从而延长电池的使用寿命。

8.1.2 铝空气电池

铝在地壳中的含量居金属元素之首，全球铝的工业储量超过 250 亿吨。由于铝具有多种形态，它既溶于酸又溶于碱，其电阻率低（$2.76\mu\Omega \cdot cm$）、电化当量高（$2.98A \cdot h/g$）、电极电位负（$-1.66V$），因而铝是一种化学电源中很有吸引力的材料，并成为最初发展金属空气电池的首选材料。

20 世纪 60 年代，美国的 Zaromb 等证实了铝空气电池体系在技术上的可行性，当时采用的是浓 KOH 溶液和高纯铝阳极，因此之后在北美的大多研究都采用碱性电解质。20 世纪 70 年代，美国能源部曾投资几百万美元支持劳伦斯-利佛莫尔国家实验室（Lawrence Livermore National Laboratory，LLNL）研制替代内燃机的金属空气电池，后来由 LLNL 和 Elecro-dynamics 及 Dow 化学公司等联合组成 Voltek 公司，终于开发出实用化的动力型金属空气燃料电池系统 Voltek A-2，是世界上第一个用来推动电动汽车的铝空气电池系统；与此同时，加拿大也开始研制车辆用铝空气电池。80 年代，挪威国防研究所、美国水下武器研究中心、加拿大的 Aluminum Power 公司等开始研究将铝空气电池应用于无人水下航行器（unmanned underwater vehicle，UUV）、深海救援艇（deep submergence rescue vehicle，DSRV）和 AIP（air independent propulsion）潜艇（AIP 潜艇指的是使用不依赖空气推进发动机作为动力的潜艇，特点是可以更长时间地潜伏水下，隐蔽性较普通常规潜艇更优秀）的可能性；加拿大的 Aluminum Power 公司采用合金化的铝阳极和有效的空气电极，使铝空气电池的实际能量密度达到 $400W \cdot h/kg$，功率密度达到 $22.6W/kg$。90 年代以后，铝空气电池在便携式电源、备用电源、电动车电源以及水下推进装置应用方面都获得了飞速发展。在欧洲，Despic 等首先研究了以盐水（海水）为电解质的铝空气电池。

铝空气电池可提供比镉镍蓄电池大 10 倍的电力；与目前使用的锂离子蓄电池相比，它具有更大的能量密度和更低的循环寿命消耗；与内燃机和普通的化学电池相比，它具有更高的能量效率。由于铝空气电池的充电电压太高，在水溶液体系中先发生水的电解而不可再充电。因此人们致力于研究储备电池和机械可再充铝空气电池，后者只要几分钟就可以方便地更换新的铝电极，从而实现电池的充电。

铝空气电池具有如下特点：

① 比能量高，具有持续开发潜力；

② 电池的反应物和生成物分别为 Al、空气和 $Al(OH)_3$，均属于无毒无害的物质，且 $Al(OH)_3$ 可回收利用；

③ 负极活性物质铝是地球上矿藏最丰富的金属，约占地球总质量的 7.45%，正极活性物质氧气占空气体积的 21%，不须储存和运输，所以铝空气电池的成本较低；

④ 机械再充式电池可实现快速充电，铝合金电极的储存、运输安全，且费用低廉；

⑤ 铝负极和电解质均可更换，其使用寿命取决于空气电极，可达 4 年；

⑥ 工作电流密度很大，能满足大电流、高功率的需要，可用作动力型电源；

⑦ 可设计为全封闭式，不产生噪声及尾气，适用于鱼雷、水雷及 UUV 等；

⑧ 可设计成电解液循环和不循环两种结构，便于因场合不同而进行设计。

8.1.2.1 工作原理

铝空气电池以金属铝或铝合金为负极、空气电极（空气中的氧气）为正极、碱性溶液或中性盐溶液为电解液。

铝的电极电位较负，在中性盐溶液中的标准电极电位为$-1.66V$，在碱性盐溶液中的标准电极电位为$-2.35V$。当铝作为电池阳极时，能获得较大的电流密度，所以铝可用作电池的负极材料。

$$Al^{3+}+3e \Longleftrightarrow Al \qquad \varphi^{\ominus}_{Al^{3+}/Al}=-1.66V \tag{8-18}$$

$$Al(OH)_4^-+3e \Longleftrightarrow Al+4OH^- \qquad \varphi^{\ominus}_{Al(OH)_4^-/Al}=-2.35V \tag{8-19}$$

空气电极由催化层、防水透气层（扩散层）、集流体骨架构成，氧气通过扩散层到达三相界面，在催化剂的作用下，与电解液发生如下反应：

$$O_2+2H_2O+4e \Longleftrightarrow 4OH^- \qquad \varphi^{\ominus}_{O_2/OH^-}=0.401V \tag{8-20}$$

铝空气电池可以在中性盐溶液或碱性溶液中工作。在中性电解液中，铝阳极的腐蚀比较小，但极化比较大，且易生成胶状氢氧化铝；在碱性电解液中，铝阳极的电极电位更负，放电电流密度更大，但腐蚀也更为严重。

碱性电解液的铝空气电池表达式为：

$$(-)Al \mid KOH \mid O_2(空气)(+)$$

负极反应 $\qquad\qquad\qquad Al+4OH^- \longrightarrow Al(OH)_4^-+3e$

正极反应 $\qquad\qquad\qquad O_2+2H_2O+4e \longrightarrow 4OH^-$

电池反应 $\qquad\qquad 2Al+\dfrac{3}{2}O_2+3H_2O+2OH^- \longrightarrow 2Al(OH)_4^- \tag{8-21}$

随着氢氧根离子在铝电极上的消耗，铝酸盐离子逐渐富集，最后形成氢氧化铝沉淀并重新释放出氢氧根离子：

$$Al(OH)_4^- \longrightarrow Al(OH)_3+OH^- \tag{8-22}$$

因此，电池总反应为 $\qquad 2Al+\dfrac{3}{2}O_2+3H_2O \longrightarrow 2Al(OH)_3 \tag{8-23}$

电池电动势为：

$$E^{\ominus}=\varphi^{\ominus}_{O_2/OH^-}-\varphi^{\ominus}_{Al(OH)_4^-/Al}+\frac{0.059}{6}lg p_{O_2}^{3/2}=2.751+\frac{0.059}{6}lg p_{O_2}^{3/2} \tag{8-24}$$

式中，$\varphi^{\ominus}_{O_2/OH^-}=0.401V$；$\varphi^{\ominus}_{Al(OH)_4^-/Al}=-2.35V$。由上式可见，电动势与氧的分压有关。在常压下，空气中氧气分压约为大气压力的20%。

所以 $\qquad\qquad\qquad E^{\ominus}=2.751+\dfrac{0.059}{6}lg p_{O_2}^{3/2}=2.74V$

由上述反应式可见，在电池工作过程中，电解液中的OH^-逐渐被消耗掉，同时$Al(OH)_4^-$的浓度逐渐变大，当其超过过饱和极限时，析出$Al(OH)_3$的同时又再生出氢氧根离子。由于$Al(OH)_4^-$溶液的离子导电性要比电解液中被消耗的OH^-的导电性低得多，因此，电池的输出电压随反应的继续进行而逐渐降低。为了减缓因电解液中OH^-浓度下降引起的电压降低，可通过添加晶种来加速反应产物$Al(OH)_3$的结晶速度。

在中性电解液中，铝空气电池发生的电化学反应为：

负极反应 $\qquad\qquad\qquad Al \longrightarrow Al^{3+}+3e$

正极反应 $\qquad\qquad\qquad O_2+2H_2O+4e \longrightarrow 4OH^-$

电池反应 $\qquad\qquad 4Al+3O_2+6H_2O \longrightarrow 4Al(OH)_3 \tag{8-25}$

在碱性和中性两种条件下都存在如下腐蚀反应，此反应消耗铝，降低其利用率：

$$2Al+6H_2O \longrightarrow 2Al(OH)_3+3H_2 \tag{8-26}$$

8.1.2.2 基本构造

（1）铝阳极

铝在空气和水中易在表面形成一层氧化膜，使其稳定电位比平衡电位正移约 1V，处于钝化状态。在铝中添加 Ga、In、Tl、Zn、Sn、Mg 等元素制成铝合金电极，电极表面氧化膜易于破坏，电位可大幅度负移。但铝表面氧化膜一旦被破坏，就会提高水还原反应的速率，导致大量析氢。这些问题的存在限制了铝空气电池的发展。

作为电池用阳极材料，必须满足如下要求：

a. 良好的电化学活性，即具有低的阳极过电位和低的阳极腐蚀电位。

b. 低的自腐蚀速度，避免阳极不必要的消耗。

c. 反应产物易脱落、沉淀，以防止反应物附在铝阳极表面，阻碍电极反应的正常进行。

d. 铝阳极随用途的不同而具有不同的特性。

为了研制出高效实用的铝阳极，通常采用以下两种方法：

a. 使铝合金化，即向铝中添加一些微量合金元素，目前已经基本上形成了以 Al-Ga、Al-In、Al-Ga-In 合金为基质，再辅以 Pb、Bi、Sn、Zn、Mg、Cd、Mn 等元素形成的铝合金阳极材料系列。其中元素 Sn、Ga、In 等能降低铝氧化膜的电阻；Ga、In、Sn、Bi、Tl 等元素可形成低温共溶体合金；Pb、Sn、Hg、Cd 等元素能提高氢析出超电位和降低自腐蚀速度；Hg、Ga、In、Tl 等元素能使电位大幅度负移、降低阳极极化。实验表明，多元铝合金的电化学性能明显优于二元合金，性能较好的有 Al-Ga-Mg、Al-In-Mg 和 Al-Ga-Bi-Pb 系列合金。

b. 电解液中添加缓蚀剂。早期采用单相缓蚀剂，现大多采用多相或混合缓蚀剂。最普遍使用的缓蚀剂是 $NaSnO_3$，但其缓蚀作用有限，如在湿储存时仍不能防止腐蚀作用。

（2）空气阴极

空气阴极为多孔性氧气电极，跟氢氧燃料电池的氧电极相同，主要由催化剂和透气膜组成，贵金属 Pt 作为催化剂，具有较高的催化活性。阴极反应发生在电解质、活性物质和催化剂的三相界面。氧化剂（氧气）存储在电池的外部，需要时才会进入电池中。在地面工作时使用空气中的氧，可以采用气体自然对流或使用泵压缩使空气进入电池；在水下工作时使用液氧、压缩氧、过氧化氢或海水中的氧。

（3）电解质溶液

铝空气电池的电解质溶液主要有碱性溶液和中性盐溶液两种。常用的碱性溶液为 KOH 或 NaOH 溶液，浓度为 4mol/L 左右；常用的中性溶液主要为 NaCl 溶液，浓度为 6%。

铝空气电池的电解液除起到离子导电和参与电极反应的作用外，还应具有溶解电极上的产物，使产物能随电解液移出电池的作用。因为电极上附着放电产物，会增大电池内阻，降低电池效率。为起到移出产物的作用，必须向电解液中加入添加剂，比如在碱性电解液中加入柠檬酸盐、锡酸盐、高锰酸钾或是过氧化氢等添加剂可获得较好的效果。

（4）电池结构

对于利用空气中的氧气作阴极活性物质的铝空气电池来说，其结构与其他金属空气电池结构相似。由于铝空气电池的容量取决于铝阳极结构和电解质中 $Al(OH)_3$ 沉淀的处理，因此在设计电池结构时应考虑以下几个方面：

一是铝阳极结构。由于铝阳极的形状（如平面形、楔形、圆柱形）对电池性能有一定影响，适当的电池形状可以减小铝电极的腐蚀率，增大电池功率和放电密度。可采用如下三种结构设计：①定期更换阳极；②采用楔形阳极，置于倾斜放置的两片阴极板之间，通过重力来实现自动进料；③采用铝屑、铝珠或铝颗粒作阳极，自动进料。

二是沉淀和过滤装置。随着电解质中 $Al(OH)_3$ 的不断生成，电导率下降，另外累积的

Al(OH)₃可以形成过饱和溶液，使电解质变成糊状甚至半固体状，因此需要采用定期更换电解质、循环电解质或向电解质中添加晶种剂来沉淀 Al(OH)₃等措施。

三是除氢、换热装置。电池对外做功和铝发生腐蚀反应生成氢气时都有热量放出，因此需要提供强制空气流的风扇、带吹风机的热交换器等。

四是电解液循环装置。主要是利用电解液压力泵使电解液在电池内进行循环。

五是电池的干式储放和启动等问题。

作为水下电源的铝氧电池有铝过氧化氢电池和铝海水溶解氧电池两种，前者使用的阴极氧化剂为过氧化氢，后者则利用海水中的溶解氧。

① 铝过氧化氢电池。使用过氧化氢作为阴极活性物质，一是因为过氧化氢很容易分解释放出氧气，每千克过氧化氢可以产生 0.471kg 的氧气（$2H_2O_2 \Longrightarrow 2H_2O+O_2$），析出的氧气可以直接进行电化学还原；二是因为过氧化氢为液体，便于携带，可直接存储于塑胶袋内，通过简单的计量泵即可以任意浓度加入阴极电解液中，无须考虑环境压力的问题。因此用过氧化氢作氧化剂明显优于液态氧和高压氧。

过氧化氢在阴极的反应有直接和间接两种途径。直接途径是过氧化氢通过电化学还原反应直接生成 H_2O 或 OH^-；间接途径是过氧化氢先分解出 O_2，然后 O_2 进一步还原为 H_2O 或 OH^-。两种途径相比较，直接途径更为有利，因为间接途径 O_2 生成的速率如大于 O_2 消耗的速率，将导致 O_2 过剩和积累，系统内压升高，须设置排气系统，造成电池结构复杂及安全性降低。因此对 H_2O_2 阴极的要求是：催化活性高，提高反应速率，减小活化超电位；直接电还原选择性高，减少 O_2 生成；传质性能好，减小浓度极化。

一种用于水下无人潜航器的铝过氧化氢电池的单电池结构如图 8-8（a）所示，该电池为单通道无隔膜结构。采用阳极和阴极交替式排列，中间无分隔膜，其中阳极为金属铝棒，阴极为载有银（或铂或钯）等催化剂的瓶刷状碳纤维，电解质为 7mol/L 左右的 KOH 或 NaOH 溶液，通过循环泵控制其在电池内部不断循环。当电池工作时，将浓度为 50% 的过氧化氢注入电解质中，其浓度控制在 0.003～0.005mol/L。

采用高浓度 KOH 电解质可防止 Al(OH)₃ 沉淀的生成，从而简化了电池结构，但同时降低了电池的比能量。这种电池的缺点是由于阳极和阴极间无隔膜，过氧化氢和其分解产生的氧气会与阳极铝直接接触，发生直接化学反应导致：ⓐ铝和过氧化氢的损失，降低了能量输出；ⓑ阳极电位升高，降低了电池输出电压；ⓒ电池温度升高，给系统温度的控制带来困难。但另一方面，这种无隔膜结构有利于电池的机械充电（更换阳极和电解质等）。

另一种铝过氧化氢电池结构形式为双通道有隔膜式，如图 8-8（b）所示，这种结构将氧化剂和电解质分置在两个由隔膜分离开的空间里。其阳极为铝合金；阴极为碳纤维构成的

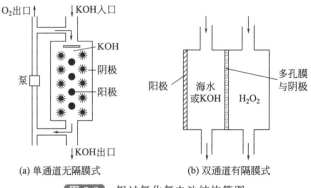

(a) 单通道无隔膜式　　　　(b) 双通道有隔膜式

图 8-8 铝过氧化氢电池结构简图

多孔网状材料，上面担载 Pd/Ir 催化剂；隔膜为阴离子交换膜或微孔绝缘材料，以阻止 H_2O_2 从阴极扩散到阳极，并允许 OH^- 通过。这种隔膜式电池一方面减少了过氧化氢对铝阳极的腐蚀，另一方面减小了电解质对过氧化氢的影响，即减少了过氧化氢分解反应的发生，提高了过氧化氢的利用率，其电化学效率要比无膜式电池提高 75%。但是这种结构不仅使系统变得复杂，增加了电池的质量和体积，而且需要昂贵的隔膜材料。

② 铝海水溶解氧电池。海水中溶解氧气作为氧化剂时，由于氧气浓度低，要求阴极具有良好的传质性能、大的表面积和高的催化性能，同时由于电池寿命长，电极必须具有良好的稳定性。比如碳纤维就是较好的阴极材料。这种电池的电解液可以采用高浓度 KOH 或 NaOH 溶液，其目的在于破坏金属表面产生的钝化膜（Al_2O_3）和减少析氢腐蚀；也可采用海水作电解液。

使用海水作电解液的电池在工作时，需要海水连续流过电池的两极，以便为阴极不断地提供氧气和带走阳极生成的沉淀物，因此这种电池的结构是开放式的。由于电解质和氧气直接取自于电池周围的海水，唯一消耗的材料就是金属阳极，因此这种半燃料电池具有极高的比能量，而且其结构十分简单，造价低廉，安全可靠，干储存的时间无限长。但由于受海水中溶解氧气浓度的限制（约 $0.3mol/m^3$，对应电量 $28A \cdot h/m^3$），其输出功率较小。因此特别适合用作长期海下工作的小功率电子仪器及电器装置的动力电源，比如水声通信设备、海下导航仪、航标灯等。其极高的比能量使其具有极长的使用寿命，比如可以在完全无须维护的条件下持续工作 2 年以上。

8.1.2.3 主要性能

铝空气电池的电动势很难达到其理论值 2.7V，一般测得的电池开路电压在 $1.8\sim1.9V$ 之间；工作电压为 $1.1\sim1.4V$；质量比能量的理论值为 $8100W \cdot h/kg$，实际可达 $400W \cdot h/kg$，是铅酸蓄电池的 9 倍、氢化物镍蓄电池的 6 倍；比功率中等，可达 $200W/kg$。

（1）碱性电池性能

在碱性溶液中，空气阴极和铝阳极的极化都比较小。对于阳极来说，碱能溶解铝阳极表面的钝化膜，使电极的电阻减小、电流增大，因而电池的能量密度高。所以碱性电解液比中性电解液的电化学性能要好。但碱性电解液具有腐蚀性强和易吸收空气中 CO_2 的缺点。

碱性电解液的温度和所含铝酸盐的浓度对电池阳极性能有很大影响。温度越高，电导率越高，阳极极化越小，但铝的腐蚀也越严重，析氢量增大；电解液中铝酸盐含量的增高，会使电解液的黏度增大和铝溶解的速度减慢，导致铝阳极的电化学性能变差。

碱性电池的电压高，由于电解液的电导率高，能够溶解一定的铝酸盐，因此应用范围广，既适用于小功率应用，又适用于中高功率应用（如电动汽车电源等）。

（2）中性电池性能

在中性盐溶液中，铝阳极的析氢腐蚀低，但电流小，易产生胶状 Al（OH）$_3$。由于凝胶状物质会黏附在阳极表面，阻止电极反应的进一步发生，从而降低了反应速率及电池效率。如果在电解液中加入添加剂如 SnO_3^-，则该添加剂可以作为晶核，使 Al（OH）$_3$ 以晶状粉末形式沉淀于电解液的底层，从而可消除凝胶物质的不良影响。

中性电池的电压低，由于电解液的电导率较低且铝酸盐不可溶，因此功率难以提高，仅适用于中小功率应用。

8.1.2.4 应用与发展前景

铝空气电池可以制成一次电池或机械再充式电池，后者有人称其为铝燃料电池。铝空气电池的用途广泛，中性和碱性电池的功率大小不同，其应用场合也有所不同。

（1）中性铝空气电池

大容量和大功率的中性铝空气电池主要用于应急照明、能量储备、游艇、海上设施的长时间通信设备及陆上长时间的野外作业；中等功率和低功率的中性铝空气电池主要用作工业设备电源和民用电源，如少电或无电的山区、牧区和乡村的民用照明、广播和电视电源。此外，还可用于户外作业，如用于森林防火、海上捕鱼作业、边防哨所和橡胶场割胶等。

中性铝空气电池可以用海水或氯化钠溶液作电解液，通常为干储备式，在运行前才注入电解质溶液。

利用海水作电解质、空气中氧作阴极活性材料、铝合金作阳极组成铝空气电池，不仅充分利用了自然资源，而且能够发挥其高比能和长期稳定工作的特点。这种电池在使用前加入海水，适用于水下驱动或港口、航标等。

使用氯化钠溶液的电池在使用前加入清水，将电池内的固体氯化钠溶解即可。这种电池适合用作野外的充电电源或用于其他军事用途。

（2）碱性铝空气电池

碱性铝空气电池的能量密度高，它不仅可以用于中性铝空气电池的应用领域，还可用作动力电源，如军事装备、电动车辆、船舶、潜艇 AIP 系统及水下设施等的电源。

8.1.3 镁空气电池

镁的电极电位较负，在中性溶液中的标准电极电位为 $-2.37V$，电化学当量较小，为 $0.45A \cdot h/g$，用它与空气电极配对组成的镁空气电池的理论比能量为 $3910W \cdot h/kg$，是锌空气电池的 3 倍。镁在中性盐溶液中有很高的活性，适合用作中性盐电解液金属空气电池的阳极材料。

镁空气电池主要由镁合金阳极、中性盐溶液和空气（氧气或其他氧化剂）阴极三部分组成。中性盐电解液为 $Mg(ClO_4)_2$、$MgBr_2$ 或 $NaCl$ 溶液。根据阴极氧化剂（空气、过氧化氢、海水溶解氧）的不同，常见的中性盐溶液的镁氧电池有三种：镁空气电池、镁过氧化氢电池和镁海水溶解氧电池。

镁空气电池具有比能量高、使用安全方便、原材料来源丰富、成本低、燃料易于储存运输、工作温度范围宽（$-20 \sim 80℃$）及污染小等特点。作为一种高能化学电源，在可移动电子设备、自主式潜航器、海洋水下仪器和备用电源等方面具有广阔的应用前景。

（1）工作原理

① 镁空气电池。镁空气电池的负极是高纯度的金属镁或镁合金，正极为空气中的氧，电解质为 KOH 溶液或中性盐溶液。在碱性溶液中，镁空气电池的放电反应如下：

负极 $\qquad Mg + 2OH^- \longrightarrow Mg(OH)_2 + 2e \qquad \varphi^{\ominus}_{Mg(OH)_2/Mg} = -2.69V$ （8-27）

正极 $\qquad \frac{1}{2}O_2 + H_2O + 2e \longrightarrow 2OH^- \qquad \varphi^{\ominus}_{O_2/OH^-} = 0.40V$

电池总反应 $\qquad Mg + H_2O + \frac{1}{2}O_2 \longrightarrow Mg(OH)_2 \qquad E^{\ominus} = 3.09V$ （8-28）

在中性盐溶液中，镁空气电池的电化学反应如下：

负极 $\qquad Mg \longrightarrow Mg^{2+} + 2e \qquad \varphi^{\ominus}_{Mg^{2+}/Mg} = -2.37V$ （8-29）

正极 $\qquad \frac{1}{2}O_2 + H_2O + 2e \longrightarrow 2OH^- \qquad \varphi^{\ominus}_{O_2/OH^-} = 0.40V$

电池总反应 $\qquad Mg + H_2O + \frac{1}{2}O_2 \longrightarrow Mg(OH)_2 \qquad E^{\ominus} = 2.77V$ （8-30）

镁空气电池以空气中的氧作为活性物质，在放电过程中，氧气在三相界面上被电化学催化还原为 OH^-，同时镁阳极发生氧化反应。在放电过程中，镁阳极还会与电解液发生如下自腐蚀反应，产生 $Mg(OH)_2$ 和 H_2：

$$Mg+2H_2O \longrightarrow Mg(OH)_2 + H_2 \tag{8-31}$$

② 镁过氧化氢电池。在中性盐溶液中,镁过氧化氢电池的放电反应为:

负极 $\qquad$ $Mg \longrightarrow Mg^{2+} + 2e$ $\qquad$ $\varphi^{\ominus}_{Mg^{2+}/Mg} = -2.37V$

正极 $\qquad$ $H_2O_2 + 2e \longrightarrow 2OH^-$ $\qquad$ $\varphi^{\ominus}_{H_2O_2/OH^-} = 0.88V$ $\qquad$ (8-32)

电池总反应 $\qquad$ $Mg + H_2O_2 \longrightarrow Mg^{2+} + 2OH^-$ $\qquad$ $E^{\ominus} = 3.25V$ $\qquad$ (8-33)

在放电反应过程中,还同时存在如下几个副反应:

过氧化氢的分解反应 $\qquad$ $2H_2O_2 \longrightarrow 2H_2O + 2O_2$ $\qquad$ (8-34)

沉淀反应 $\qquad$ $Mg^{2+} + 2OH^- \longrightarrow Mg(OH)_2$ $\qquad$ (8-35)

$\qquad$ $Mg^{2+} + CO_3^{2-} \longrightarrow MgCO_3$ $\qquad$ (8-36)

自放电反应 $\qquad$ $Mg + 2H_2O \rightarrow Mg(OH)_2 + H_2$

正是由于上述过氧化氢分解、沉淀物产生以及镁阳极的自腐蚀等反应的存在,使得电池的理论开路电压与电化学性能降低。

在镁过氧化氢电池中,为了溶解氢氧化镁和碳酸镁等固体沉淀物,在电解质中加入少量的酸性电解液,可以减小放电反应阻力,使理论电池电压从 3.25V 升高到 4.14V,对电池性能有很大的提高,放电反应机理如下:

负极 $\qquad$ $Mg \longrightarrow Mg^{2+} + 2e$ $\qquad$ $\varphi^{\ominus}_{Mg^{2+}/Mg} = -2.37V$

正极 $\qquad$ $H_2O_2 + 2H^+ + 2e \longrightarrow 2H_2O$ $\qquad$ $\varphi^{\ominus}_{H_2O_2/H_2O} = 1.77V$ $\qquad$ (8-37)

电池总反应 $\qquad$ $Mg + H_2O_2 + 2H^+ \longrightarrow Mg^{2+} + 2H_2O$ $\qquad$ $E^{\ominus} = 4.14V$ $\qquad$ (8-38)

(2) 电池结构及性能

① 镁阳极。限制镁用作电池阳极材料的原因有以下三个方面:一是镁的电极电位较低,化学活性较高,在多数电解质溶液中溶解速度较快,产生大量氢气导致负极利用率低;二是由于有害杂质的存在,易发生微观原电池腐蚀反应,因而自腐蚀速率较大;三是反应产生较致密的 $Mg(OH)_2$ 钝化膜,影响镁负极的活性溶解,导致电压滞后。

a. 镁阳极的钝化。在碱性溶液中镁电极的电极电位为 $-2.69V$,但实际所测值要正得多。造成镁电极的电极电位出现偏差的原因主要有两点:一是电极表面被钝化;二是在碱性介质中发生了腐蚀,其中钝化起主要作用。

镁在碱性及中性介质中发生钝化是由于在表面生成了不溶性的致密 $Mg(OH)_2$ 膜。由于钝化作用使镁电极的实际电位比标准电极电位正很多,因此镁电极电位较负的优点就不能在实际应用中显示出来。

b. 镁阳极的滞后现象。当镁电极开始放电时,由于电极表面 $Mg(OH)_2$ 钝化膜的存在,致使镁电极在开始放电的一个极短的时间内,不能发生正常的阳极溶解。放电时阳极失去的电子是由双电层提供的,因此,镁电极电位急剧变正,如图8-9所示的 ab 段。当镁电极电位达到某一正值后钝化膜被破坏,镁电极发生正常的阳极溶解,此时提供的电子一部分移出负极,另一部分补充双电层,使镁电极电位又迅速变负,如图8-9所示的 bc 段。这种现象称为电压滞后。

开始放电到电压恢复的时间称为滞后时间,这个滞后时间一般为零点几秒到几秒,其时间的长短由钝化膜的厚度决定,钝化膜的厚度越厚,其滞后时间越长;同时还与温度有关,温度越低,其滞后时间也越长。镁电极的滞后现象,使其在某些特殊场合的应用受到一定限制。

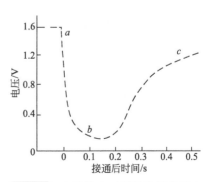

图8-9 电池放电时滞后作用的影响

由以上分析可见，镁和铝一样，都存在析氢腐蚀和钝化膜的问题，其解决方法也基本相同，即采用高纯度的金属镁；在镁中添加其他元素形成合金；在电解质溶液中加入添加剂等。其中高纯度金属要通过多次精炼来制备，价格昂贵，因此对合金化和添加剂的研究较为广泛。研究发现在镁中添加锰，能使工作电压提高 $0.1 \sim 0.2V$；镁与铝、锌等形成的合金同样具有较好的性能。

镁阳极一般采用镁合金，常用的是 AZ 型的 Mg-Al-Zn 合金，有时还加入少量的其他元素，如锰等。AZ-61 型镁合金电极适用于高倍率放电，AZ-10A 型和 AZ-21 型镁合金都有短暂的滞后时间。

② 空气电极。空气电极既可以采用 PTFE 的空气电极，也可以采用 PE 的空气电极。阴极的活性物质可以是空气中的氧气、过氧化氢和海水中的溶解氧。

③ 电解质溶液。与锌、铝相比，镁是最活泼的金属，在中性盐电解质中有很高的活性，所以镁空气电池主要采用中性盐溶液或海水作为电解液。

由于镁合金用作电池阳极材料时，其自腐蚀速度大、阳极利用率低，而且放电及腐蚀产物 $Mg(OH)_2$ 附着在镁合金表面形成钝化膜，阻止了电化学反应的进行，使电池性能降低。因此，电解液中必须加入两类添加剂，一是氢抑制剂，以降低超电位和减小自腐蚀速度，提高阳极合金的利用率；二是破坏镁表面钝化膜的活化剂，以促进腐蚀产物的脱落及镁阳极的活化，从而提高电池性能。目前应用的氢抑制剂有锡酸盐、二硫代缩二脲和季铵盐等单一或复合的抑制剂。

④ 电池结构

a. 镁空气电池。镁空气电池一般为矩形结构，如图 8-10 所示。空气电极在电池的两侧，中间为镁电极，正负极之间为隔膜，电解质一般为 KOH 溶液。

镁空气电池由于采用片状镁电极，与锌空气电池采用多孔粉状 Zn 电极相比，其真实表面积要小得多。因此，相同电流通过时，镁电极的电流密度大，极化较严重。同时，从电池反应来看，镁空气电池要消耗水，其需要电解液的量比锌空气电池多，对锌空气电池来说电解液的质量为活性物质的 $30\% \sim 35\%$，镁空气电池则为 $80\% \sim 85\%$。

由于镁的电化学当量比较小，其电池电动势比较高，所以镁空气电池的理论比能量比较高。但镁电极在碱性介质中容易钝化，使其实际比能量比理论比能量低得多。镁空气电池的开路电压为 1.6V，它可在 $-25 \sim 85℃$ 之间工作，但高温放电时腐蚀反应严重，如 52℃ 时只能放出额定容量的 40% 左右，当放电电流密度大于 $40mA/cm^2$ 时，电解液需要冷却。当其在低温工作时，其电解质可以改为中性电解质，用 $NH_4Cl + CaCl_2$ 的电解液，在 $-25℃$ 时可放出室温时容量的 33%，其放电曲线如图 8-11 所示。

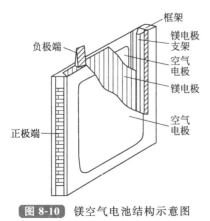

图 8-10 镁空气电池结构示意图

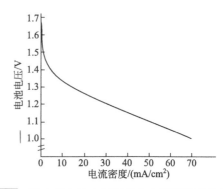

图 8-11 镁空气电池电压与放电电流密度的关系曲线

b. 镁过氧化氢电池。镁过氧化氢电池的阳极为镁合金（如 AZ61）；阴极为碳纤维担载的催化剂（如 Pd-Ir），碳纤维被垂直植入在碳纸上；阳极电解液为海水，阴极电解液为海水 + H_2SO_4 + H_2O_2；阴极和阳极被离子交换膜（如丙三醇处理过的 Nation-115 膜）隔开。镁过氧化氢电池结构如图 8-12 所示。

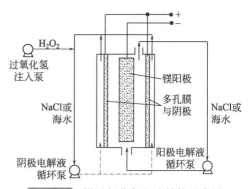

图 8-12 镁过氧化氢电池结构示意图

与铝过氧化氢电池相比，镁过氧化氢电池的标准电动势和比能量会更高、工作环境更友善、成本更低。镁过氧化氢电池在工作过程中会发生副反应生成 O_2、$Mg(OH)_2$ 沉淀和 $MgCO_3$ 沉淀，以上因素均会导致电池效率降低。

c. 镁海水溶解氧电池。一种镁海水溶解氧电池的结构如图 8-13 所示。阳极是镁合金，呈管状结构，被固定在一个钛框架中心；阴极为绑束在钛丝上的碳纤维，并形成试管刷式结构，由数个阴极焊接到一个被固定在钛金属框架内的钛圈上。这种电池体系的主要优点在于，除了镁阳极外，阴极反应物和电解液都由海水提供，其能量密度高达 $700W \cdot h/kg$。

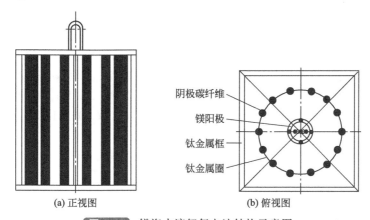

(a) 正视图 (b) 俯视图

图 8-13 镁海水溶解氧电池结构示意图

8.2 电化学电容器

电化学电容器（electrochemical capacitor），一般称其为超级电容器（super capacitor 或 ultracapacitor），它是利用电极/电解质界面上的双电层或在电极界面上发生快速、可逆的氧化还原反应来储存能量的一类新型储能和能量转换器件或装置。与一般电容器相比，它显著地提高了比能量（可达 $10W \cdot h/kg$，甚至更高）；与蓄电池相比，虽然其比能量较低，但能以超大电流脉冲放电，输出更高的比功率。

超级电容器除可输出高比功率外，由于其在充放电过程中只有离子和电荷的传递，没有电池中化学反应引起的相变等影响，几乎没有衰减容量，所以超级电容器还具有优异的循环寿命（可达 10^5 次）或 5 年以上的使用时间、充电速度快（1～30s）、安全性好和工作温度范围宽（−40～70℃）等优点。由此可以看出，超级电容器的出现，填补了普通电解电容器和蓄电池间的空白。

8.2.1 工作原理

按照工作原理分类，电化学电容器目前可以分为三种类型：（电子）双电层电容器（electronic double layer capacitor，EDLC）、赝电容器（pseudo-capacitor）和混合型电容器（hybrid capacitor）。

按照采用的电极材料的类型，可以将电化学电容器分为四种类型：碳材料（carbon）电化学电容器、金属氧化物（metal oxides）电化学电容器、导电聚合物电化学电容器和混合材料体系电化学电容器。

按照采用的电解质不同，可以将电化学电容器分为两种类型：有机电解质电化学电容器和水溶液电解质电化学电容器。

（1）（电子）双电层电容器

这是由高表面积炭电极在水溶液电解质（如硫酸等）或有机电解质溶液中形成的双电层电容，如图 8-14 所示。该图还表示出一个典型双电层的形成原理，显然双电层是在电极材料（包括其空隙）与电解质交界面两侧形成的，双电层电容量的大小取决于双电层上分离电荷的数量，因此电极材料和电解质对电容量的影响较大。一般都采用多孔高表面积碳作为双层电容器电极材料，其比表面积可达 $3000m^2/g$，比电容可达 280 F/g。

（2）赝电容器

这是由电极表面上或者体相中的二维或准二维空间上发生活性材料的欠电位沉积，形成高度可逆的化学吸附/脱附或氧化/还原反应，产生与电极充电电位有关的电容，又称为法拉第准电容；典型的赝电容器是由金属氧化物（如氧化钌）构成的，其比电容高达 760F/g。但由于氧化钌价格太贵，因此已开始采用氧化钴、氧化镍和二氧化锰来取代。

在法拉第电荷传递的电化学变化过程中，H 或一些金属（如 Pb、Bi 或 Cu 等）在 Pt 或 Au 上发生单层欠电势沉积，或在多孔过渡金属氧化物（如 RuO_2、IrO_2 等）发生氧化还原反应时，其放电和充电过程有如下现象：

① 两极电位与电极上施加或释放的电荷几乎呈线性关系。

② 如果该系统电压随时间呈线性变化，则产生恒定或几乎恒定的电流。

此过程高度可逆，具有电容特征，为了与双电层电容相区别，称这样的电容为赝电容或法拉第准电容。其原理如图 8-15 所示。

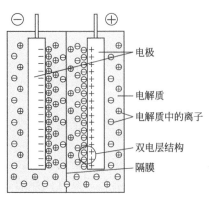

图 8-14 碳/碳双电层电容器的结构及双电层形成原理示意图

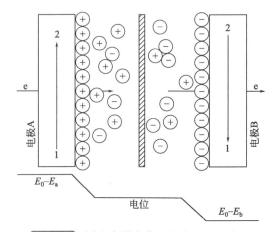

图 8-15 赝电容器在荷电状态下的示意图
$E_0 - E_a$—充电状态正极电位；$E_0 - E_b$—充电状态负极电位

（3）混合型电容器

这是由半个形成双层电容的炭电极与半个导电聚合物或其他无机化合物的表面反应或电极嵌入反应电极等构成的混合电容器，目前在水溶液电解质体系中，已有碳氧化镍混合电容器的产品。同时正在发展有机电解质体系的碳/碳（锂离子嵌入反应碳材料）、碳二氧化锰等混合型电容器。

8.2.2 基本结构

电化学电容器单体和组件与蓄电池外观相似，如图 8-16 所示。图 8-16（a）为典型的圆柱形超级电容器，其内部采用与电池一样的卷绕式结构；图 8-16（b）为单体电容器构成的电容器组。显然，作为储能与能量转换产品，电化学电容器也像蓄电池一样，必须通过串并联形成具有一定输出电压、能量和功率的组件或组合系统。进行电容器串并联设计时，一般可采用与普通电容器完全相同的计算方法，求得组件或组合系统的电阻、电压、能量和功率等电气参数。

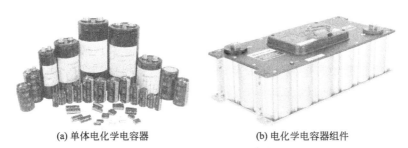

(a) 单体电化学电容器　　　　　　(b) 电化学电容器组件

图 8-16 典型的单体电化学电容器及其组件

超级电容器单体内部的组成也与电池基本相同，即主要由两个电极（正极与负极）、电解质和隔膜等组成。超级电容器中使用的关键材料包括电极、电解质和隔膜材料。

（1）电极材料

超级电容器使用的电极材料主要有碳材料（碳布、炭黑、碳凝胶、由 SiC 制备的碳微粒以及由 TiC 制备的炭微粒等）、金属氧化物材料（脱水 RuO_2、水合 RuO_2 等）和导电聚合物材料［聚噻吩（polythiophene）、聚吡咯（polypyrrole）、聚苯胺（polyaniline）］。

（2）电解质材料

超级电容器使用的电解质主要有水溶液电解质［如 H_2SO_4、KOH、KCl 和 $(NH_4)_2SO_4$ 体系等］和有机电解质体系（如 Et_4NBF_4/碳酸丙烯酯、Et_4NBF_4/乙腈等）。水溶液电解质电导率比有机电解质高 2 个数量级，故适用于大电流放电型超级电容器；但水溶液工作电压远低于有机电解质体系，故采用有机电解质体系有利于获得高比能量。此外，固体聚合物电解质因其电导率非常低，所以仅适用于全固态小型化电容器的开发。

（3）隔膜材料

如同在电池中的功能和要求，超级电容器使用的隔膜基本上都是电池采用的隔膜，如聚丙烯隔膜、聚乙烯微孔膜、玻璃纤维膜、非编织尼龙膜和无纺布等。

8.2.3 主要特性

超级电容器也是一种典型的储能和能量转换装置，因此用于表达蓄电池特性的参数大多数都适用于对超级电容器的性能表征，唯电容量的表征不同。超级电容器的电容量表达式与普通电容器是一致的，即

$$C = Q/V$$

式中　C——电容量，F；

　　　Q——电容器储蓄的电量，C；

　　　V——电容器两端的电压。

超级电容器的电压取决于采用的电解质类型，一般水溶液为 2V 以下，有机电解质体系为 $2.5\sim3.5\mathrm{V}$。

由此也可以推导出电容器储存能量表达式为

$$E = CV^2/2$$

此式中的能量单位可用 J（焦耳）表示。

作为储能和可以提供高功率脉冲的能量转换装置，超级电容器的重要性能参数是在特定比功率输出条件下的有用比能量（即在特定的 W/kg 输出下的 W·h/kg）和在充放电效率为 95％（$V_P/V_{理想值}$）条件下的输出比功率（W/kg）；在全放电条件下的循环寿命（即循环次数）和荷电条件下的自放电（％）；事实上，电容器的串并联电阻对于其输出能量、输出功率以及充放电效率有重要影响，因此电容器本身的电阻、组件或组合系统的串并联电阻也是一个重要参数；此外，还有环境温度变化下的电容器参数，如电容量和电阻（特别是低温下）以及自放电和寿命（特别在高温下）的依赖关系等。由于双电层电容器在充放电过程中，电极上不发生电化学反应，只进行离子和电荷的转移。因此，上述电极过程常称为理想的极化过程，其恒电流条件下的充放电曲线呈现典型的对称锯齿波形状，如图 8-17 所示。

由图 8-17 可以看出，放电起始有一段电压急剧下降，表征了电容器内阻上的电压降，由此可计算出电容器内阻。对于一个好的电容器而言，内阻低是一个重要标志。要想降低电容器内阻，必须选择高导电性电极活性材料和集流体材料、低电阻隔膜材料和高导电电解质材料，同时要有合适的工艺保证电极活性材料与集流体的低电阻接触等。

与其相比，混合型电化学电容器的充放电曲线具有不同的特征，如图 8-18 所示。可以看出，放电时电压下降较平缓，显示出金属氧化物电极部分理想非极化特征的叠加作用。

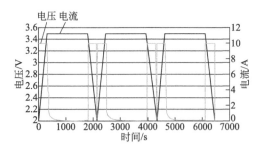

图 8-17　一个碳/碳型超级电容器（有机电解质体系）的典型循环充放电曲线

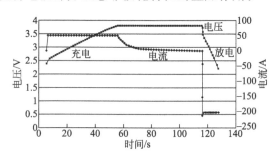

图 8-18　某种碳金属氧化物混合型超级电容器（有机电解质）的典型充放电曲线

实际上，超级电容器在放电时的输出功率和可利用能量都与电极设计和采用的工作电压区间有关，如图 8-19（a）和图 8-19（b）所示。它们分别表示出两种设计的 C/NiO 碱性水溶液电解质混合电容器的比能量与比功率的关系以及所取电压区间对其的影响。显然，脉冲型电容器显示高的比功率和低的比能量，但比能量随比功率增高下降得较缓慢，这是因为电极设计得较薄，比容量低，但放电利用率较高，且随放电电流增高变化较小。相反，牵引型电容器采用厚电极，比能量增大，但比功率下降，对功率增加特别敏感。在上述两种情况下，电压区间的选择都有显著影响。

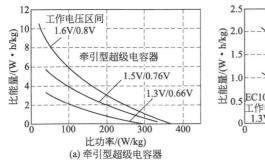

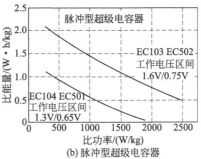

(a) 牵引型超级电容器　　　　　　(b) 脉冲型超级电容器

图 8-19 混合超级电容器的输出比能量与输出比功率的关系以及所取电压区间对其的影响

超级电容器显示极长的循环寿命,如图 8-20 所示,在 150C 放电率下的实际测试寿命达到 2700000 次,而且还有进一步增长的潜力。超级电容器的自放电特性如图 8-21 所示,超级电容器的充放电循环寿命曲线特性可以用储存期间的电压变化来表征,如图 8-21 所示。显然,超级电容器充电后搁置初期电压下降较快,然后就趋于平稳。同时注意到,初始电压越高,初始电压下降得越快。

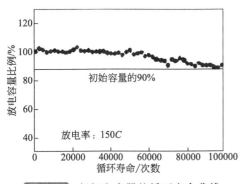

图 8-20 超级电容器的循环寿命曲线

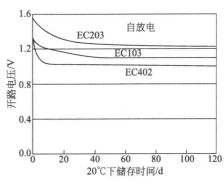

图 8-21 超级电容器的自放电特征曲线

8.2.4 注意事项

① 超级电容器具有固定的极性。在使用前,应确认极性。

② 超级电容器应在标称电压下使用,当电容器电压超过标称电压时,将会导致电解液分解,同时电容器会发热,容量下降,而且内阻增加,寿命缩短,在某些情况下,可导致电容器性能崩溃。

③ 超级电容器不可应用于高频率充放电的电路中,高频率的快速充放电会导致电容器内部发热,容量衰减,内阻增加,在某些情况下会导致电容器性能崩溃。

④ 超级电容器安装完毕后,不可强行倾斜或扭动电容器,这样会导致其引线松动,甚至会导致其性能劣化。

⑤ 在焊接过程中避免使电容器过热:如果在焊接中使电容器出现过热现象,会降低电容器的使用寿命。例如,如果使用厚度为 1.6mm 的印制线路板,在焊接过程中的温度应不超过 260℃,时间不超过 5s。

⑥ 当超级电容器进行串联使用时,存在单体间的电压均衡问题,单纯的串联会导致某个或几个单体电容器过压,从而损坏这些电容器,使其整体性能受到影响。

8.3 氧化还原液流电池

美国科学家 Thaller 于 1974 年首先提出了氧化还原液流电池的概念，至今已有四十余年的历史。氧化还原液流电池（redox flow cell 或 redox flow battery）是指电池的正负极活性物质都为液态形式的氧化还原电对的一类电池。它区别于其他电化学体系的地方主要是该电池能量的主体是以液态形式存在的正负极活性物质，而非一般意义的固体材料。正负极活性物质溶液分别储存在两个容器内，工作时，活性物质溶液分别通过循环泵进入电堆内部发生氧化还原反应，把化学能转化为电能。电池组的输出功率主要取决于电堆的大小与电堆内部主导电极反应的界面特性。电池组的容量主要取决于活性物质的浓度和数量。电池组的输出功率和容量之间的关系相对独立，可以根据应用需求分别设计。

液流电池较早提出的有 Ti/Fe、Cr/Fe 及 Zn/Fe 等体系，比较成熟的是多硫化钠/溴（sodium polysulfide/bromide redox flow battery，PSB）和全钒（vanadium redox battery，VRB）体系，近年又有 V/Ce、钒氯化物/多卤化物、全铬和 Mn^{3+}/Mn^{2+} 半电池以及其他新体系的研究。Cr/Fe 电池是液流电池体系的先祖，研究始于 20 世纪 70 年代的美国和日本。Cr/Fe 受制于负极 Cr^{3+}/Cr^{2+} 的动力学特征和难有合适的选择性隔膜以消除铁、铬离子的互相渗透，导致铁和铬离子交叉污染，最终难以实现商业化而逐渐被放弃。Ti/Fe 体系的应用主要和 Ti（Ⅲ）的氧化沉淀有关。铬与 EDTA（ethylenediaminetetraacetic acid，乙二胺四乙酸）络合组成的全铬体系，其正极电对反应速率慢且受到副反应的干扰；又如高电位电对的 Ce（Ⅲ）/Ce（Ⅳ）体系，因在 H_2SO_4 支持电解液中易形成复合离子，导致离子扩散阻力增大和电对可逆性下降；钒氯化物/多卤化物体系的活性离子也是复合离子，同样存在与 Ce 电对类似的问题；Mn^{3+}/Mn^{2+} 电对的电位比 Cr^{3+}/Cr^{2+} 更高，易受析氧副反应的影响，当其 H_2SO_4 溶液浓度略高时即产生沉淀，且反应动力学迟缓。

目前，国际上液流电池的代表品种主要有 3 种，即多硫化钠/溴电池、全钒氧化还原电池及锌溴电池。多硫化钠/溴液流电池体系类似于铁铬电池。钒电池是由澳大利亚新南威尔士大学（The University of New South Wales，UNSW）的 Mania Syallas-Kazacos 教授于 1984 年开始研究并提出的。近年来，锌溴液流电池因新能源储能技术需求而受到关注和快速发展。

8.3.1 工作原理

氧化还原液流电池反应原理是利用两个不同的氧化、还原反应电对构成电极及电池反应：

正极 $$A^n - e \underset{\text{放电}}{\overset{\text{充电}}{\rightleftharpoons}} A^{n+1}$$

负极 $$C^{n+1} + e \underset{\text{放电}}{\overset{\text{充电}}{\rightleftharpoons}} C^n$$

电池反应 $$C^{n+1} + A^n \underset{\text{放电}}{\overset{\text{充电}}{\rightleftharpoons}} A^{n+1} + C^n$$

（1）溴多硫化钠液流电池（bromine/polysulphide flow battery）

溴多硫化钠液流电池正极溶液为溴化钠，负极溶液为多硫化钠。电极和电池反应为

正极 $$3Br^- - 2e \underset{\text{放电}}{\overset{\text{充电}}{\rightleftharpoons}} Br_3^-$$

负极 $$3S_4^{2-} + 2e \underset{\text{放电}}{\overset{\text{充电}}{\rightleftharpoons}} 4S_3^{2-}$$

电池反应
$$3Br^- + 3S_4^{2-} \xrightleftharpoons[\text{放电}]{\text{充电}} 4S_3^{2-} + Br_3^-$$

溴多硫化钠液流电池开路电压一般约 1.5V，开路电压通常与电化学反应活性物质的浓度密切相关。溴多硫化钠液流电池技术挑战主要包括：①防止正、负极电解液互穿渗透污染；②维持电解液平衡，即组成不变；③抑制隔膜材料中 S 类物质的沉积；④抑制副产物 H_2S（g）和 Br_2（g）生成，提高电池充放电效率。

（2）全钒液流电池（all vanadium redox flow battery，VRB）

全钒液流电池主要采用全钒离子作为电解液，电极和电池反应为

正极
$$VO^{2+} + H_2O - e \xrightleftharpoons[\text{放电}]{\text{充电}} VO_2^+ + 2H^+$$

负极
$$V^{3+} + e \xrightleftharpoons[\text{放电}]{\text{充电}} V^{2+}$$

电池反应
$$VO^{2+} + H_2O + V^{3+} \xrightleftharpoons[\text{放电}]{\text{充电}} VO_2^+ + 2H^+ + V^{2+}$$

钒电池单体正负极的标准电势为 1.26V。以 2mol/L $VOSO_4$ + 2.5mol/L H_2SO_4 为电解液，50% 荷电状态下，开路电压约为 1.4V；100% 荷电状态下，开路电压约为 1.6V。全钒液流电池技术挑战包括：①降低电极材料成本，提高电极的稳定性、电化学反应活性和延长使用寿命；②改善离子交换膜的 H^+ 选择透过性，降低钒离子和水的渗透性，降低成本，延长使用寿命；③提高高浓度钒溶液（>2mol/L）在循环过程中的稳定性，降低成本；④进一步提高储能密度（目前达 35W·h/kg）；⑤提高环境适应性，拓宽适用温度范围。

（3）锌溴液流电池（the zinc/bromine redox flow cells）

锌溴液流电池近几年受到更多的关注，是因为其具有更高的能量密度、高电池电压、电极反应可逆性好、反应活性物质储量丰富、成本低等优点。电极及电池反应为

正极
$$3Br^- - 2e \xrightleftharpoons[\text{放电}]{\text{充电}} Br_3^-$$

负极
$$Zn^{2+} + 2e \xrightleftharpoons[\text{放电}]{\text{充电}} Zn$$

电池反应
$$3Br^- + Zn^{2+} \xrightleftharpoons[\text{放电}]{\text{充电}} Br_3^- + Zn$$

与其他液流体系不同的是，负极反应活性物质在充电状态下会形成金属锌沉淀在电池的负极上。因此，锌溴液流电池也是一种半液流电池。锌溴液流电池的技术难点主要是：①抑制锌枝晶形成；②低成本、长寿命多孔隔膜材料；③抑制溴从正极向负极迁移等。

8.3.2 基本结构

与通常蓄电池的活性物质被包容在固态阳极或阴极之内不同，液流电池的活性物质以液态形式存在，既是电极活性材料又是电解质溶液。它可溶解于分装在两大储液罐中的溶液中，各由一个泵使溶液流经液流电池，在离子交换膜两侧的电极上分别发生还原和氧化反应。图 8-22 是其单元电堆装置示意图，它由两个具有不同电极电位的液体电对作正极、负极，该单电池可通过双极板串联成电堆（见图 8-23），形成不同规模的蓄电装置，这种电池没有固态反应，不发生电极物质结构形态的改变。与其他常规蓄电池相比，具有明显的优势。

8.3.3 主要特性

由于氧化还原液流电池需要辅助的电解质储槽、管道与泵等，因此特别适合大容量电池设计，并适合作储能电源。因此，对该类电池的性能表征一般为在特定输出功率设计下，体

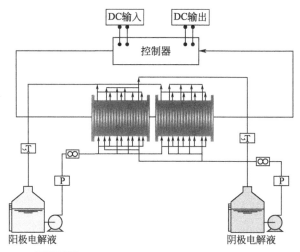

图 8-22 氧化还原液流电池系统构成示意图

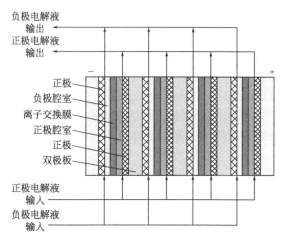

图 8-23 氧化还原液流电池电堆示意图

系可输出的总能量输出（指一次装满活性物质可发电的能量）、体系的充放电转换效率（包括电流、电压和总效率）和循环寿命等。目前，该电池体系的电流效率已经达到 93.5％，电压效率达 87.7％，总效率为 82％；电池中电堆的电流密度为 $100mA/cm^2$ 时，可以输出 $1.2kW/cm^2$ 的比功率。与常规电池相比，氧化还原液流电池具有下列特点：

① 工作原理简单和使用寿命长。氧化还原液流电池的电池反应为液相反应，只有溶液中离子化合价的变化。与使用固体活性物质的电池相比不存在减少电池使用寿命的因素，如活性物质的损失、相变，电池使用寿命可达 20 年。

② 安装布局灵活，适合用作规模储能装置。电池的输出功率（电池堆）和容量（电解液储槽）可分隔开，因此可根据安装的位置变更两部分的布局。可根据功率和容量需要更改设计。例如，如果容量需要加倍而输出功率不变，只需将储槽尺寸加倍即可。因此有利于做成兆瓦级的储能装置。

③ 无静置损失，启动速度快。氧化还原液流电池充电后荷电电解液分别储存在正负储槽中，长期停机期间不会发生自放电，也不需要辅助动力。而且长期放置后只需启动泵，这样只需几分钟即可启动，启动速度快。

④ 安全可靠，易于维护。电解液（含活性物质）从相应的储槽泵入各电池中，每个单

体电池的充电态是相同的，减少了如均衡充电这类特殊的操作，且维护方便、操作成本低。与氢氧燃料电池相比，因为电解液相对安全，可保证极好的环境安全性。

⑤ 电池充放电性能好，可深度放电而不损坏电池。电池的自放电低，在电池系统关闭模式下，储槽中的电解液无自放电。

⑥ 电池部件多为廉价的碳材料、工程塑料，使用寿命长，材料来源丰富，加工技术较成熟，易于回收。在固定储能领域，成本和效率是第一要务，氧化还原液流电池能量转化效率高，成本优势明显。

习题与思考题

1. 什么叫金属空气电池？简述其工作原理和特点。

2. 金属空气电池有哪几种主要类型？

3. 锌空气电池的优缺点有哪些？其主要用途有哪些？

4. 说出锌空气电池的分类方法。

5. 影响锌空气电池寿命的原因有哪些？

6. 简述电解液循环式锌空气电池的工作过程。机械充电式锌空气电池和锌连续供给式锌空气电池属于蓄电池吗？为什么？

7. 简述电化学电容器的工作原理。

8. 简述电化学电容器的基本结构。

9. 简述氧化还原液流电池的主要体系及其工作原理。

10. 氧化还原液流电池的特点有哪些？

参 考 文 献

[1] 强生泽，杨贵恒，常思浩．通信电源系统与勤务．北京：中国电力出版社，2017.
[2] 聂金铜，杨贵恒，叶奇睿．开关电源设计入门与实例剖析．北京：化学工业出版社，2016.
[3] 杨贵恒，卢明伦，李龙．通信电源设备使用与维护．北京：中国电力出版社，2016.
[4] 杨贵恒，向成宣，龙江涛．内燃发电机组技术手册．北京：化学工业出版社，2015.
[5] 杨贵恒，张海呈，张颖超．太阳能光伏发电系统及其应用．第2版．北京：化学工业出版社，2015.
[6] 强生泽，杨贵恒，贺明智．电工实用技能．北京：中国电力出版社，2015.
[7] 文武松，王璐，杨贵恒．单片机原理及应用．北京：机械工业出版社，2015.
[8] 杨贵恒，常思浩，贺明智．电气工程师手册（供配电）．北京：化学工业出版社，2014.
[9] 文武松，杨贵恒，王璐．单片机实战宝典．北京：机械工业出版社，2014.
[10] 杨贵恒，刘扬，张颖超．现代开关电源技术及其应用．北京：中国电力出版社，2013.
[11] 杨贵恒，张海呈，张寿珍．柴油发电机组实用技术技能．北京：化学工业出版社，2013.
[12] 杨贵恒，王秋虹，曹均灿．现代电源技术手册．北京：化学工业出版社，2013.
[13] 陈兆海．应急通信系统．北京：电子工业出版社，2012.
[14] 杨贵恒，龙江涛、龚伟．常用电源元器件及其应用．北京：中国电力出版社，2012.
[15] 张颖超，杨贵恒，常思浩．UPS原理与维修．北京：化学工业出版社，2011.
[16] 龚利红，刘晓军．机械设计公式及应用实例．北京：化学工业出版社，2011.
[17] 杨贵恒，张瑞伟，钱希森．直流稳定电源．北京：化学工业出版社，2010.
[18] 强生泽，杨贵恒，李龙．现代通信电源系统原理与设计．北京：中国电力出版社，2009.
[19] 杨贵恒，贺明智，袁春．柴油发电机组技术手册．北京：化学工业出版社，2009.
[20] 武文彦．军事通信网电源系统及维护．北京：电子工业出版社，2009.
[21] 杨贵恒，贺明智，金钊．发电机组维修技术．北京：化学工业出版社，2007.
[22] 袁春，张寿珍．柴油发电机组．北京：机械工业出版社，2003.
[23] 上海空间电源研究所．化学电源技术．北京：科学出版社，2015.
[24] 陆天虹．能源电化学．北京：化学工业出版社，2014.
[25] 吴宇平，袁翔云，董超，段冀渊．锂离子电池——应用与实践．第2版．北京：化学工业出版社，2011.
[26] 曹殿学，王贵领，吕艳卓．燃料电池系统．北京：北京航空航天大学出版社，2009.
[27] 程新群．化学电源．北京：化学工业出版社，2008.
[28] 王继强．化学与物理电源．北京：国防工业出版社，2008.
[29] [美] 托马斯·B·雷迪（Thomas B Reddy）．电池手册．第4版．王继强，刘兴江，等译．北京：化学工业出版社，2013.
[30] 李国欣．新型化学电源技术概论．上海：上海科学技术出版社．2007.
[31] 查全性，等．电极过程动力学导论．第3版．北京：科学出版社．2002.
[32] 吕鸣祥，等．化学电源．天津：天津大学出版社，1992.
[33] 张文保．化学电源导论．上海：上海交通大学出版社，1992.
[34] 管从胜，等．高能化学电源．北京：化学工业出版社，2004.
[35] 朱松然，等．铅蓄电池技术．第2版．北京：机械工业出版社，2003.
[36] Rand D A J，等．阀控式铅酸蓄电池．郭永榔等译．北京：机械工业出版社，2007.
[37] 雷永泉．新能源材料．天津：天津大学出版社，2000.
[38] 衣宝廉．燃料电池——原理·技术·应用．北京：化学工业出版社，2003.
[39] 杨军，等．化学电源测试原理与技术．北京：化学工业出版社，2006.
[40] 郭柄锟，李新海，杨松青．化学电源——电池原理及制造技术．长沙：中南大学出版社，2009.